“十四五”职业教育国家规划教材

计算机平面设计专业

计算机辅助设计——AutoCAD 2021实训教程

（第3版）

主　编　张宏彬　赵　伟
副主编　申继民　刘思芃　郑梓臣

Jisuanji Fuzhu Sheji——AutoCAD 2021 Shixun Jiaocheng

中国教育出版传媒集团
高等教育出版社·北京

内容简介

本书是“十四五”职业教育国家规划教材，依据教育部《中等职业学校计算机平面设计专业教学标准》编写而成。本书第2版荣获首届全国教材建设奖职业教育与继续教育类二等奖。

本书以AutoCAD 2021（中文版）为基础，引用常见项目案例渗透知识与技能，包括机械图绘制、建筑园林绘图、工业产品设计3个单元，通过完成单元项目实训任务呈现知识技能体系结构。本书案例丰富，注重基础，应用性强，力求“教、学、做”三位一体，突出职业技能培养，体现职业教育特色。

本书配套项目素材和源文件、教学课件等辅助教学资源，请登录高等教育出版社Abook新形态教材网（http://abook.hep.com.cn）获取相关资源，详细使用方法见本书最后一页“郑重声明”下方的“学习卡账号使用说明”。

本书可作为中等职业学校计算机平面设计专业及相关专业教材，还可作为职业院校和计算机辅助设计职业培训教材用书，也适合从事计算机辅助设计及相关工作的人员自学使用。

图书在版编目（CIP）数据

计算机辅助设计：AutoCAD 2021实训教程 / 张宏彬，赵伟主编. --3版. -- 北京：高等教育出版社，2022.2（2024.5重印）

计算机平面设计专业

ISBN 978-7-04-057322-0

Ⅰ.①计… Ⅱ.①张…②赵… Ⅲ.①计算机辅助设计-AutoCAD软件-中等专业学校-教材 Ⅳ.①TP391.72

中国版本图书馆CIP数据核字(2021)第228770号

策划编辑 俞丽莎　责任编辑 唐笑慧　封面设计 王 琰　版式设计 童 丹
插图绘制 于 博　责任校对 刘娟娟　责任印制 刘思涵

出版发行 高等教育出版社
社　　址 北京市西城区德外大街4号
邮政编码 100120
印　　刷 北京联兴盛业印刷股份有限公司
开　　本 889mm×1194mm 1/16
印　　张 20
字　　数 420千字
购书热线 010-58581118
咨询电话 400-810-0598
网　　址 http://www.hep.edu.cn
　　　　 http://www.hep.com.cn
网上订购 http://www.hepmall.com.cn
　　　　 http://www.hepmall.com
　　　　 http://www.hepmall.cn
版　　次 2012年2月第1版
　　　　 2022年2月第3版
印　　次 2024年5月第5次印刷
定　　价 48.80元

物 料 号 57322-A0

QIANYAN

前　言

本书是“十四五”职业教育国家规划教材，依据教育部《中等职业学校计算机平面设计专业教学标准》编写而成。本书第 2 版荣获首届全国教材建设奖职业教育与继续教育类二等奖。

AutoCAD 用于二维绘图、三维建模，是一款主流制图软件，广泛应用于建筑工程制图、装饰设计、环境艺术设计、水电工程设计、土木施工、精密零件设计、模具设计、产品设计、机械设备设计、服装制版、印制电路设计等，AutoCAD 制图技能是设计行业十分重要的基础技能，学会 AutoCAD 制图对职业院校相关专业学生来说十分必要。

本书以 AutoCAD 2021（中文版）为基础，兼顾 AutoCAD 2004/2006/2009/2012 等版本，参考 AutoCAD 技能认证要求，包括机械图绘制、建筑园林绘图、工业产品设计 3 个单元。单元设计思路是：先会简单的二维绘图，再绘制复杂的二维图，再创建三维模型，最后输出工程图，知识技能结构与行业应用相结合，符合常规，层次清晰，由易到难。本书遵循“适用、够用”的原则，结合行业需求，以项目案例为核心组织教学内容，强调理论与实际结合，本着“教、学、做”三位一体的编写思想，力求体现“做中教、做中学”的教学理念。本书编写时充分考虑学生的认知能力和职业应用能力，注重对学生理解能力、操作能力、探究能力、应用能力的培养。

本书在编写时广泛应用行业案例建构知识技能，一项案例就是一个产品的绘图和建模，立体呈现，形象直观，通俗易懂，力求课程内容即岗位要求，学业即职业，本书编写结构如下：

项目任务：将每个单元根据绘图技能分类并设计为几个典型项目，每个项目又分解为若干任务，对项目任务的划分既遵循技能应用先后顺序，又按知识技能归类。实训时完成一个绘图任务的步骤是有序的，同时知识技能也按序呈现，边学边做，认知清晰，容易理解。

技能呈现：在项目任务中先介绍技能结构（应知），然后介绍操作应用（应会），介绍“应知”时以基本操作技能为主，理论陈述为辅；介绍“应会”时以行业岗位应用为主，注意了解岗位能力要求，培养分析问题、解决问题、总结方法的能力，实训过程针对性强、条理清晰，循序渐进，精讲精练。编写时避开抽象深奥的理论描述，注重可操作性、通俗性、实用性，力求与行业岗位结合，对接深入，阐述精而不漏，够用且实用。

项目（案例）体验：设计贴近岗位任务的体验实践，包括准备、赏析、仿作、应用等。在操作实践中展示一个绘图设计项目成果，“仿制”一个作品，体验一次行业岗位实践，学会几个操作命令，掌握几项绘图技术。本书提供的项目（案例）实践练习供学习者巩固、提高和拓展，既有基本操作又有拓展提升，适合不同学业基础的学习者分层实训。

本书共 3 个单元 9 个项目 16 个任务，教学学时建议安排 17 周共 102 学时，其中理论讲授 10 学时，项目实训不少于 50 学时，项目任务练习与设计不少于 42 学时，内容及学时安排可参考下表：

项目名称	学时		主要内容
	讲授	实训	
1　机械图绘制			
项目 1.1　机件表达视图 任务 1.1.1　“复杂多棱体机件”表达视图 任务 1.1.2　“棘轮杆”视图	2	6	绘图员岗位基础：平面几何基础知识；机件表达视图 AutoCAD 2021 技能：AutoCAD 2021 用户界面，AutoCAD 2021 文档创建、保存、打开等基础操作；模型空间，绘图范围，单位设置，选项设置，当前线型设置及精确绘图工具设置（对象捕捉、栅格、正交、追踪），命令输入方式，层的应用，三视图，视图，平移、缩放视图。点、直线、矩形、多边形、射线、构造线
项目 1.2　绘制机件视图 任务 1.2.1　绘制机件前视图 任务 1.2.2　绘制装饰件前视图	1	6	绘图员岗位基础：绘图流程，制图线型规范 AutoCAD 2021 技能：世界坐标系、用户坐标系；平面直角坐标系，极坐标；相对坐标、绝对坐标；圆、椭圆、圆弧、圆环、多段线、样条曲线、云线
项目 1.3　连杆机构视图与标注 任务 1.3.1　连杆机构平面图 任务 1.3.2　机件视图尺寸标注	1	6	绘图员岗位基础：尺寸标注的基本原则、机械制图标注基本规范 AutoCAD 2021 技能：对象选择、删除、复制、移动、旋转、拉伸、修剪、延伸、打断等。尺寸标注组成要素、尺寸式样、尺寸修改、尺寸标注
项目 1.4　综合机械绘图 任务 1.4.1　剖视图的应用 任务 1.4.2　绘制支架零件图	1	8	绘图员岗位基础：工程图，基本视图、辅助视图综合应用（斜向图、斜向视图、局部剖切图），标题栏 AutoCAD 2021 技能：倒角、圆角、镜像、阵列、合并、分解等，文字、文字样式、表格、表格样式、填充、面域及布尔运算等操作技能，图纸输出

续表

项目名称	学时		主要内容
	讲授	实训	
2　建筑园林绘图			
项目 2.1　户型平面图 任务 2.1.1　绘制户型平面图 任务 2.1.2　户型平面图标注与家具布局	1	4	绘图员岗位基础：建筑制图规范 AutoCAD 2021 技能：多线的创建、编辑及应用；建筑制图与标注；设施布局、家具图案应用
3　工业产品设计			
项目 3.1　艺术品、建筑模型设计 任务 3.1.1　艺术品设计 任务 3.1.2　建筑模型设计	1	6	制作员岗位基础：工业产品设计基础 AutoCAD 2021 技能：基本三维实体造型知识与技能，立体几何基础，三维视图，三维坐标系，三维动态观察器，创建基本实体如长方体、柱体、球体、多段体、楔体、锥体等。对象捕捉、旋转、阵列（三维阵列），布尔运算的应用，合并，视觉样式
项目 3.2　机件设计与产品装配 任务 3.2.1　管阀零件与装配	1	4	制作员岗位基础：零件与装配知识 AutoCAD 2021 技能：复杂三维实体造型知识与技能，应用拉伸、旋转、放样创建三维实体，三维移动、旋转、删除、复制、镜像、阵列，实体布尔运算，三维对齐
项目 3.3　机件设计与辅助视图 任务 3.3.1　三维机件视图与标注	1	4	制作员岗位基础：剖视图、截面图，标注与图纸打印 AutoCAD 2021 技能：抽壳、面编辑，视口、布局、剖切、截面、三维标注、图纸打印设置
项目 3.4　表面造型设计 任务 3.4.1　台灯曲面造型设计 任务 3.4.2　太阳伞曲面造型设计	1	6	制作员岗位基础：曲面造型、材质与渲染 AutoCAD 2021 技能：曲面、网格创建工具的基本操作与应用，平移、直纹、旋转、边界曲面创建，材质、编辑材质的操作方法；设置灯光、场景；渲染输出图像、图形
合计	10	50	项目任务练习与设计 42 学时，共 102 学时

本书由湖北长阳职教中心张宏彬、天津市劳动保障技师学院赵伟担任主编，天津市机电工艺技师学院申继民、郑梓臣和天津城市建设管理职业技术学院刘思芃担任副主编，湖北长阳第一高级中学李雪松参编，宜昌清江电气有限公司、武汉唯众智创科技有限公司等企业提供了大量的行业案例和编写指导，在此表示感谢！

本书配套项目素材和源文件、教学课件等辅助教学资源，请登录高等教育出版社 Abook 新形态教材网（http://abook.hep.com.cn）获取相关资源，详细使用方法见本书最后一页“郑重声明”下方的“学习卡账号使用说明”。

由于时间有限，书中难免有不足之处，希望广大读者批评指正，读者意见反馈信箱：zz_dzyj@pub.hep.cn。

编　者

2023 年 7 月

目录

>>> 1　机械图绘制

使用 AutoCAD 绘图具有图形精度高、绘图速度快、方便修改、占用空间小、传输快捷不易污损等特点。常用于城市规划、测绘、建筑、电子、机械、交通、园林、工业产品设计、汽车、服装等领域的设计和制图。

随着信息技术与制图软件的发展与普及，计算机绘图已应用到各个领域，如服装制版、机械零件制图、工业产品造型、园林规划制图、建筑平面制图等。不同领域方向的制图具有不同的生产、管理和技术规范，我国依据国际标准化组织制定的国际标准，制定并颁布了《技术制图》《机械制图》等一系列国家标准，其中对于图样内容、画法、尺寸注法等都做出了统一规范。

本单元以 AutoCAD 2021 基本绘图、编辑工具为主，在绘制零部件表达视图中了解制图的基本规范，掌握视图的表达方法和绘制技巧。

项目 1.1 <<<

机件表达视图

——环境设置、图层、辅助工具、线条类/点绘图工具应用；
基本视图岗位技能

【项目情景】

图 1-1-1 所示为机件三维模型，怎样通过平面视图表达模型的外部特征？试绘制该模型的表达视图。

项目 1.1 包括两个任务：任务 1.1.1“复杂多棱体机件”表达视图——基本视图、环境设置、正交、对象捕捉、图层、线型、线条类绘图工具的基本操作及应用；任务 1.1.2“棘轮杆”视图——线条类、等分点工具的基本操作及应用。

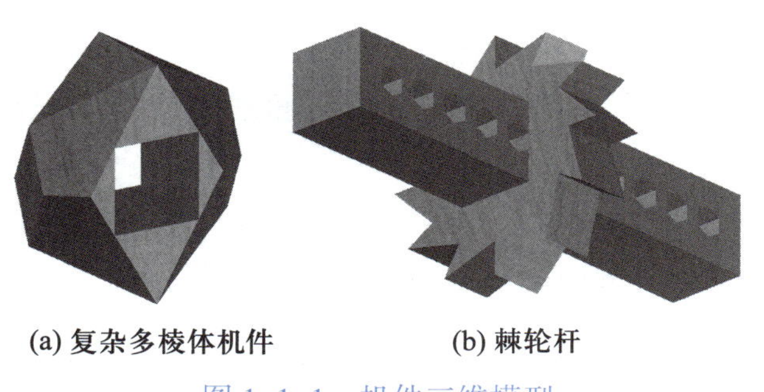

(a) 复杂多棱体机件　　(b) 棘轮杆

图 1-1-1　机件三维模型

【项目目标】

熟悉 AutoCAD 用户界面；会创建、保存、打开 AutoCAD 文档；会设置 AutoCAD 绘图环境：会设置模型空间、单位、选项；会设置并管理层、线型；会应用精确绘图工具设置（捕捉、栅格、正交）；掌握命令输入方式；理解实体模型与表达视图的关系；会应用视图工具缩放、平移，动态观察视图；会应用直线、矩形、构造线等线条工具，会应用点工具创建等分点，会应用绘图工具绘制简单机件平面图。

【岗位对接】

通过绘图熟悉绘图环境，掌握绘图命令，培养识图能力。

初步了解计算机平面制图行业岗位知识；理解视图及其表达视图的选择；熟悉绘图流程；理解三维模型、二维视图的关系；掌握机件表达视图的相关要求；会应用层管理线型；会应用绘图工具绘制简单的二维视图。

【技能建构】

一、走进行业

	标题	学习活动	学习建议
学习单	三维与二维	查找并收集三维实体与二维图形，并给同学们讲解展示	在收集活动中了解知识
	机械零件与图纸	到机械加工厂实地了解机械零件与图纸	在实践活动中了解知识、技能及岗位

1. 平面与三维实体

平面图、立体图可以形象地描绘物体。在现实生活中有关平面、立体的描述很多，如：水平面、地平面、桌面、路面、盒面、长方体、球等。要理解 AutoCAD 绘图，还得从“真正”理解平面开始。

以“办公桌”为例，“桌面”描述了一个具有一定尺寸、边界和位置关系的面，从尺寸上可以了解“桌面”的大小，从边界上可以了解“桌面”的形状，从位置关系上确定“桌面”各部分的空间位置，桌子“歪”了，“桌面”倾斜，形成斜面，即一定角度的面。

组成桌子实体（空间几何体）的各个部分包含若干个不同角度的面，面与面相交会有相交线，线与线相交有点，可以用坐标来描述这些点、线、面的空间位置关系，反过来通过坐标绘制一定空间位置关系的点、线、面就可以设计出一个平面图形或空间三维实体。

2. 平面视图

一个空间立体图形直观地描述了它的形体特征，长方体、圆柱体、锥体、台、球等都是基本几何体，任何复杂的三维实体都可以由它们组合而成，它们描述了立体图形的基本特征。用图形来描述一个客观实体，也就是把实体的特征用平面图形来表达，怎样用平面图形来表现一个客观三维实体呢？

按照“投影法”垂直投影出各个侧面的投影图并把这些投影图绘制出来，称为平面视图。为了得到能反映物体真实形状和大小的视图，将物体放在图 1-1-2 所示的投影体系中，分别向 V 面、H 面、W 面垂直投影，在 V 面上得到的投影图形称为主（前）视图，在 H 面上得到的投影图形称为俯视图，在 W 面上得到的投影图形称为左视图，从下向上垂直仰视投影得到的图形称为仰视图，从右向左水平投影得到的图形称为右视图，从后向前垂直投影得到的图形称为后视图。

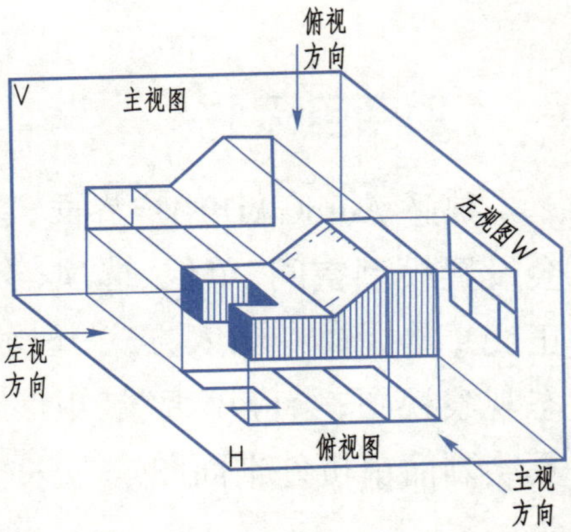

图 1-1-2　三维实体投影

3. 机件形状表达视图

机件向投影面投影所得的平面图形能表达机件的外部结构形状，将这些投影视图按实际尺寸画出来表达机件的形状特征。为清晰地表达机件的形状，视图中一般只画出机件的可见部分，必要时才用虚线画出不可见部分。

表达视图分为基本视图和辅助视图。

（1）基本视图

机件向基本投影面投影所得的视图，称为基本视图。

若机件的外部形状比较复杂，在 6 个投影方向的形状都不同时，需要用多个视图才能完整、清晰地表达机件。国家标准《机械制图》规定了 6 个基本视图：主（前）视图、俯视图、左视图、右视图、仰视图、后视图。

基本视图应按投影展开位置配置（图 1-1-3），若不能按规定位置配置视图，则应在该视图上方标注视图名称“× 向”，并在相应视图的附近用箭头标明投影方向，同时注上同样字母。虽然有 6 个基本视图，但在绘图时应根据零件的复杂程度和结构特点选用必要的几个基本视图。

6 个基本视图的尺寸关系：长对正、高平齐、宽相等。

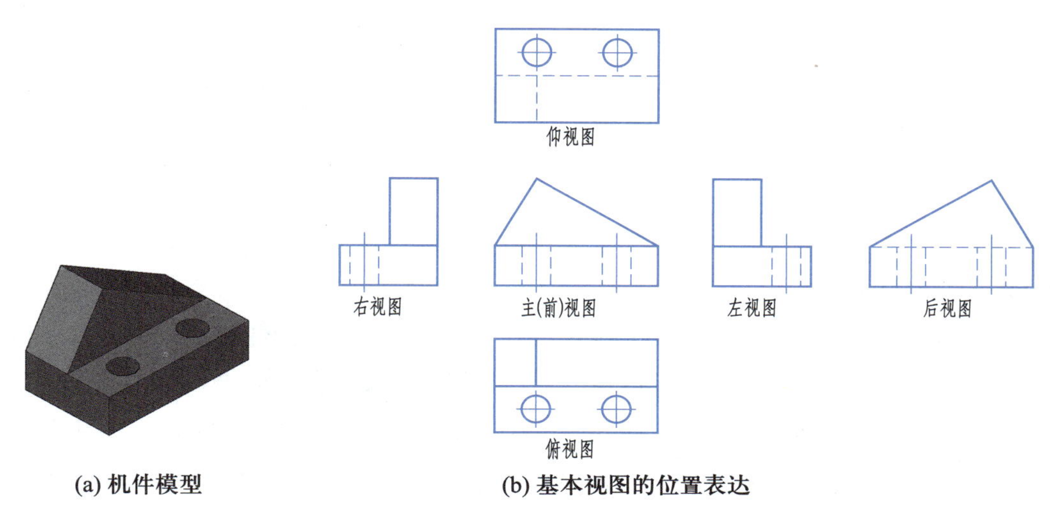

(a) 机件模型　(b) 基本视图的位置表达

图 1-1-3　机件与形状表达基本视图的位置表达

（2）辅助视图

除基本视图外，为了更清楚地表达机件，还可以采用局部视图、斜视图、旋转视图，这些视图称为辅助视图（在“项目 1.4”中将详细讲解）。

4. 机件表达视图的选择

（1）选择视图的总原则

为便于看图并使画图简便，一般而言，在 6 个基本视图中，应首先选用主视图，再视具体情况选择其他 5 个视图中的 1 个或 1 个以上的视图。除基本视图外，还不能完整地表达机件，则需要选择辅助视图。

如图 1-1-3（a）所示机件模型，只需要选用主视图、左视图就可以完整地表达机件形状特征。

(2) 主视图的选择

确定机件的摆放位置和主视图的投射方向。主视图要能将组成机件的各形体间的相互位置和主要形体的形状、结构表达得最清楚，便于制造者看图加工，便于对照装配图进行作业。

(3) 其他视图的选择

配合主视图，视图数尽可能少。各个视图互相配合、互相补充，表达内容尽量不重复。根据机件的内部结构选择恰当的剖视图和断面图。未表达清楚的局部形状和细小结构，补充必要的局部视图和局部放大图。尽量采用省略、简化画法。

试一试	打开“项目 1.1\ 机件与表达视图 .dwg”，练习切换视图
	打开图 1-1-3(a)模型，单击绘图区左上角“[西南等轴测][隐藏]”→“隐藏”，在弹出的快捷菜单中单击“二维线框”，单击绘图区左上角“[西南等轴测][隐藏]”→“西南等轴测”，在弹出的快捷菜单中单击“前视”，与图 1-1-3(b)中的主视图比较，理解主视图轮廓的表达。用同样的方法切换俯视图、左视图、右视图、仰视图、后视图。

二、认识 AutoCAD 2021

学习单	标题	学习活动	学习建议
	查找软件	查找并收集创建三维模型并能生成图纸的软件有哪些	在收集整理活动中了解更多建模、制图软件

1. AutoCAD 2021 简介

AutoCAD 是专业计算机辅助设计软件，用于二维绘图、详图绘制、设计文档和基本三维设计，广泛应用于机械设计、工业制图、工程制图、土木建筑、装饰装潢、服装加工等多个行业领域。建筑师、工程师和专业人员可依靠它来创建精确的二维和三维图形，常用的版本有 AutoCAD 2006、AutoCAD 2009、AutoCAD 2012、…、AutoCAD 2021 等，AutoCAD 2021 是 AutoCAD 系列软件的最新版本。

AutoCAD 2021 与先前的版本相比，在性能、功能、操作等方面都有较大的增强，同时保证与低版本完全兼容。增强功能包括修订云线、打断、修剪、延伸和测量增强功能，以及新的外部参照比较。增强“块”选项板，可方便地随时随地访问块。增强了手势操作支持，使用触控设备可获得更好的体验。

2. AutoCAD 2021 的启动与退出

启动 AutoCAD 2021：在桌面上双击 AutoCAD 2021 快捷图标“A”；或依次单击“开始”→“所有程序”→“Autodesk”→“AutoCAD 2021- 简体中文版”→“AutoCAD 2021- 简体中文版”。

退出 AutoCAD 2021：单击 AutoCAD 主窗口右上角的关闭按钮；或单击主窗口左上角“■”→“退出 Autodesk AutoCAD 2021”；或按组合键“Alt+F4”；在命令行中输入“QUIT”。

3. AutoCAD 2021 命令调用方式

AutoCAD 绘图命令的调用主要有 3 种方式：菜单命令调用，工具栏按钮调用，命令行输入命令。应用其中任意一种形式均可以绘制相应图形，在 AutoCAD 中应用动态输入命令参数与数值绘图更加方便快捷。

4. AutoCAD 2021 图形文档管理

在 AutoCAD 2021 中，图形文档管理包括：创建文件、打开文件、关闭文件、保存文件等操作。

(1) 新建图形文件

在 AutoCAD 2021 中，可以通过以下任意一种方法创建新图形：

单击主窗口左上角“■”，在弹出的下拉菜单中单击“新建”→“图形”；在“标准”工具栏中单击新建按钮“□”；按下快捷键 Ctrl+N。

应用上述方法创建新图形文件都会打开“选择样板”对话框，在对话框中可以在“名称”列表框中选中某一样板文件（默认状态下系统自动选择 acadiso.dwt），单击“打开”已选中的样板文件为样板创建新图形。

(2) 打开图形文件

在 AutoCAD 2021 中，打开图形文件的方法如下：

单击主窗口左上角“■”，在弹出的下拉菜单中单击“打开”；在“标准”工具栏中单击“▭”打开按钮；按下快捷键 Ctrl+O。

应用上述方法打开已有的图形文件，此时将打开“选择文件”对话框，选择需要打开的图形文件与类型，单击“打开”按钮。默认情况下打开的图形文件格式为“.dwg”。

在 AutoCAD 中，打开图形文件有 4 种选择：“打开”“以只读方式打开”“局部打开”和“以只读方式局部打开”。以“打开”“局部打开”方式打开图形文件时可以查看和编辑打开的图形；以“以只读方式打开”或“以只读方式局部打开”方式打开图形文件时不能编辑只能查看打开的图形文件。

(3) 保存 \ 输出图形文件

在 AutoCAD 2021 中，可以使用多种方式将所绘图形以文件形式存入磁盘。

① 直接保存　以当前使用的文件名保存图形的方法：单击主窗口左上角“■”，在弹出的下拉菜单中单击“保存”；在“标准”工具栏中单击“■”保存按钮；按下快捷键 Ctrl+S。

② 以新的名称和类型保存　将当前图形以新的名称和类型保存的操作方法：单击主窗口左上角“■”，在弹出的下拉菜单中单击“另存为”命令；在“标准”工具栏中单击另存为“■”按钮。应用上述方法打开“图形另存为”对话框，在对话框中输入名称、选择保存类型保存。

③ 输出　单击主窗口左上角“■”，在弹出的下拉菜单中单击“输出”，可选择“dwf”“pdf”等类型保存。

(4) 关闭图形文件

单击主窗口左上角“■”，在弹出的下拉菜单中单击“关闭”；在绘图文档窗口中单击关闭

按钮 "☒" 关闭当前图形文件。

退出 AutoCAD 系统的同时也将提示关闭、保存图形文档，关闭图形文档时 AutoCAD 系统可以仍保持打开状态。

试一试	练习应用上述方法新建、打开、关闭、保存、输出图形文档
	新建名称为 "零件图 .dwg" 的图形文档，练习关闭文档，理解关闭与退出的区别。打开 "项目 1.1\ 三维机件 .dwg"，保存为 "AutoCAD 2000/LT2000 图形 (*.dwg)"，输出为 "pdf" 类型文件。

5. AutoCAD 2021 绘图环境

(1) 工作空间

在 AutoCAD 2021 中，系统默认提供 3 种工作空间：草图与注释、三维基础、三维建模。3 种工作空间以图形化操作为主，绘制图形时命令以工具按钮的形式操作，直观方便。

在 AutoCAD 2021 中，用户可基于现有的界面显示、关闭工具栏，右击工具栏或单击工具栏按钮，在弹出的快捷菜单中选择未打 "√" 的工具栏，可在当前界面显示该工具栏，再次单击则关闭该工具的显示。也可直接在工具面板中右击选择工具栏。

做一做	自定义工作空间：AutoCAD 经典模式工作空间
	AutoCAD 经典模式工作空间保持与 AutoCAD 2004、2006 等版本菜单式操作的兼容性，在 AutoCAD 2021 中没有经典模式工作空间，但可以自定义，方法如下： ① 显示菜单栏　单击快速访问工具栏右侧向下的箭头 "▾"，在弹出的下拉列表中单击 "显示菜单栏"，这时界面显示菜单。 ② 取消功能区　单击 "工具" 菜单→ "选项板" → "功能区"，取消 "功能区(B)"。 ③ 显示两侧的工具　单击 "工具" 菜单→ "工具栏" → "修改"，显示 "修改" 工具，用同样的方法显示 "绘图" 工具(需要在 "工具栏" 中单击 "▾" 展开才能看到 "绘图")。 ④ 工作空间命名　单击状态栏 "⚙▾"，在弹出的快捷菜单中单击 "将当前工作空间另存为"，在弹出的对话框中输入 "AutoCAD 经典" 后单击 "保存"。

(2) 视图与视图查看、缩放与平移

二维视图：AutoCAD 2021 提供了 6 个标准视图(从 6 种不同的视角观察)：主(前)视、俯视、左视、右视、仰视、后视，即图 1-1-3(b) 所示视图。

三维视图：AutoCAD 2021 提供了 4 个标准等轴测视图：西南等轴测、东南等轴测、西北等轴测、东北等轴测。另外，利用动态观察器设置任意视角还可以得到多角度的透视效果图。

视图查看、旋转、缩放与平移：为了方便观察图形的全部或局部，可以在不改变图形的真实大小的情况下缩放视图。滚动鼠标滚轮可实时缩放视图，在 "视图" 菜单中或右击工作区并在弹出的快捷菜单中选择缩放、平移视图；应用控制盘缩放、平移，应用动态观察器旋转视图。

多视口效果：应用视口功能可以将屏幕划分为多个观察视口，每个视口可以单独显示，多视口将同一个实体从不同的视口区域得到不同视角的实体视图，系统默认为一个视口。

做一做	打开“项目 1.1\ 三维机件 .dwg”，查看、缩放与平移视图
	应用“视图”菜单中的“三维视图”或在工作区左上角选择视图并查看：主(前)视、俯视、左视、右视、仰视、后视、西南等轴测、东南等轴测、西北等轴测、东北等轴测。
	应用“视图”菜单中的“缩放”“平移”命令，或右击工作区，在弹出的快捷菜单中选择“缩放”“平移”，尝试对三维机件的缩放与平移。
	应用“视图”菜单中“动态观察”命令，或右击工作区，启用动态观察器进行视图的“旋转”“缩放”“平移”。

(3) 绘图工作区

工具栏下方的大片空白区域为工作区。用户可以根据需要设置绘图空间，如：关闭或调整周围的工具栏、全屏显示等都可以增大绘图空间。如果图纸比较大，查看图形的全部或部分时可以应用“平移”或“缩放”等工具，也可以单击或拖动窗口滚动条来移动图纸。

在绘图窗口中除了显示当前的绘制图形外，还显示当前坐标系类型及坐标系的原点、X 轴、Y 轴、Z 轴的方向等[默认情况下的坐标系为世界坐标系(WCS)]。若设置“二维线框”的二维视图时坐标系显示为“ ”，设置为“真实”等轴测视图时坐标系显示为“ ”。

通过单击绘图窗口下方状态的“模型”和“布局”选项卡按钮可以切换模型空间和图纸空间窗口。

(4) 辅助绘图工具

状态栏在应用程序窗口的最下面，如图 1-1-4 所示，用来显示 AutoCAD 当前的光标坐标、命令说明和辅助绘图工具按钮等，方便用户快速精确绘图，如“模型”“栅格显示”“正交模式”“极轴”“对象捕捉”“动态输入”“线宽”“切换工作空间”“全屏显示”“自定义”等功能按钮。单击状态行相应按钮可设置相关项，单击“自定义”，在弹出的快捷菜单中可以设置在状态栏显示或隐藏的工具。

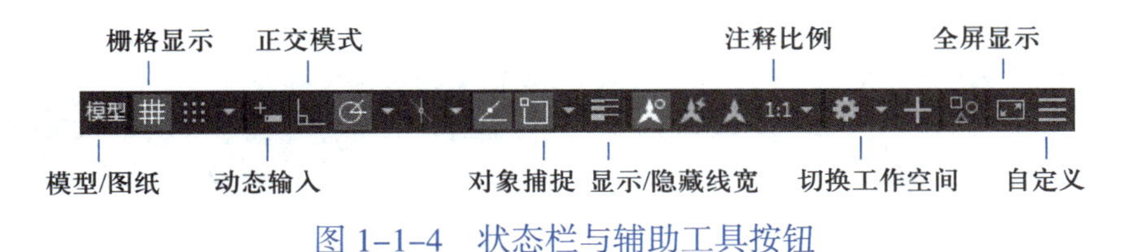

图 1-1-4　状态栏与辅助工具按钮

试一试	栅格、切换工作空间、自定义、动态输入、正交、对象捕捉练习
	单击栅格“ ”显示或隐藏；单击“ ”切换工作空间，自定义“栅格”“线宽”
	应用直线工具“ ”绘制长 30 mm 的斜线，开启“动态输入”“正交”，绘制长 40 mm 的水平线和垂直线，应用对象捕捉“ ”捕捉直线的端点、中点。

(5) 选项设置

右击绘图空白区，在弹出的快捷菜单中单击“选项”，打开“选项”对话框，对话框包含“文件”“显示”“打开和保存”“打印和发布”“系统”“用户系统配置”“绘图”“三维建模”“选择集”“配置”等选项卡。

应用“文件”选项卡可进行自动保存文件位置、纹理贴图搜索路径等设置；应用“显示”选项卡可设置图形窗口颜色、显示精度等；通过“打开和保存”选项卡可进行保存图形文件的默认文件类型、自动保存时间、数字签名、打开文件个数等设置。

(6) 图层与图层管理

在 AutoCAD 中，图层用来管理用于绘制图形的线型，包括线的颜色、类型、线宽，图层的开 / 关、解冻 / 冻结、锁定 / 解锁、打印 / 不打印等属性。

冻结图层可以加快缩放、平移等操作，改进对象选择性能，缩短复杂图形的重生成。在冻结的图层上不能显示、打印、隐藏、渲染或重新生成对象。

“开 / 关”设置用于在可见和不可见状态之间切换。

如果想查看某个图层上的信息作为参考但又不希望编辑该图层上的对象，可以锁定该图层。锁定后的图层对象不能编辑。

如果针对某个图层关闭打印功能，该图层上的对象仍会显示。如果将某个图层设置为打印，但当前在图形中已设置为冻结或关闭，则 AutoCAD 将不打印该图层。

单击图 1–1–5(a) 所示默认选项卡中图层特性“”按钮打开图层特性管理器[图 1–1–5(b)]可以进行新建图层“”、删除图层“”、将图层置为当前“”“开 / 关”“冻结”设置颜色 / 线型 / 线宽等操作。

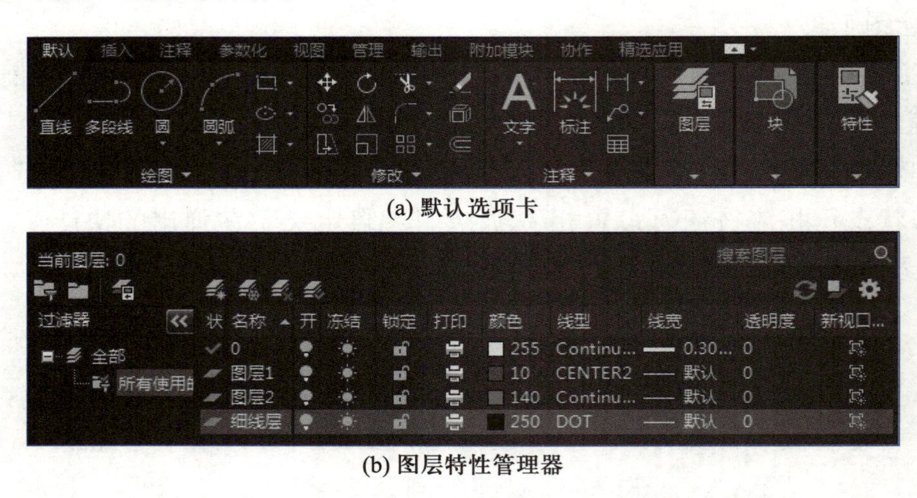

(a) 默认选项卡

(b) 图层特性管理器

图 1–1–5 单击默认选项卡“”打开图层特性管理器

试一试	打开“项目 1.1\ 图纸 1.dwg”，练习图层的创建与管理
	打开图层特性管理器，如图 1–1–5(b) 所示，分别单击“图层 1”“图层 2”的“开 / 关”“”，“图层 1”的“颜色”修改为黄色、“线宽”修改为“0.3”，观察图纸的变化。创建“细线层”图层，设置颜色为黑色，线型为“DOT”，线宽采用默认设置。

6. AutoCAD 2021 绘图工具——直线对象、点对象

经典模式绘图工具栏如图 1–1–6 所示。AutoCAD 2021 在“草图与注释”工作空间“默认”选项卡中可选择绘图工具。

图 1-1-6　经典模式绘图工具栏

(1) 直线对象工具

直线对象工具有直线、射线、构造线等。

① 直线　在 AutoCAD 中指定两点可绘制一条线段，也可连续绘制多条线段，每条线段都是一个单独的直线对象。绘制线段时可以通过定义点的坐标确定点线段端点位置，也可以开启动态输入“”，即时通过键盘输入数据。若开启正交模式“”，还可以很方便地绘制垂直水平直线。当连续绘制两条以上的直线后，系统提示“闭合(C)”选项，输入 C 则将从起点向终点闭合成封闭图形。

命令调用：单击“默认”选项卡的“绘图”面板的直线工具“”按钮；或应用“绘图”菜单→“直线”；或在命令行输入 line 命令。

② 绘制构造线与射线　构造线是一条两端都无限长的直线，没有起点和终点，一般作为辅助线使用。可以绘制水平、垂直、一定角度方向的辅助线，也可以作角平分线、偏移线使用。

构造线命令调用：单击“绘图”面板的构造线工具“”按钮；或“绘图”菜单→“构造线”。

射线是有起点无终点的直线，可用于其他对象的参照。射线命令调用：“绘图”面板射线工具“”按钮；或“绘图”菜单→射线“”。

试一试	练习绘制直线、构造线、射线
	绘制长度为 30 mm 的水平直线，绘制长 30 mm、角度为 33° 的直线，绘制角度为 63° 的构造线，打开“项目 1.1\角.dwg”创建“二等分”构造线，绘制射线。

③ 绘制矩形　各类矩形如图 1-1-7 所示。

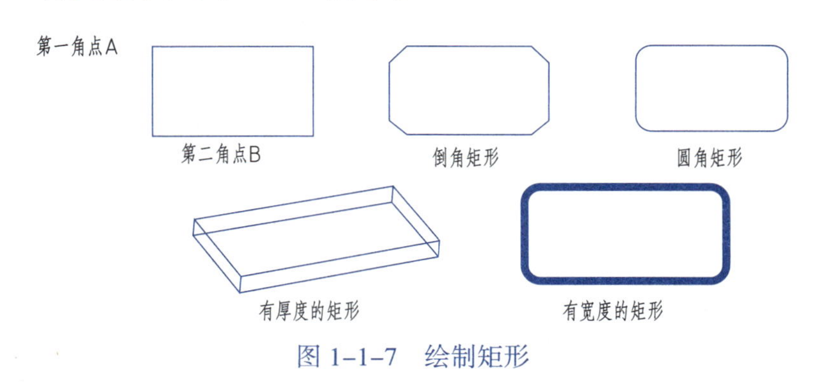

图 1-1-7　绘制矩形

命令调用：“绘图”工具面板“”；或“绘图”菜单→矩形“”。

矩形绘制选项“[面积(A)/尺寸(D)/旋转(R)]”，若输入“A”则可以根据指定面积绘制矩形，若输入“D”则根据输入矩形的长和宽绘制矩形，若输入“R”则绘制旋转一定角度的矩形。矩形绘制属性选项“[倒角(C)/标高(E)/圆角(F)/厚度(T)/宽度(W)]”。

试一试	练习绘制图 1-1-7 所示的 5 个矩形
	如图 1-1-7 所示，矩形长、宽分别为 40 mm、20 mm，倒角为 3 mm，圆角半径为 4 mm，厚度为 3 mm，“有宽度的矩形”宽度为 3 mm。

④ 正多边形　在 AutoCAD 中有两种方式确定正多边形，即圆中心点或者正多边形的边。

命令调用：“绘图”面板“”；或“绘图”菜单→正多边形“”

参数：“指定正多边形的中心点或[边(E)]”、指定正多边形“[内接于圆(I)/外切于圆(C)]”。

如图 1-1-8 所示，应用“内接于圆”或者“外切于圆”绘制正多边形，“1”是起点(中心点)，“2”是操作的结束点，虚线圆是绘制正多边形的参照圆(不必绘制)。

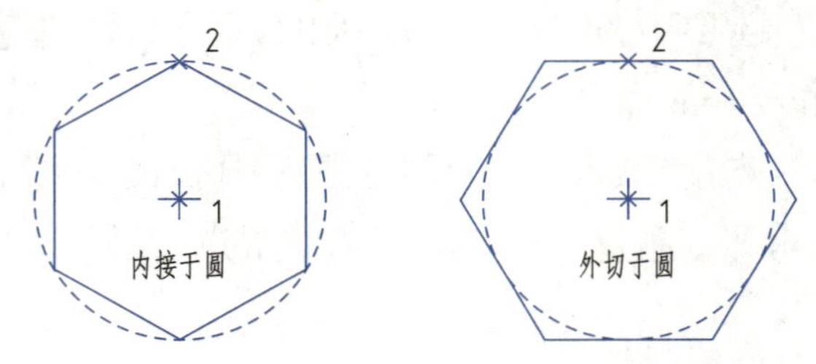

图 1-1-8　应用“内接于圆”或者“外切于圆”绘制正多边形

试一试	练习绘制正多边形
	分别绘制边长为 20 mm 的正三角形、正六边形。 分别应用“内接于圆”“外切于圆”绘制正五边形，中心点到角点的距离为 15 mm，中心点到边的距离为 14 mm。

(2) 绘制点对象

绘图时若需要指定对象的端点作为绘图的辅助参照点，可创建点对象。创建点对象时，先设置点样式，再选择“绘图”菜单的“点”子菜单中的命令(单点、多点、定数等分、定距等分)创建点。

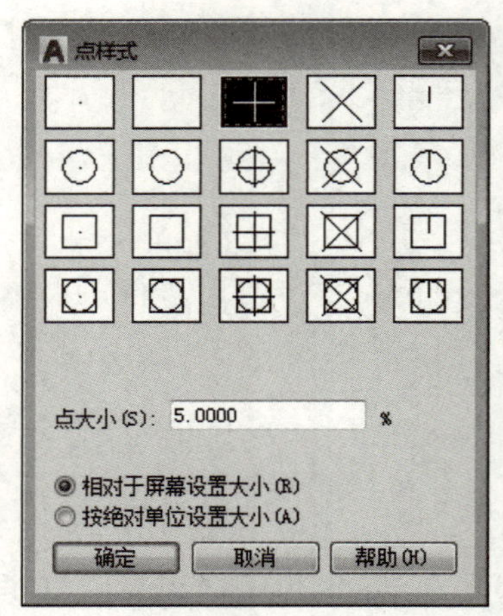

图 1-1-9　“点样式”对话框

单击“格式”菜单→“点样式”，打开点样式对话框(图 1-1-9)，选择各种规格形状的点并作为样式保存到系统中，创建点时则显示为选定的样式，若选择的点样式为空，则创建点时取消点样式的显示。

绘制单点：在绘图工作区中一次指定一个点。

绘制多点：在绘图工作区中一次指定多个点。

命令调用：在“绘图”面板中单击“”；或在“绘图”菜单中单击“点”或“多点”。

绘制定数等分点[图 1–1–10(a)]:在指定的图形对象上根据输入的线段数量绘制等分点,若选择“块(B)”选项则在等分点处插入块对象。“定数”是指等分的线段数,输入的是等分线段数目,而不是点的个数。若选择的对象等分 n 份,其实生成的点只有 $n-1$ 个。若不能正常显示等分点,需要应用“格式”菜单,打开“点样式”对话框设置一种点样式即可显示等分点,若不希望显示等分点,则可以选择“点样式”对话框中的“□”样式。

命令调用:在“绘图”面板中单击定数等分按钮“”;或在“绘图”菜单中选择定数等分“”。

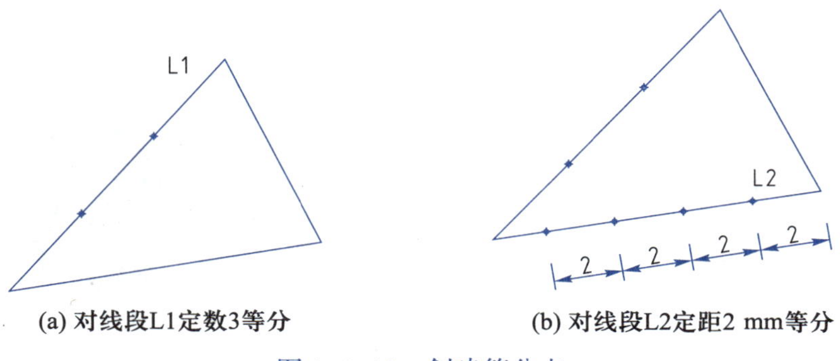

(a) 对线段L1定数3等分　　(b) 对线段L2定距2 mm等分

图 1–1–10　创建等分点

绘制定距等分点[图 1–1–10(b)]:在指定的图形对象上按指定的长度绘制点,若选择“块(B)”选项则在等分点处插入块,注意:本书中图形中的数值若无注明,单位为 mm。

命令调用:“绘图”面板“”;或“绘图”菜单→定距等分“”。

试一试	练习绘制多点、定数等分、定距等分
	打开“项目 1.1\点 .dwg”,设置点样式为“⊠”,如图 1–1–10(a)、(b)所示,分别对 L1、L2 创建定数、定距等分点;应用“绘图”面板中多点工具“”创建点。 设置点样式为空白,观察点样式的显示。

任务 1.1.1　“复杂多棱体机件”表达视图

——基本表达视图、环境设置、正交、对象捕捉、图层、线型、线条类工具的基本操作及应用

〖任务描述〗

图 1–1–11 所示是“复杂多棱体机件”三维模型,由于要加工生产,需要绘制模型图纸,用哪几个基本图形可以表达模型的形状和尺寸大小呢?请确定并绘制模型的基本视图。

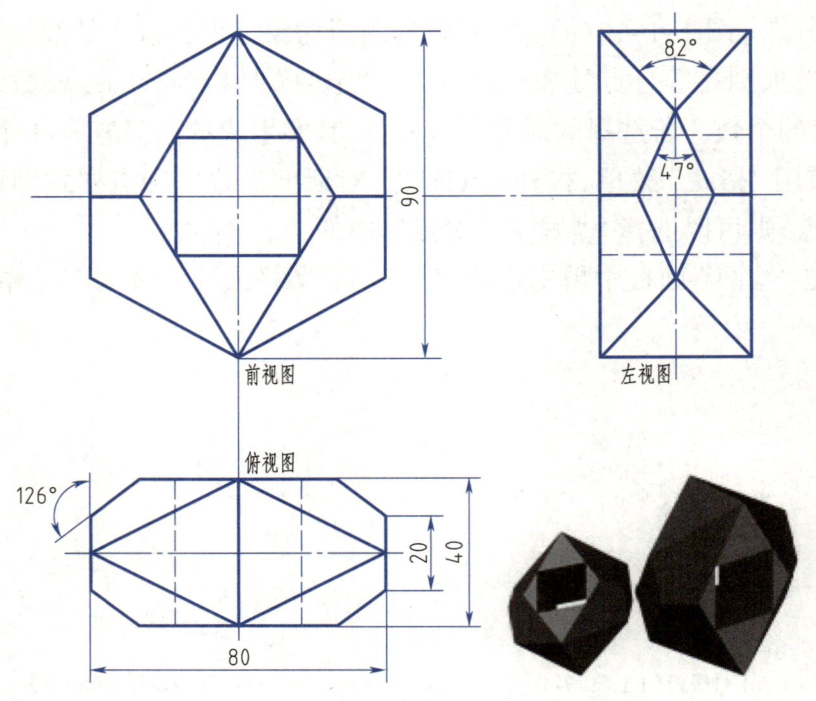

图 1-1-11 “复杂多棱体机件”表达视图

〖任务目标〗

理解视图“长对正、高平齐、宽相等”的尺寸关系；能根据三维模型确定表达视图；培养空间思维能力和实际应用能力。

会设置绘图环境；会设置图层并管理图层；会应用对象捕捉、正交模式辅助绘图；理解工作空间，理解二维视图；能熟练应用直线类工具绘制图形。

〖任务分析〗

打开“项目 1.1\ 任务 1.1.1\ 机件 .dwg”，确定模型的基本表达视图为：前视图、俯视图和左视图。

图 1-1-11 所示为“复杂多棱体机件”的 3 个表达视图，3 个图形具有“长对正、高平齐、宽相等”的尺寸关系。通过绘制 3 个视图理解基本视图及直线、正多边形、矩形、构造线等绘图工具的基本操作与应用，应用图层管理图形。

1. 绘制前视图

如图 1-1-11 所示，已知一个参数，通过对最外面正六边形的结构分析，可知此参数是正六边形的外接圆的直径，则可以先绘制正六边形，再连接顶点；通过对中间的矩形进行分析，可知矩形的中心点与正六边形的中心点是同一个点，则可以过中心点作 45°、135° 构造线为辅助线，找到矩形的 4 个顶点。整个图形的绘制从外到内。

确定绘图的顺序很关键，要求能准确判断出哪些是能根据已知参数直接绘制的，哪些是需要间接绘制的。

2. 绘制左视图

根据前视图和俯视图尺寸得到左视图的高度和宽度，以及中间小正方形的边长。应用构造线辅助画一定角度的直线和方形孔轮廓虚线（看不见的轮廓线用虚线表示），注意绘制具有角度的构造线和直线时，要弄清这个夹角位置在哪里，有的需要根据角度关系计算。

3. 绘制俯视图

绘制俯视图的难点是 4 个相同的斜角，图中提供与左上斜角相关的角度值 126°，可以计算出相关角的度数，左上角斜线与水平线的夹角为 36°（126°−90°），应用构造线或直线与动态输入辅助画出 36° 斜线段。按此方法完成另外几条斜线段的绘制。

若自学了镜像，绘制俯视图时先创建一条斜线段后，分别应用水平或垂直中心轴线镜像快速完成所有的斜线段。由于 3 个视图都具有对称性，可先画对称的一部分，再应用镜像工具快速完成对称的另一部分。

〖任务导学〗

学习单	标题	学习活动	学习建议
	任务建构	完成本任务需要做哪些准备工作？完成任务的基本思路是怎样的	有计划、有准备才能更好地完成一个职业任务
	基本视图	打开“项目 1.1\任务 1.1.1\复杂多棱体机件 .dwg”，确定能表达模型形状和大小的基本图形	基本图形不是越多越好，要确定几个才合适呢
	工具准备	直线、多边形、构造线、层管理器，自学镜像工具。查阅资料了解不可见轮廓线的表达方式	培养自学能力

一、新建图形文档

单击左上角“■”，在弹出的下拉菜单中单击“新建”→“图形”，打开“选择样板”对话框，应用默认图形样板“acadiso.dwt”，单击“打开”按钮，创建名为“复杂多棱体机件视图 .dwg”的图形文档。

理一理	样板
	可以选择系统提供的样板创建图形文件，也可以自定义创建图形样板文件，图形样板文件包括设置单位、精度、图层（颜色、线型、线宽）、文字样式、标注样式、默认线宽、默认字体及默认字高、捕捉类型等，图形样板文件可以按图幅大小命名，如 A2.dwt，A3.dwt 等。自定义创建的样板文件建议保存到 AutoCAD 安装目录“Template”中，便于在“选择样板”对话框中查找应用。

二、绘图设置

1. 环境设置

在 D 盘创建工作文件夹“CAD 图形绘制”。右击工作区，在弹出的快捷菜单中单击“选项”，打开“选项”对话框，在“文件”选项卡中设置“自动保存文件位置”为“CAD 图形绘制”；在“显示”选项卡中设置“显示精度”（精度高则图形显示平滑，系统运行速度变慢。一般采用系统默认精度),单击“颜色”选项卡,设置“二维模型空间”“统一背景”为“白色”;在“打开和保存”选项卡中设置默认保存文件类型为 *.dwg,设置自动保存时间间隔为 5 min;在“用户系统配置”选项卡“插入比例”中设置单位为“毫米”。

单击状态栏切换工作空间按钮“”,选择“草图与注释”,或应用前面练习过的方法,将工作空间自定义为 AutoCAD 经典工作空间,该工作空间保持菜单模式,与老版本 AutoCAD 界面兼容。

2. 图层创建与设置

单击“格式”菜单→“图层”,或单击图层面板的图标“”,打开“图层特性管理器”,单击新建图层按钮“”,新建 3 个图层,见表 1–1–1。

表 1–1–1　新建 3 个图层

名称	颜色	线型	线宽
辅助线层	红色	加载线型“center”(点划线)	默认
粗实线层	黑色	continuous	0.3 mm
短划线层	黑色	加载线型“ACAD_ISO02W100”(短划线)	默认

理一理

管理图层

创建图层便于管理图形线层,图层命名尽量直观易懂,根据绘图需要合理设置图层数量,图形对象属性(如颜色、线型、线宽等)随层管理。

若需隐藏辅助线层,在绘图结束后可设置该层为“关”。加载线型后可在“线型管理器”中通过设置线型比例来调整线的显示。若点划线线型比例设置不当,会使输出的线条呈实线状,这时需在“当前对象缩放比例”中设置稍大的比例才能显示为点划线。

三、绘制前视图

1. 绘制辅助线

单击图层面板图标“”,打开“图层特性管理器”,选择“辅助线层”图层并单击“”,将选择的图层设置为当前图层。

单击状态栏“”,打开正交模式,绘制水平、垂直辅助线,如图 1–1–12(a)所示。

单击“绘图”面板的直线按钮“”或单击“绘图”菜单→“直线”。

(1) 绘制水平辅助线

命令提示如下:

LINE 指定第一点:(在绘图区域任意位置单击)

指定下一点或[放弃(U)]:< 正交开 >(单击“”,开启正交模式,鼠标向右移动,在大约 80 个单位的位置单击,完成水平辅助线的绘制)

(2) 绘制垂直辅助线

LINE 指定第一点:(在刚刚绘制的水平线中点的垂直上方单击)

指定下一点或[放弃(U)]:(鼠标向下移动,在大约 80 个单位的位置单击,完成垂直辅助线的绘制)

理一理	当前图层、正交,绘图工具的重复调用
	应用“辅助线层”图层统一管理辅助线,可以方便地统一更改线型、线宽、颜色、开 / 关等,当某层设置为当前图层时系统将应用该层的设置绘制图形。 按键盘上的 F8 键,或单击任务栏正交按钮“ ”,均可打开正交模式以绘制辅助水平或垂直线。 当选择某工具绘制图形后,若需继续应用该工具绘制,按 Enter 键即可重复调用。

2. 绘制正六边形

单击图层面板的图标“ ”,打开“图层特性管理器”,选择“粗实线层”图层并单击“ ”,将选择的图层设置为当前图层。

(1) 创建正六边形上定位辅助线 OA

在状态栏开启动态输入“ ”,单击“ ”,开启正交模式,单击“ ”,开启对象捕捉,单击状态栏的对象捕捉“ ”旁的“ ”,设置捕捉点为“ 交点”。

单击“绘图”工具栏的直线按钮“ ”。

LINE 指定第一点:(捕捉辅助线的交点 O)

指定下一点或[放弃(U)]:45 [鼠标向上移动,输入 45(90/2),绘制 45 mm 的垂线,用于辅助确定正六边形上方顶点 A,如图 1-1-12(b)所示]

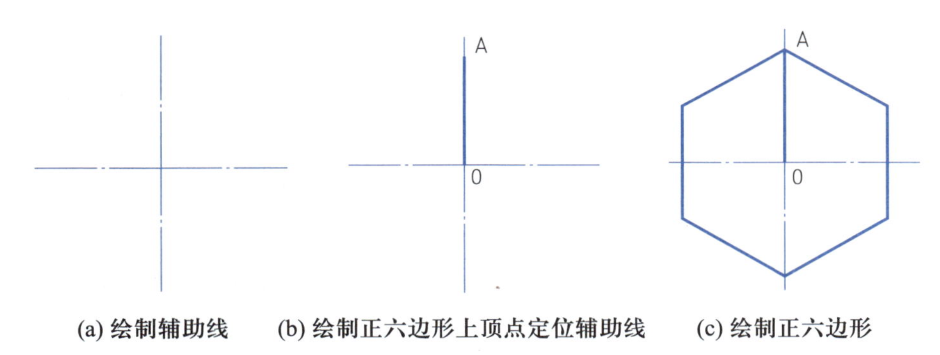

(a) 绘制辅助线　(b) 绘制正六边形上顶点定位辅助线　(c) 绘制正六边形

图 1-1-12　绘制正六边形

理一理	绘制直线,开启对象捕捉,平移与缩放视图
	绘制并定位直线的方法很多:通过两端点的坐标绘制直线;捕捉特殊点绘制直线;以某点为起点应用动态输入绘制一定角度并指定长度的倾斜直线;应用正交模式辅助绘制垂直、水平直线。 单击状态栏的对象捕捉“ ”旁的“ ”,设置捕捉点,或单击“ ”,选择“对象捕捉设置”,打开对话框进行更多捕捉点设置。 绘图时需要放大、缩小、移动视图时,可右击并在弹出的快捷菜单中选择平移、缩放视图工具。

(2) 绘制正六边形

单击“绘图”面板的多边形工具“ ”或依次单击“绘图”菜单→正多边形“ ”,绘制正六边形,命令提示如下:

命令:polygon

输入边的数目 <4>:6

指定正多边形的中心点或[边(E)]:(捕捉辅助线交点 O,拟绘制正六边形的中心点)

输入选项[内接于圆(I)/外切于圆(C)]<I>:I(输入参数 i 并按 Enter 键,以内接于圆选项绘制正六边形,移动鼠标并捕捉辅助线 OA 的上端点 A,即正六边形的顶点 A)

完成正六边形的绘制,如图 1-1-12(c)所示,单击选定长度为 45 mm 的顶点定位辅助直线,按键盘上的 Delete 键删除辅助直线。

理一理	绘制正多边形
	绘制正多边形时,"内接于圆(I)"是指正多边形的所有顶点在 A 圆上,即该正多边形内接于 A 圆;"外切于圆(C)"是指正多边形的所有边都与 B 圆相切,即该正多边形外切于 B 圆。因此指定边数和内接或外切圆的半径都可以绘制一个正多边形。本例实际是指定了 A 圆(内接于圆)的半径为 45 mm。

3. 绘制正六边形内部 6 条线段

(1) 连接顶点,获得交点

如图 1-1-13(a)所示,应用直线绘图工具"▇"连接顶点,连接顶点的目的是得到交点 A、B。开启对象捕捉"▇",确认已设置捕捉点为"✓ ✕ 交点"。

命令:l

LINE 指定第一点:[如图 1-1-13(a)所示,捕捉交点 1,正六边形左下角顶点]

指定下一点或[放弃(U)]:(捕捉交点 2,正六边形最上方顶点)

指定下一点或[放弃(U)]:(捕捉交点 3,正六边形右下角顶点,按 Enter 键结束或右击并单击"确认")

命令:LINE 指定第一点:(按 Enter 键重复使用直线工具,捕捉交点 4,左上角顶点)

指定下一点或[放弃(U)]:(捕捉交点 5,正六边形最下方顶点)

指定下一点或[放弃(U)]:(捕捉交点 6,正六边形右上角顶点,按 Enter 键结束)

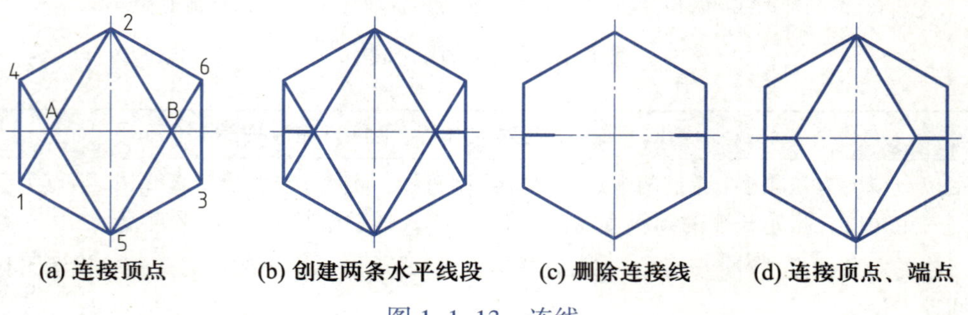

图 1-1-13 连线

(2) 创建两条水平线段

如图 1-1-13(b)所示,应用直线绘图工具"▇"连接正六边形左边中点、A 点,连接正六边形右边中点、B 点。注意开启"对象捕捉"中点。开启对象捕捉"▇",确认已设置捕捉点为

"✓ 交点""✓ 中点"。

命令:l

LINE 指定第一点:(捕捉左边中点)

指定下一点或[放弃(U)]:(捕捉交点 A)

命令:LINE 指定第一点:(捕捉右边中点)

指定下一点或[放弃(U)]:(捕捉交点 B)

单击选中 4 条顶点连接线,应用 Delete 键删除选中的线段,结果如图 1-1-13(c)所示。(学习修剪工具后可不删除线段,直接修剪即可。)

(3) 连接线段为菱形

如图 1-1-13(d)所示,应用直线绘图工具"▇"依次连接正六边形的上顶点、A 点、下顶点、B 点、上顶点,右击并单击"确认"。

4. 绘制内部正方形

复杂多棱体机件中间的方形孔没有确定的尺寸,但它在复杂多棱体机件的正中心,且与 4 条棱相交。正方形顶点定位方法:经过辅助线的中心交点作与水平辅助线分别成 45° 和 135° 夹角的两条构造线,构造线与 4 条顶点连接线的交点就是正方形的 4 个顶点。

(1) 创建构造线

如图 1-1-14(a)所示,经过中心点绘制两条与水平线成 45° 和 135° 的辅助构造线,切换到"辅助线"图层,单击"绘图"面板的构造线工具"▇"。

① 绘制 45° 辅助构造线

命令:xl

XLINE 指定点或[水平(H)/垂直(V)/角度(A)/二等分(B)/偏移(O)]:a(输入角度参数 a 并按 Enter 键)

输入构造线的角度(0)或[参照(R)]:45(输入角度 45 并按 Enter 键)

指定通过点:(捕捉辅助线交点,绘制一条 45° 构造线)

② 绘制 135° 辅助构造线

命令:XLINE 指定点或[水平(H)/垂直(V)/角度(A)/二等分(B)/偏移(O)]:a

输入构造线的角度(0)或[参照(R)]:135

指定通过点:(捕捉辅助线交点)

按 Enter 键完成构造线的绘制,如图 1-1-14(a)所示。

<table>
<tr><td rowspan="2">试一试</td><td>动态输入,角度构造线,角度直线</td></tr>
<tr><td>分别应用动态输入、命令栏两种方式绘制上述构造线,体会两者的区别与联系。
在上述案例中创建角度构造线的目的是需要获得交点。若选择构造线的"二等分(B)"参数,平分辅助中心线相交的直角也可以绘制 45° 和 135° 构造线。在应用"角度(A)"参数时,只有理解了角度位置才能准确绘制角度构造线。
也可以不应用构造线,而用直线工具动态输入角度绘制辅助线得到交点。</td></tr>
</table>

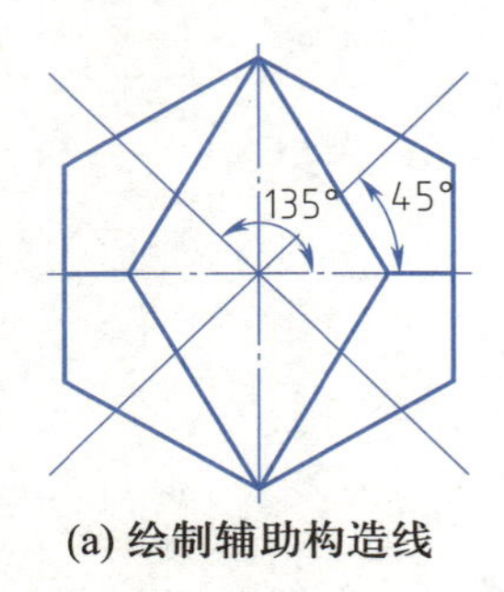

(a) 绘制辅助构造线

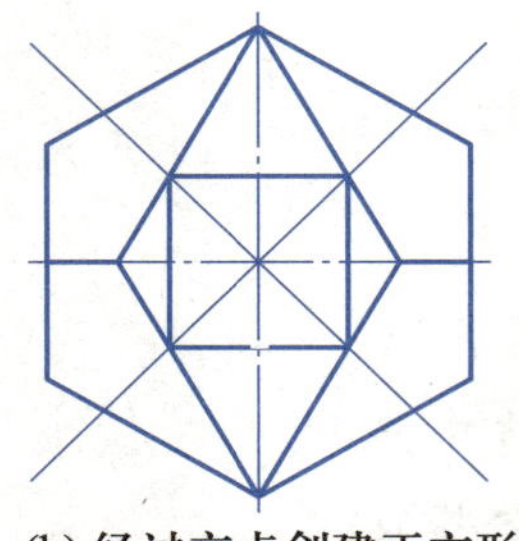
(b) 经过交点创建正方形

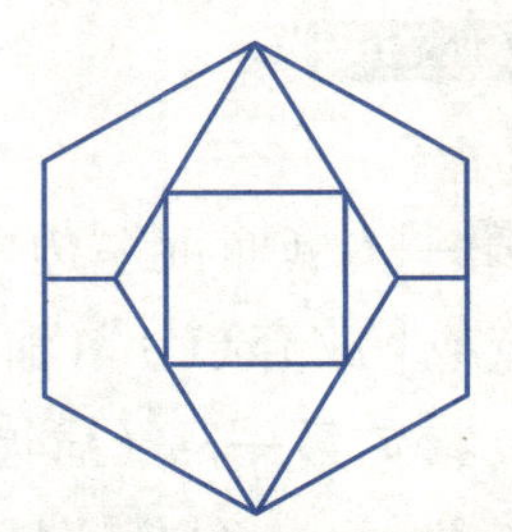
(c) 隐藏辅助线层后的图形

图 1-1-14　绘制中心正方形

(2) 绘制矩形

以辅助构造线与菱形线的交点为矩形的 4 个角点，应用“绘图”面板矩形按钮“■”或“绘图”菜单→矩形“▭”命令绘制中心矩形［图 1-1-14(b)］，命令提示如下：

命令：rec

指定第一个角点或［倒角(C)/ 标高(E)/ 圆角(F)/ 厚度(T)/ 宽度(W)］:(拾取辅助构造线与菱形连线的左上交点为矩形的第一角点)

指定另一个角点或［面积(A)/ 尺寸(D)/ 旋转(R)］:(拾取辅助构造线与菱形连线的右下交点为矩形的对角点)

完成矩形绘制，选定两条辅助构造线，并按键盘上的 Delete 键删除。

在“图层特性管理器”中，单击“辅助线层”中图层开 / 关按钮“💡”，关闭“辅助线层”图层，则隐藏“辅助线层”辅助线，这时图形显示如图 1-1-14(c) 所示。

试一试	用多边形工具绘制中心矩形
	上述案例也可以应用直线工具连接 4 个交点得到中心正方形。 也可以用多边形工具绘制中心矩形，单击“绘图”面板多边形工具“⬠”，设置为 4 条边，单击辅助线交点为中心点，选择“内接于圆(I)”，单击构造线与菱形的一个交点绘制中心矩形，这种方法只需要创建一条 45° 构造线即可，试试看。

四、绘制左视图

1. 绘制外矩形

根据机件基本视图的尺寸关系：长对正、高平齐、宽相等，由图 1-1-11(a)、(c) 所示尺寸可知左视图外矩形的长、宽分别为 90 mm、40 mm。

切换到“粗实线层”图层，开启动态输入“⊞”，单击“绘图”面板的矩形工具“■”或“绘图”菜单→矩形“▭”命令，单击指定矩形左上角角点，鼠标向右下方移动，在动态输入第一个框中输入“40”，按 Tab 键切换到第二个输入框，并输入“90”，按 Enter 键创建 40 mm × 90 mm 的矩形［图 1-1-15(a)］。

理一理	理解绘制矩形的参数
	指定矩形的面积、长 / 宽、对角点坐标都可以绘制一个矩形。绘制时先确定一个角点，再在命令栏"[面积(A)/尺寸(D)/旋转(R)]"中选择参数，选择参数 A 时，先输入面积，再指定长度或宽度绘制矩形；选择参数 D 时，输入长度、宽度值绘制矩形；选择参数 R 时，输入旋转角度，应用动态输入栏输入长度、宽度值精确绘制旋转的矩形。当绘制旋转矩形后，若要绘制水平的矩形需应用旋转参数 R，设置角度为 0 后再绘制水平矩形。绘制过程开启并应用动态输入" "更方便。

2. 绘制右上角 3 条线段

(1) 创建中心辅助线

切换到"辅助线层"图层，在状态栏单击" "，开启正交模式，单击" "，开启对象捕捉，右击对象捕捉，单击"对象捕捉设置"，勾选"中点"。

单击"绘图"面板的直线工具" "。

LINE 指定第一点：(捕捉矩形上边中点，鼠标垂直向上移动，在离上边线约 4 个单位的位置单击确定第一点)

指定下一点或[放弃(U)]：[鼠标垂直向下移动，在下边线下方约 4 个单位的位置单击确定下一点，如图 1-1-15(b)所示]

如图 1-1-15(b)所示，应用捕捉中点、水平导向创建水平中心辅助线。框选绘制的矩形和两条辅助线，右击选中的对象，在弹出的快捷菜单中选择"移动"(或选择"修改"面板中的移动工具" ")，捕捉并单击水平辅助线的左端点作为移动对象的参考基点，捕捉并单击前视图水平辅助线的右端点完成移动。

理一理	3 个基本视图的位置与尺寸关系
	摆放绘制的复杂多棱体机件的 3 个基本视图时，先确定前视图的位置，左视图在前视图的正右边，俯视图在前视图的正下方。即前视图、左视图在同一水平中心辅助线上，前视图、俯视图在同一垂直中心辅助线上。由于是对同一机件的视图表达，其尺寸关系应遵循"长对正、高平齐、宽相等"。

(2) 创建 49° 构造线

如图 1-1-15(c)所示，经过矩形右上角 M 点绘制与水平线成 49°(90−82/2=49)的构造线，切换到"辅助线层"图层，单击"绘图"面板的构造线工具" "。

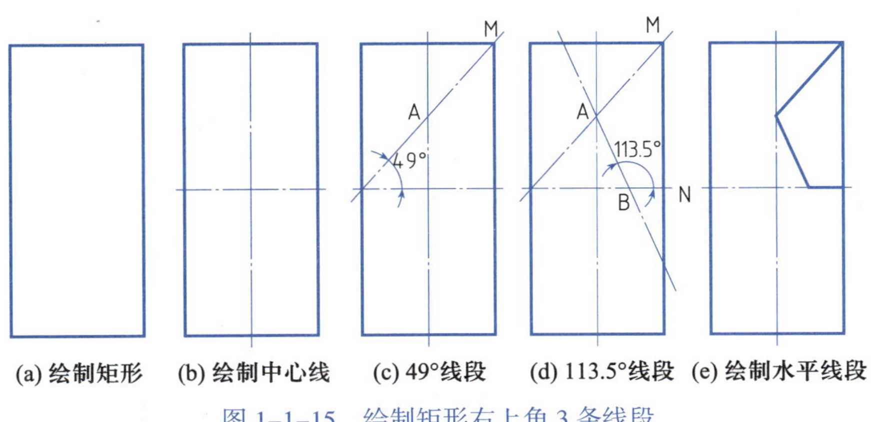

(a) 绘制矩形　(b) 绘制中心线　(c) 49°线段　(d) 113.5°线段　(e) 绘制水平线段

图 1-1-15　绘制矩形右上角 3 条线段

命令:xl

XLINE 指定点或[水平(H)/垂直(V)/角度(A)/二等分(B)/偏移(O)]:a(输入角度参数)

输入构造线的角度(0)或[参照(R)]:49(输入角度)

指定通过点:(捕捉矩形右上角 M 角点,单击创建 49° 的构造线,得到交点 A)

理一理	怎样确定构造线的角度?
	构造线角度的确定很关键。构造线与水平线的夹角是创建构造线的输入角,构造线经过的点与水平线的夹角根据已知角度计算。如上述构造线 L1、L2 的创建分别是经过 M 点 49°、经过 A 点 113.5°,都是以该点水平线为参照的角度。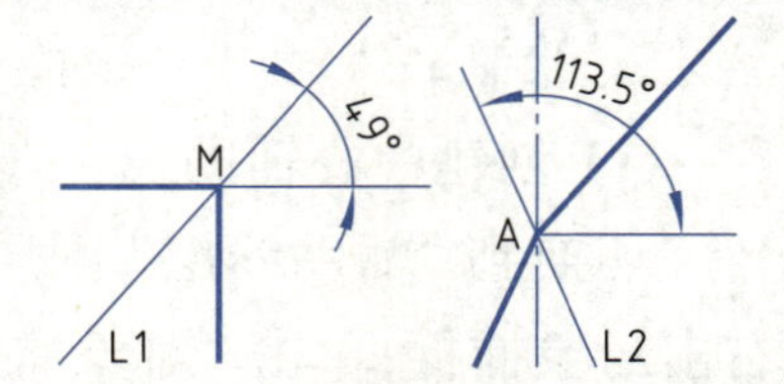

(3) 连接线段 MA

切换到“粗实线层”图层,开启捕捉交点,单击“绘图”面板的直线工具“■”。

LINE 指定第一点:(捕捉矩形右上角角点 M 并单击)

指定下一点或[放弃(U)]:(捕捉 49° 构造线与垂直中心辅助线的交点 A 并单击)

连接的线段如图 1–1–15(c)所示。

(4) 创建 113.5° 构造线

如图 1–1–15(d)所示,经过 A 点绘制与水平辅助线成 113.5°(90+47/2=113.5)的构造线,切换到“辅助线层”图层,单击“绘图”面板的构造线工具“■”。

命令:xl

XLINE 指定点或[水平(H)/垂直(V)/角度(A)/二等分(B)/偏移(O)]:a(指定角度参数)

输入构造线的角度(0)或[参照(R)]:113.5(输入角度)

指定通过点:(捕捉并单击 A 点创建 113.5° 构造线,得到交点 B)

(5) 连接 A、B 点

113. 5° 构造线与水平中心辅助线交于 B 点。单击“绘图”面板的直线工具“■”,应用粗实线层线连接 A、B 两点,创建线段 AB。

(6) 创建线段 BN

单击“绘图”面板的直线工具“■”,应用粗实线层线连接 B 点与矩形右边线的中点 N,删除两条构造线,结果如图 1–1–15(e)所示。

试一试	应用动态输入、直线工具创建 MABN 线段组
	可以不创建构造线,应用动态输入和直线工具可创建 MABN 线段组。创建时先捕捉 M 点并向左下方移动鼠标,应用 Tab 键切换到动态输入角度框,输入 131°(180–49)创建直线,得到交点 A;用同样的方法捕捉 A 点并应用动态输入和直线工具创建 67.5°(90–47/2)的直线,得到交点 B,然后连线完成 MABN 线段组。最后删除辅助线。 注意创建构造线、直线时角度的应用都是以水平线为参照,但创建直线要输入的角度与光标导向有关系。

3. 镜像创建右下角两条线段

由于矩形内部线段与水平、垂直中心辅助线呈轴对称,可应用镜像创建线段。

(1) 垂直镜像创建右下方两条线段

开启对象捕捉的“中点”,单击修改面板的镜像工具“▲”,或单击“修改”菜单的“镜像”命令。

命令:_mirror

选择对象:找到 1 个[如图 1-1-16(a)所示,单击线段 MA]

选择对象:找到 1 个,总计 2 个(再单击线段 AB)

指定镜像线的第一点:(捕捉矩形左边线中点 L 并单击)

指定镜像线的第二点:(捕捉矩形右边线中点 N 并单击)

要删除源对象吗? [是(Y)/否(N)]<N>:(输入 N 或直接按 Enter 键)

垂直镜像的结果如图 1-1-16(b)所示。

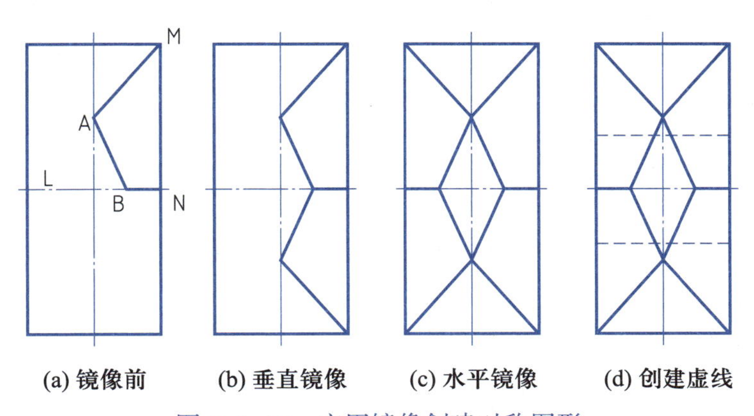

图 1-1-16　应用镜像创建对称图形

(2) 水平镜像创建左侧 5 条线段

命令:_mirror

选择对象:找到 1 个(依次单击矩形内部创建的 5 条线段)

选择对象:找到 1 个,总计 2 个

选择对象:找到 1 个,总计 3 个

选择对象:找到 1 个,总计 4 个

选择对象:找到 1 个,总计 5 个

指定镜像线的第一点:(捕捉矩形上边线中点并单击)

指定镜像线的第二点:(捕捉矩形下边线中点并单击)

要删除源对象吗? [是(Y)/否(N)]<N>:(输入 N 或直接按 Enter 键)

水平镜像的结果如图 1-1-16(c)所示。

学一学	镜像工具
	镜像工具“![icon]”对于创建对称性图形对象非常方便。应用时先选择要镜像的对象，再选择对称线，在“[是(Y)/否(N)]”中，N表示镜像时不删除源对象，Y表示镜像时删除源对象。

4. 创建表示方孔的虚线

在已绘制的前视图中，分别经过方形孔的上边线和下边线端点创建两条水平构造线 L1、L2 [注意应用“水平(H)”参数]，L1、L2 与左视图矩形的两条垂直连线相交得到 4 个交点，切换到“短划线层”，应用直线工具连接 4 个交点得到两条虚线。不可见轮廓线用虚线表示，创建的结果如图 1–1–16(d)所示。

试一试	应用构造线“偏移(O)”参数辅助创建表示方孔的虚线
	定位虚线位置的另类方法：选择构造线中的“偏移(O)”参数，在输入偏移距离中再选择“通过(T)”参数，指定前视图表示方孔的上边线为参考偏移的直线对象，再指定上边线的端点为偏移要经过的点，创建一条偏移构造线，用同样的方法创建方孔下边线构造线，得到左视图与矩形两侧的 4 个交点，连接交点绘制虚线。

五、绘制俯视图

1. 绘制 80 mm × 40 mm 矩形，创建中心辅助线

(1) 绘制 80 mm × 40 mm 矩形

切换到“辅助线层”，应用“绘图”面板的矩形按钮“![icon]”或“绘图”菜单→矩形“![icon]”命令绘制矩形[图 1–1–17(a)]，绘制提示如下：

单击绘图区某点为矩形的第一角点，在第一个动态输入框中输入“80”，在第二个动态输入框中输入“40”，按 Enter 键创建 80 mm × 40 mm 的矩形。

(2) 创建中心辅助线

根据机件基本视图的摆放位置，需将绘制的 80 mm × 40 mm 矩形移至前视图的正下方。

单击选中图 1–1–17(a)所示的矩形，右击选中的对象，在弹出的快捷菜单中选择“移动”(或选择“修改”面板中的移动工具“![icon]”)，捕捉并单击矩形上边线的中点作为移动对象的参考基点，捕捉并单击前视图垂直中心辅助线的下端点完成矩形的移动。

选中前视图垂直中心辅助线，垂直向下拖动下端点使前视图垂直中心辅助线过矩形下边线约 5 mm 时确认，得到垂直中心辅助线。应用“辅助线层”捕捉矩形两侧垂直边的中点并用直线工具“![icon]”连线，然后延长两边端点，得到水平中心辅助线，如图 1–1–17(b)所示。

(a) 绘制矩形

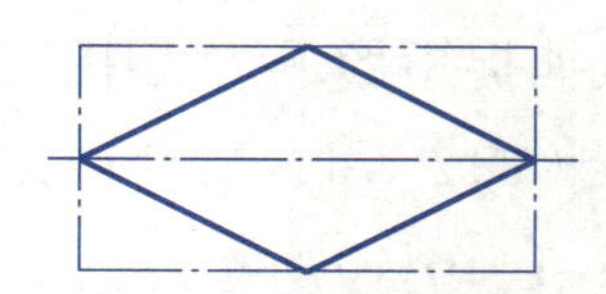

(b) 创建中心辅助线，连接矩形各边中点

图 1–1–17　创建菱形

2. 连接矩形边的中点绘制菱形

切换到“粗实线层”，应用直线工具连接矩形各边中点，得到图 1–1–17(b)所示的菱形。

3. 绘制菱形外侧线段

(1) 绘制左侧 20 mm 线段 AB

应用“粗实线层”，单击直线工具，捕捉并单击矩形左侧边中点，在正交模式下鼠标向上移动，输入“10”并按 Enter 键。用同样的方法，鼠标向下移动创建 10 mm 垂直线段，如图 1–1–18(a)所示。

试一试	应用构造线“偏移(O)”参数辅助创建左侧 20 mm 线段
	以 10 mm 为偏移距离，分别向上、向下偏移矩形中心辅助线创建构造线，可得到与矩形两侧边的 4 个交点，依次连接侧边交点可创建两条 20 mm 线段。

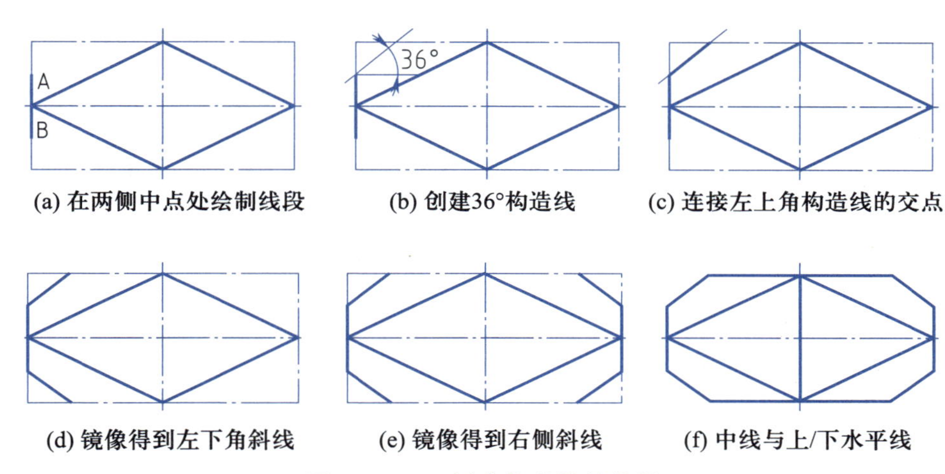

(a) 在两侧中点处绘制线段　(b) 创建36°构造线　(c) 连接左上角构造线的交点

(d) 镜像得到左下角斜线　(e) 镜像得到右侧斜线　(f) 中线与上/下水平线

图 1–1–18　创建菱形外的线段

(2) 绘制左上角斜线段

如图 1–1–18(b)所示，过左侧线段上端点 A 创建 36°(126–90=36)的构造线。

选择“粗实线层”，单击直线工具“■”，捕捉构造线与矩形的两个交点创建 36° 的斜线段，如图 1–1–18(c)所示。完成后再删除辅助构造线。

(3) 绘制左下角斜线段

应用修改面板中的镜像工具“■”，选择左上角斜线段，捕捉矩形两垂直边的中点(或捕捉水平中心辅助线)为镜像轴，镜像创建左下角斜线段，如图 1–1–18(d)所示。

(4) 绘制右侧线段

应用修改面板中的镜像工具“■”，选择菱形左侧绘制的线段，捕捉矩形两条水平边的中点(或捕捉垂直中心辅助线)为镜像轴，镜像创建右侧线段，如图 1–1–18(e)所示。

(5) 创建垂直中线和上、下两条水平线段

选择“粗实线层”，单击直线工具，捕捉端点并应用直线工具“■”连接端点，创建垂直中

线和上、下两条水平线段，选中并删除矩形辅助线，如图 1-1-18(f)所示。

4. 创建虚线

在已绘制的前视图中，分别经过方形孔的左边线和右边线端点创建两条垂直构造线 L3、L4［注意应用“垂直(V)”参数］，L3、L4 与俯视图的两条水平线相交得到 4 个交点，切换到“短划线层”，应用直线工具“■”连接 4 个交点，得到两条虚线，如图 1-1-19 所示。

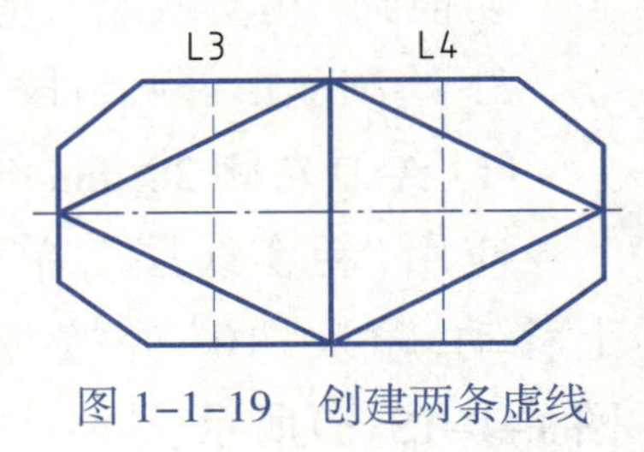

图 1-1-19 创建两条虚线

六、保存图形文件

将创建的图形文件保存到工作目录。保存为 PDF 图像文件并打开，查看绘制的图纸。

〖任务体验〗

1. 任务梳理

请将本次任务学习的内容按下表提示进行梳理。

AutoCAD 技术			制图技能			经验笔记
绘图环境	图层	绘图工具	基本视图	确定原则	绘制要求	

2. 操作训练

按尺寸绘制图 1-1-20~ 图 1-1-24 所示的图形。

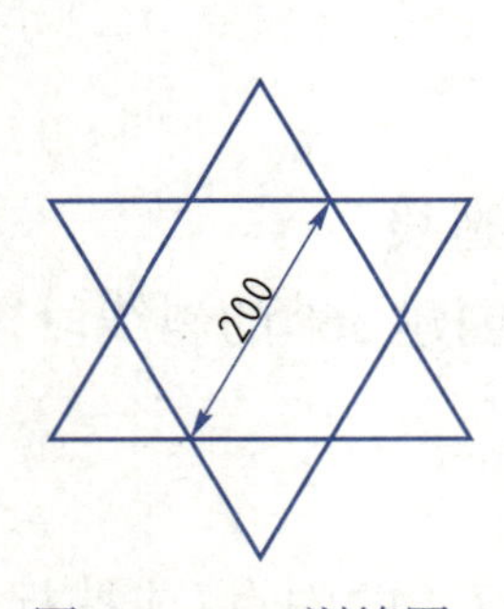

图 1-1-20 训练图 1

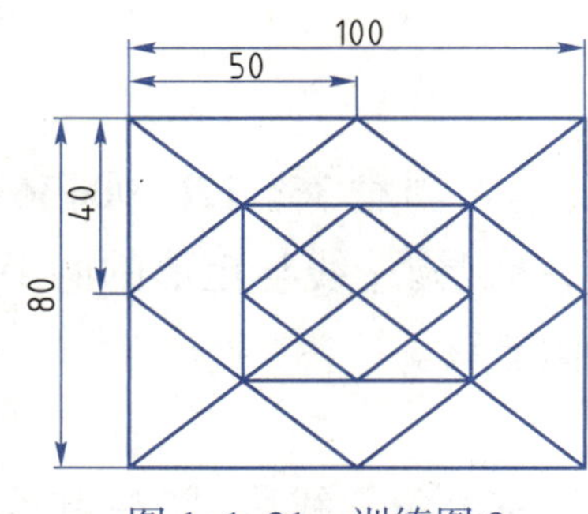

图 1-1-21 训练图 2

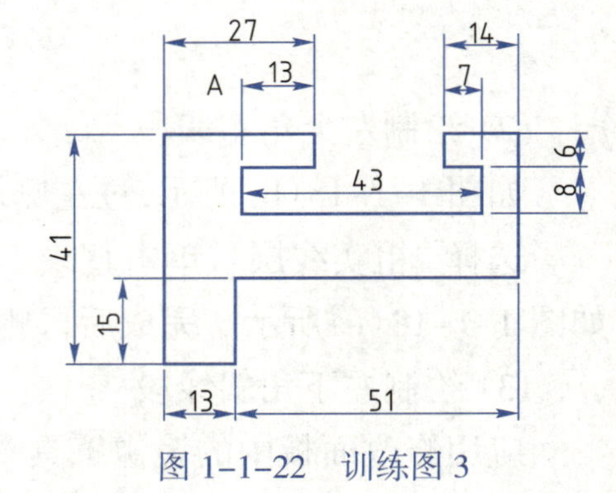

图 1-1-22 训练图 3

3. 案例体验

下列两个应用情景需要几个基本视图才能完整表达？根据情景描述分别绘制出路标指示牌和矿泉水瓶的前视图，你还能绘制出俯视图吗？（尺寸的单位均为 mm。）

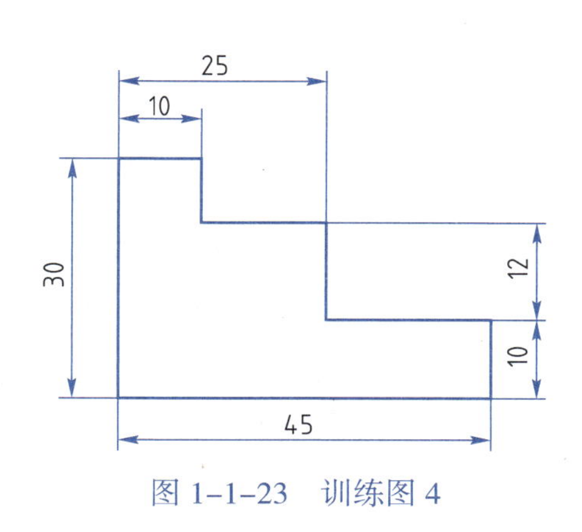

图 1-1-23　训练图 4

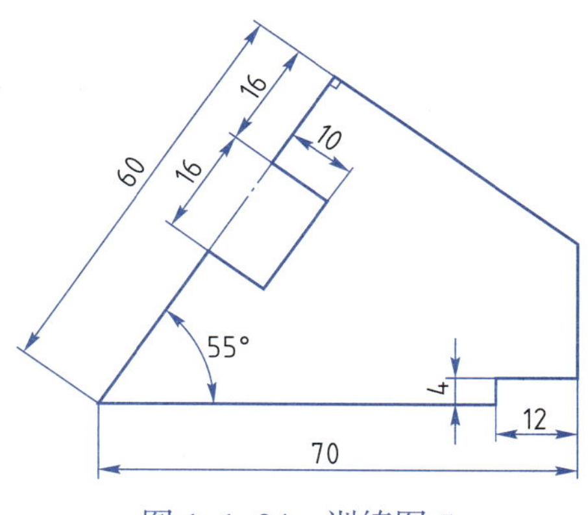

图 1-1-24　训练图 5

图 1-1-25 所示为路标指示牌模型前视图，中间为 5 mm × 5 mm 的方形支撑木，指示牌厚度相同，均为 3 mm，以垂直中心线为参考，指示牌用边长为 2 mm × 2 mm 的方形不锈钢固定在支撑木上。图 1-1-26 所示为矿泉水瓶主视图，中间的尖角为直角，凸凹口的宽度为 3 mm，深度为 3.5 mm。

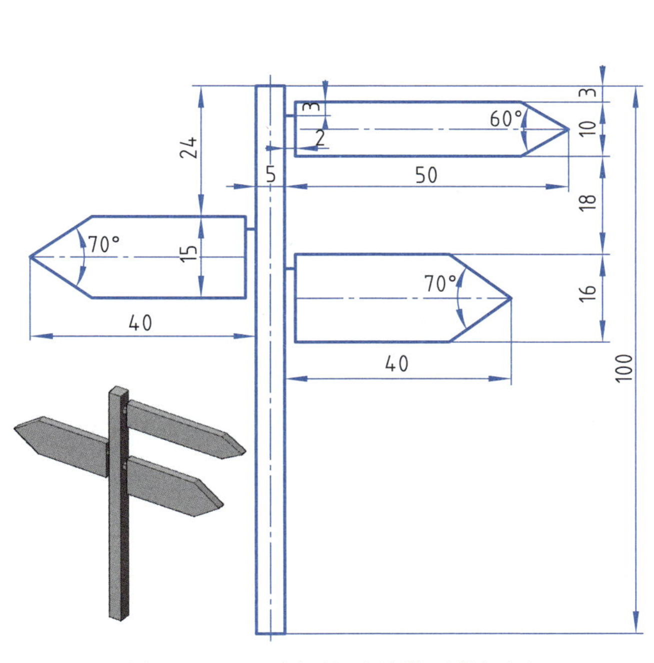

图 1-1-25　路标指示牌模型前视图

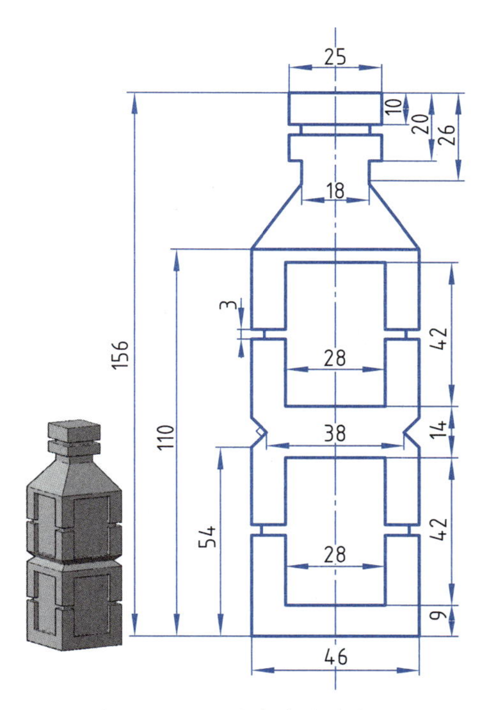

图 1-1-26　矿泉水瓶主视图

绘图提示：如图 1-1-25 所示，有两个尺寸相同、方向相反的指示（40 mm、15 mm、70°），可先绘制一个再镜像生成另一个，然后移动到图示位置即可。绘制一定角度的斜线时，先创建中心辅助线，再按半角计算角度，应用动态输入绘制斜线，得到交点后再连线。同一指示牌的下方线段可镜像产生，镜像对称轴是指示牌的中心线。俯视图是从上向下投射看到的轮廓线，前视图与俯视图的尺寸关系：长对正、高平齐、宽相等。

任务 1.1.2 “棘轮杆”视图

——线条类工具、等分点工具的基本操作及应用

〖任务描述〗

如图 1-1-27 所示，“棘轮杆” 模型的基本视图确定为主视图和左视图，请按图示尺寸绘制视图。

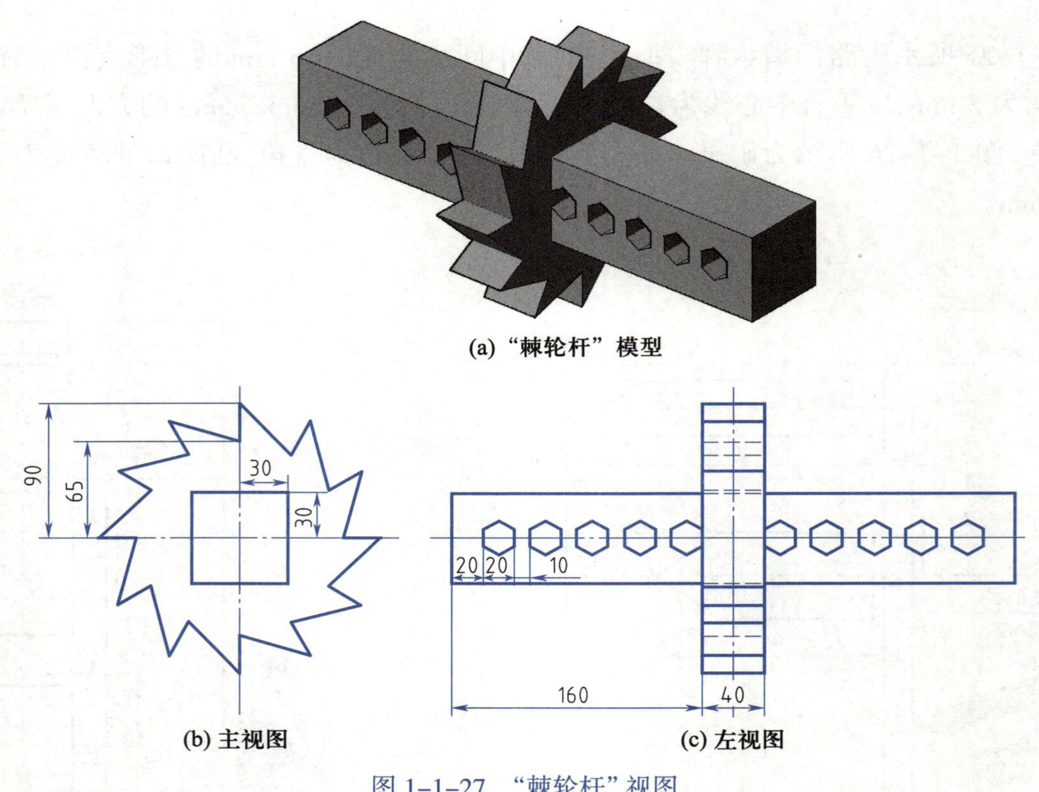

(a)“棘轮杆”模型

(b) 主视图　　(c) 左视图

图 1-1-27 “棘轮杆”视图

〖任务目标〗

会应用图层管理线型，会应用对象“特性”，掌握点样式、等分点的基本操作与应用，了解直线、圆的综合应用，熟练应用对象捕捉、正交、动态输入辅助绘图，会设置模型空间界限；理解视图的尺寸关系：“长对正、高平齐、宽相等”，综合运用直线、构造线、点、圆等绘图工具绘制图形；学会确定基本视图，熟悉制图流程，培养识图能力和制图习惯，培养自学能力。

〖任务分析〗

绘图前观察“棘轮杆”，确定出表达大小和形状的基本视图有两个，即前视图、左视图，确

定的视图在绘制后摆放位置是怎样的？分析基本视图的轮廓线特点，弄清图形的定形、定位尺寸，绘图时充分应用图层功能管理图形线，应用对象特性学会修改图形对象参数。

1. 绘制前视图

分析棘轮的各个棘点，它们都在两个不同的圆上，而且在同一个圆上的棘点都分布均匀，可应用定数等分圆得到棘轮的棘点，应用对象捕捉和直线工具连线完成棘轮。若自学了阵列，绘制一个“棘”后环形阵列快速可完成所有的“棘”。

2. 绘制左视图

分析轮杆的正多边形孔，孔的中心点在同一直线上且间距相等，考虑通过定距等分线段得到杆孔的中心点；中间分布不均的多条水平线段是棘轮与棘槽的应用线，根据“高平齐”可通过前视图作水平构造线辅助定位绘制，注意可见轮廓线用实线表示，不可见轮廓线用虚线表示。

〖任务导学〗

	标题	学习活动	学习建议
学习单	基本视图	打开“项目 1.1\ 任务 1.1.2\ 棘轮杆 .dwg”，确定能表达模型形状和大小的基本视图	确定基本视图，弄清图形的定形、定位尺寸关系
	任务准备	拟定完成本任务的基本思路。巩固需要准备的绘制工具，自学圆、图形界限、阵列工具	做一个有计划、有准备的职业人

一、新建文档、设置绘图环境

1. 新建文档

单击左上角“A”，在弹出的下拉菜单中单击“新建”→“图形”命令，打开“选择样板”对话框，应用默认图形样板“acadiso.dwt”，单击“打开”按钮，创建名为“棘轮杆视图 .dwg”的图形文档。

单击左上角“A”，在弹出的下拉菜单中单击“另存为”→“图形”命令，在“图形另保存为”对话框中指定保存位置“D:/CAD 图形绘制”，输入文件名“棘轮杆视图”，设置保存文件类型为“AutoCAD 2004 图形(*.dwg)”，单击“保存”，保存图形文件。

理一理	图形类型与保存位置
	保存为较低版本的图形类型，可在低版本的 AutoCAD 中打开。 创建图形文件前最好先创建工程图纸的工作文件夹，并在“选项”中设置好保存的类型、自动保存和 PDF 图像文件保存位置(工作文件夹)。

2. 切换或设置工作空间

单击状态栏切换工作空间按钮“⚙▾”，选择“草图与注释”，或应用前面介绍的方法自定义为 AutoCAD 经典工作空间，该工作空间保持菜单模式，与老版本 AutoCAD 界面兼容。

3. 设置图层

单击“格式”菜单→“图层”命令，或单击图层面板的图标“”，打开“图层特性管理器”，单击新建图层“”按钮，新建并设置图层，见表 1–1–2。

表 1–1–2　新建 3 个图层

名称	颜色	线型	线宽
辅助线	红色	加载线型“center2”（点划线）	默认
粗实线	黑色	continuous	0.3 mm
短划线	黑色	加载线型“ACAD_ISO02W100”（短划线）	默认

注：“辅助线”层设为“不打印”。

二、绘制前视图

1. 绘制中心辅助线

在“默认”选项卡的“图层”面板中切换当前图层为“辅助线”图层，单击状态栏栅格显示“”，关闭网格，绘制水平、垂直的两条辅助线，如图 1–1–28（a）所示。

单击“绘图”面板的直线工具“”，绘制水平中心辅助线。

命令提示如下：

LINE 指定第一点：(在绘图区域内靠左位置单击，指定直线的起点)

指定下一点或［放弃(U)］：< 正交开 >(单击“”，开启正交模式，鼠标向右移动，在大约 200 个单位的位置单击，完成水平中心辅助线的绘制)

单击“绘图”面板的直线工具“”，绘制垂直中心辅助线。

LINE 指定第一点：(开启捕捉“中点”，在绘图区域内水平辅助线中点的上方约 100 个单位的位置单击，指定垂直辅助线的起点)

指定下一点或［放弃(U)］：< 正交开 >(单击“”，开启正交模式，鼠标向下移动，创建约 200 个单位的垂直中心辅助线)

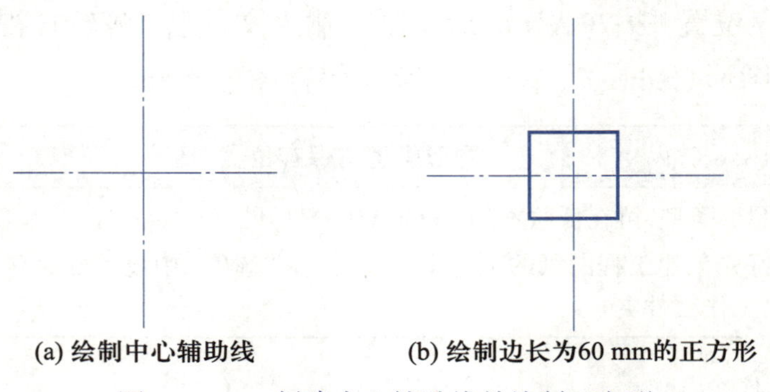

(a) 绘制中心辅助线　　(b) 绘制边长为60 mm的正方形

图 1–1–28　创建中心辅助线并绘制正方形

2. 绘制边长为 60 mm 的正方形

单击“绘图”面板的多边形工具“”，绘制正四边形，命令提示如下：

命令:polygon

输入边的数目 <4>:4(单击并开启动态输入“”,输入“4”,指定为 4 条边)

指定正多边形的中心点或[边(E)]:(捕捉中心辅助线的交点)

输入选项[内接于圆(I)/外切于圆(C)]<I>:C(输入参数 C,以“外切于圆”方式绘制正方形)

指定圆的半径:30(输入圆的半径 60 mm/2=30 mm,即边长的一半)

按 Enter 键确认,完成正方形的绘制,如图 1-1-28(b)所示。

理一理	确定“内接于圆”“外切于圆”的技巧	
	绘制多边形确定“内接于圆”“外切于圆”的方法:已知多边形中心点 1 到角点 2 的距离,选择“内接于圆”,已知多边形中心点 1 到边 2 的垂直距离,选择“外切于圆”。	2　1　内接于圆(I)　外切于圆(C)　2　1

3. 绘制“棘轮”

(1) 绘制 R90 mm 圆

切换到“辅助线”层。单击“绘图”面板中的圆工具“”,如图 1-1-29(a)所示,绘制 R90 mm 圆,命令提示如下:

命令:_circle

指定圆的圆心或[三点(3P)/两点(2P)/相切、相切、半径(T)]:(单击捕捉中心辅助线的交点,指定圆心)

指定圆的半径或[直径(D)]:90(输入圆的半径 90 mm 并按 Enter 键确认)

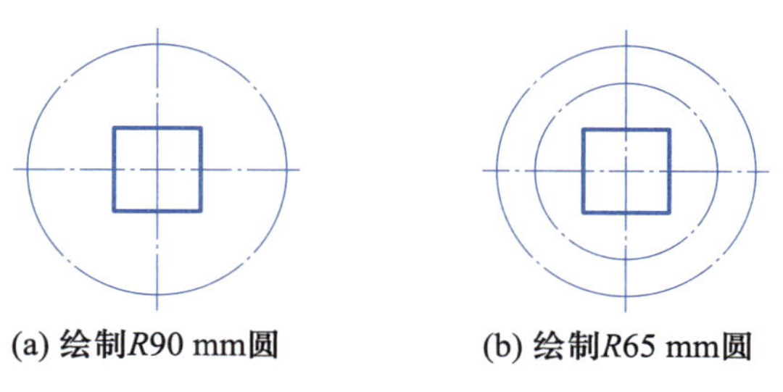

(a) 绘制R90 mm圆　　(b) 绘制R65 mm圆

图 1-1-29　绘制同心圆

(2) 绘制 R65 mm 圆

切换到“辅助线”层。如图 1-1-29(b)所示,单击“绘图”面板中的圆工具“”,捕捉中心辅助线中点为圆心,绘制半径为 65 mm 的圆。

(3) 将 R65 mm 圆和 R90 mm 圆定数 12 等分

① 设置点样式　单击“默认”选项卡的“实用工具”中的“点样式...”,或设置“显示菜单”后单击“格式”菜单,打开“点样式”对话框,如图 1-1-30 所示,设置点样式为“⊠”、点大小为 3%。

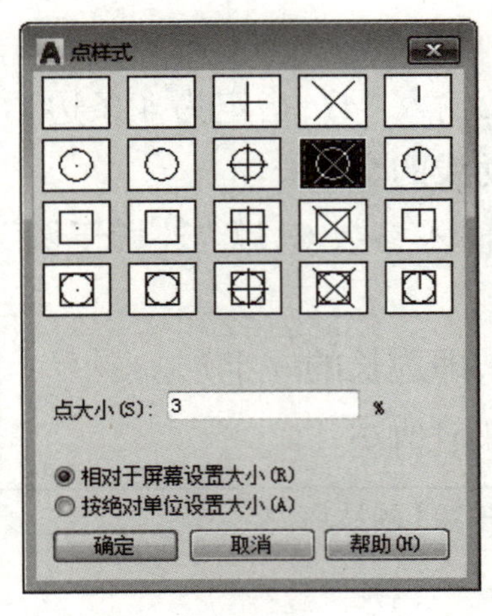

图 1-1-30　设置“点样式”

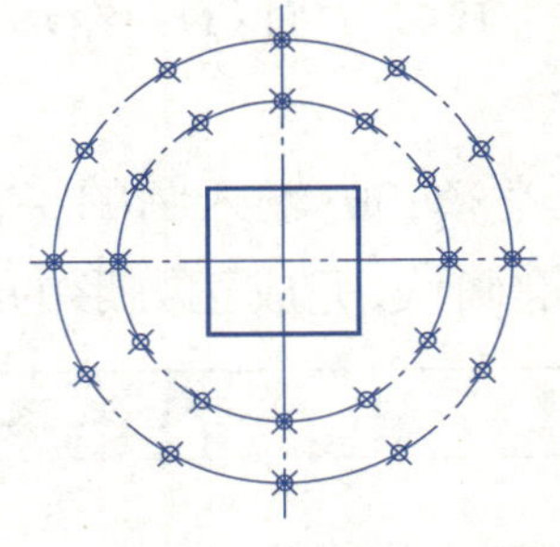

图 1-1-31　定数 12 等分

② 定数 12 等分　切换到“辅助线”层，单击“默认”选项卡的“绘图”面板中的定数等分工具“定数等分”，如图 1-1-31 所示，分别将半径为 90 mm 和 65 mm 的 2 个圆等分为 12 份。

命令提示如下：

命令：_divide

选择要定数等分的对象：(单击选择半径为 90 mm 的圆)

输入线段数目或［块(B)］：12(输入等分段数 12 并按 Enter 键确认)

命令：_divide

选择要定数等分的对象：(单击选择半径为 65 mm 的圆)

输入线段数目或［块(B)］：12(输入等分段数 12 并按 Enter 键确认)

理一理	等分点
	在 AutoCAD 中，创建点用于辅助绘制“棘轮杆”，定义了点样式的点将以该样式显示点，取消点样式可定义点样式为空白样式(无点样式)，创建的点若无点样式则图形中看不见点，但应用捕捉“节点”可捕捉到点。等分点有两种：定数和定距。

(4) 依次连接等分点

① 开启“节点”　在状态栏设置并开启“对象捕捉”的节点“节点”，单击“”，关闭正交模式。

② 连接等分点　切换到“粗实线”层，利用直线命令，按图 1-1-32 所示分别连接等分点。单击“绘图”面板的直线工具“”，命令提示如下：

命令：_line

指定第一点：［光标移到图 1-1-32(a)点 1，捕捉圆上节点 1 并单击确认］

指定下一点或［放弃(U)］：(光标移到点 2，捕捉圆上节点 2 并单击确认)

依次连接节点，如图 1-1-32(a)所示。

4. 取消点样式、删除辅助圆

单击“默认”选项卡的“实用工具”中的“点样式...”，或设置“显示菜单”后单击“格式”菜单，打开“点样式”对话框，如图 1-1-30 所示，设置点样式为“□”（即第 1 行第 2 个为无点样式），单击“确定”，则图中没有点样式显示。

依次单击选定 R90 mm、R65 mm 圆，按 Delete 键删除，如图 1-1-32（b）所示。

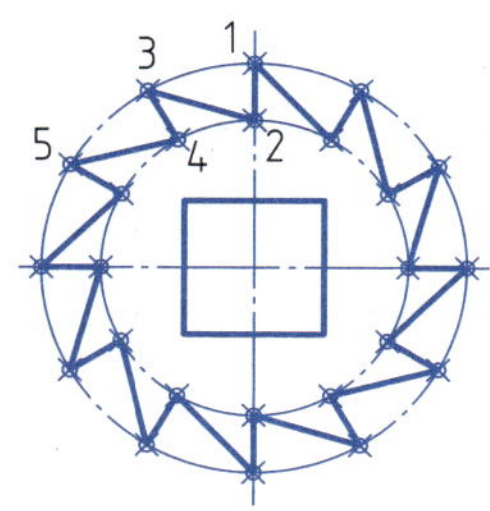

(a) 依次连接等分点

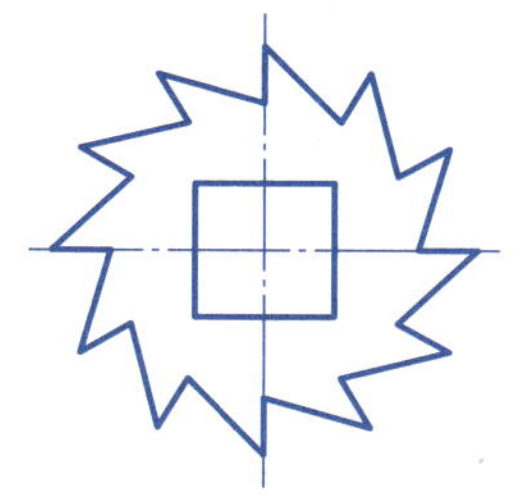

(b) 取消点样式、删除辅助圆

图 1-1-32　绘制“棘轮”的“棘”

试一试	应用环形阵列快速创建“棘轮”
	由于“棘”的分布呈环形等距规律。应用定数等分工具“定数等分”创建等分点后，再用直线连接点 1、2、3，单击“默认”选项卡“修改”面板中的环形阵列工具“▣”，选择点 123 的两段线，右击确认，捕捉中心辅助线的交点为环形阵列的中心点，输入环形阵列的“项目数”12、“填充”角度为 360，可快速创建“棘”。

三、绘制左视图

1. 创建中心辅助线

在“默认”选项卡“图层”面板中切换当前图层为“辅助线”图层，单击“▣”开启正交模式，如图 1-1-33 所示，应用直线工具在“棘轮”的右侧绘制水平（长约 380 mm）、垂直（长约 200 mm）的红色点划辅助线。注意绘制的水平中心线与“棘轮”水平中心线在同一水平线上。

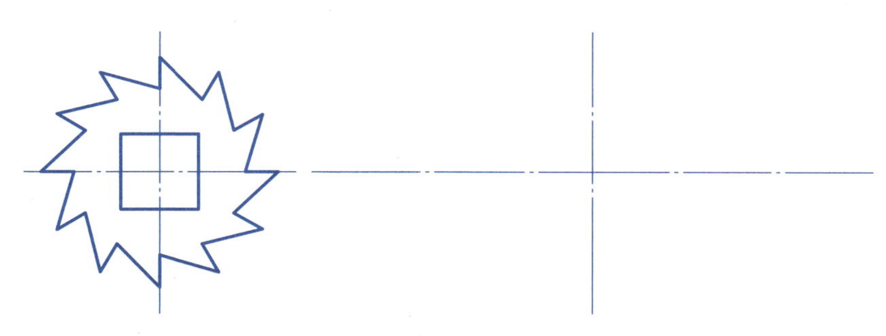

图 1-1-33　绘制左视图中心辅助线

2. 绘制并移动 360 mm × 60 mm 矩形

（1）绘制 360 mm × 60 mm 矩形

如图 1-1-34（a）所示，单击“绘图”面板矩形工具“▭”，绘制 360 mm × 60 mm 矩形。

命令提示如下：

命令：_rectang

指定第一个角点或［倒角（C）/ 标高（E）/ 圆角（F）/ 厚度（T）/ 宽度（W）］：（单击中心线左上角）

指定另一个角点或[面积(A)/尺寸(D)/旋转(R)]:d(在命令栏或动态输入参数 d)

指定矩形的长度 <10.0000>:360(在命令栏或动态输入 360)

指定矩形的宽度 <10.0000>:60(在命令栏或动态输入 60)

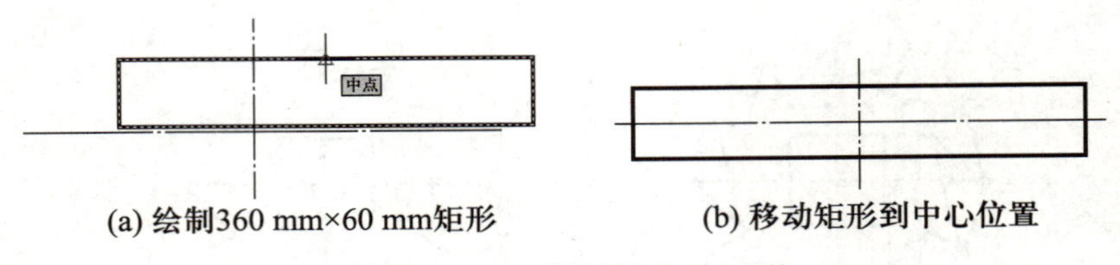

(a) 绘制360 mm×60 mm矩形　　(b) 移动矩形到中心位置

图 1-1-34　绘制并移动矩形

<table>
<tr><td rowspan="2">试一试</td><td>应用动态输入创建 360 mm × 60 mm 矩形</td></tr>
<tr><td>开启动态输入“”,单击“绘图”面板矩形工具“”,单击指定矩形左上角角点,鼠标向右下方移动,在动态输入第一个框中输入 360,按 Tab 键切换到第二个输入框,并输入 60,按 Enter 键创建 360 mm × 60 mm 矩形。注意比较应用“尺寸(D)”的区别。</td></tr>
</table>

(2) 移动 360 mm × 60 mm 矩形

开启“对象捕捉”的“中点”,单击“修改”面板移动工具“”移动矩形到中心位置。命令提示如下:

命令:_move

选择对象:找到 1 个(单击选定要移动的矩形对象,右击结束对象选择)

指定基点或[位移(D)]< 位移 >:(捕捉并单击矩形上边线的中点)

指定第二个点或 < 使用第一个点作为位移 >:(移动鼠标,捕捉并单击水平中心辅助线与垂直中心辅助线的交点,即以矩形上边线中点位置为参照移动到中心辅助线交点上,这时矩形在水平中心辅助线的下方,且被垂直中心辅助线平分。)

再应用移动工具将矩形垂直向上移动距离 30 mm(60 mm/2),即矩形中心点与中心辅助线交点重合位置,应用移动工具“”移动矩形命令提示如下:

命令:_move

选择对象:找到 1 个(单击选定移动后的矩形,右击结束对象选择)

指定基点或[位移(D)]< 位移 >:d(输入位移参数 d)

指定位移 <0.0000,0.0000,0.0000>:0,30,0(输入位移坐标(x,y,z)并按 Enter 键确认,即将矩形向上移动 30 mm)

结果如图 1-1-34(b)所示。

<table>
<tr><td rowspan="2">试一试</td><td>应用“位移”精确移动对象</td></tr>
<tr><td>应用移动工具“”移动矩形时“位移(D)”的作用是输入坐标值(x,y,z)将用作相对位移,而不是基点位置。选定的对象将移到由输入的相对坐标值确定的新位置。“0,30,0”表示向 Y 轴上方移动 30 mm,“30,0,0”则表示向 X 轴右方移动 30 mm,若要向下或向左侧需要在数值前加负号“–”,数字间用英文的“,”隔开。
在“项目 1.2”中学习了相对坐标后也可以很方便地精准移动对象。</td></tr>
</table>

3. 绘制 10 个正六边形孔

(1) 创建定距等分点

① 创建长 360 mm 的辅助线　切换到“粗实线”图层，应用直线工具通过捕捉 360 mm × 60 mm 矩形两侧边中点绘制一条长 360 mm 的辅助线，如图 1–1–35（a）所示。

② 创建 10 个等距等分点　单击“默认”选项卡“实用工具”中的“点样式...”，或设置“显示菜单”后单击“格式”菜单打开“点样式”对话框，打开“点样式”对话框设置点样式为“⊠”、点大小为 3%。

单击“绘图”面板的定距等分工具“”，设置定距为 30 mm，等分 360 mm 长的辅助线，命令提示如下：

命令：_measure

选择要定距等分的对象：（单击选定 360 mm 长的辅助线）

指定线段长度或［块（B）］：30［输入定距等分的长度 30 mm（360 mm/12=30 mm）］

按 Enter 键确认后创建的 12 个定距等分点如图 1–1–35（b）所示。

删除第 6、12 位置上的两个等分点，结果如图 1–1–35（c）所示。

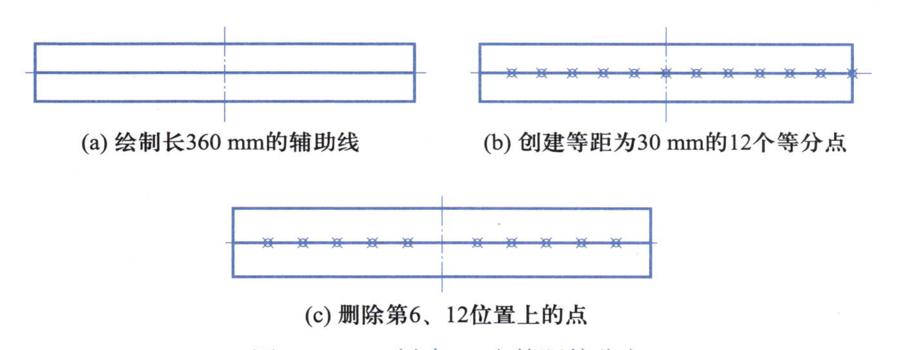

(a) 绘制长360 mm的辅助线　(b) 创建等距为30 mm的12个等分点

(c) 删除第6、12位置上的点

图 1–1–35　创建 10 个等距等分点

理一理	定数等分和定距等分
	上述案例中也可以应用定数等分创建等分点，数量为 12，而应用定距等分时输入的间距是 30 mm，即 12 × 30 mm=360 mm，所以本例应用定数等分和定距等分创建等分点都可以，注意两者的区别。

(2) 绘制 10 个正六边形

① 绘制 1 个正六边形　单击“绘图”面板的多边形工具“”，如图 1–1–36（a）所示，绘制正六边形，命令提示如下：

命令：_polygon 输入侧面数 <4>：6（输入正多边形的边数 6）

指定正多边形的中心点或［边（E）］：（捕捉并单击最左边等分点“节点”）

输入选项［内接于圆（I）/ 外切于圆（C）］<C>：c（选择外切于圆创建正六边形）

指定圆的半径：10（输入外切于圆的半径 10 mm）

按 Enter 键确认创建正六边形。

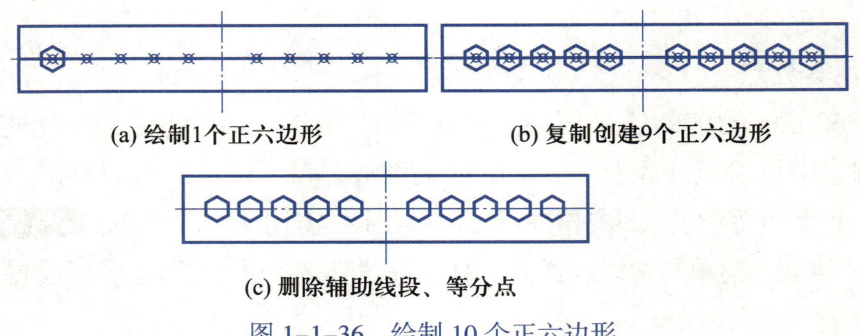

(a) 绘制1个正六边形　　(b) 复制创建9个正六边形

(c) 删除辅助线段、等分点

图 1-1-36　绘制 10 个正六边形

② 复制创建另 9 个正六边形　单击“修改”面板的复制工具“”，如图 1-1-36(b)所示，绘制 9 个正六边形，命令提示如下：

命令：_copy

选择对象：找到 1 个(单击选中已创建的正六边形，右击结束选择)

当前设置：复制模式 = 多个

指定基点或 [位移(D)/ 模式(O)] < 位移 >：[开启捕捉并单击正六边形的中心点(第 1 个等分点节点)指定为基点]

指定第二个点或 [阵列(A)] < 使用第一个点作为位移 >：(捕捉第 2 个等分点节点)

指定第二个点或 [阵列(A)/ 退出(E)/ 放弃(U)] < 退出 >：(捕捉第 3 个等分点节点)

指定第二个点或 [阵列(A)/ 退出(E)/ 放弃(U)] < 退出 >：(捕捉第 4 个等分点节点)

指定第二个点或 [阵列(A)/ 退出(E)/ 放弃(U)] < 退出 >：(捕捉第 5 个等分点节点)

指定第二个点或 [阵列(A)/ 退出(E)/ 放弃(U)] < 退出 >：(捕捉第 6 个等分点节点)

指定第二个点或 [阵列(A)/ 退出(E)/ 放弃(U)] < 退出 >：(捕捉第 7 个等分点节点)

指定第二个点或 [阵列(A)/ 退出(E)/ 放弃(U)] < 退出 >：(捕捉第 8 个等分点节点)

指定第二个点或 [阵列(A)/ 退出(E)/ 放弃(U)] < 退出 >：(捕捉第 9 个等分点节点)

指定第二个点或 [阵列(A)/ 退出(E)/ 放弃(U)] < 退出 >：(捕捉第 10 个等分点节点)

指定第二个点或 [阵列(A)/ 退出(E)/ 放弃(U)] < 退出 >：* 取消 *(按 Esc 键结束复制)

删除长 360 mm 的辅助线段、等分点后的图形如图 1-1-36(c)所示。

试一试	应用“矩形阵列”快速复制正六边形对象
	由于在 1 行上每隔 30 mm 要创建一个正六边形，可应用“矩形阵列”。单击“默认”选项卡的“修改”面板中的矩形阵列工具“”，选择正六边形并右击确认，设置矩形阵列的“总计”300(360-20-40)、“介于”30、“列数”11、“行数”1，快速创建正六边形。

4. 应用前视图绘制“棘轮”左视图

根据任务图示可知“棘轮”厚 40 mm，位于中心辅助线的中心位置。根据“长对正、高平齐、宽相等”的尺寸关系可应用前视图绘制“棘轮”左视图。

(1) 应用构造线“偏移”20 mm 绘制宽方向的两条垂直辅助线

切换到“辅助线”图层，单击“默认”选项卡中“绘图”面板的构造线工具“”，“偏移”

垂直中心线绘制宽方向的两条垂直辅助线，命令提示如下：

命令：_xline

指定点或［水平(H)/垂直(V)/角度(A)/二等分(B)/偏移(O)］：o（输入“偏移”参数）

指定偏移距离或［通过(T)］<通过>：20（输入偏移距离）

选择直线对象：（单击垂直中心辅助线）

指定向哪侧偏移：（单击垂直中心辅助线左侧创建一条距该线 20 mm 的辅助线）

选择直线对象：（单击垂直中心辅助线）

指定向哪侧偏移：（单击垂直中心辅助线右侧创建一条距该线 20 mm 的辅助线）

选择直线对象：（右击结束命令）

绘制结果如图 1-1-37(a)所示。

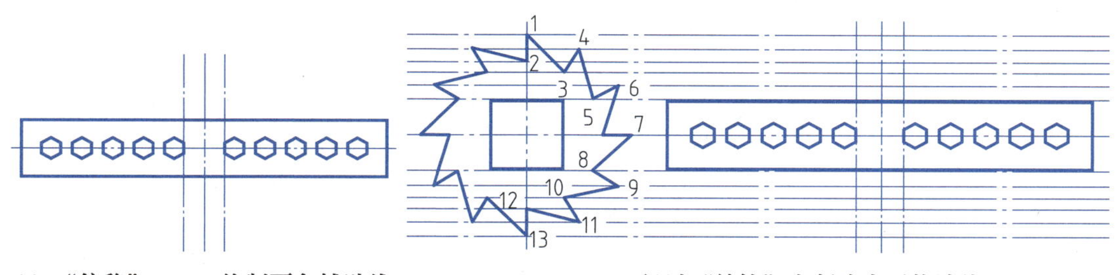

(a) “偏移”20 mm绘制两条辅助线　　(b) 经过“棘轮”点创建水平构造线

图 1-1-37　绘制垂直、水平辅助构造线

(2) 应用构造线经过“棘轮”点创建水平辅助构造线

当前为“辅助线”图层，单击“默认”选项卡中“绘图”面板的构造线工具“ ”，如图 1-1-37(b)所示，“水平”通过 13 个“棘轮”点绘制水平方向辅助线，命令提示如下：

命令：_xline

指定点或［水平(H)/垂直(V)/角度(A)/二等分(B)/偏移(O)］：h（输入“水平”参数）

指定通过点：（开启对象捕捉“端点”，单击捕捉到的“端点”1）

指定通过点：（单击捕捉到的“端点”2）

指定通过点：（单击捕捉到的“端点”3）

…

指定通过点：（单击捕捉到的“端点”13）

指定通过点：（右击结束命令）

绘制 13 条水平构造辅助线，结果如图 1-1-37(b)所示。

(3) 绘制“棘轮杆”左视轮廓线

应用直线工具绘制“棘轮杆”左视轮廓线，绘制时可见线用粗实线表示，不可见线用短划线表示。

① 绘制可见线(粗实线)　切换到“粗实线”图层，开启“对称捕捉”功能的“交点”模式，应用“默认”选项卡中“绘图”面板的直线工具“ ”，如图 1-1-38(a)所示，先连接垂直可见

边线，再连接可见“棘”水平线段（即1、4、6、7、8、9、10、11、13处可见“棘”棱）。

② 绘制不可见线（细短划线） 切换到“短划线”图层，应用直线工具“■”，如图1-1-38(b)所示，连接“棘”不可见轮廓线（即2、3、5、12处不可见“棘”棱）。

由于“横杆”与“棘轮”相交位置在左视图中为不可见轮廓线，应用细短划线表示。

单击选定辅助构造线，按Delete键删除全部构造线。

试一试	基本视图的绘制技巧
	绘制机件的基本视图时，有些形状在某个视图上可以绘制，但在另一个视图上表达时由于尺寸未知而不能根据尺寸绘制，但轮廓线又需要表达出来，这时可以在已画出轮廓线的视图中创建水平或垂直构造线，将交点准确引入另一个视图中实现未知尺寸轮廓的表达。

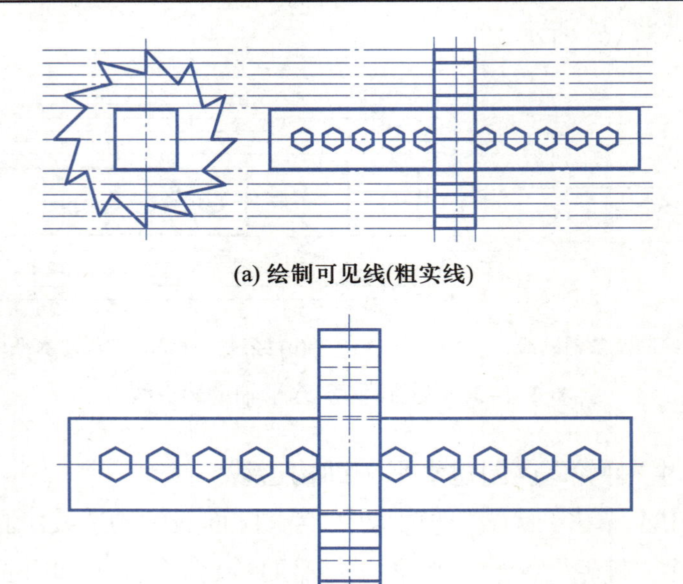

(a) 绘制可见线(粗实线)

(b) 绘制不可见线(细短划线)

图1-1-38 绘制“棘轮杆”左视图

四、整理并保存图形文件

检查并完成“棘轮杆”前视图、左视图的绘制，保存为“任务1.1.2.dwg”图形文件，或保存为PDF文件，打开并查看绘制的图形。

〖任务体验〗

1. 任务梳理

请将本次任务学习的内容按下表提示进行梳理。

AutoCAD技术			制图技能			经验笔记
绘图工具	修改工具	辅助工具	基本视图	确定原则	绘制技巧	

2. 操作训练

按尺寸绘制图 1-1-39~ 图 1-1-42 所示的图形。

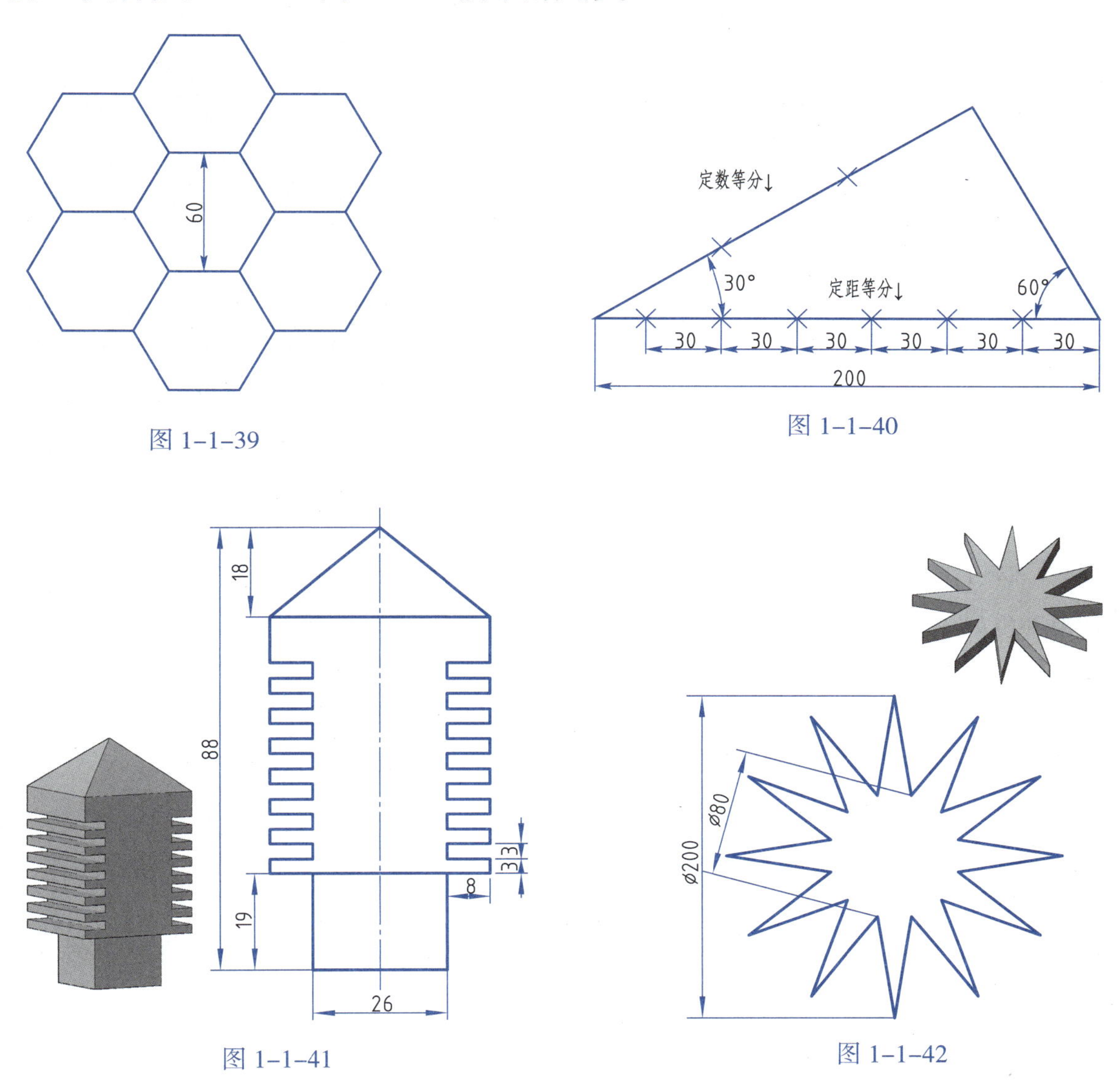

图 1-1-39

图 1-1-40

图 1-1-41

图 1-1-42

绘图提示：图 1-1-41 是左右轴对称图形，可以先绘制右侧再镜像得到左侧图形。右侧峰状凸凹的个数为 14，凸凹的矩形尺寸为 8 mm × 3 mm，可以先绘制长 42 mm（14 mm × 3 mm）的辅助直线，再定数等分（数目为 14），开启正交模式，应用直线工具捕捉等分“节点”，结合动态输入从下至上依次绘制长度为 8 mm 和 3 mm 的线段，最后删除长 42 mm 的辅助直线。图 1-1-42 角点分别在 ϕ80 mm 和 ϕ200 mm 的圆上。

3. 案例体验

根据下列情景描述绘制模型前视图（图示），学有余力的学习者请再绘制左视图。

图 1-1-43 所示“梯”宽 100 mm，可打开“梯 .dwg”观察模型；图 1-1-44 所示机件厚 10 mm，图示除 *R*30 mm 圆外其他轮廓线均为直线，除 *R*30 mm 圆上交点外，其他交点均在 *R*45 mm、*R*48 mm、*R*60 mm 圆上。（可打开“任务体验 2-2.dwg”观察模型。）

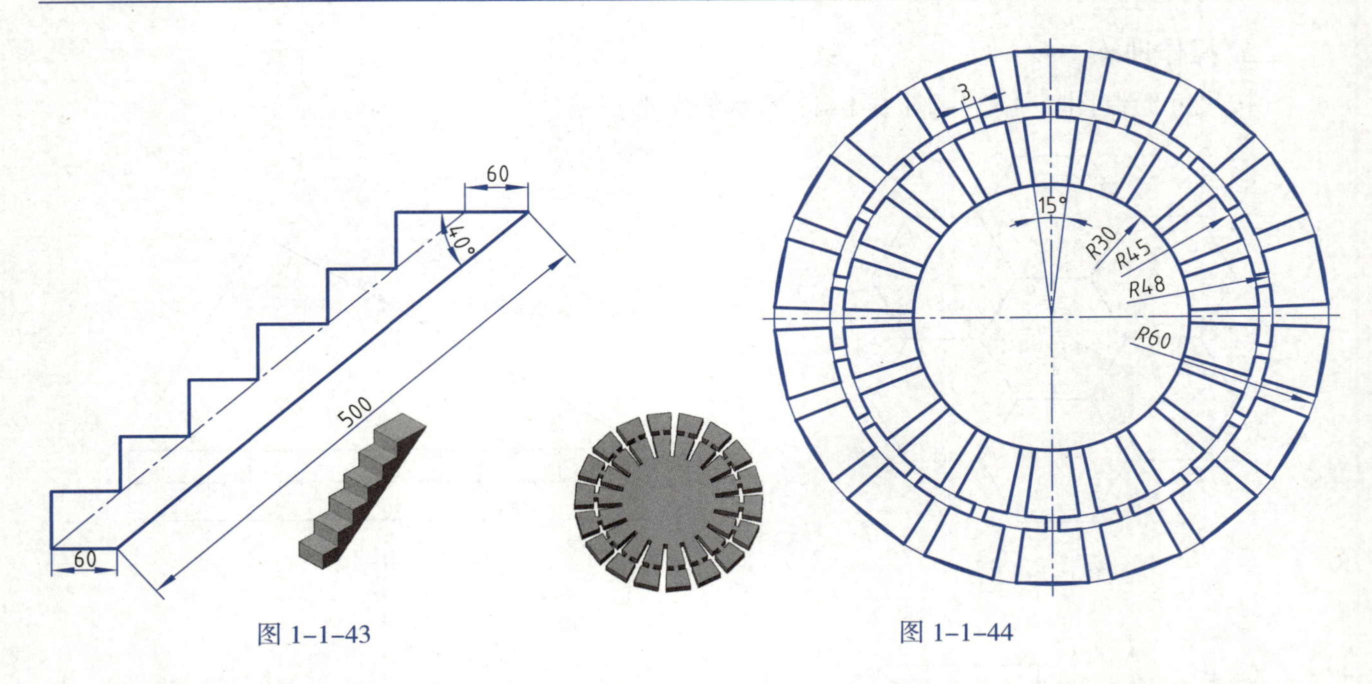

图 1-1-43　　　　图 1-1-44

绘图提示：图 1-1-43 应用直线工具和定数等分绘制。图 1-1-44 先创建 4 个辅助同心圆，对 *R*60 mm 圆定数 18 等分，用辅助直线连接垂直方向过圆心的两个等分点创建辅助直线 L1，创建 82.5°（90°–15°/2）的直线，再以 L1 为对称轴镜像得到另一条斜线，应用构造线对 L1 分别向两侧进行 1.5 mm 的偏移得到相距 3 mm 的两条构造线，应用直线工具连接各交点得到一个"ㄗ"图形，按此法依次完成。或旋转、复制环形阵列 18 个。

【项目体验】

项目情景：

"尚高图纸"网店接到一单，李客户有两个机件模型要投入生产，机件模型如图 1-1-45、图 1-1-46 所示，请为他绘制图纸。

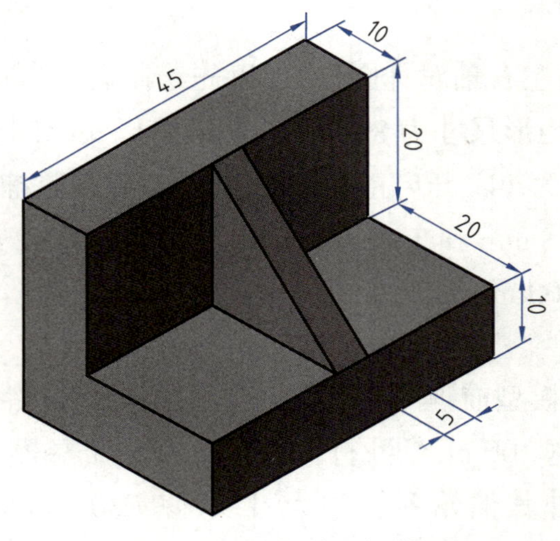

图 1-1-45　简单机件模型

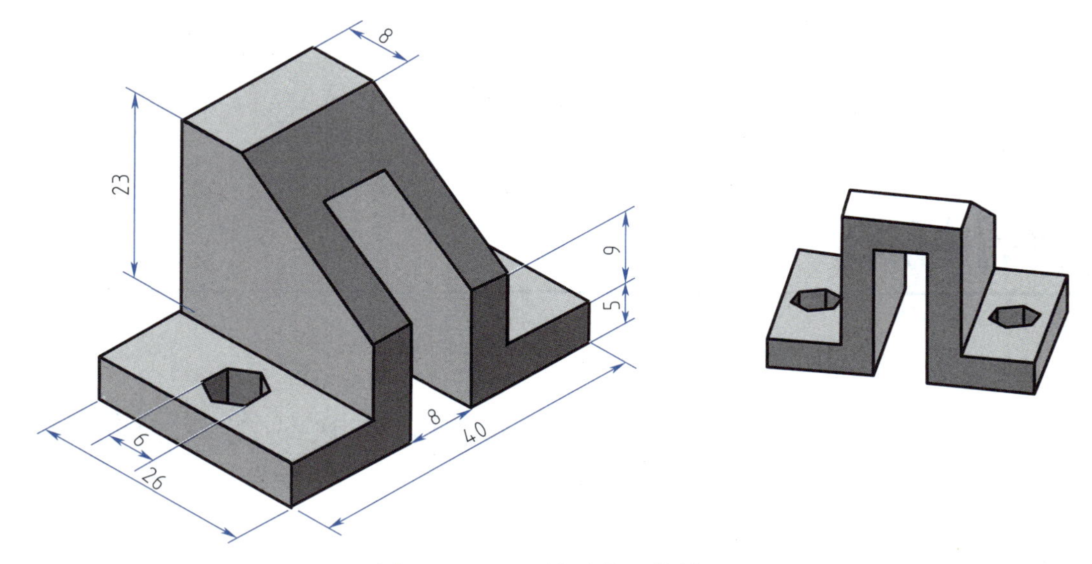

图 1-1-46　三维对称机件模型

项目要求：

请根据图 1-1-45、图 1-1-46 所示三维机件模型及尺寸，确定模型的基本表达视图，并绘制出来。（图 1-1-45 所示斜向加强筋在模型的中心位置，图 1-1-46 模型的厚度均为 5 mm，正六边形孔在两侧板的中心位置）

【项目评价】

评价项目	能力表现			
基本技能	获取方式：□自主探究学习　□同伴互助学习　□师生互助学习 掌握程度：□了解____%　□理解____%　□掌握____%			
创新理念	□大胆创新	□有点创新思想	□能完成____%	□保守陈旧
岗位体验	□了解行业知识	□具备岗位技能	□能完成____%	□还不知道
技能认证目标	□高级技能水平	□中级技能水平	□初级技能水平	□继续努力
项目任务自评	□优秀　□良好　□合格　□一般　□再努力一点就更好了			
我获得的岗位知识和技能				
分享我的学习方法和理念				
我还有疑难问题				

项目 1.2 <<<

绘制机件视图

——曲线类绘图工具、坐标的应用，机械制图线型规范

【项目情景】

图 1-2-1 所示为机件、装饰件的三维模型，绘制这两个模型的前视图。

项目 1.2 包括两个任务：

任务 1.2.1 绘制机件前视图——曲线类绘图工具的基本操作及应用；

任务 1.2.2 绘制装饰件前视图——多段线、椭圆、圆弧、圆、坐标的操作与应用。

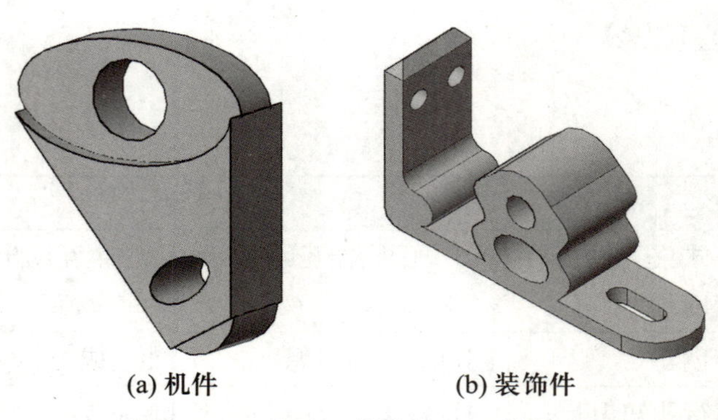
(a) 机件　　(b) 装饰件

图 1-2-1 机件、装饰件的三维模型

【项目目标】

理解世界坐标系、用户坐标系；理解平面直角坐标系、极坐标系；掌握并应用相对坐标、绝对坐标；会应用捕捉切点；掌握圆、椭圆、圆弧、圆环、多段线、样条曲线、云线等绘图工具的基本操作与应用。

【岗位对接】

了解机械制图中的线型规范；理解并应用坐标、曲线类工具绘制三维造型的表达视图。

【技能建构】

一、走进行业

学习单	标题	学习活动	学习建议
	走进机械制图	了解机械制图中的线型规范	在收集活动中了解行业

1. 标准图纸对线条、图层的要求

（1）标准图纸对线条类型与粗细的要求

粗线：线宽 0.5~2 mm；中粗线：线宽 0.4 mm；细粗线：线宽 0.3 mm；细线：线宽 0.18 mm；特细线：线宽 0.1 mm。

不同类型的图线在图形中有不同的含义，用以识别图样的结构特征，机械制图中常用图线要求如下。

粗实线：表示可见轮廓线、棱边线、相贯线、螺纹牙顶线、螺纹长度终止线。

细实线：表示尺寸线、尺寸界线、剖面线、重合断面的轮廓线、指引线、基准线、过渡线、范围线、分界线等。

波浪线：表示断裂处的边界线、视图和剖视图的分界线。

虚线：表示不可见棱边线、不可见轮廓线。

细点划线：表示轴线、对称中心线、轨迹线、分度圆线、剖切线。

粗点划线：表示有特殊要求的线或表面的表示线。

双点划线：表示相邻辅助零件的轮廓线、极限位置的轮廓线。

（2）图线的颜色

在 AutoCAD 制图中，对图线的颜色没有统一要求，可参考以下设置。

黑色：轮廓线或剖面线，隐藏线；红色：中心线；粉红色：剖面线；绿色：标注。

（3）工程图中的图层设置与对象样式

绘制工程图时先建立图层，一般为粗实线、细实线、点划线、标注等，为不同类型的图元对象设置不同的图层、颜色及线宽，而图元对象的颜色、线型及线宽都应由图层控制。

设置对象样式：文字样式、标注样式、点样式等。

（4）工程图与辅助绘图

绘图时，应用对象捕捉、正交、栅格、约束等功能，可以辅助精确绘图。

2. 图形文件要求

保存图形时，设置自动保存时间间隔以防止断电丢失。默认为 DWG 格式。“另存为”可存储为更多格式的图形文件。

绘图时将文字样式、标注样式、图层等设置保存在图形样板文件（*.dwt）中，绘制新图形时，可应用“图形样板”已保存的模板文件来创建新图形文档，避免了重复相同设置问题，绘图

更方便。

看一看	打开"项目 1.2\ 叉架图纸 .dwg",完成下列任务
	1. 图形线条的类型和颜色有哪些？分别表示什么？ 2. 有几个图层,图层的名称分别是什么？每个图层的线型、线宽、颜色有何不同？练习开或关图层,观察对图形管理有何作用。 3. 将"项目 1.2\ 叉架图纸 .dwg"的图形及标注删除,另存为图形样板文件(*.dwt),然后应用该图形样板创建新的图形文档,了解样板样式的作用。

二、技能建构

学习单	标题	学习活动	学习建议
	坐标系与坐标	查找与坐标相关的案例有哪些	在收集整理活动中了解坐标系

1. 坐标系与对象点

一个平面可以理想化为一张平面网,如图 1-2-2 所示,平面网由无数个网格组成,在平面网内确定一固定网格对象点(如 P 点),网上每一个网格到固定网格点(P 点)的位置关系都可以通过格数和位移方向来确定,而且是唯一的,这就是坐标系与对象点。

现实生活中的二维、三维图形或实体,它们的组成都可以理想化为一些面和无数个点的结构关系,只要确定了点、面的参考关系,也就可以描述实体每一个点的位置关系。AutoCAD 也正是通过这种参考位置关系的描述来定位点,从而绘制出二维、三维图形。

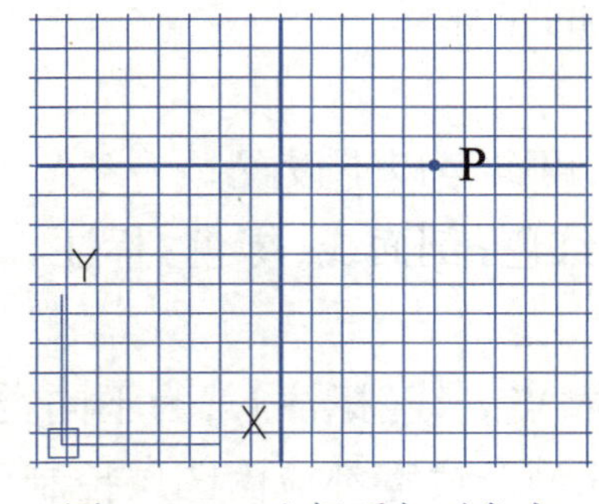

图 1-2-2　坐标系与对象点

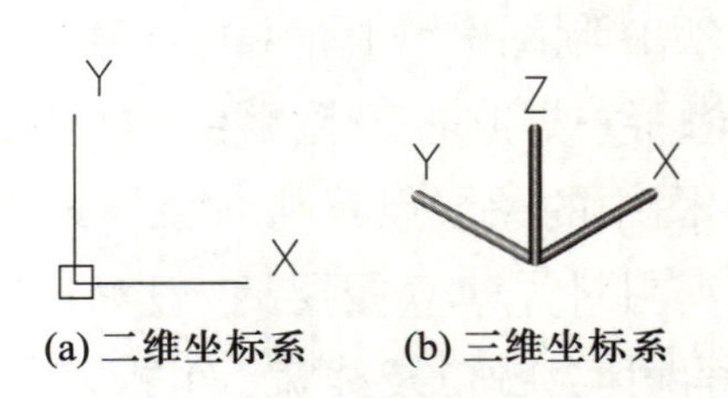

图 1-2-3　坐标系状态图标

(1) 坐标系

在 AutoCAD 中用于确定位置关系的参考体系包含世界坐标系(WCS)和用户坐标系(UCS),这两种坐标系通过坐标(x,y,z)来精确定位点。图 1-2-3(a)、(b)所示分别为二维和三维坐标系状态图标。

世界坐标系(WCS):当创建新图形文件时,AutoCAD 系统将当前坐标系设置为世界坐标系,即 WCS(World Coordinate System),它包括 X 轴和 Y 轴,如果在 3D 工作空间则还有一个 Z 轴。

用户坐标系（UCS）：用户在工作空间设计绘图时需要通过修改坐标系的原点和方向来辅助制图，AutoCAD 允许用户建立自己专用的坐标系，即用户坐标系 USC（User Coordinate System）。

平面直角坐标系：在平面内画两条互相垂直且有一定方向和公共原点的数轴来定位平面上的点。我们就说在这个平面上建立了平面直角坐标系，简称直角坐标系。

极坐标系：在平面内取一个定点 O，称为极点，引一条射线 OX，称为极轴，再选定一个长度单位和角度的正方向（通常取逆时针方向）。对于平面内任何一点 S，用 ρ 表示线段 OS 的长度，θ 表示从 OX 到 OS 的角度，ρ 称为点 M 的极径，θ 称为点 M 的极角，有序数对（ρ，θ）称为点 S 的极坐标，建立的坐标系称为极坐标系（如图 1-2-4 所示）。

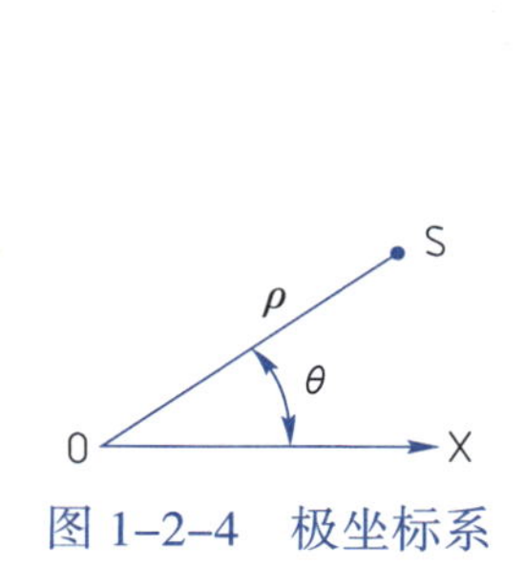

图 1-2-4　极坐标系

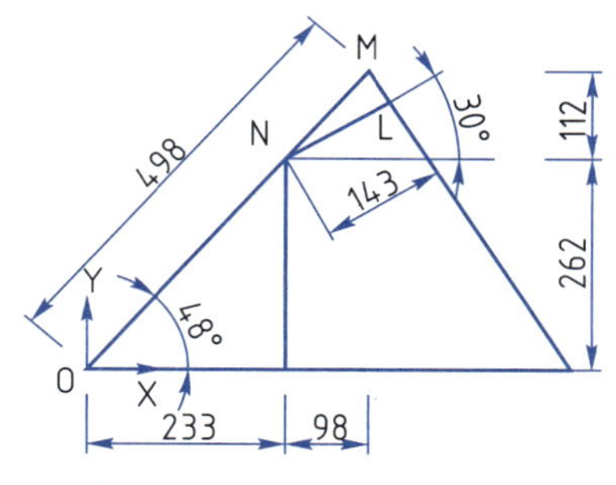

图 1-2-5　坐标点的表示

（2）坐标

直角坐标：如图 1-2-5 所示，假设 O 点为坐标系原点，则 N 点的直角坐标为（233，262）。

极坐标：在 AutoCAD 中，极坐标表示为：$\rho < \theta$，其中长度和角度用“<”分开。如图 1-2-5 所示，若 OM 的长度 ρ=498，OM 与 OX 的夹角 θ=48°，则点 M 的极坐标是（498<48）。

绝对坐标：绝对直角坐标值是从原点（0，0，0）出发到操作点的位移，如果启用动态输入，可以使用 # 前缀来指定绝对坐标。如果在命令行而不是工具提示中输入坐标，可以不使用 # 前缀。上面 N 点和 M 点的坐标都是绝对坐标。

相对坐标：相对坐标表示某点相对于上一操作点的坐标变化（“上一操作点”类似于原点），表示方法是在绝对坐标表达方法前加“@”符号。

相对直角坐标是指该点相对于上一点在 X 轴和 Y 轴上的位移。图 1-2-5 中点 M 相对点 N 的相对直角坐标为：（@98，112）。

相对极坐标是指新点和上一点连线长度及连线与 X 轴的夹角。图 1-2-5 中点 L 相对点 N 的相对极坐标为：（@143<30）。

做一做	应用绝对坐标、相对坐标绘制图形
	1. 分别应用极坐标、直角坐标、直线工具，输入绝对和相对坐标值绘制图 1-2-5。 2. 应用表中两种方法，用直线工具动态输入坐标值，绘制图 1-2-6 所示三角形。

绝对坐标应用	绝对 / 相对坐标混合应用
命令:line 起点:#-2,1(A 点) 下一点:#3,4(B 点) 下一点:#3,1(C 点) 下一点:#-2,1(重合)	命令:line 起点:#-2,1(A 点) 下一点:5,0(C 点) 下一点:@0,3(B 点) 下一点:@-5,-3(重合)

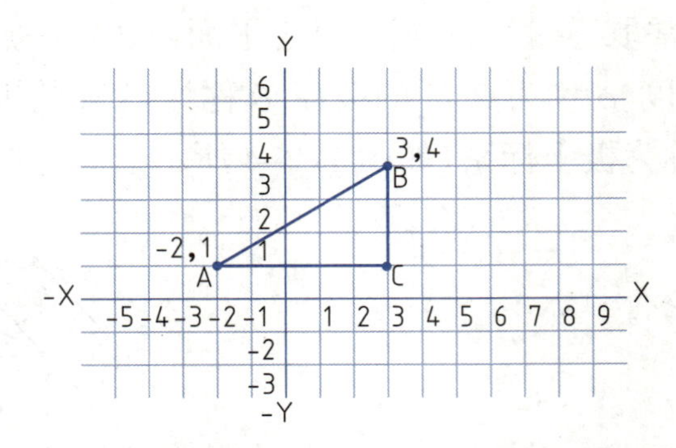

图 1-2-6　应用绝对坐标、相对坐标绘制图形

2. 曲线类绘图工具

(1) 绘制圆

圆在工程图绘制中常用来表示柱、轴、轮、孔等。常见的绘制圆的方法有：指定圆心和半径，指定圆直径的两端点，指定圆上的 3 点 A、B、C，指定 2 个与圆相切的对象和圆的半径，指定与圆相切的 3 个对象等。

命令调用：“绘图” 面板的圆工具 “”；“绘图” 菜单→圆 “”。

做一做	打开“绘制圆 .dwg”，开启动态输入，根据提示用 6 种方法绘制圆					
	圆心 – 半径	圆心 – 直径	3 点 (3P)	2 点 (2P)	相切，相切，相切	相切，相切，半径
	1 R50 2	100 1	2 1 3	2 1	1 2 3	R50 1 2

(2) 绘制圆弧

根据已知圆弧条件，选择绘制圆弧的命令，命令名称就是输入圆弧条件的顺序。例如：命令 “起点、圆心、端点”，在视图中首先指定起点，然后指定圆心，最后是圆弧的端点，圆心就是圆弧所在圆的圆心。当绘制一个圆弧之后，可以选择菜单命令 “绘图” → “圆弧” → “继续”，此时新的圆弧起点位置就确定在上一个圆弧的端点上，移动十字光标并单击确定另一个端点，继续绘制出新的圆弧。指定圆弧的两个端点、半径，圆弧圆心、起点、角度值，圆弧圆心、起点、弦长，经过圆弧的 3 点等都可以创建一段圆弧。

命令调用：“绘图” 面板的圆弧工具 “”；“绘图” 菜单→圆弧 “”。

做一做	打开“绘制圆弧 .dwg”，开启动态输入，根据提示用 10 种方法绘制圆弧				
	3 个指定点	起点，圆心，端点	起点，圆心，角度	起点，圆心，长度	起点，端点，角度
	起点、端点、方向	起点、端点、半径	圆心、起点、端点	圆心、起点、角度	连续

(3) 绘制椭圆

椭圆由定义其长度和宽度的两条轴决定。如图 1-2-7 所示，经过椭圆的中心点，较长的轴称为长轴，较短的轴为短轴。

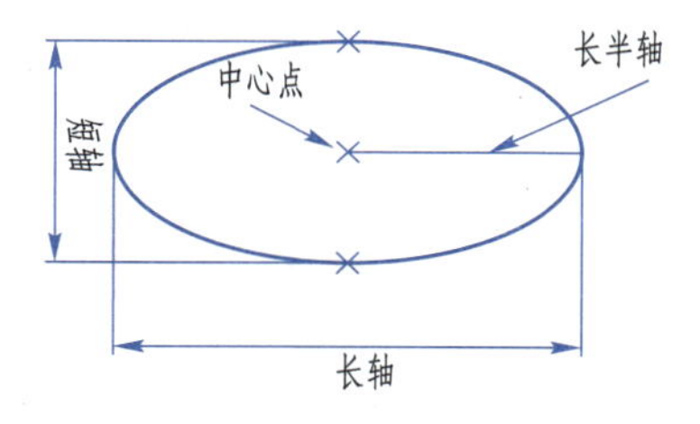

图 1-2-7　椭圆的长轴与短轴

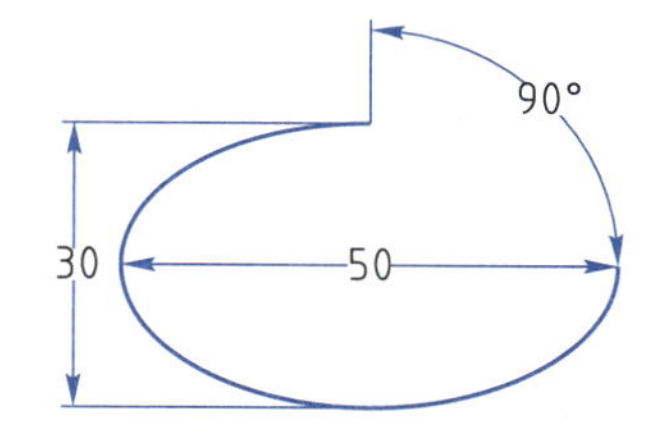

图 1-2-8　椭圆弧

常见的绘制椭圆的方法有：通过定义椭圆一个轴的两个端点及另一个轴的半轴长绘制椭圆；通过定义椭圆中心点、一个轴的一个端点及另一个轴的半轴长绘制椭圆。

命令调用："绘图" 菜单→椭圆→ “”；“绘图” 面板的椭圆工具 “”。

(4) 绘制椭圆弧

椭圆弧的绘制方法与椭圆类似，需要先确定椭圆的轴，再确定弧的角度，即得到椭圆弧(图 1-2-8)。

命令调用：“绘图” 菜单→椭圆→圆弧 “”；“绘图” 面板的椭圆弧工具 “”。

做一做	开启动态输入，应用椭圆、椭圆弧工具，根据提示及尺寸绘制椭圆和椭圆弧		
	圆心	轴 12- 端点 3	椭圆弧(角度参照起点 1)

(5) 绘制样条曲线

应用“绘图”菜单→样条曲线拟合“ ”或样条曲线控制“ ”,或者在绘图面板单击“ ”或“ ”图标,均可绘制样条曲线,图 1-2-9(a)所示分别为样条曲线拟合和控制。应用夹点可编辑修改样条曲线形状。样条曲线多用于折断线的绘制[图 1-2-9(b)]。

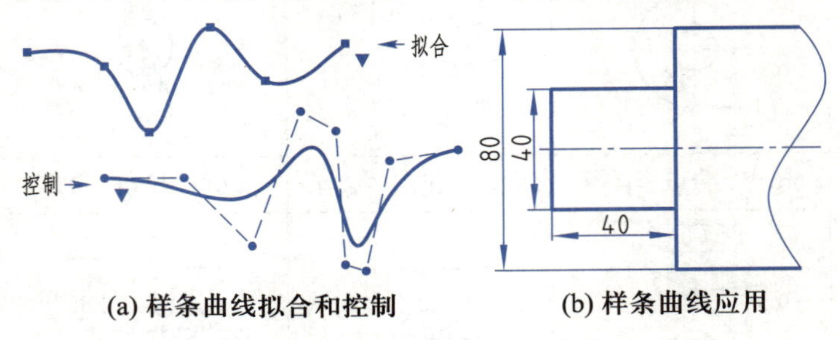

(a) 样条曲线拟合和控制　(b) 样条曲线应用

图 1-2-9　样条曲线与夹点

(6) 绘制多段线

如图 1-2-10 所示,多段线由一系列首尾相连的直线和圆弧组成,可以具有不同宽度(如图示中的箭头),并可绘制为封闭区域。与直线实体相比,它的优点是:灵活、可直可曲、可宽可窄,整条多段线是一个整体,便于编辑。

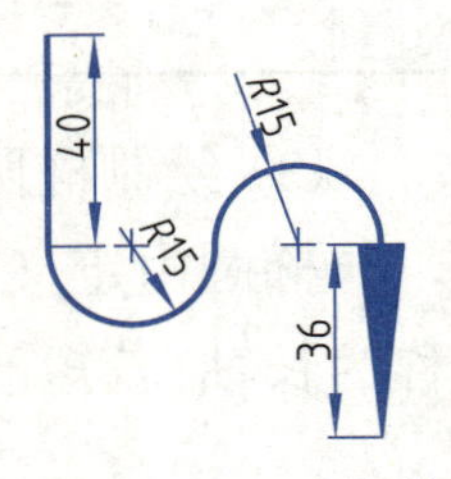

图 1-2-10　多段线

命令调用:“绘图”面板的多段线工具“ ”;“绘图”菜单→多段线“ ”。

多段线各选项解释如下:

“[角度(A)/圆心(CE)/闭合(CL)/方向(D)/半宽(H)/直线(L)/半径(R)/第二个点(S)/放弃(U)/宽度(W)]:”

指定下一点:默认值,直接输入直线端点画直线。

圆弧(A):选此项,转入画圆弧方式。

半宽(H):按宽度线的中心轴线到宽度线的边界的距离定义线宽。

长度(L):用于设定新多段线的长度。如果前一段是直线,延长方向和前一段相同,如果前一段是圆弧,延长方向为前一段的切线方向。

放弃(U):用于取消刚画的一段多段线,重复输入此项,可逐步往前删除。

宽度(W):用于设定多段线的线宽,默认值为 0,多段线的初始宽度和结束宽度可不同,而且可分段设置,操作灵活。

角度(A):提示用户给定夹角。

中心点(C E):提示圆弧中心。

闭合(CL):用圆弧封闭多段线,并退出 Pline 命令。

半宽(H)和宽度(W):设置多段线的半宽和全宽。

方向(D):提示用户重定切线方向。

直线(L):切换回直线模式。

半径(R):提示输入圆弧半径。

做一做	按尺寸绘制样条曲线、多段线
	1. 绘制图 1-2-9(b)所示样条曲线 2. 绘制图 1-2-10 所示多段线(绘制箭头时,先设置线宽 8 mm,再指定弧端点,然后向下移动,输入“36”,这时线宽恢复为 0)。

(7) 绘制圆环

圆环是填充环或实体填充圆,即带有宽度的闭合多段线。

如图 1-2-11 所示,创建圆环时需指定其内外直径和圆心。通过指定不同的中心点,可创建具有相同直径的多个圆环副本。若将内径值指定为 0,则创建实体填充圆。

命令调用:“绘图”面板的圆环工具“◉”;“绘图”菜单→圆环“◎”。

(8) 绘制云线

云线一般用于画波浪线、花草树木和云彩形状的图形,由连续的圆弧组成。绘制的云线如图 1-2-12 所示。

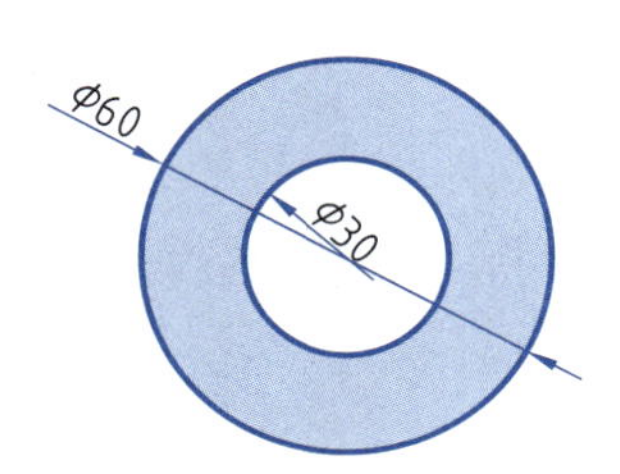

图 1-2-11　绘制圆环

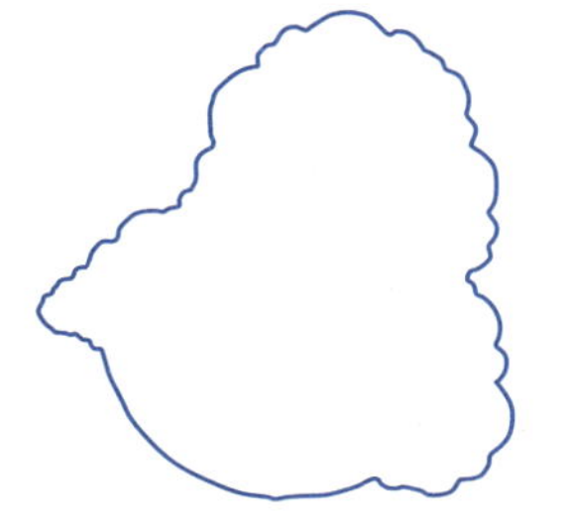

图 1-2-12　绘制云线

命令调用:“绘图”面板的修订云线工具“ ”;“绘图”菜单→修订云线“ ”。

做一做	绘制圆环、云线
	1. 绘制图 1-2-11 所示的圆环(内径为 30 mm,外径为 60 mm)。 2. 绘制图 1-2-12 所示的云线。

任务 1.2.1　绘制机件前视图

——曲线类绘图工具的基本操作及应用

〖任务描述〗

图 1-2-13 所示为某机件三维模型,绘制该机件的主视图(图 1-2-14)。

〖任务目标〗

提高识图分析能力和绘图工具应用能力;了解绘制工程图的基本流程;熟悉工程图的规格、比例与线型设置。理解坐标的应用;会二维曲线类工具的基本操作与应用;灵活应用坐标系、正交、对象捕捉工具。

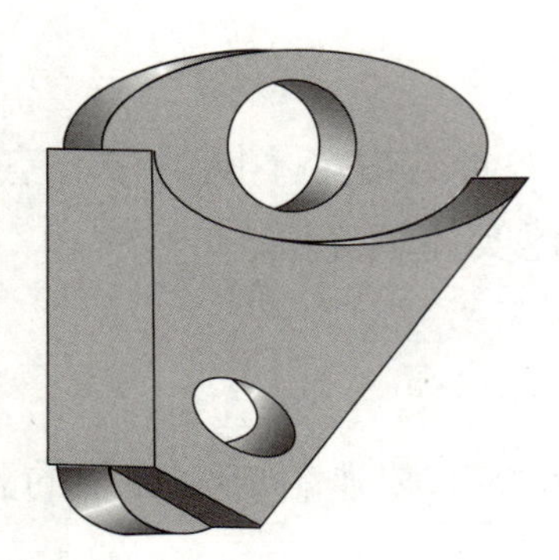
图 1-2-13 机件三维模型

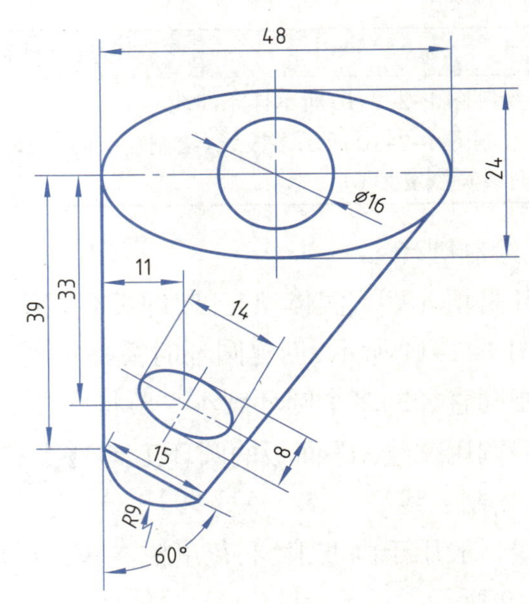

图 1-2-14 机件前视图

〖任务分析〗

本任务的重点是圆、椭圆、圆弧等曲线类绘图工具,坐标系的基本操作与应用;难点是极坐标、相对坐标的理解。

绘图前先创建图层,应用图层管理线型。

在绘图过程中先绘制辅助轴线,其他图形通过轴线定位完成。在绘制过程中灵活应用对象捕捉中的特殊点、相对坐标辅助完成,以达到更快更准的要求。

绘图前先分析图形定形定位尺寸,重点是两个椭圆中心点的定位,其他定形图形都是通过这两个中心点来完成的。

对相对坐标、绝对坐标、直角坐标、极坐标的应用要结合图形实际来理解,在二维工程制图中熟练应用坐标绘图是一项重要的绘图技能。

对圆、椭圆、圆弧的参数设置和绘制方法要结合一些数学知识来理解,定位、定形图形元素是对图形概念理解的实践性操作应用。

〖任务导学〗

	标题	学习活动	学习建议
学习单	巩固与自学	熟悉曲线类工具的基本操作、图形样板的应用,自学旋转的操作方法	基础技能操作的理解
	职业习惯	了解良好的制图习惯有哪些,包括习惯性的步骤、要求	良好的习惯是成功的基础

单击左上角“A”,在弹出的下拉菜单中单击“新建”→“图形”,打开“选择样板”对话框,选择“项目 1.2\ 任务 1.2.1\ 图形样板 .dwt”,“打开”并创建名为“机件前视图 .dwg”的图形文档。

一、图层设置

单击状态栏切换工作空间按钮“⚙ ▾”，选择“草图与注释”，该工作空间适于绘制二维图形。

单击“图层”面板的“图层特性”按钮“”，打开“图层特性管理器”对话框，创建 3 个图层，见表 1-2-1。

表 1-2-1　新建 3 个图层

名称	颜色	线型	线宽
中心线层	红色	加载线型“center2”（点划线）	默认
粗线层	黑色	continuous	0.3 mm
标注层	绿色	continuous	默认

理一理

了解“图形样板 .dwt”

“图形样板 .dwt”，是在绘图前将文字样式、标注样式、图层等设置好后保存在图形样板文件（*.dwt）中，绘制新图形时，可应用“图形样板”已保存的模板文件来创建新图形文档，避免了重复相同设置的问题，绘图更方便、更快捷。

表 1-2-1 新建 3 个图层，可进入图层管理器，若相同则直接使用，否则修改完善即可。

二、绘制辅助线

绘制辅助线，如图 1-2-15 所示。

1. 绘制上方椭圆定位辅助线

将当前图层设置为“轴线”图层，单击状态栏正交模式按钮“”，应用“绘图”面板的“直线”工具“”绘制水平、垂直辅助线，如图 1-2-15（a）所示，命令提示如下：

命令：_line

指定第一点：（在绘图区域任意位置单击）

指定下一点或［放弃（U）］：< 正交　开 >（开启正交模式，鼠标向右移动，在约 60 mm 的位置单击）

命令：_line

指定第一点：（在刚刚绘制的水平线中点处的正上方单击）

指定下一点或［放弃（U）］：（鼠标向下移动，在大于 70 mm 的位置单击）

理一理

功能键的应用

绘图时可根据需要按键盘上的功能键 F8 启用（关闭）正交模式，辅助绘制垂直线和水平线；按键盘上的功能键 F3 启用（关闭）“对象捕捉”，捕捉特殊点辅助精确定位。

2. 绘制下方椭圆中心点定位辅助线

定位下方椭圆，需要先确定下方椭圆的中心点 O2，根据图 1-2-15（b）所示尺寸可应用相对直角坐标绘制线段，得到下方椭圆的中心点 O2。

如图 1-2-15(b)所示,假设上一操作点(即上方椭圆中心点 O1)为坐标系“原点”,则下方椭圆中心点 O2 坐标相对于“原点”在 X、Y 的负方向上的移动距离为:13 mm(48 mm/2-11 mm)和 33 mm,即下方椭圆中心点 O2 相对上方椭圆中心点 O1 的相对坐标为(@-13,-33)。

应用“绘图”面板的“直线”工具“”,命令提示如下:

命令:_line

指定第一点:<对象捕捉 开>(开启对象捕捉“交点”,捕捉并单击交点 O1)

指定下一点或[放弃(U)]:@-13,-33(输入下方椭圆中心点 O2 的相对坐标)

绘制结果如图 1-2-15(b)所示。

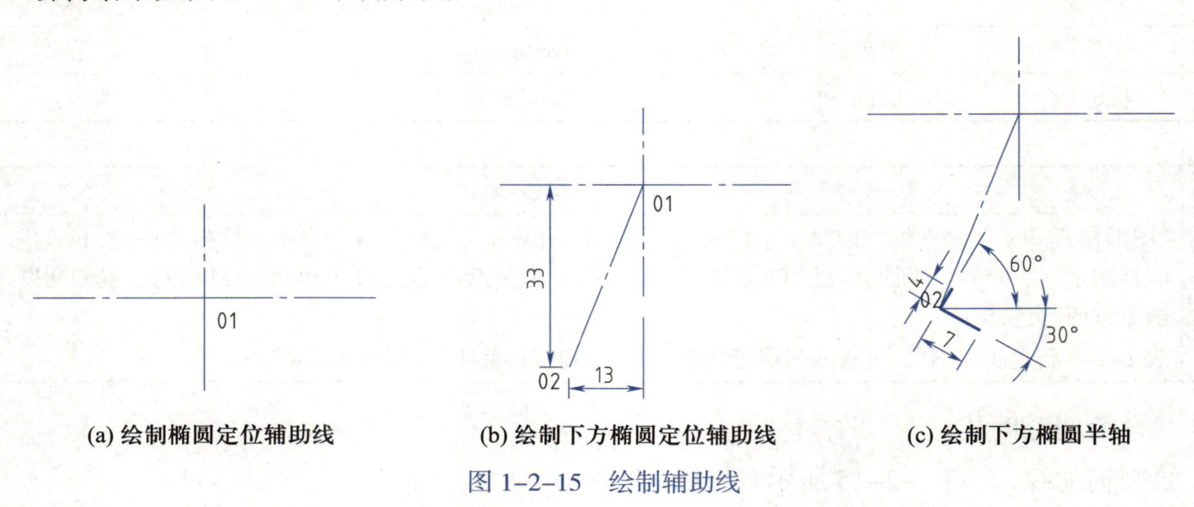

(a) 绘制椭圆定位辅助线　(b) 绘制下方椭圆定位辅助线　(c) 绘制下方椭圆半轴

图 1-2-15　绘制辅助线

理一理	怎样计算相对直角坐标值?
	图 1-2-15(b) O1O2 线段的绘制中,应用了相对直角坐标,相对坐标表示某点相对于上一操作点的坐标变化(“上一操作点”类似于原点),表示方法为:@x,y(注意 x、y 间是英文的逗号)。x、y 的正负怎样表示?可以在上一操作点 O1(“原点”)模拟出 X、Y 轴,下一操作点移动到第一区间时相对坐标的 x 值、y 值均为正,移动到第二区间时相对坐标的 x 值为负、y 值为正,移动到第三区间时相对坐标的 x 值、y 值均为负,移动到第四区间时相对坐标的 x 值为正、y 值为正。由于点 O2 在第三区间,所以其相对直角坐标为:@-13,-33。 已知某点的相对垂直、水平距离,而又未知角度时,应用相对直角坐标很方便。

3. 绘制下方椭圆长半轴、短半轴

如图 1-2-15(c)所示,应用直线工具、相对极坐标绘制下方椭圆的长半轴(14 mm/2=7 mm),命令提示如下:

命令:_line

指定第一点:(单击并捕捉中心点 O2)

指定下一点或[放弃(U)]:@7<-30(鼠标向右下方移动,输入相对极坐标绘制下方椭圆的长半轴)

如图 1-2-15(c)所示,应用直线工具、相对极坐标绘制下方椭圆的短半轴(8 mm/2=4 mm),命令提示如下:

命令：_line

指定第一点：(单击并捕捉中心点 O2)

指定下一点或［放弃(U)］：@4<60(输入相对极坐标，绘制下方椭圆的短半轴)

理一理

怎样计算相对极坐标值？

此处应用极坐标绘制下方椭圆的长半轴和短半轴，长度分别为 7 mm 和 4 mm，由此可见绘制固定长度和一定角度的线段时应用相对极坐标显得非常方便；或应用直线、动态输入绘制两个半轴；也可以绘制正向椭圆后旋转 -30°。

相对极坐标应用中的极坐标值计算方法：以上一点为极点，线段长(极轴)始终为正，直线(极轴)绕上一点(极点)逆时针旋转时角度为正，顺时针旋转时角度为负。案例中半轴的极点为 O2，另一端绕 O2 旋转的角度分别为 60° 和 -30°，所以另一端点的相对极坐标分别为“@4，60”和“@7，-30”。

三、绘制前视图

将当前图层设置为“粗线层”图层。

1. 绘制 48 mm × 24 mm 椭圆

如图 1-2-16(a)所示，应用“绘图”面板的椭圆工具“”绘制 48 mm × 24 mm 的椭圆，命令提示如下：

命令：_ellipse

指定椭圆的轴端点或［圆弧(A)/中心点(C)］：c(输入中心点参数 C)

指定椭圆的中心点：(捕捉上方轴线的中心交点 O1)

指定轴的端点：24(开启正交模式，鼠标水平向右移动，动态输入长半轴长度 24 mm)

指定另一条半轴长度或［旋转(R)］：12(鼠标垂直向上移动，动态输入短半轴长度 12 mm，按 Enter 键确认)

2. 绘制 ϕ16 mm 圆

如图 1-2-16(a)所示，应用“绘图”面板的圆工具“”绘制 ϕ16 mm 圆，命令提示如下：

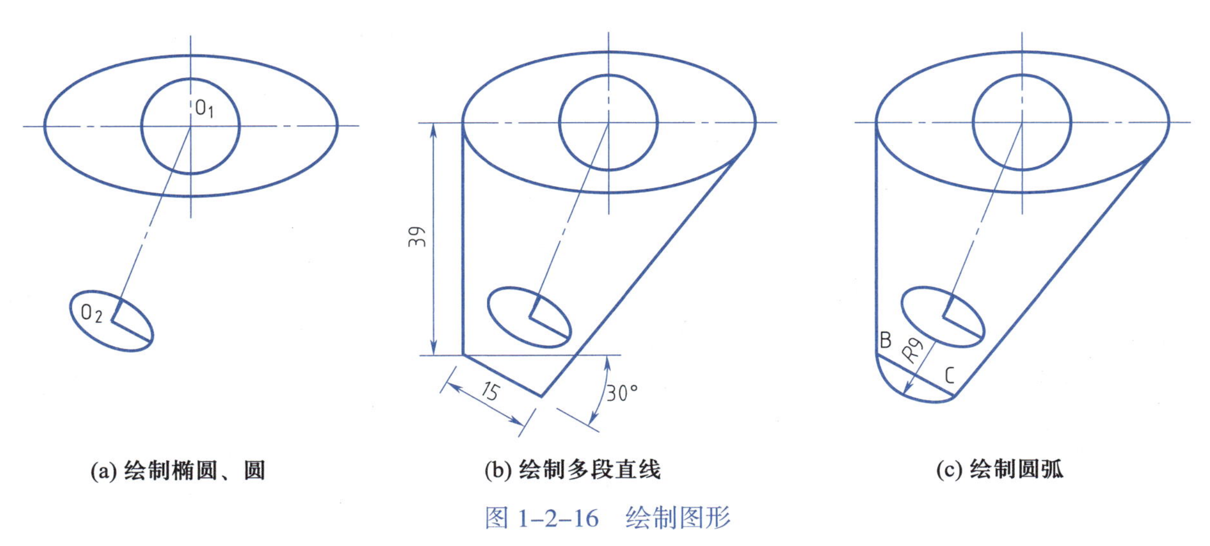

(a) 绘制椭圆、圆　(b) 绘制多段直线　(c) 绘制圆弧

图 1-2-16　绘制图形

命令:_circle

指定圆的圆心或[三点(3P)/两点(2P)/切点、切点、半径(T)]:(捕捉上方轴线中心交点O1)

指定圆的半径或[直径(D)]:d(输入直径参数D)

指定圆的直径:16(输入直径长度16 mm,按Enter键确认)

3. 绘制14 mm×8 mm椭圆

如图1-2-16(a)所示,应用"绘图"面板的椭圆工具"" 绘制14 mm×8 mm椭圆,命令提示如下:

命令:_ellipse

指定椭圆的轴端点或[圆弧(A)/中心点(C)]:c(输入中心点参数C)

指定椭圆的中心点:(捕捉下方中心交点O2)

指定轴的端点:(捕捉下方椭圆长半轴线右侧端点)

指定另一条半轴长度或[旋转(R)]:(捕捉下方椭圆短半轴线上方端点)

4. 绘制多段线

如图1-2-16(b)所示,应用"绘图"面板的多段线工具"" 绘制3段直线,命令提示如下:

命令:_pline

指定起点:(开启对象捕捉,清除设定的其他特殊点,设置"象限点"或"交点",捕捉并单击上方椭圆的左侧"象限点"或"交点")

指定下一个点或[圆弧(A)/半宽(H)/长度(L)/放弃(U)/宽度(W)]:39(开启正交模式,鼠标垂直向下移动,输入39后按Enter键确定,完成垂直方向的直线)

指定下一点或[圆弧(A)/闭合(C)/半宽(H)/长度(L)/放弃(U)/宽度(W)]:@15<−30[应用相对极坐标绘制斜向线段,极轴、角度如图1-2-16(b)所示]

指定下一点或[圆弧(A)/闭合(C)/半宽(H)/长度(L)/放弃(U)/宽度(W)]:tan(清除对象捕捉中设定的其他特殊点,设置对象捕捉"切点",捕捉并单击上方椭圆右边的切点)

到指定下一点或[圆弧(A)/闭合(C)/半宽(H)/长度(L)/放弃(U)/宽度(W)]:(按Enter键结束)

删除下方椭圆半轴辅助线,完善椭圆中心线。

5. 绘制多段圆弧

如图1-2-16(c)所示,应用"绘图"面板的圆弧工具"" 绘制*R*9 mm圆弧,命令提示如下:

命令:_arc

圆弧创建方向:逆时针(按住Ctrl键可切换方向)。

指定圆弧的起点或[圆心(C)]:(开启对象捕捉"端点",捕捉并单击B点)

指定圆弧的第二个点或[圆心(C)/端点(E)]:_e[捕捉并单击图1-2-16(c)C点]

指定圆弧的端点:

指定圆弧的圆心或[角度(A)/方向(D)/半径(R)]:_r 指定圆弧的半径:9(输入圆弧半

径 9 mm）

四、保存图形文件

对照图 1-2-14 检查图形及尺寸，确保绘制无误。有兴趣的同学自行绘制左视图或俯视图。

单击工具栏“保存”按钮“”，将创建的图形以“机件前视图 .dwg”为文件名保存文档，或另存为“任务 121.dwg”到工作目录。

〖任务体验〗

1. 任务梳理

请将本次任务学习的内容按下表提示进行梳理。

AutoCAD 技术			制图技能			经验笔记
坐标相关	曲线类工具	面域与填充	定形定位	线型线宽	图形样板	

2. 操作训练

按尺寸绘制图 1-2-17~ 图 1-2-22 所示的图形。

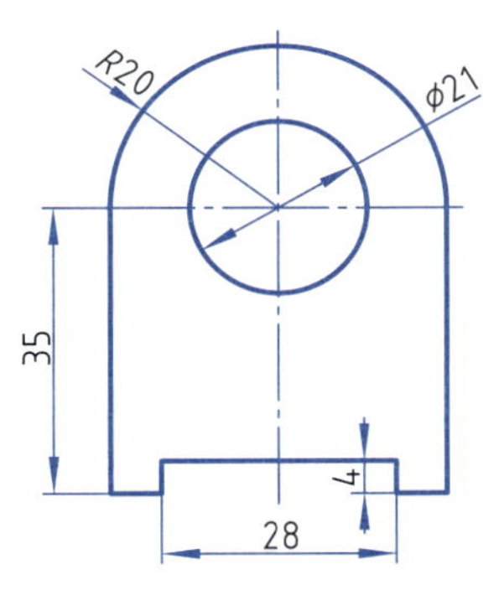

图 1-2-17　操作训练图 1

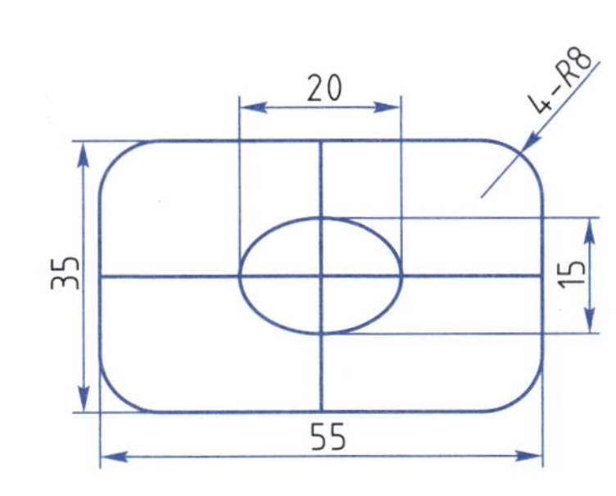

图 1-2-18　操作训练图 2

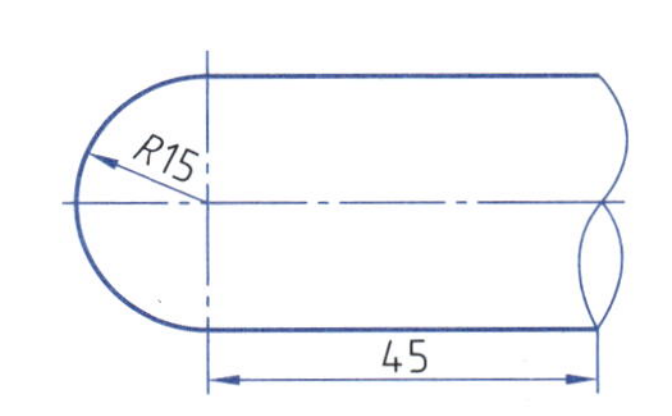

图 1-2-19　操作训练图 3

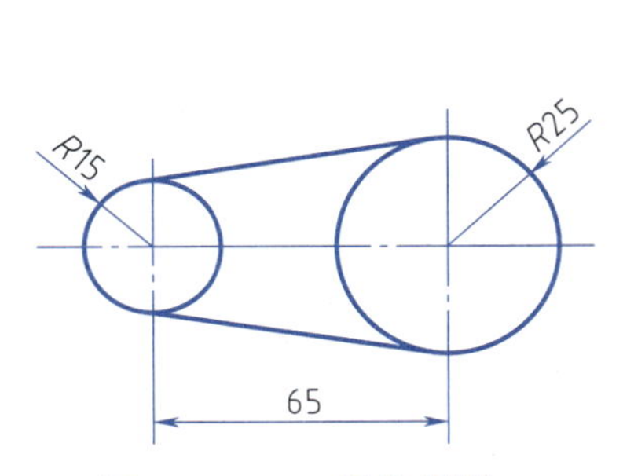

图 1-2-20　操作训练 1

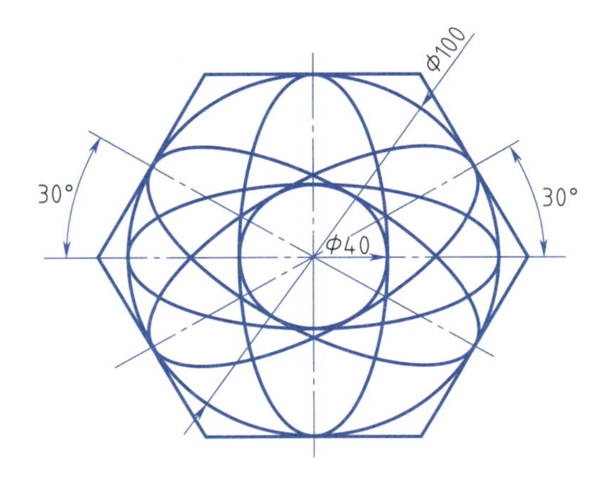

图 1-2-21　操作训练 2

图 1-2-22　操作训练 3

绘图提示：图 1–2–17 外框可应用多段线工具绘制，或应用直线工具、圆弧工具绘制；图 1–2–18 应用多段线或直线与圆弧绘制外框；图 1–2–19 应用样条曲线创建断面线；图 1–2–20 注意应用切点创建切线；图 1–2–21 可先绘制 100 mm × 40 mm 椭圆，然后复制并旋转得到其他椭圆；图 1–2–22 通过改变多段线的宽度绘制，箭头（直线）与圆弧都是一端线宽 8 mm，另一端线宽 0 mm，圆弧的半径自定。

3. 案例体验

下列两个机件需要 2 个基本视图才能完整表达其形状和大小。根据零件描述分别绘制基本视图。

（1）图 1–2–23 所示模型是用于木板间固定的直角转角件，前视图及尺寸如图所示，结构是长半轴为 8 mm、短轴为 15 mm 的椭圆弧、中间为标准沉孔，厚度为 2 mm，转角件的两耳形状和大小相同，直角处内、外圆弧半径分别为 *R*1 mm、*R*2 mm，请根据模型和尺寸绘制前视图和左视图。

（2）图 1–2–24 所示模型是衣柜中的衣钩，前视图及尺寸如图所示，厚度为 2 mm，请绘制模型的前视图和左视图。

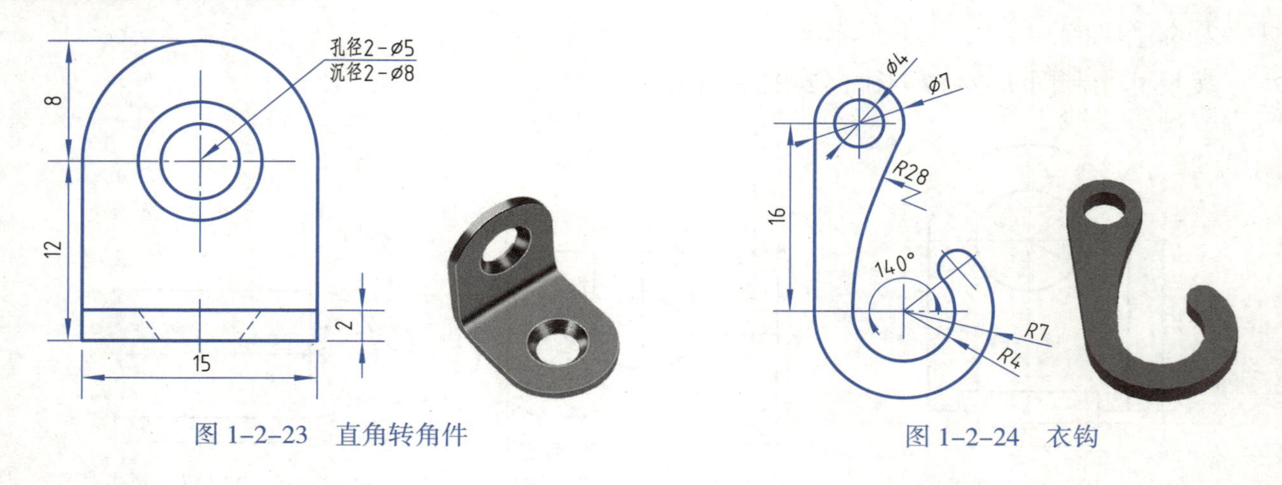

图 1–2–23　直角转角件

图 1–2–24　衣钩

任务 1.2.2　绘制装饰件前视图

——多段线、椭圆、圆弧、圆、坐标的操作与应用

〖任务描述〗

绘制如图 1–2–25 所示装饰件前视图，模型及尺寸如图所示。

〖任务目标〗

了解工业产品构件，掌握多段线工具的基本操作与应用，熟练应用坐标精确绘图，掌握样条曲线、圆、椭圆工具在工程制图中的综合应用。自学镜像、偏移、快速标记中心线的方法。

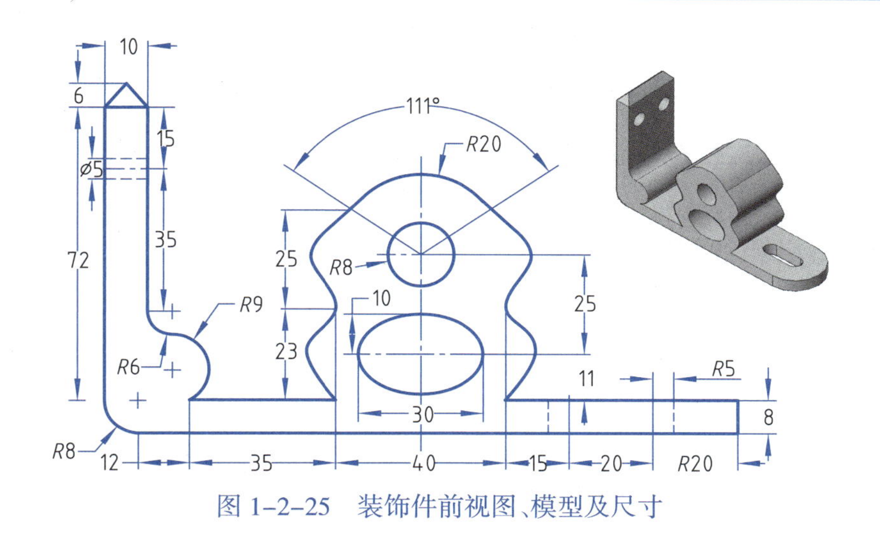

图 1-2-25　装饰件前视图、模型及尺寸

〖任务分析〗

现实生活中有许多工业产品构件，图 1-2-25 所示为茶几装饰件，设计装饰件时产品设计人员既要能创建产品模型，又要会绘制产品工程图。

图 1-2-25 所示为装饰件的前视图，该图形由直线、圆、圆弧、样条曲线组成。绘制前视图时可应用多段线工具绘制直线和圆弧，绘制的顺序可以先绘制左垂直板，再绘制底板，最后绘制中间图形。

绘制时注意多应用坐标绘图，从而增强定位尺寸分析能力和坐标应用能力。

〖任务导学〗

学习单	标题	学习活动	学习建议
	装饰件	上网收集装饰件图片，了解其结构特征	了解机件
	工具准备	掌握多段线工具，自学镜像、偏移工具。了解 AutoCAD 2021 快速标记圆心、中心线的方法	培养自学、探究能力

单击左上角“A”，在弹出的下拉菜单中单击“新建”→“图形”，打开“选择样板”对话框，选择“项目 1.2\ 任务 1.2.2\ 图形样板 A.dwt”并“打开”，创建名为“装饰件前视图 .dwg”的图形文档。

一、图层设置

切换到“草图与注释”工作空间。

查看新建文档的图层设置情况，若应用“图形样板 A.dwt”创建新文档，则新文档的图层已设置。

若未应用图形样板，则可以应用“图层”面板的“图层特性”按钮“ ”打开“图层特性管理器”对话框，创建 3 个图层：

中心线层：红色，加载线型“center2”，其余属性默认。

粗线层：黑色细实线，线宽 0.3 mm，其余属性默认。

虚线层：黑色，加载线型“HIDDEN”，线宽默认，其余属性默认。

标注层：绿色细实线，线宽默认，其余属性默认。

二、绘制垂直板

设置当前图层为“粗线层”。

1. 绘制定位板轮廓线

(1) 绘制 A–J 轮廓线

单击“绘图”面板的“多段线”工具“”，绘制多段线，如图 1–2–26 所示，命令提示如下：

命令：_pline

指定起点：(单击图 1–2–26 所示 A 点)

当前线宽为 0.0000

指定下一个点或[圆弧(A)/半宽(H)/长度(L)/放弃(U)/宽度(W)]：@–5，–6(垂直板宽 10 mm，三角尖高 6 mm，在命令栏中输入 B 点相对于 A 点的坐标并按 Enter 键确定 B 点)

指定下一点或[圆弧(A)/闭合(C)/半宽(H)/长度(L)/放弃(U)/宽度(W)]：< 正交开 > 72(开启正交模式和动态输入，垂直向下移动，输入 72 并按 Enter 键，确定 C 点)

指定下一点或[圆弧(A)/闭合(C)/半宽(H)/长度(L)/放弃(U)/宽度(W)]：a(输入圆弧参数 a)

指定圆弧的端点或[角度(A)/圆心(CE)/闭合(CL)/方向(D)/半宽(H)/直线(L)/半径(R)/第二个点(S)/放弃(U)/宽度(W)]：ce(输入圆弧圆心参数 ce)

指定圆弧的圆心：@8，0(由于圆弧半径为 8 mm，在命令栏输入其圆心 D 点的相对坐标)

指定圆弧的端点或[角度(A)/长度(L)]：@0，–8(在命令栏输入圆弧结束的端点 E 相对于 D 点的相对坐标)

指定圆弧的端点或[角度(A)/圆心(CE)/闭合(CL)/方向(D)/半宽(H)/直线(L)/半径(R)/第二个点(S)/放弃(U)/宽度(W)]：l(切换到直线)

指定下一点或[圆弧(A)/闭合(C)/半宽(H)/长度(L)/放弃(U)/宽度(W)]：142(开启正交模式，鼠标水平向右移动，输入 142(12+35+40+15+20+20)并按 Enter 键确定 F 点)

指定下一点或[圆弧(A)/闭合(C)/半宽(H)/长度(L)/放弃(U)/宽度(W)]：8(鼠标垂直向上移动，输入 8 并按 Enter 键，确定 G 点)

指定下一点或[圆弧(A)/闭合(C)/半宽(H)/长度(L)/放弃(U)/宽度(W)]：15(鼠标水平向左移动，输入 15 并按 Enter 键，确定 m1 点)

指定下一点或[圆弧(A)/闭合(C)/半宽(H)/长度(L)/放弃(U)/宽度(W)]：5(鼠标水平向左移动，输入 5 并按 Enter 键，确定 n1 点)

指定下一点或[圆弧(A)/闭合(C)/半宽(H)/长度(L)/放弃(U)/宽度(W)]：20(鼠标水平向左移动，输入 20 并按 Enter 键，确定 n2 点)

指定下一点或[圆弧(A)/闭合(C)/半宽(H)/长度(L)/放弃(U)/宽度(W)]：5(鼠标

水平向左移动，输入 5 并按 Enter 键，确定 m2 点）

指定下一点或［圆弧（A）/ 闭合（C）/ 半宽（H）/ 长度（L）/ 放弃（U）/ 宽度（W）］：10（鼠标水平向左移动，输入 10（15–5）并按 Enter 键，确定 H 点）

指定下一点或［圆弧（A）/ 闭合（C）/ 半宽（H）/ 长度（L）/ 放弃（U）/ 宽度（W）］：40（鼠标水平向左移动，输入 40 并按 Enter 键，确定 I 点）

指定下一点或［圆弧（A）/ 闭合（C）/ 半宽（H）/ 长度（L）/ 放弃（U）/ 宽度（W）］：35（鼠标水平向左移动，输入 35 并按 Enter 键，确定 J 点）

指定下一点或［圆弧（A）/ 闭合（C）/ 半宽（H）/ 长度（L）/ 放弃（U）/ 宽度（W）］：（按 Enter 键结束多段线命令，结果如图 1–2–26 所示）

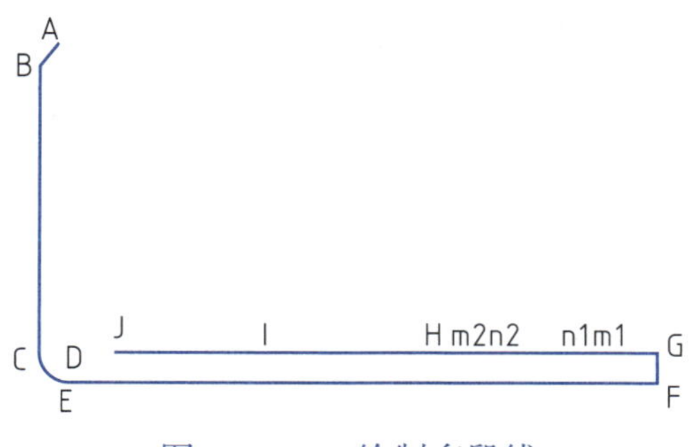

图 1–2–26　绘制多段线

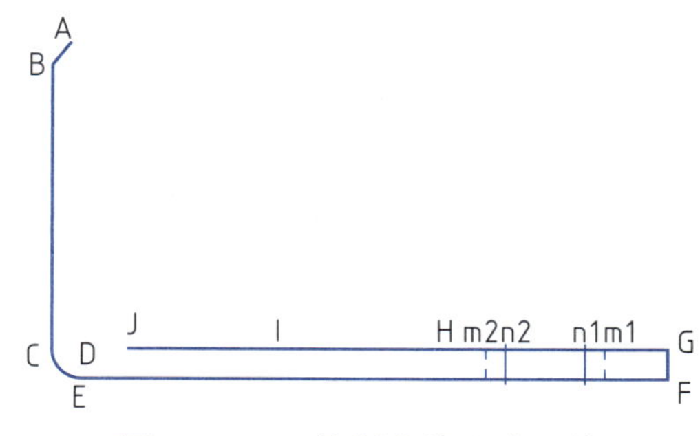

图 1–2–27　绘制虚线和中心线

理一理

直角坐标系区间与相对坐标

应用相对坐标绘图很方便，但对于初学者来说较难理解，图 1–2–28 所示是一个直角坐标系，可以模拟已绘制的点为坐标系原点 O（坐标为“0,0”），要绘制的下一点 P 与上一点 O 的相对位置有 4 种情况，即可能在图中 4 个区间的某一个区间，图中 4 个点相对于上一点 O 的相对坐标分别是多少？

图 1–2–26 中假设已绘制点 G，要绘制到 J 的直线，J 点相对坐标是多少？

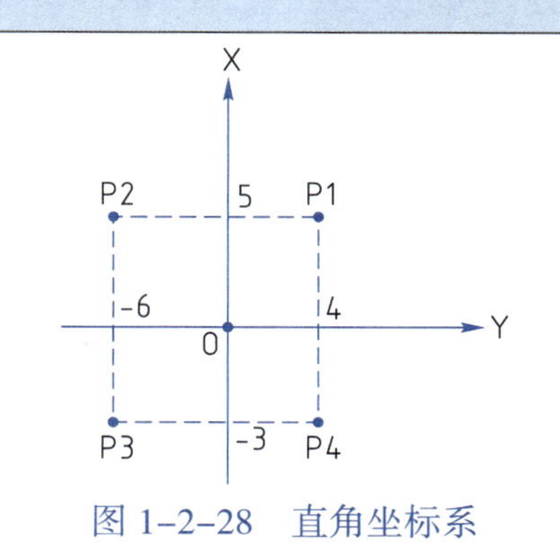

图 1–2–28　直角坐标系

（2）绘制 m、n 处的虚线和中心线

如图 1–2–27 所示，应用直线工具绘制 m、n 处的虚线和中心线。

① 打开图层管理器，设置“虚线层”为当前图层，应用直线命令绘制 m1、m2 处虚线。

启用直线工具

命令：_line

指定第一个点：< 打开对象捕捉 >（开启对象捕捉“端点”，捕捉并单击 m1 点）

指定下一点或［放弃（U）］：8（在正交模式下鼠标垂直向下移动，输入 8 并按 Enter 键绘制 m1 处虚线）

指定下一点或［闭合（C）/ 放弃（U）］：（按 Enter 键结束）

启用直线工具

命令:_line

指定第一个点:< 打开对象捕捉 >(开启对象捕捉“端点”,捕捉并单击 m2 点)

指定下一点或[放弃(U)]:8(在正交模式下鼠标垂直向下移动,输入 8 并按 Enter 键绘制 m2 处虚线)

指定下一点或[闭合(C)/放弃(U)]:(按 Enter 键结束)

② 在图层管理器中设置“中心线层”为当前图层,绘制 n1、n2 处中心线。

启用直线工具

命令:_line

指定第一个点:< 打开对象捕捉 >(开启对象捕捉“端点”,捕捉并单击 n1 点)

指定下一点或[放弃(U)]:9(在正交模式下鼠标垂直向下移动,输入 9 并按 Enter 键绘制 n1 处中心线)

指定下一点或[闭合(C)/放弃(U)]:(按 Enter 键结束)

启用直线工具

命令:_line

指定第一个点:< 打开对象捕捉 >(开启对象捕捉“端点”,捕捉并单击 n2 点)

指定下一点或[放弃(U)]:9(在正交模式下鼠标垂直向下移动,输入 9 并按 Enter 键绘制 n2 处虚线)

指定下一点或[闭合(C)/放弃(U)]:(按 Enter 键结束)

选中 n1、n2 处中心线,单击上端点方形控制块并按住左键向上拖约 1 个单位后单击确定,完成红色中心线如图 1-2-27 所示。

(3) 绘制多段线 A-J

设置当前图层为“粗线层”,单击“绘图”面板的多段线工具“”,如图 1-2-29 所示,绘制多段线,命令提示如下:

命令:_pline

指定起点:(开启对象捕捉“端点”,捕捉并单击 A 点,如图 1-2-29 所示)

当前线宽为 0.0000

指定下一个点或[圆弧(A)/半宽(H)/长度(L)/放弃(U)/宽度(W)]:@5,-6(垂直板宽 10 mm,三角尖高 6 mm,在命令栏输入点 1 的相对坐标)

指定下一点或[圆弧(A)/闭合(C)/半宽(H)/长度(L)/放弃(U)/宽度(W)]:12.5(在正交模式下鼠标垂直向下移动,输入 12.5(15-2.5)并按 Enter 键确定点 w1)

指定下一点或[圆弧(A)/闭合(C)/半宽(H)/长度(L)/放弃(U)/宽度(W)]:2.5(在正交模式下鼠标垂直向下移动,输入 2.5(5/2)并按 Enter 键确定点 k)

指定下一点或[圆弧(A)/闭合(C)/半宽(H)/长度(L)/放弃(U)/宽度(W)]:2.5(在正交模式下鼠标垂直向下移动,输入 2.5(5/2)并按 Enter 键确定点 w2)

指定下一点或[圆弧(A)/闭合(C)/半宽(H)/长度(L)/放弃(U)/宽度(W)]:32.5(在正交模式下鼠标垂直向下移动,输入 32.5(35–2.5)并按 Enter 键确定点 2)

指定下一点或[圆弧(A)/闭合(C)/半宽(H)/长度(L)/放弃(U)/宽度(W)]:a(切换到圆弧模式)

指定圆弧的端点或[角度(A)/圆心(CE)/闭合(CL)/方向(D)/半宽(H)/直线(L)/半径(R)/第二个点(S)/放弃(U)/宽度(W)]:ce(切换到圆心输入状态)

指定圆弧的圆心:@6,0(圆弧半径为 6 mm,输入圆心 O 相对于点 2 的坐标 @6,0)

指定圆弧的端点或[角度(A)/长度(L)]:@0,–6(输入圆弧结束端点 3 的相对坐标)

指定圆弧的端点或[角度(A)/圆心(CE)/闭合(CL)/方向(D)/半宽(H)/直线(L)/半径(R)/第二个点(S)/放弃(U)/宽度(W)]:r(切换到半径输入状态)

指定圆弧的半径:8(输入新圆弧的半径 8 mm)

指定圆弧的端点或[角度(A)/圆心(CE)/闭合(CL)/方向(D)/半宽(H)/直线(L)/半径(R)/第二个点(S)/放弃(U)/宽度(W)]:(捕捉并单击端点 J)

指定圆弧的端点或[角度(A)/圆心(CE)/闭合(CL)/方向(D)/半宽(H)/直线(L)/半径(R)/第二个点(S)/放弃(U)/宽度(W)]:(按 Enter 键结束多段线命令)

应用直线工具绘制点 1 处的水平粗实线。分别设置“虚线层”“中心线层”为当前图层,应用直线工具绘制 w1、w2 处的虚线和 k 处的中心线。

理一理	**多段线、快速标注中心线**
	多段线:上述多段线是具有相同宽度的直线和圆弧,用得最多的参数是:角度(A)/圆心(CE)/闭合(CL)/方向(D)/直线(L)/半径(R)/放弃(U)。注意理解应用。 快速标注中心线:在 AutoCAD 2021“注释”选项卡的“中心线”面板中提供了中心线“ ”、圆心标记“ ”工具,可以快速标注中心线。对于圆、椭圆、圆孔(柱)、具有对称特征的绘图都需要标注中心线,练习快速标注 w1、w2 间的中心线。

2. 绘制中间轮廓线

(1) 绘制辅助线

如图 1–2–30 所示,应用直线工具,以 HI 的中点为起点绘制两段线 12、23,长度分别为 11 mm、25 mm,用于定位椭圆和圆的中心点,命令提示如下:

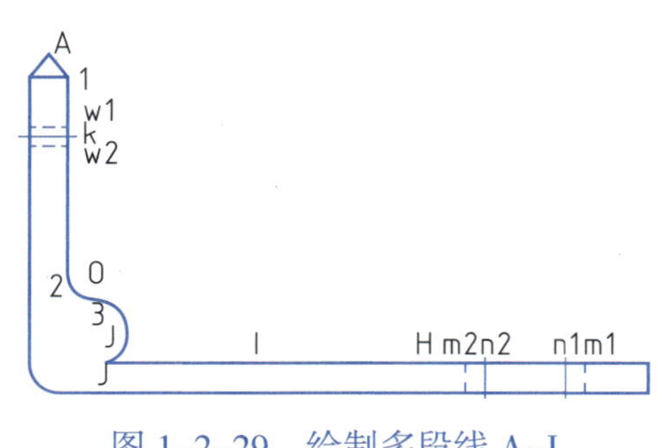

图 1–2–29　绘制多段线 A~J

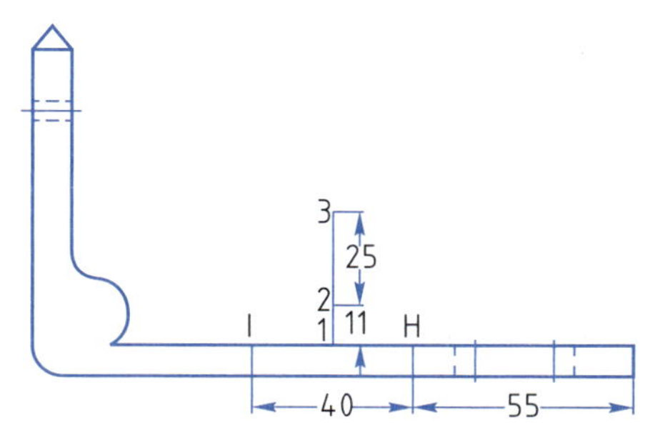

图 1–2–30　绘制辅助线

命令:_line

指定第一个点:(开启对象捕捉“中点”,捕捉 HI 的中点 1 并单击,确定为直线的起点)

指定下一点或[放弃(U)]:11(在正交模式下鼠标垂直向上移动,输入 11 并按 Enter 键确定端点 2)

指定下一点或[放弃(U)]:25(鼠标垂直向上移动,输入 25 并按 Enter 键确定端点 3)

指定下一点或[闭合(C)/放弃(U)]:

(2) 绘制椭圆和圆

设置当前图层为“粗线层”。单击“绘图”面板的椭圆工具“■”(圆心),绘制 30 mm × 20 mm 椭圆,如图 1-2-31 所示,命令提示如下:

命令:_ellipse

指定椭圆的轴端点或[圆弧(A)/中心点(C)]:_c

指定椭圆的中心点:(开启对象捕捉“端点”,捕捉图 1-2-30 中的点 2 并单击“确定”)

指定轴的端点:15(鼠标水平向右移动,输入长半轴长度 15 mm)

指定另一条半轴长度或[旋转(R)]:10(鼠标垂直向上移动,输入短半轴长度 10 mm)

单击“绘图”面板的圆工具“■”(圆心、半径),绘制 *R*8 mm 圆,如图 1-2-31 所示,命令提示如下:

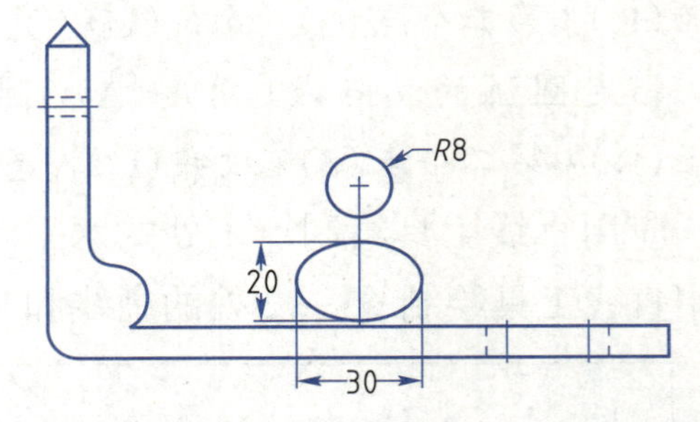

图 1-2-31 绘制 *R*8 mm 圆、30 mm × 20 mm 椭圆

命令:_circle

指定圆的圆心或[三点(3P)/两点(2P)/切点、切点、半径(T)]:(捕捉图 1-2-30 中的点 3 并单击“确定”)

指定圆的半径或[直径(D)]:8(输入半径 8 mm)

删除 HI 线段。

做一做	练习快速标注椭圆和圆的中心线
	在 AutoCAD 2021 “注释”选项卡的“中心线”面板中选择圆心标记“■”工具,快速标注椭圆和圆的中心线。

(3) 绘制样条曲线

① 绘制辅助线,创建点 2、点 4。

设置“中心线层”为当前图层,如图 1-2-32(a)所示,应用直线工具以 I 为起点向上绘制长度为 23 mm 的垂直线,得到端点 2。

如图 1-2-32(a)所示,创建 30 mm × 20 mm 椭圆和 *R*8 mm 圆的中心线。开启捕捉圆心、动态输入,应用直线工具以 *R*8 mm 圆心为起点,如图 1-2-32(a)所示,向右上移动,应用 Tab 键切换到角度输入框,输入“34.5”(90–111/2)并按 Enter 键确认,创建斜线 L1。

应用“修改”面板中的镜像工具以经过 *R*8 mm 圆心的中心线为对称轴创建直线 L2[或

应用直线工具输入角度“145.5”(111+34.5),创建斜线 L2]。

应用直线工具连接点 J、点 G 创建辅助线 JG,应用“修改”面板中的偏移工具向上偏移 48 mm(25 mm+23 mm)创建直线 L3(或在 J 点向上创建长 48 mm 的垂直线,将辅助线 JG 移至垂直线上端点处),得到交点 4。删除辅助线 JG。

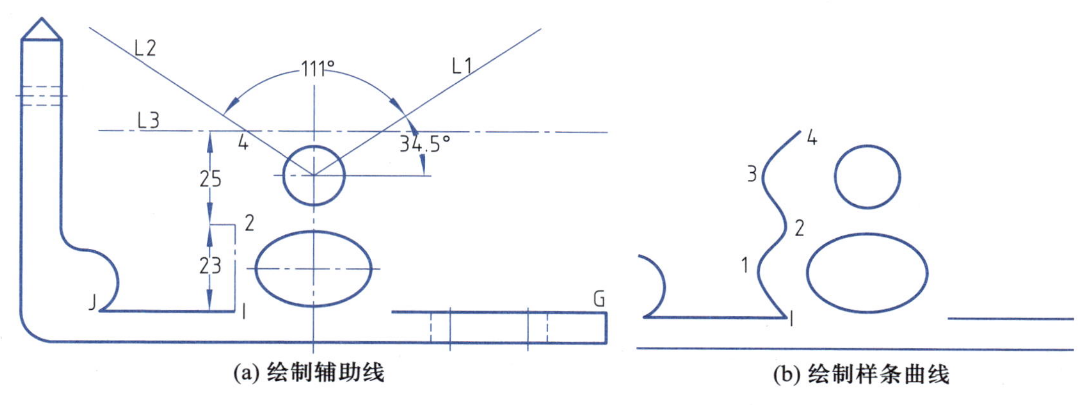

(a) 绘制辅助线　　(b) 绘制样条曲线

图 1-2-32　绘制左侧样条曲线

做一做	练习应用构造线
	应用构造线的“角度”和“偏移”绘制 L1、L2、L3,如图 1-2-32(a)所示。可选择的参数:“[水平(H)/ 角度(A)/ 二等分(B)/ 偏移(O)]”。

② 绘制左侧样条曲线。

单击“绘图”面板的样条曲线工具“ ”,绘制样条曲线,如图 1-2-32(b)所示,命令提示如下:

命令:_SPLINE

当前设置:方式 = 拟合　节点 = 弦

指定第一个点或[方式(M)/ 节点(K)/ 对象(O)]:_M

输入样条曲线创建方式[拟合(F)/ 控制点(CV)]< 拟合 >:_FIT

当前设置:方式 = 拟合　节点 = 弦

指定第一个点或[方式(M)/ 节点(K)/ 对象(O)]:(开启对象捕捉,捕捉图 1-2-32 所示端点 I,并单击)

输入下一个点或[起点切向(T)/ 公差(L)]:< 对象捕捉　关 >　< 正交　关 >

输入下一个点或[端点相切(T)/ 公差(L)/ 放弃(U)]:[关闭捕捉和正交模式后,单击图 1-2-32 所示点 1(预估即可)]

输入下一个点或[端点相切(T)/ 公差(L)/ 放弃(U)/ 闭合(C)]:[开启对象捕捉,单击图 1-2-32(a)所示点 2]

输入下一个点或[端点相切(T)/ 公差(L)/ 放弃(U)/ 闭合(C)]:[单击图 1-2-32(b)所示点 3(预估即可)]

输入下一个点或[端点相切(T)/公差(L)/放弃(U)/闭合(C)]:[单击图 1-2-32(a)所示点 4]

输入下一个点或[端点相切(T)/公差(L)/放弃(U)/闭合(C)]:(按 Enter 键结束)

选中样条曲线,拖动控制点可微调曲线弯曲度。

③ 镜像绘制右侧样条曲线。

单击"修改"面板的镜像工具"![]",镜像复制样条曲线,如图 1-2-33 所示,命令提示如下:

命令:_mirror

选择对象:找到 1 个(单击选定样条曲线)

选择对象:(右击结束选定)

指定镜像线的第一点:<打开对象捕捉>(捕捉并单击 $R8$ mm 圆的圆心)

指定镜像线的第二点:<正交 开>(垂直向下移动,捕捉并单击椭圆中心点)

要删除源对象吗? [是(Y)/否(N)]<N>:(按 Enter 键确认,不删除源对象)

做一做	编辑样条曲线
	上述案例通过指定 5 个拟合点(I、1、2、3、4)创建样条曲线。拖动拟合点可以调整样条曲线的形状,从而编辑出更好的曲线效果。

(4) 绘制 $R20$ mm 圆弧

单击"绘图"面板的圆弧 - 起点、端点、半径工具"![]",绘制圆弧线,如图 1-2-34 所示,命令提示如下:

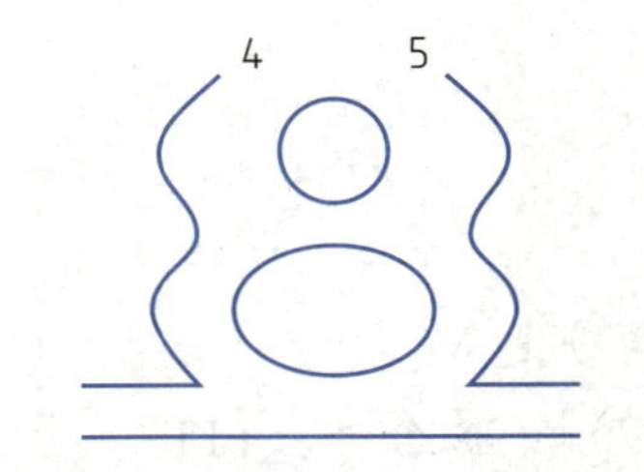

图 1-2-33 镜像复制样条曲线

图 1-2-34 绘制弧线

命令:_arc

圆弧创建方向:逆时针(按住 Ctrl 键可切换方向)。

指定圆弧的起点或[圆心(C)]:(捕捉图 1-2-33 端点 4 并单击)

指定圆弧的第二个点或[圆心(C)/端点(E)]:_e

指定圆弧的端点:(捕捉图 1-2-33 端点 5 并单击)

指定圆弧的圆心或[角度(A)/方向(D)/半径(R)]:_r 指定圆弧的半径:20(输入圆弧半径 20 mm)

检查图形及尺寸,确保绘制无误。有兴趣的同学自行绘制左视图、俯视图。完成视图绘制并保存图形文档到工作文件夹。

〖任务体验〗

1. 任务梳理

请将本次任务学习的内容按下表提示进行梳理。

AutoCAD 技术			制图技能			经验笔记
绘图工具	修改工具	辅助工具	基本视图	线型线宽	定形定位	

2. 操作训练

按尺寸绘制图 1-2-35~ 图 1-2-38 所示的图形。

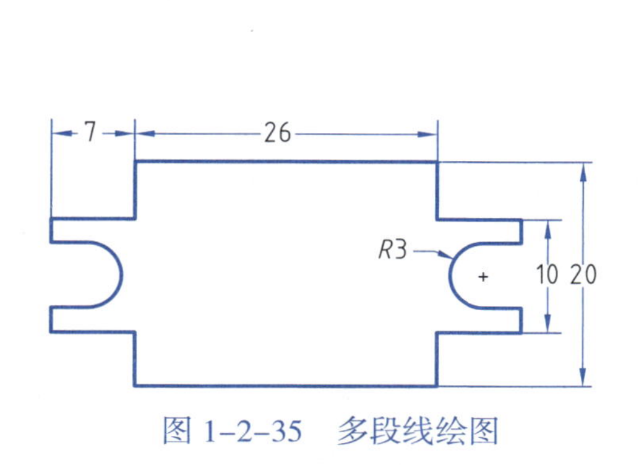

图 1-2-35　多段线绘图

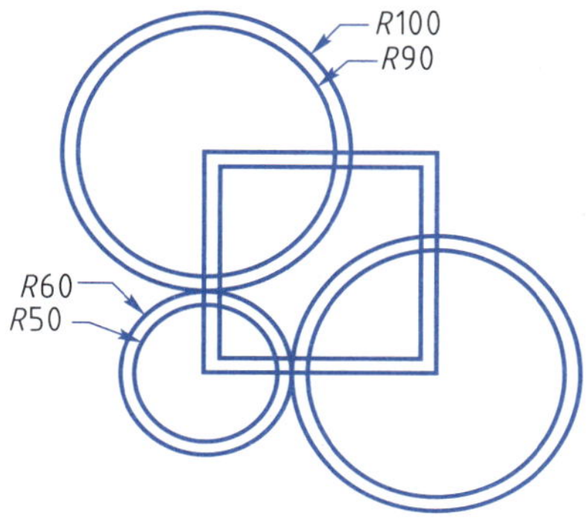

图 1-2-36　渐变填充、图案填充

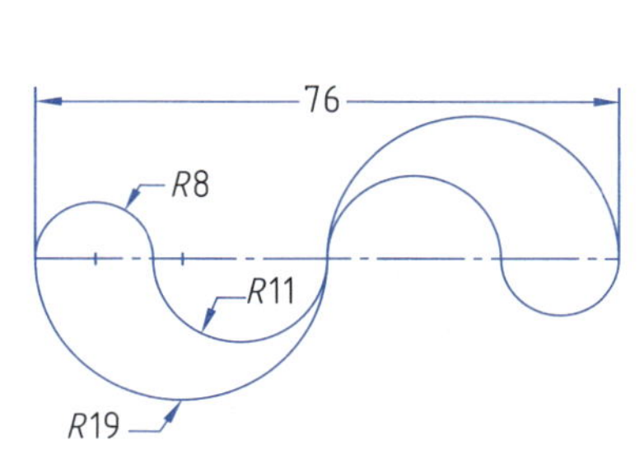

图 1-2-37　圆弧或多段线

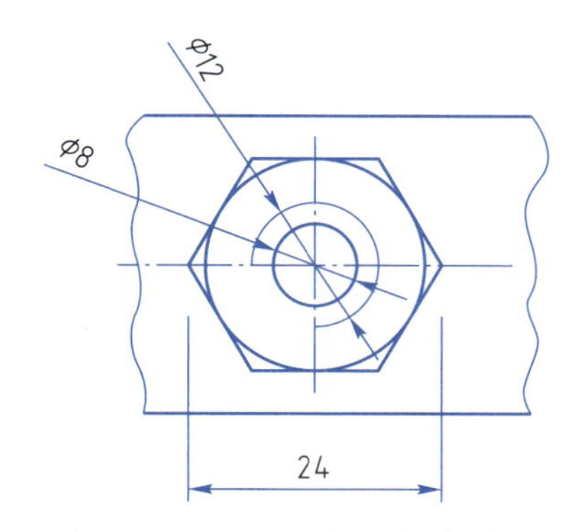

图 1-2-38　圆、圆弧、样条曲线

3. 案例体验

图 1-2-39 所示模型厚 15 mm，主视图如图 1-2-39 所示，根据尺寸及模型特征应用多段线和椭圆工具绘制主视图，学有余力的同学请再绘制俯视图。

绘图提示：从尺寸为 5 mm 的直线下端点开始绘制，在绘制两段 $R20$ mm × 70° 圆弧时，先选择“圆弧（A）”，再选择“圆心（CE）”（根据半径尺寸，垂直向上移动，输入距离 20 mm 确定圆心），输入 70° 创建圆弧。创建椭圆时，先确定椭圆中心点（$R20$ mm 圆弧的圆心），再确定长半轴和短半轴。

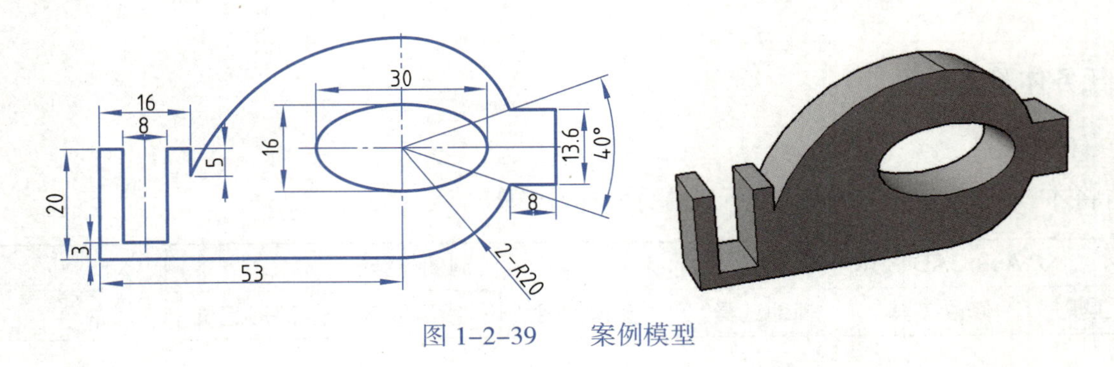

图 1-2-39　案例模型

【项目体验】

项目情景：

某净水专卖店王经理需要绘制饮水机（含桶）模型的图纸，请绘图员来店现场测量，并绘制图纸。

项目要求：

图 1-2-40 所示为饮水机（含桶、底座）模型、主视图及尺寸，桶放在底座的正中心位置，底座的长和宽均为 72 mm，椭圆孔深 60 mm。绘制前视图和俯视图。

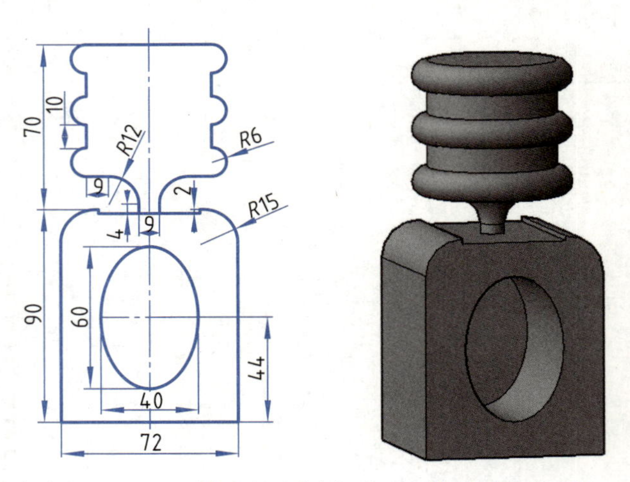

图 1-2-40　饮水机（含桶、底座）模型及主视图

【项目评价】

评价项目	能力表现			
基本技能	获取方式：□自主探究学习　□同伴互助学习　□师生互助学习 掌握程度：□了解____%　□理解____%　□掌握____%			
创新理念	□大胆创新	□有点创新思想	□能完成____%	□保守陈旧
岗位体验	□了解行业知识	□具备岗位技能	□能完成____%	□还不知道
技能认证目标	□高级技能水平	□中级技能水平	□初级技能水平	□继续努力

续表

评价项目	能力表现
项目任务自评	□优秀　□良好　□合格　□一般　□再努力一点就更好了
我获得的岗位知识和技能	
分享我的学习方法和理念	
我还有疑难问题	

项目 1.3

连杆机构视图与标注

——编辑工具基本操作与应用、尺寸标注

【项目情景】

连杆机构是常见的机件，图 1-3-1 所示为常见连杆机构的三维模型，应用绘图工具、编辑工具绘制该模型的表达视图，表达视图是机件工程图的核心内容，图形标注是对机件大小和形状的尺寸表达，是制图员最基本的技能，制图员要能准确、快速、规范地绘制工程图。

项目 1.3 包括两个任务：

任务 1.3.1 连杆旋转平面图——常用编辑工具的基本操作与应用

任务 1.3.2 机件视图尺寸标注——尺寸标注基本操作与应用

图 1-3-1　常见连杆机构的三维模型

【项目目标】

对象的选择、复制、删除、移动、旋转、缩放、修剪、偏移、镜像、阵列、拉伸、拉长、合并、圆角、倒角、打断等编辑工具在图形绘制中的熟练应用。常见尺寸标注的方法与应用，制作简单工程图。

【岗位对接】

会选择单个、多个对象，会应用“修改”工具面板上的主要修改工具。在绘图中能综合应

用绘图工具、修改工具。能应用尺寸标注规范标注图形,会制作工程图。

【技能建构】

一、走进行业

学习单	标题	学习活动	学习建议
	尺寸标注	了解机构零件、建筑工程图的标注	在收集活动中了解行业

1. 尺寸标注的基本规则与要求

不同行业的工程图标注有不同的要求,这里以机件为主介绍标注,机件表达视图用来表达机件的形状,而机件的真实大小由标注尺寸确定,若尺寸标注不准确或不清晰,会使生产的产品尺寸不准确,甚至造成不合格产品,所以准确完整地标注尺寸是制图员必备的专业要求和职业素养。

(1) 尺寸标注的基本规则

图样所示物体的真实大小应以图样上标注的尺寸为依据,与图形的比例及绘图的准确性无关。

图样中的尺寸以 mm 为单位时,不需标注计量单位的代号 mm 或名称“毫米”,若采用其他单位,则应用注明相应计量单位的代号或名称,如:13 cm(厘米)等。

尽量避免在不可见轮廓线上标注尺寸。

图样中所示的尺寸应为该图样所示物体的成品尺寸,否则应当加以说明。

图样中同一个结构的尺寸,在图形中只能标注一次,并应标注在反映该结构最清晰的部位上。重复的结构可以标注它们的数量。

图样上所注尺寸必须全面、清晰。在同一张图中尺寸标注的风格要一致。

(2) 尺寸标注的基本要求

尺寸标注的基本要求为:正确、完全、清晰、合理。

正确——尺寸标注要符合国家标准的相关规定。

完全——标注出机件所需要的全部尺寸,不遗漏,不重复。

清晰——尺寸布置整齐、清晰,便于识图。

合理——标准尺寸符合设计要求和工艺要求。

2. 尺寸标注的组成要素及 4 种尺寸

(1) 尺寸标注的基本组成要素

① 尺寸数字　线性尺寸的数字一般应标注在尺寸线的上方,也允许标注在尺寸线的中断处;水平标注时字头向上、垂直标注时字头向左;尺寸数字不可被任何图线穿过,当不可避免时可把图线断开;数字要采用标准字体,字高全图应保持一致。标注直径时,应在尺寸数字前加注直径符号“ϕ”;标注半径时,应在尺寸数字前加注半径符号“R”;标注球面直径或半径时,应在符号“ϕ”或“R”前加注符号“S”,如“SR34”“Sϕ56”。

② 尺寸线　尺寸线用以表示尺寸范围，即尺寸的起点和终点。

尺寸线用细实线绘制，不能用其他图线代替，也不得与其他图线重合或画在其延长线上；标注线性尺寸时，尺寸线必须与所标注的线段平行。当圆弧半径过大或线性尺寸太长，在图纸范围内无法标出相应位置时，可折弯标注。尺寸线的终端符号全图应一致，在机械制图中尺寸线的终端采用箭头形式，当地方不够时，尺寸线的终端可采用圆点或斜线代替。尺寸线之间以及与轮廓线之间应保持适当距离，使标注尺寸更加清晰、明了。

③ 尺寸界线　尺寸界线用细实线绘制，并应由图形的轮廓线、轴线或对称中心线处引出；也可利用轮廓线、轴线或对称中心线作尺寸界线；尺寸界线应与尺寸线垂直，当尺寸界线过于靠近轮廓线时，允许倾斜画出。在光滑过渡处标注尺寸时，必须用细实线将轮廓线延长，从它们交点处引出尺寸界线。

(2) 尺寸标注的定形、定位、总体及基准

尺寸标注应包括 4 种尺寸：定形尺寸、定位尺寸、总体尺寸、尺寸基准。

定形尺寸：确定各基本形体形状和大小的尺寸。

定位尺寸：确定各基本形体之间相对位置的尺寸。

总体尺寸：表示机件在长、宽、高 3 个方向的最大尺寸，总体尺寸有时与定形尺寸、定位尺寸重合，这时只需标注一次。

尺寸基准：在标注尺寸时，需要考虑标注尺寸的起点，即尺寸基准。机件图形长、宽、高 3 个方向的尺寸在每个方向至少有一个基准，通常以机件的端面、对称面、底面、轴线等作为尺寸基准。

看一看	打开“项目 1.2\ 叉架图纸 .dwg”，完成下列任务
	1. 了解图纸的尺寸标注。 2. 了解尺寸标注的基本组成要素

二、技能建构

学习单	标题	学习活动	学习建议
	绘图与编辑	绘图工具与编辑工具分别有哪些	在收集整理活动中了解工具

1. 编辑工具

绘制图形的常用编辑工具包括：对象的选择、复制、删除、移动、旋转、缩放、修剪、偏移、镜像、阵列、拉伸、拉长、合并、圆角、倒角、打断等。

(1) 选择对象

图线、图形、文字、标注等都是操作对象。选定操作对象，该对象呈高亮夹点显示（图 1–3–2）。选择对象有多种方法，最常用的有以下几种方法：

① 单击选择单个或多个对象。

单击图形对象，该对象选中后呈高亮夹点显示，可依次单击图形对象选中多个对象。按住

Shift 键，单击选中的对象可取消对该对象的选择，取消选中后的对象夹点消失。若按 Esc 键可取消全部已选择的对象。

② 框选方式选择单个或多个对象。

AutoCAD 2021 提供的自由框选方式可以很方便地快速选择多个对象。

用户在选择对象的左上角（或右下角）的适当位置按住鼠标左键沿图形四周划出一个区域，在区域内可看见一个虚线区，此时虚线区框住的对象即可被选中。

(2) 放弃和重做

在 AutoCAD 2021 中绘图时，出现失误操作时 AutoCAD 允许使用工具栏放弃按钮 "" 取消错误的操作，每单击一次放弃一次操作，单击黑三角尖按钮，可在下拉列表中选择多个操作项撤销。使用 Ctrl+Z 命令可以逐步取消本次的操作，直到初始状态。

重做按钮 "" 用于恢复上一个 "放弃" 操作，"重做" 命令只有在作了 "放弃" 命令之后才起作用。操作方法与 "放弃" 相同。

(3) 夹点操作。

选择要编辑的对象，被选取的对象出现若干个带颜色的小方块，小方块是该对象的特征点，即夹点，如图 1-3-2 所示。

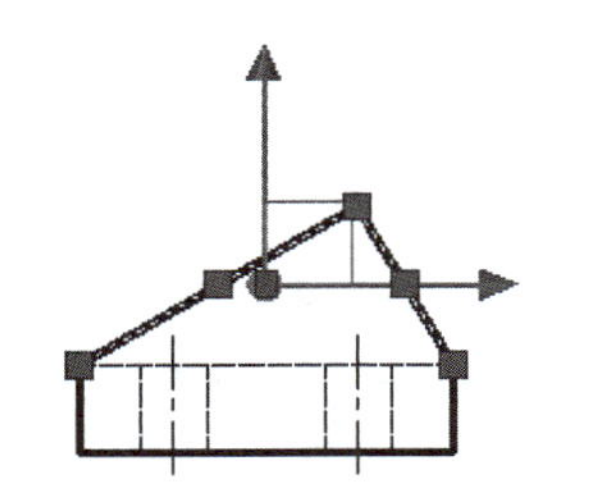
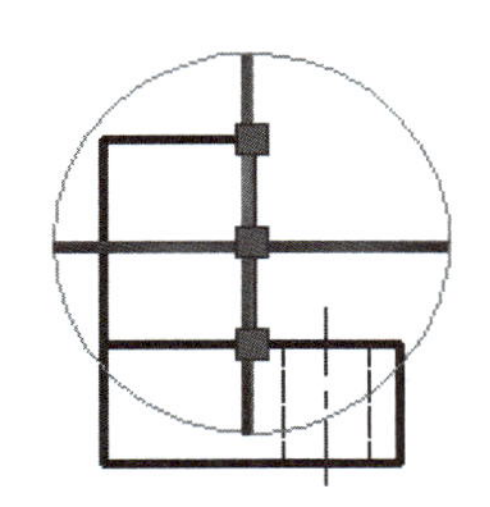
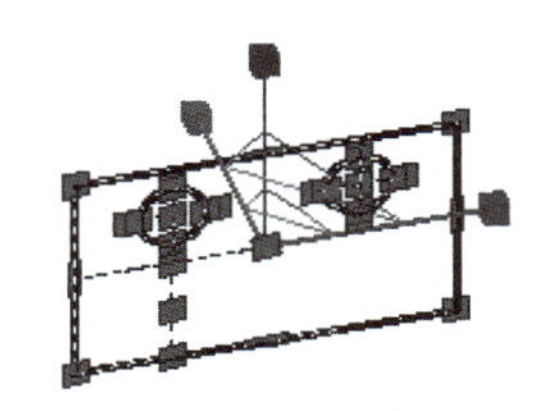

图 1-3-2　选定对象并操作

当对象处于夹点状态时，右击夹点，在弹出的快捷菜单中可选择相应命令执行移动、旋转、缩放、复制等操作。拖动夹点可进行拉伸操作。

不是所有的对象都能拉伸。当用户选择不支持拉伸操作的夹点（比如圆心、文本插入点、图块的插入点等）时，不能拉伸对象，只能移动对象。

(4) 删除

在绘图过程中，"删除" 命令为用户提供了删除对象的方法。删除方法有："修改" 菜单→ "删除"；或 "修改" 面板的删除工具 ""；或选择对象后，按 Delete 键删除对象。

如果误删一些有用的对象，可单击放弃按钮 "" 恢复误删操作。

(5) 移动

在绘图阶段，往往需要把一个或多个图形移动到目标位置，AutoCAD 2021 提供的移动命令调用方法有："修改" 菜单→ "移动"；或 "修改" 面板的移动工具 ""；或选择对象后右击对象，在弹出的快捷菜单中选择 "移动"。

使用坐标、栅格捕捉、对象捕捉都可以精确移动。图 1-3-3 所示（项目 1.3\ 编辑操作

1.dwg）描述了应用“移动”命令移动圆的操作过程。

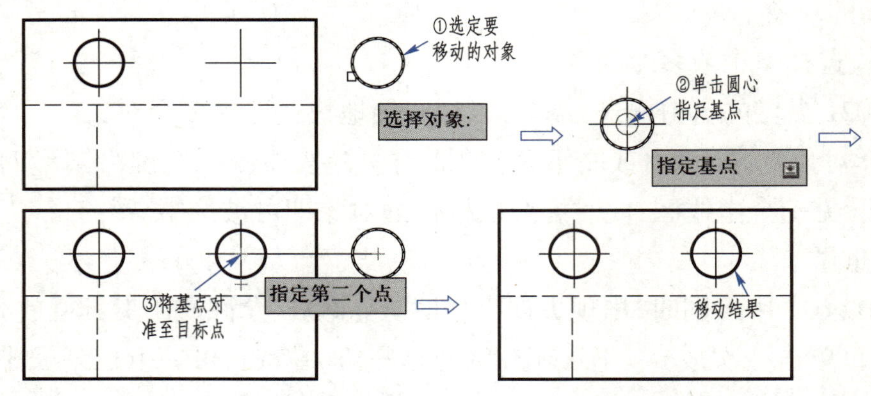

图 1–3–3　应用“移动”命令移动圆的操作过程

（6）复制工具

若要重复绘制相同对象，可应用“复制”命令快速将对象目标复制到目的位置。调用的方法有：“修改”面板的复制工具“ ”；或“修改”菜单→“复制”；或选择对象后右击对象，在弹出的快捷菜单中选择“复制”。

如图 1–3–4 所示（项目 1.3\ 编辑操作 1.dwg），应用“复制”命令复制两个正六边形。

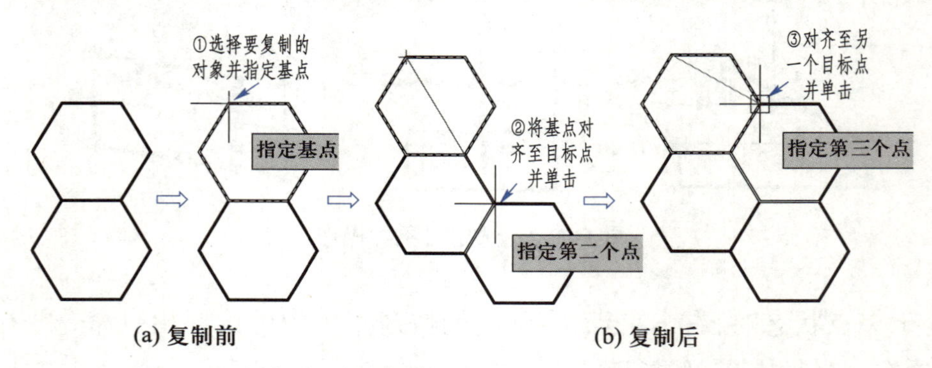

图 1–3–4　应用“复制”命令复制两个正六边形的操作过程

（7）旋转

旋转命令用于将所选的单个或一组对象以参考基点或绕指定的旋转点（或轴）旋转指定角度。若选择“复制”项则保留源对象，即旋转并同时复制对象。

命令调用的方法有：“修改”面板的旋转工具“ ”；或“修改”菜单→“旋转”；或选择对象后右击，在弹出的快捷菜单中选择“旋转”。

如图 1–3–5 所示（项目 1.3\ 编辑操作 1.dwg），应用“旋转”命令，选择基点，输入“复制（c）”项“C”，输入旋转角度 90°，将选中的对象绕基点旋转并复制。

命令行“指定旋转角度，或［复制（C）/ 参照（R）］<0>：”选项解释如下。

复制（C）：输入 C 命令后，表示在旋转的同时复制对象；参照（R）：输入 R 命令后，系统指定当前参照角度和所需的新角度。

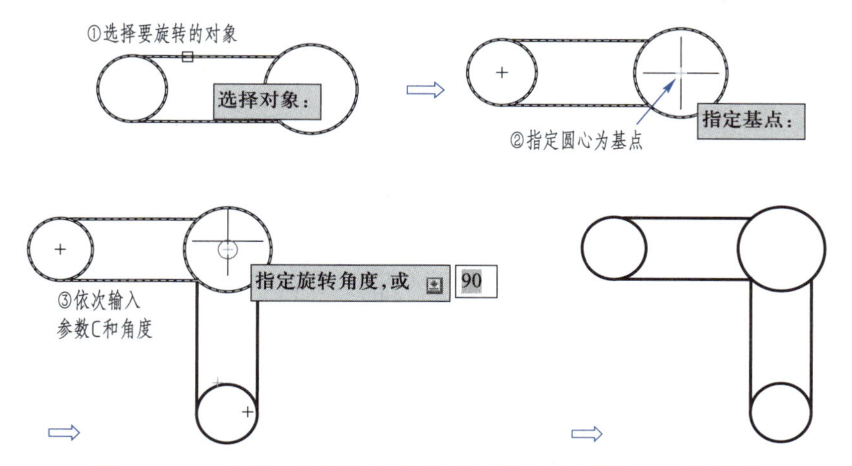

图 1-3-5　应用“旋转”命令将选中的对象旋转 90° 并复制

(8) 拉伸

拉伸命令用于按指定的方向和角度拉长或缩短对象。AutoCAD 2021 中可被拉伸的对象有直线、圆弧、多段线等。

命令调用的方法：“修改”面板的拉伸工具“▣”；或“修改”菜单→“拉伸”；或右击选中的对象，在弹出的快捷菜单中选择“拉伸”。

如图 1-3-6 所示（项目 1.3\ 编辑操作 1.dwg），应用拉伸命令将选中的对象向左上方拉伸。

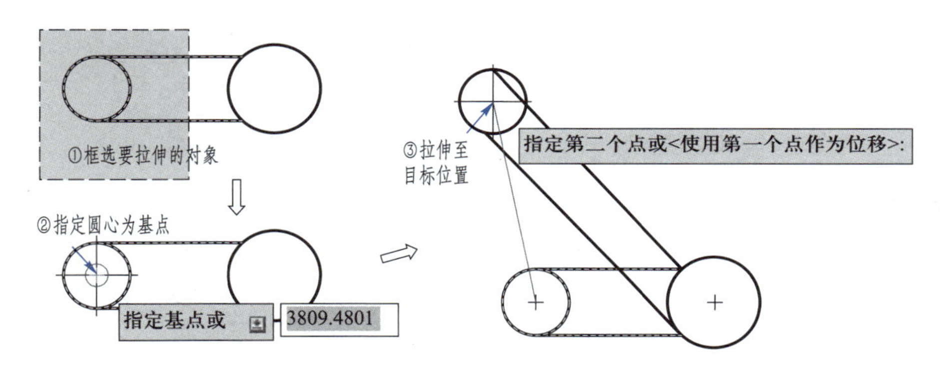

图 1-3-6　应用拉伸命令将选中的对象向左上方拉伸

(9) 偏移

偏移命令指定一定偏移距离或一个偏移点创建新对象。用于将直线、圆弧、圆、多边形、云线等进行同心复制或平行偏移。如果新对象是封闭的图形（如圆、正多边形等），则平移后的对象被放大或缩小，而源对象可以保持不变。

调用偏移命令的方法有：“修改”面板的偏移工具“▣”；或“修改”菜单→“偏移”。

如图 1-3-7 所示（项目 1.3\ 编辑操作 1.dwg），分别为向外、向内将正六边形偏移 10 个单位。

(10) 缩放

缩放命令用于对象按指定的比例因子（包括参考值）相对于指定的基点放大或缩小，从而改变对象的尺寸大小。

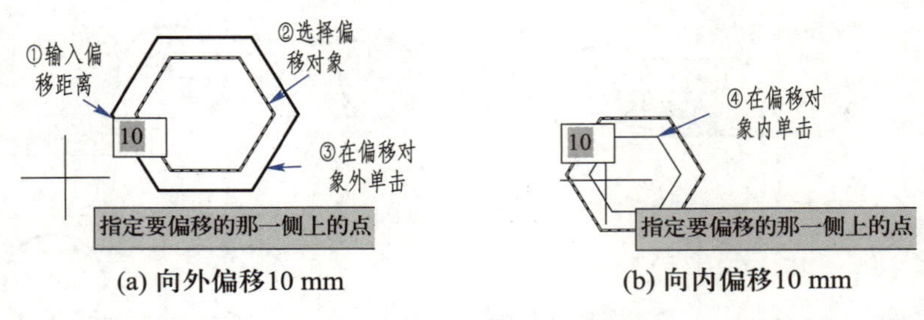

(a) 向外偏移10 mm (b) 向内偏移10 mm

图 1-3-7 偏移正六边形

命令调用的方法:"修改"面板的缩放工具"▣";或"修改"菜单→"缩放"。

(11) 修剪

修剪命令用于对指定修剪边界的对象修剪图形的某些部分。可以被该命令修剪的对象有直线、圆弧、椭圆弧、多段线、射线、样条曲线、面域、尺寸、文本对象等。

调用命令:"修改"面板的修剪工具"-/--"(高版本 AutoCAD 的修剪工具为"✂");或"修改"菜单→"修剪"。应用该命令时,低版本 AutoCAD 需要先选择修剪对象和边界对象,再单击要修剪的部分;高版本 AutoCAD 中可直接应用修剪工具"✂"单击要修剪的部分。

图 1-3-8 所示(项目 1.3\编辑操作 1.dwg)为低版本 AutoCAD 的修剪方法。

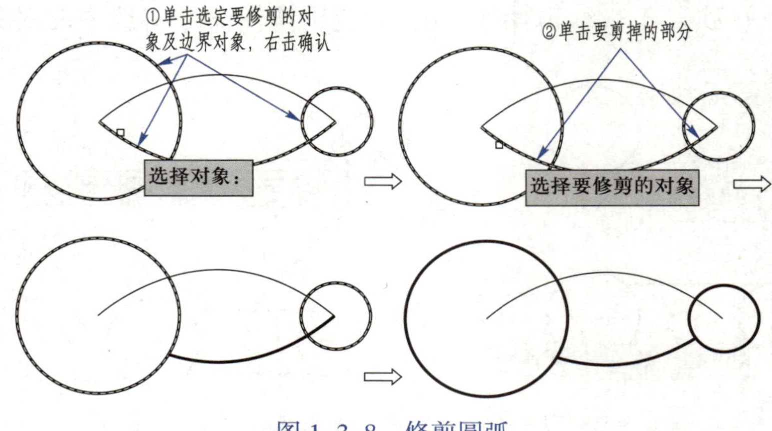

图 1-3-8 修剪圆弧

(12) 延伸

延伸命令用于将指定的对象延伸到指定的边界上。延伸命令延伸的对象有直线、圆弧、椭圆弧、多段线、射线等。

调用命令:"修改"面板的延伸工具"--/"(高版本 AutoCAD 的延伸工具为"⇥");或"修改"菜单→"延伸"。应用该命令时,低版本 AutoCAD 需要先选择延伸的目的对象,再选择要延伸的对象;高版本 AutoCAD 中可直接应用延伸工具"⇥"单击延伸。

如图 1-3-9 所示(项目 1.3\编辑操作 1.dwg),将圆弧的左端延伸至左圆。

(13) 打断

打断命令用于删除对象的某一部分,打断于点命令用于将对象从某一点断开将对象分为两部分。该命令可对直线、圆弧、圆、多段线、椭圆以及样条曲线等进行断开和删除某一部分的操作。

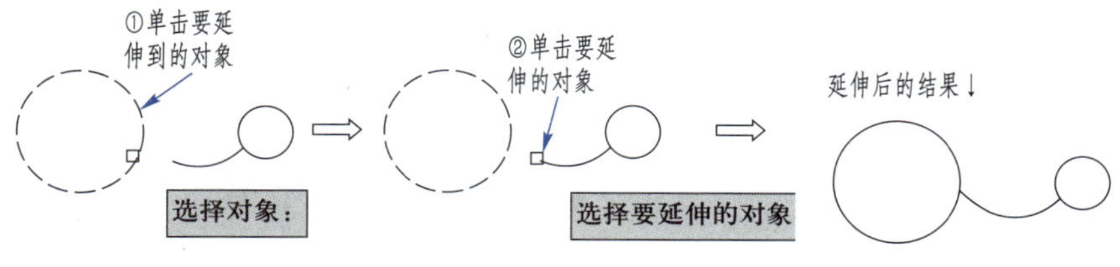

图 1-3-9　延伸圆弧

打断命令调用："修改" 面板的打断工具 "▇"；或 "修改" 菜单→ "打断"。

打断于点命令调用："修改" 面板的打断于点工具 "▇"。

做一做	编辑工具练习
	打开 "项目 1.3\ 编辑练习 .dwg"，按照上述方法练习选择、删除、移动、复制、旋转（旋转复制）、拉伸、延伸、偏移、修剪、打断等操作。

2. 尺寸标注

一个完整的尺寸标注由尺寸线、尺寸界限、尺寸箭头、尺寸文字等几部分组成，如图 1-3-10 所示。

进行尺寸标注时可以应用默认标注样式标注，也可以自定义设置尺寸标注样式标注尺寸。

（1）创建尺寸标注样式

用户在使用尺寸标注时，应根据需要先创建尺寸标注样式，保证在图形实体上的各个尺寸形式相同、风格一致。

在图 1-3-11 "样式" 中选择系统提供的标注样式，单击 "修改" 可应用 "标注样式" 对话框的 "线" "符号和箭头" "文字" "主单位" 等选项卡对尺寸线、尺寸箭头、尺寸文字的大小、线型、单位等进行设置。或单击图 1-3-11 中的 "新建" 可新建标注样式。

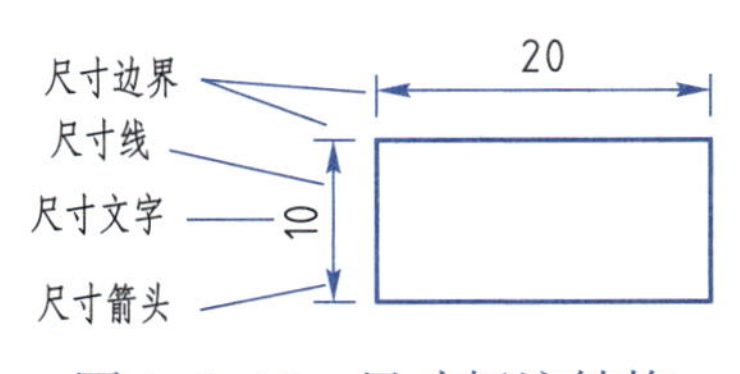

图 1-3-10　尺寸标注结构

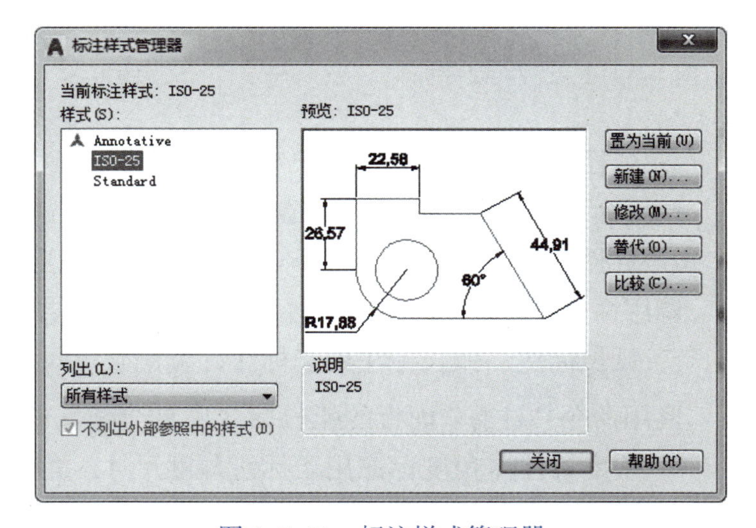

图 1-3-11　标注样式管理器

调用命令:“注释”面板的标注样式工具“”;或“格式”菜单→“标注样式”。

(2) 常用尺寸标注工具

尺寸标注主要包括的类别有:线性、径向(半径和直径)、角度、坐标、弧长等。

① 线性标注　线性标注用于对图形对象在水平、垂直方向上的尺寸标注,线性标注示例如图 1–3–12 所示。

调用命令:“注释”面板的线性标注工具“”;或“标注”菜单→“线性”。

② 对齐标注　对齐标注用于测量和标记两点之间的实际距离,两点之间连线可以为任意方向,两点之间的连线与尺寸线平行,对齐标注示例如图 1–3–12 所示。

调用命令:“注释”面板的对齐标注工具“”;或“标注”菜单→“对齐”。

③ 基线标注　基线标注就是以第一个标注的界线为基准,连续标注多个线性尺寸,每个新尺寸会自动偏移一个距离以避免重叠。基准可以是线性标注、坐标标注或角度标注。

调用命令:“标注”菜单→基线“”。

如图 1–3–13 所示,以线性标注 5 为基准进行基线标注。

④ 连续标注　连续标注可以快速地标注首尾相连的连续尺寸,该标注的前提也是必须先有一个线性标注、坐标标注或角度标注为基准,每个后续标注将使用前一个标注的第二尺寸界线为本标注的第一尺寸线。

调用命令:“标注”菜单→连续“”。

如图 1–3–14 所示,以线性标注 5 为基准进行连续标注。

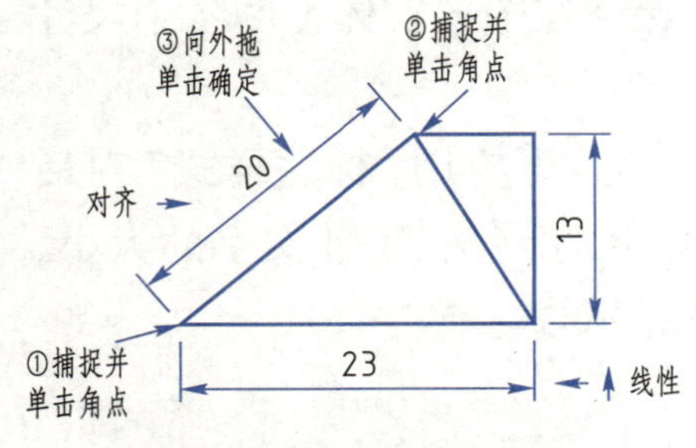

图 1–3–12　线性、对齐标注

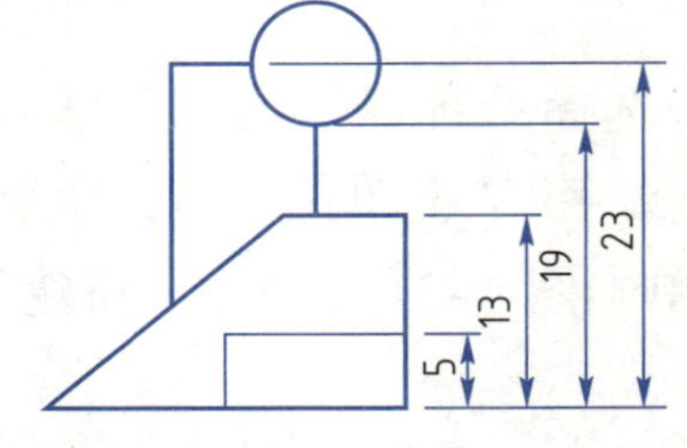

图 1–3–13　基线标注

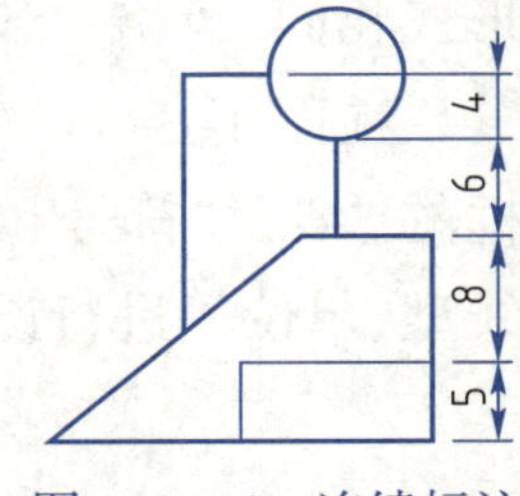

图 1–3–14　连续标注

⑤ 半径标注　半径标注用于对圆、圆弧进行半径标注,半径符号为 R,如图 1–3–15 所示。

调用命令:“注释”面板的半径标注工具“”;或“标注”菜单→“半径”。

⑥ 直径标注　直径标注用于对圆、圆弧进行直径标注,直径符号为 ϕ,如图 1–3–15 所示。

调用命令:“注释”面板的直径标注工具“”;或“标注”菜单→“直径”。

⑦ 弧长标注　弧长标注用于标注圆弧的长度尺寸。弧长标注如图 1–3–16 所示。

调用命令:“注释”面板的弧长标注工具“”;或“标注”菜单→“弧长”。

⑧ 角度标注　角度标注用于标注角度尺寸。角度标注如图 1–3–17 所示。

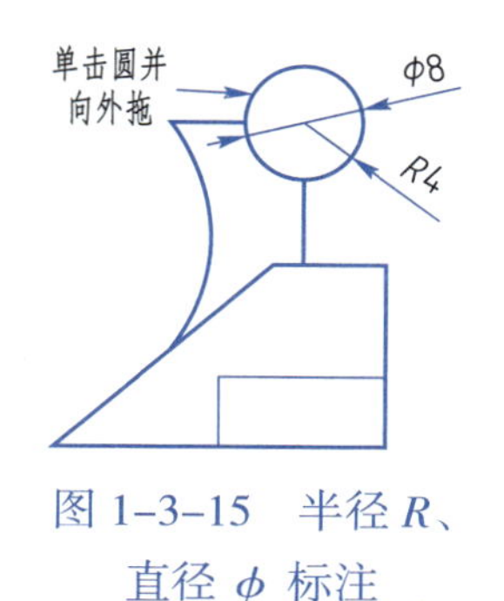

图 1-3-15　半径 R、直径 ϕ 标注

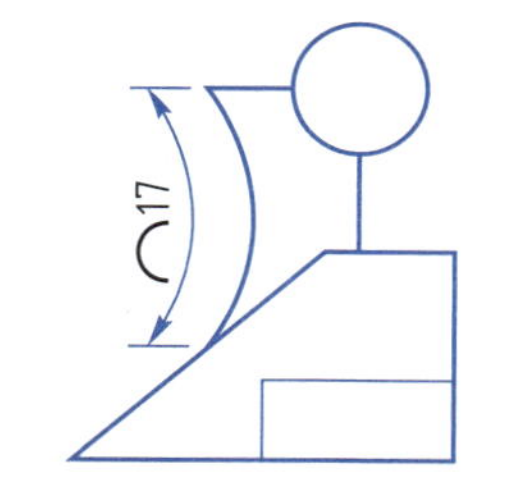

图 1-3-16　弧长标注

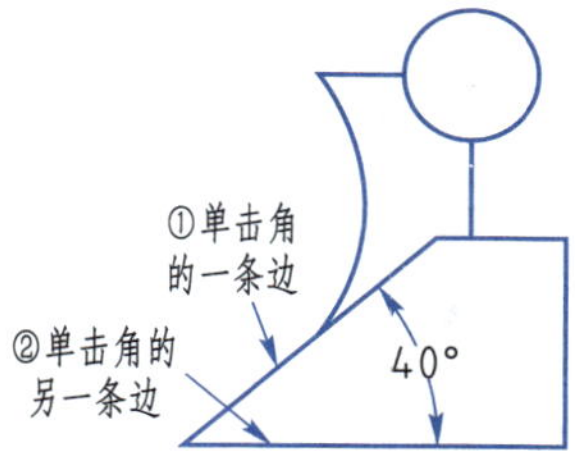

图 1-3-17　角度标注

调用命令:“注释”面板的角度标注工具“”;或“标注”菜单→“角度”。

⑨ 折弯半径标注　折弯半径标注可以用于对圆、圆弧进行半径标注,当在布局无法显示标注时使用折弯标注进行标注,也称为缩放半径标注。默认时“折弯”的度数为 90°,应用尺寸样式中“符号与箭头”选项卡右下角的“折弯”度数可以修改默认值(例如改为 30°)。

折弯半径标注如图 1-3-18 所示。

调用命令:“注释”面板的折弯工具“”;或“标注”菜单→“折弯”。

⑩ 多重引线标注　如图 1-3-19 所示,多重引线对象通常包括箭头、水平基线、引线或曲线、多行文字。普通标注的引线只有一个箭头,如果需要多个指向,可以应用“修改”菜单→“对象”→“多重引线”增加引线,使同一个多重引线对象可以有多个箭头指向。应用“格式”菜单→“多重引线样式”可以修改引线样式。

调用命令:“多重引线”工具栏“”;“标注”菜单→“多重引线”。

⑪ 圆心标注　圆心标注用来标注圆、圆弧的中心点(图 1-3-20)。

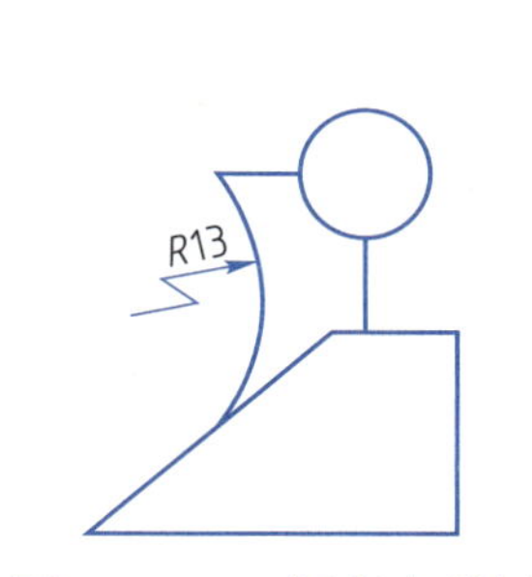

图 1-3-18　折弯半径标注

图 1-3-19　多重引线标注

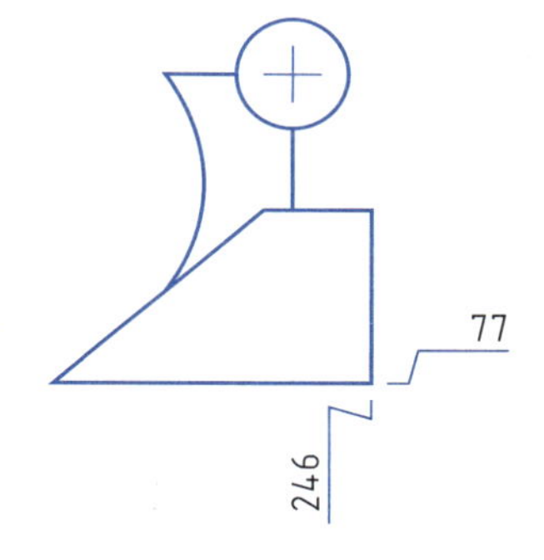

图 1-3-20　圆心、坐标标注

调用命令:“标注”菜单→圆心标记“⊕”。

⑫ 坐标标注　坐标标注用于测量原点到标记点的坐标位置,如图 1-3-20 所示。标注 X 坐标值,需要再标注 Y 坐标。

调用命令:“标注”菜单→坐标“”。

⑬ 公差标注　形位公差标注定义图形中形状和轮廓、定向、定位的最大允许误差以及几何图形的跳动允差。公差特征符号见表 1-3-1,附加符号见表 1-3-2。

表 1–3–1 公差特征符号

符号	含义	符号	含义
⌖	定位	⏥	平面度
◎	同心 / 同轴度	○	圆度
⌯	对称度	—	干线度
//	平行度	⌓	面轮廓度
⊥	垂直度	⌒	线轮廓度
∠	倾斜度	↗	圆跳动
⌭	圆柱度	⌰	全跳动

表 1–3–2 附 加 符 号

符号	含义
Ⓜ	最大包容条件
Ⓛ	最小包容条件
Ⓢ	不考虑特征尺寸

调用命令:“标注”菜单→公差“⌖.1”。

创建公差标注(平行度),如图 1–3–21(a)所示。可以先创建一个引线,然后标注公差,标注公差时会弹出“形位公差”对话框,如图 1–3–21(b)所示,设置形位公差的组元符号和参数值(可以一组或多组),单击“确定”结束设置,拖动到适当位置后单击完成(注意开启对象捕捉并应用参考基点)。双击公差标注编辑修改公差符号和相应参数值。

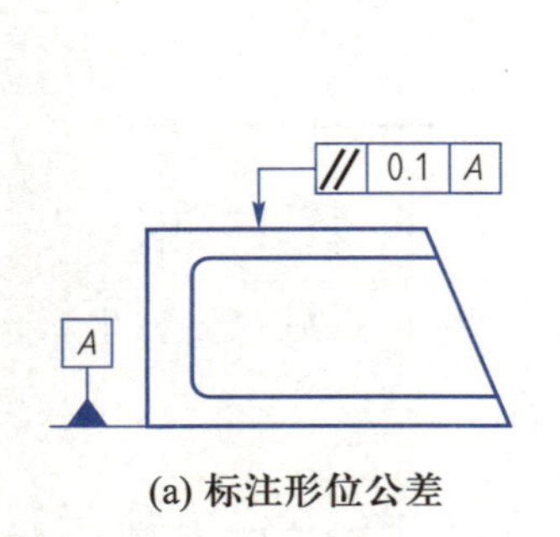

(a) 标注形位公差

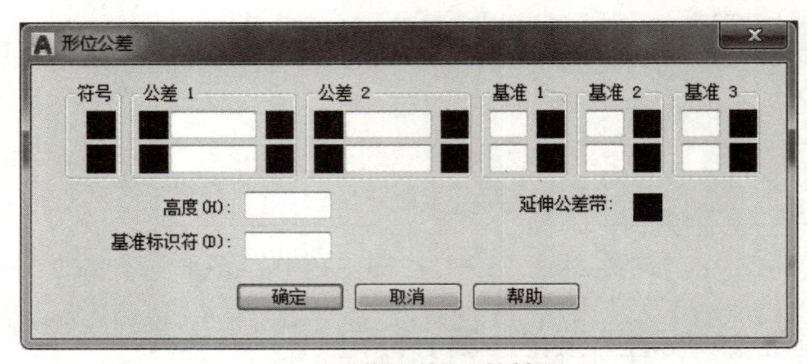

(b) “形位公差”对话框

图 1–3–21 公差标注

做一做	尺寸标注工具练习
	打开“项目 1.3\ 标注练习 .dwg”,按照上述操作方法的描述练习线性标注、对齐标注、基线标注、连续标注、半径标注、直径标注、弧长标注、角度标注、折弯半径标注、多重引线标注、圆心标注、坐标标注、公差标注等操作。

(3) 编辑尺寸标注

尺寸标注是一个关联对象,可选择尺寸标注后应用 Delete 键删除,利用 AutoCAD 提供的尺寸编辑功能可以方便地编辑修改尺寸标注,也可以修改标注样式从而批量修改已做的尺寸标注。

选中需要编辑的尺寸标注,单击文字夹点移动鼠标,尺寸标注随着移动,到适当位置后单击可以改变尺寸标注位置。若需要替代标注文字,可以双击文字,在文字编辑状态修改文字信息。

或右击选中的标注,在弹出的快捷菜单中单击“特性”,打开如图 1-3-22 所示的标注对象“特性”设置对话框,可修改尺寸标注的箭头类型、尺寸线颜色、尺寸界线偏移、文字的颜色和高度等,在“文字替代”栏输入替代文字可替换尺寸文字。

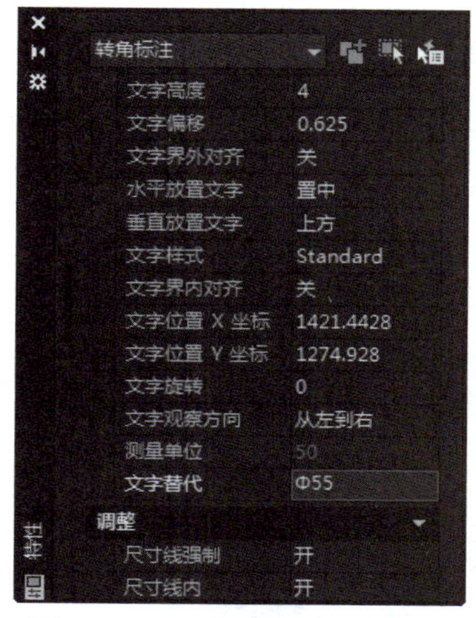

图 1-3-22　标注对象“特性”设置对话框

做一做	修改尺寸标注的练习与理解
	对已打开的“项目 1.3\标注练习 .dwg”进行标注,应用 3 种方法修改标注。
	1. 在“注释”面板中选择标注样式工具“ ”,或单击“格式”菜单→“标注样式”,单击“修改”修改当前标注样式,修改“文字颜色”为绿色、“文字高度”为 8、“从尺寸线偏移”为 3,修改“箭头”的第一个和第二个为“空心闭合”,设置“箭头大小”为 6,确认后理解应用样式对尺寸标注的修改。
	2. 练习拖动线性标注 23、双击尺寸数字 23,修改为 25。
	3. 选定并右击尺寸标注 *R*4,打开“特性”设置对话框,修改“箭头 1”“箭头 2”为“打开”,设置“箭头大小”为 4,修改“文字颜色”为绿色、“文字高度”为 6、“从尺寸线偏移”为 2、“文字替代”为 *R*6。

任务 1.3.1　连杆机构平面图

——旋转、拉伸工具的基本操作与应用

〖任务描述〗

按尺寸绘制图 1-3-23(a)所示机件的主视图,机件主视图定形定位尺寸如图 1-3-23(b)所示。

〖任务目标〗

掌握圆、椭圆、直线、旋转、打断于点、修剪、复制、偏移、旋转、拉伸等工具的操作方法与应用。

〖任务分析〗

图 1-3-23(b)所示是一个连杆机件平面图,绘制时先规划设置好 3 个图层管理线型,应用中心线层确定各部分的定位,然后根据定形尺寸绘制圆及各组成部分。

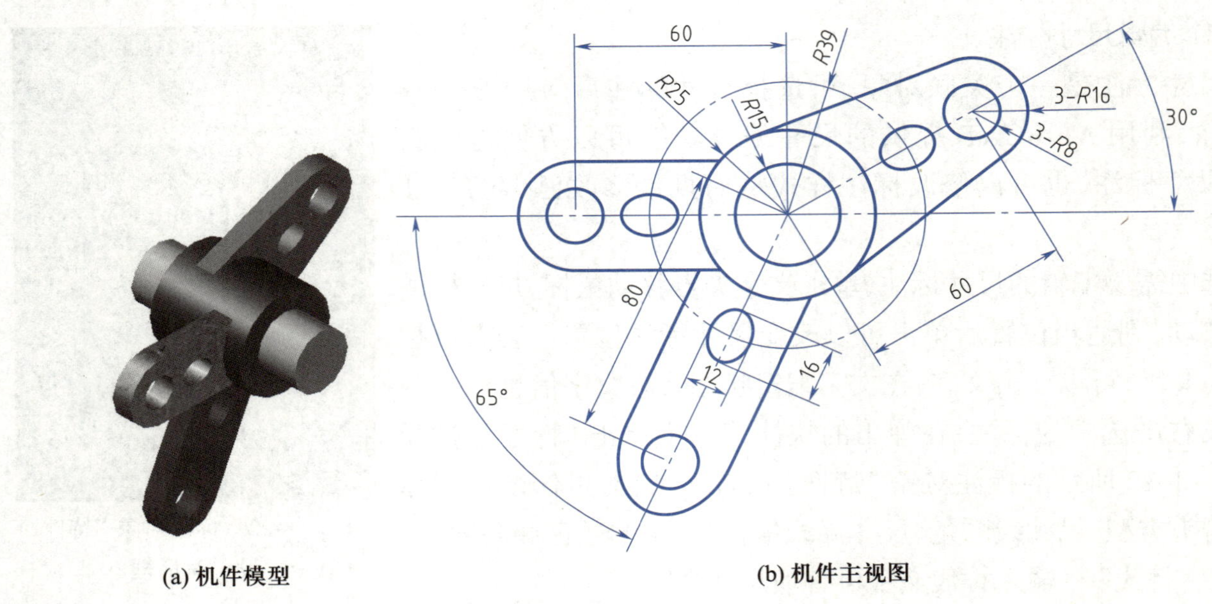

(a) 机件模型　　(b) 机件主视图

图 1-3-23　机件模型与主视图

绘制过程中，灵活应用绘图和编辑工具是关键，特别是命令参数的应用。

将图形左边部分向下旋转（并复制）65° 后再拉伸得到左下角部分，绘制时可先绘制水平的，然后旋转（并复制）65°。旋转后再应用拉伸可整体拉伸图形对象。用同样的方法，旋转后再修改也可以完成右上角图形。

在旋转类图形中，打断工具应用到定点打断使辅助线随同图形旋转，使绘图更方便。

旋转类的机械图形比较多，遇到复杂的图形时应用旋转复制的方法很实用。

〖任务导学〗

学习单	标题	学习活动	学习建议
	编辑工具	熟悉绘图和编辑工具的基本操作	巩固技能
	旋转类图形	分析图 1-3-23（b）所示图形特点，确定绘制方法	培养探究能力

一、新建图形文件、图层

1. 新建文件

单击“”→“新建”→“打开”→“无样板打开 – 公制”，新建文档。

2. 新建图层

单击“图层”面板的“图层特性”按钮“”，打开“图层特性管理器”，新建“辅助线”“粗实线”“标注线”3 个图层，图层设置如下：

辅助线：红色，线型为“center2”点划线，“不打印”，其他设置默认。

粗实线：黑色，线型为“continuous”，“线宽”设为“0.3 mm”，其他设置默认。

标注线：绿色，线型为“continuous”，“线宽”设为“默认”，其他设置默认。

二、绘制定位辅助线

切换当前图层为“辅助线”。

1. 绘制水平、垂直辅助线

开启正交模式，应用直线工具绘制水平辅助线和垂直辅助线，结果如图 1-3-24(a)所示。

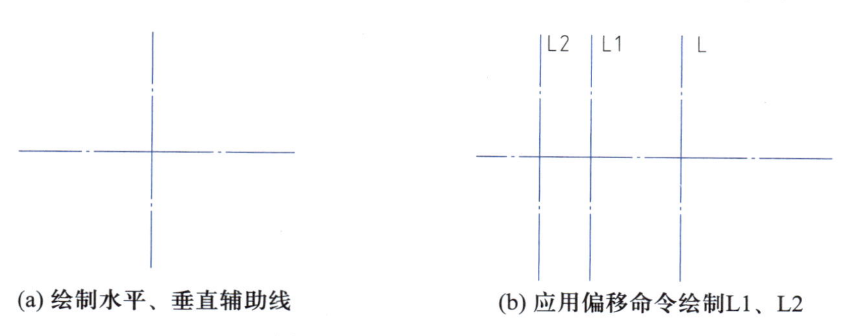

(a) 绘制水平、垂直辅助线　　(b) 应用偏移命令绘制L1、L2

图 1-3-24　绘制辅助轴线

2. 应用偏移命令绘制另外两条垂直辅助线 L1、L2，如图 1-3-24(b)所示

单击“修改”面板的偏移工具“”，命令提示如下：

命令：_offset

当前设置：删除源 = 否　图层 = 源　OFFSETGAPTYPE=0

指定偏移距离或[通过(T)/ 删除(E)/ 图层(L)]<7>：39(输入距 L 的偏移距离 39 mm)

选择要偏移的对象，或[退出(E)/ 放弃(U)]< 退出 >：(单击直线 L)

指定要偏移的那一侧上的点，或[退出(E)/ 多个(M)/ 放弃(U)]< 退出 >：(单击直线 L 的左侧，创建垂直辅助线 L1)

按 Enter 键可再次调用偏移命令，或单击“修改”面板的偏移工具“”。

命令：_offset

当前设置：删除源 = 否　图层 = 源　OFFSETGAPTYPE=0

指定偏移距离或[通过(T)/ 删除(E)/ 图层(L)]<39>：60(指定距 L 的偏移距离 60 mm)

选择要偏移的对象，或[退出(E)/ 放弃(U)]< 退出 >：(单击直线 L)

指定要偏移的那一侧上的点，或[退出(E)/ 多个(M)/ 放弃(U)]< 退出 >：(单击 L 的左侧，创建垂直辅助线 L2)

偏移后若水平辅助线长度不够，可在开启正交模式的前提下，选定已创建的水平线，单击左侧夹点并按住鼠标左键水平向左拖动即可拉伸水平线。

理一理

对偏移工具与夹点的理解

上述操作应用偏移工具创建了两条平行的垂直线，应用偏移工具还可以将圆弧、圆、多边形、云线等进行同心偏移复制。如果新对象是封闭的图形(如圆、正多边形等)，则向内偏移后的对象被缩小，向外偏移后的对象被放大。低版本 Auto CAD 的偏移工具为“”。

夹点是选中对象后的方形控制块，拖动直线的夹点可延长或拉伸。拖动圆、椭圆、圆弧中心点(或圆心)处的夹点可移动对象，拖动轮廓上的夹点可调整大小。分别创建直线、圆、椭圆、圆弧，并练习、理解夹点操作。

三、绘制中间同心圆、左侧图形

切换当前图层为“粗实线”层。

1. 绘制左侧 *R*8 mm、*R*16 mm 同心圆组

(1) 绘制左侧 *R*8 mm 圆

单击“绘图”面板的圆工具“”，绘制左侧 *R*8 mm 圆，如图 1–3–25(a)所示，命令提示如下：

命令：_circle

指定圆的圆心或[三点(3P)/两点(2P)/相切、相切、半径(T)]：(应用“对象捕捉”“交点”，捕捉并单击交点 O1 确认为 *R*8 mm 圆的圆心位置)

指定圆的半径或[直径(D)]：8(输入圆的半径 8 mm 并按 Enter 键确认)

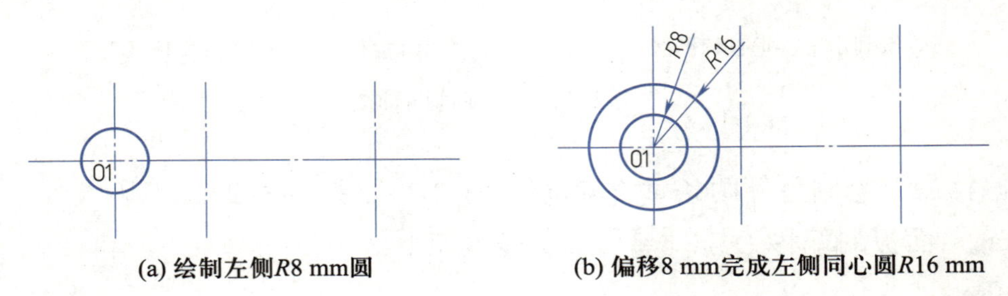

(a) 绘制左侧*R*8 mm圆

(b) 偏移8 mm完成左侧同心圆*R*16 mm

(c) 绘制右侧同心圆组*R*15 mm、*R*25 mm

图 1–3–25 绘制两组同心圆

(2) 偏移创建同心圆 *R*16 mm

单击“修改”面板的偏移工具“”，偏移创建 *R*16 mm 圆，如图 1–3–25(b)所示，命令提示如下：

命令：_offset

当前设置：删除源 = 否 图层 = 源 OFFSETGAPTYPE=0

指定偏移距离或[通过(T)/删除(E)/图层(L)]<39>：8(指定偏移距离，16 mm–8 mm=8 mm)

选择要偏移的对象，或[退出(E)/放弃(U)]<退出>：(单击 *R*8 mm 圆)

指定要偏移的那一侧上的点，或[退出(E)/多个(M)/放弃(U)]<退出>：(单击 *R*8 mm 圆的外侧，创建 *R*16 mm 圆)

比一比	学会应用多种方法解决问题
	上述图 1–3–25(b)中应用偏移工具向外偏移 8 mm 创建了 *R*16 mm 圆。也可以单击“绘图”面板的圆工具“”，捕捉 *R*8 mm 圆心创建 *R*16 mm 圆。 学会应用多种方法解决问题，注意比较两种操作的区别，从而理解偏移工具的应用。

2. 创建中间同心圆组 *R*15 mm、*R*25 mm

按上述方法，在右侧辅助线交点 O3 处应用圆工具先绘制 *R*15 mm 圆，再偏移 10 mm 创建同心圆 *R*25 mm（或应用圆工具直接绘制 *R*25 mm 圆），结果如图 1-3-25（c）所示。

3. 绘制两条水平线

（1）绘制左侧一条水平线 L3

应用直线工具，开启正交模式、“对象捕捉”的“切点”或“交点”（关闭其他捕捉点更易捕捉到切点或交点），如图 1-3-26（a）所示，捕捉左上方与 *R*16 mm 圆的交点，向右创建一段水平线 L3。

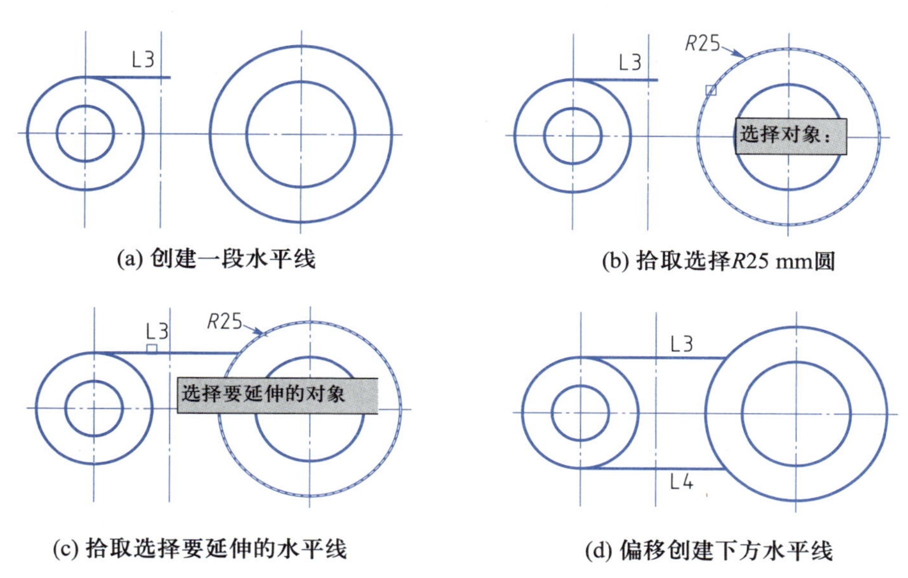

(a) 创建一段水平线　(b) 拾取选择*R*25 mm圆

(c) 拾取选择要延伸的水平线　(d) 偏移创建下方水平线

图 1-3-26　绘制左侧两条水平线

（2）延伸水平线

单击“修改”面板的延伸工具“■”，延伸线段至 *R*25 mm 圆，如图 1-3-26（b）、（c）所示，命令提示如下：

命令：_extend

当前设置：投影 =UCS，边 = 无

选择边界的边...

选择对象或 < 全部选择 >：找到 1 个［如图 1-3-26（b）所示，单击 *R*25 mm 圆（延伸至）］

选择对象：（右击结束选择对象）

选择要延伸的对象，或按住 Shift 键选择要修剪的对象，或［栏选（F）/ 窗交（C）/ 投影（P）/ 边（E）/ 放弃（U）］：［如图 1-3-26（c）所示，单击要延伸的对象（水平线段 L3）］

选择要延伸的对象，或按住 Shift 键选择要修剪的对象，或［栏选（F）/ 窗交（C）/ 投影（P）/ 边（E）/ 放弃（U）］：（按 Esc 键结束命令）

（3）偏移创建下方水平线

单击“修改”面板的偏移工具“■”，偏移创建下方水平线 L4，命令提示如下：

命令:_offset

当前设置:删除源 = 否　图层 = 源　OFFSETGAPTYPE=0

指定偏移距离或[通过(T)/删除(E)/图层(L)]<39>:32(指定偏移距离 16 mm × 2)

选择要偏移的对象,或[退出(E)/放弃(U)]< 退出 >:(单击上方水平线 L3)

指定要偏移的那一侧上的点,或[退出(E)/多个(M)/放弃(U)]< 退出 >:[单击水平线 L3 的下方创建水平线 L4,偏移结果如图 1-3-26(d)所示]。

4. 创建左侧 16 mm × 12 mm 椭圆

单击“绘图”面板的椭圆工具“圆心”,创建椭圆,如图 1-3-27 所示,命令提示如下:

命令:_ellipse

指定椭圆的轴端点或[圆弧(A)/中心点(C)]:_c

指定椭圆的中心点:(单击中间辅助线交点 O2)

指定轴的端点:8(开启正交模式,鼠标水平向右移动,输入长半轴 8 mm)

指定另一条半轴长度或[旋转(R)]:6(鼠标垂直向上移动,输入短半轴 6 mm)

5. 修剪左侧 *R*16 mm 圆

应用修剪命令时,先选择与修剪有关联的线条,确认后再单击需要剪掉的线条,高版本 AutoCAD 的修剪工具“”可直接修剪多余对象(即图 1-3-27 要删除的 *R*16 mm 圆弧)。

在低版本 AutoCAD 中,单击“修改”面板的修剪工具“-/--”,命令提示如下:

命令:_trim

当前设置:投影 =UCS,边 = 无

选择剪切边...

选择对象或 < 全部选择 >:找到 1 个(单击左侧 *R*16 mm 圆)

选择对象:找到 1 个,总计 2 个[单击上方水平线(边界线)]

选择对象:找到 1 个,总计 3 个[单击下方水平线(边界线)]

选择对象:找到 1 个,总计 3 个选择对象:(右击完成对象选择)

选择要修剪的对象,或按住 Shift 键选择要延伸的对象,或[栏选(F)/窗交(C)/投影(P)/边(E)/删除(R)/放弃(U)]:(单击与椭圆相交的弧,即要删除的圆弧)

选择要修剪的对象,或按住 Shift 键选择要延伸的对象,或[栏选(F)/窗交(C)/投影(P)/边(E)/删除(R)/放弃(U)]:

右击完成对象修剪,单击选中中间和左侧垂直辅助线,按 Delete 键删除,如图 1-3-28 所示。

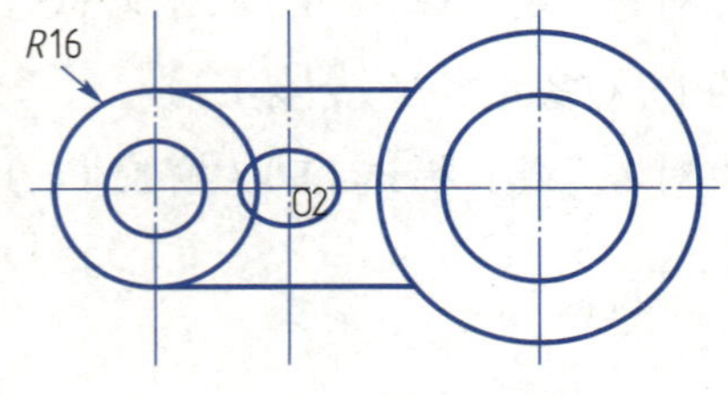

图 1-3-27　创建椭圆

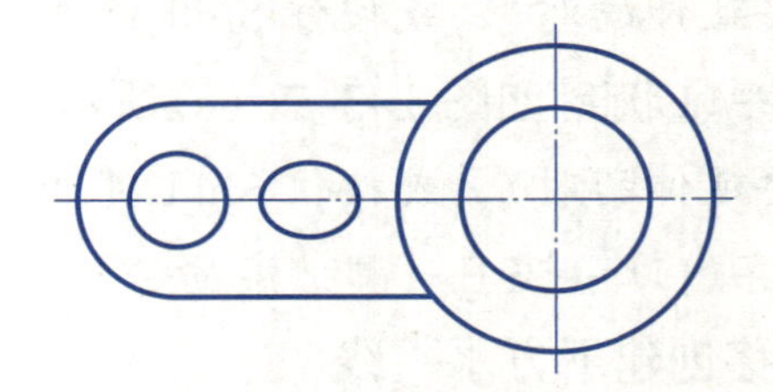
图 1-3-28　修剪圆弧

理一理	修剪工具
	高版本 AutoCAD 修剪工具“ ”可直接修剪多余对象。 低版本 AutoCAD 修剪工具“-/--”操作相对较复杂,注意领会上述操作。

四、绘制左下侧图形

1. 打断水平辅助线

单击“修改”面板的打断于点工具“ ”,命令提示如下:

命令:_break

选择对象:[如图 1-3-29(a)所示,拾取选择水平中心辅助线]

指定第二个打断点或[第一点(F)]:_f

指定第一个打断点:[如图 1-3-29(b)所示,捕捉并单击右侧辅助线“交点”O3,指定要打断的点]

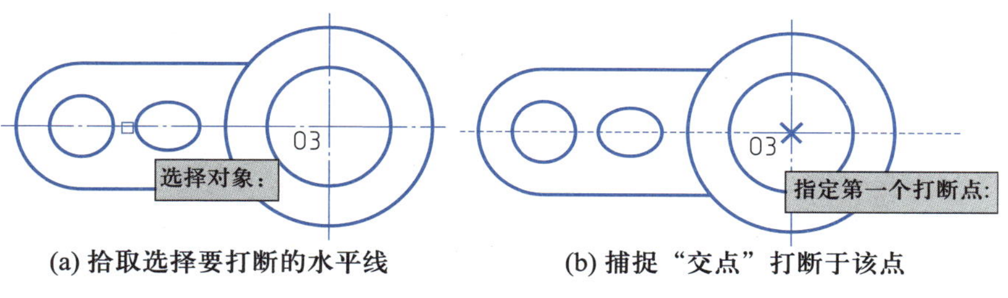

(a) 拾取选择要打断的水平线　　(b) 捕捉“交点”打断于该点

图 1-3-29　打断水平线

理一理	打断于点工具
	打断于点工具“ ”是从某点处将一个开放对象打断为两个对象,可打断的对象有直线、椭圆弧、圆弧、未封闭的多段线等。 打断于点工具“ ”可以在对象上的两个指定点之间创建间隔,从而将对象打断为两个对象。试应用该工具将图 1-3-27 所示 *R*16 mm 圆中需要修剪的部分从两点打断,从而去除多余圆弧。

2. 旋转复制左侧图形

单击“修改”面板的旋转工具“ ”,或“修改”菜单“旋转”命令,命令提示如下:

命令:_rotate

UCS 当前的正角方向:ANGDIR= 逆时针　ANGBASE=0

选择对象:找到 1 个[如图 1-3-30(a)所示,依次拾取选择打断的左侧水平辅助线、左侧圆弧、圆、椭圆、两条水平线]

选择对象:找到 1 个,总计 2 个

选择对象:找到 1 个,总计 3 个

选择对象:找到 1 个,总计 4 个

选择对象:找到 1 个,总计 5 个

选择对象:找到 1 个,总计 6 个

选择对象:(右击结束选择对象)

指定基点:[如图 1-3-30(b)所示,捕捉并拾取右侧“圆心”O3,单击确定为旋转基点]

指定旋转角度,或[复制(C)/ 参照(R)]<5>:c(输入复制参数,若不输入该参数,则只旋转选定的对象,而不会复制对象)

旋转一组选定对象。

指定旋转角度,或[复制(C)/ 参照(R)]<5>:65(输入旋转的角度,逆时针旋转角度为正,顺时针旋转角度为负)

按 Enter 键完成对象旋转,结果如图 1-3-30(c)所示。

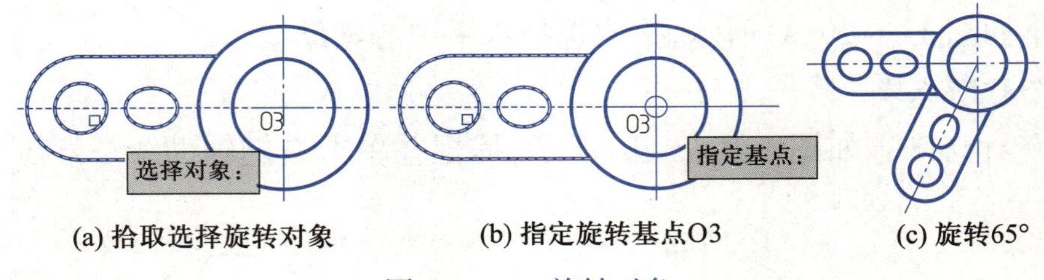

(a) 拾取选择旋转对象　(b) 指定旋转基点O3　(c) 旋转65°

图 1-3-30　旋转对象

3. 拉伸旋转后的图形

单击“修改”面板的拉伸工具“”,命令提示如下:

命令:_stretch

以交叉窗口或交叉多边形选择要拉伸的对象...

选择对象:指定对角点:找到 5 个[如图 1-3-31(a)所示,按住鼠标左键框选要拉伸的对象,注意不要框选椭圆,因为椭圆不需要拉伸]

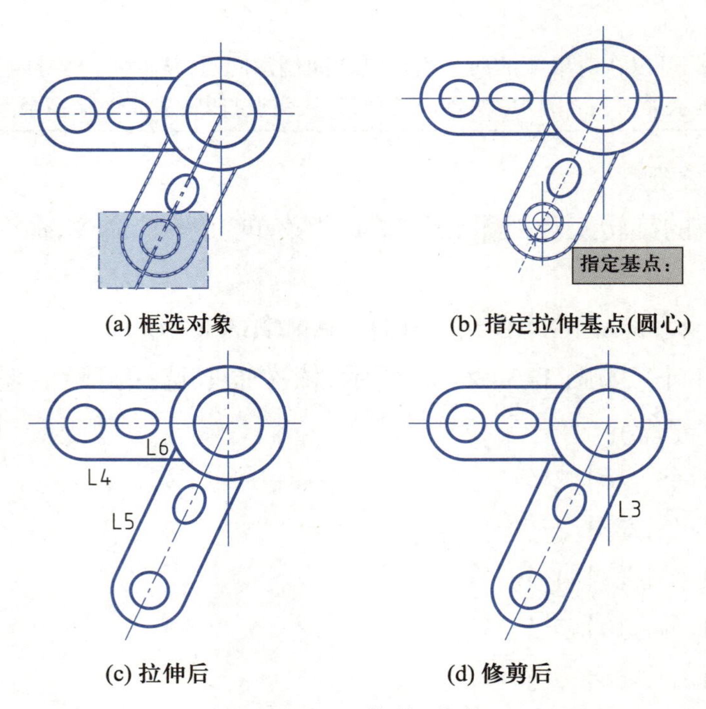

(a) 框选对象　(b) 指定拉伸基点(圆心)

(c) 拉伸后　(d) 修剪后

图 1-3-31　拉伸、修剪

选择对象:(右击结束选择对象)

指定基点或[位移(D)]< 位移 >:[如图 1-3-31(b)所示,捕捉并拾取左下侧“圆心”,单击确定为拉伸的参照基点]

指定第二个点或 < 使用第一个点作为位移 >:@41<−115(输入相对极坐标,以圆心为参照,要沿辅助线拉伸的长度为 20 mm(80 mm−60 mm=20 mm),拉伸时角度保持不变,即为 65°+180°=245° 或 −115°,相对极坐标的上一点是指定的基点,即“圆心”)

按 Enter 键完成对象的拉伸,如图 1-3-31(c)所示。

注意比较夹点拉伸与修改命令拉伸的用法。

理一理

拉伸、延伸、拉长工具的区别

拉伸工具“”是拉伸框选的对象或单独选定的对象。圆、椭圆和块无法拉伸。

延伸工具“”是扩展对象使与其他对象的边相接。要延伸对象,须先选择边界并按 Enter 键确认,然后选择要延伸的对象。

拉长工具“”是更改选定对象的长度或圆弧的包含角(包括减少或增加)。“增量”以指定的增量修改对象的长度,该增量从距离选择点最近的端点处开始测量。“差值”还以指定的增量修改圆弧的角度,该增量从距离选择点最近的端点处开始测量。正值扩展对象,负值修剪对象。“百分数”通过指定对象总长度的百分数设定对象长度。练习应用拉长工具将图 1-3-31(d)中的垂直线 L3 缩短。

4. 修剪线段

如图 1-3-31(d)所示,应用高版本 AutoCAD 修剪工具“”可直接修剪多余对象。应用低版本 AutoCAD 修剪工具修剪斜向的短线条时,单击“修改”面板的修剪工具“”,命令提示如下:

命令:_trim

当前设置:投影 =UCS,边 = 无

选择剪切边...

选择对象或 < 全部选择 >:找到 1 个[单击图 1-3-31(c)水平线 L4]

选择对象:找到 1 个,总计 2 个[单击图 1-3-31(c)斜线 L5]

选择对象:找到 1 个,总计 2 个选择对象:(右击完成对象选择)

选择要修剪的对象,或按住 Shift 键选择要延伸的对象,或[栏选(F)/ 窗交(C)/ 投影(P)/ 边(E)/ 删除(R)/ 放弃(U)]:(单击要修剪掉的线段 L6)

选择要修剪的对象,或按住 Shift 键选择要延伸的对象,或[栏选(F)/ 窗交(C)/ 投影(P)/ 边(E)/ 删除(R)/ 放弃(U)]:[右击完成对象修剪,如图 1-3-31(d)所示]

五、绘制右侧图形

1. 旋转复制左侧水平方向上的 $R8$ mm 圆、椭圆和水平辅助线

单击“修改”面板的旋转工具“”,命令提示如下:

命令:_rotate

UCS 当前的正角方向:ANGDIR= 逆时针　ANGBASE=0

选择对象:找到 1 个[如图 1-3-32(a)所示,依次拾取选择打断的左侧水平辅助线、左侧

*R*8 mm 圆、椭圆]

选择对象：找到 1 个，总计 2 个

选择对象：找到 1 个，总计 3 个

选择对象：(右击结束选择对象)

指定基点：(捕捉并拾取中间同心圆“圆心”，单击确定为旋转基点)

指定旋转角度，或 [复制 (C) / 参照 (R)]<5>：c(输入复制参数 C)

旋转一组选定对象。

指定旋转角度，或 [复制 (C) / 参照 (R)]<5>：-150(输入旋转的角度 -150° 或 210°)

按 Enter 键完成对象旋转，如图 1-3-32(a) 所示。

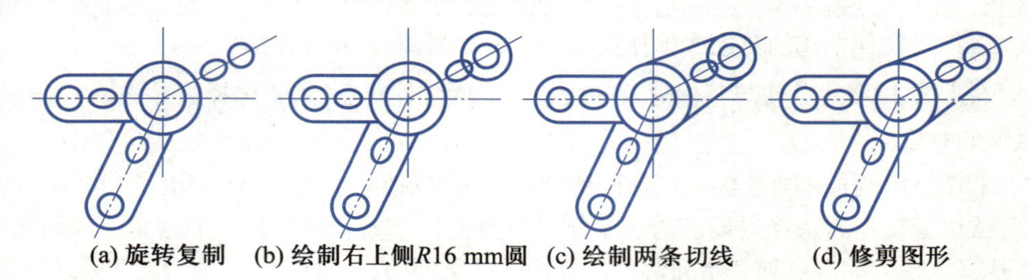

图 1-3-32 绘制右侧图形

2. 绘制 *R*16 mm 圆、相切线

单击“绘图”面板的圆工具“■”，绘制右上侧 *R*16 mm 圆，如图 1-3-32(b) 所示，命令提示如下：

命令：_circle

指定圆的圆心或 [三点 (3P) / 两点 (2P) / 相切、相切、半径 (T)]：(应用“对象捕捉”“圆心”，捕捉并单击右上侧 *R*8 mm 圆的圆心)

指定圆的半径或 [直径 (D)]：16(输入圆的半径 16 mm 并按 Enter 键确认)

应用“绘图”面板的直线工具，开启捕捉“切点”，绘制右上侧两条切线，如图 1-3-32(c) 所示，命令提示如下：

命令：_line

指定第一个点：

指定下一点或 [放弃 (U)]：(在“草图设置”对话框的“对象捕捉”选项卡中单击“全部清除”，先关闭所有捕捉设置点，再开启“切点”，鼠标在中间 *R*25 mm 圆上侧晃动，出现切点符号时单击鼠标)

指定下一点或 [放弃 (U)]：(鼠标在右上侧 *R*16 mm 圆上侧晃动，出现切点符号时单击鼠标创建一条切线)

按上述方法完成另一条相切线。

理一理	“对象捕捉”技巧
	在上述创建相切线的操作中，在“对象捕捉”选项卡中单击“全部清除”，先关闭所有捕捉设置点，再开启“切点”。只开启“切点”的目的是防止因特殊点开启过多而干扰“切点”的获取。

3. 修剪图形

如图 1-3-32（d）所示，修剪右上侧 $R16$ mm 圆弧。

六、检查并完善绘制的图形、保存图形

检查已绘制图形的线型、线宽、大小是否正确，检查中心线是否合适，是否有漏掉而未绘制的图形。

完善绘制的图形后以文件名“机件主视图 .dwg”保存图形文件到工作目录。

〖任务体验〗

1. 任务梳理

请将本次任务学习的内容按下表提示进行梳理。

AutoCAD 技术			制图技能			经验笔记
绘图工具	修改工具	辅助工具	定形	定位	识图	

2. 操作训练

按尺寸绘制图 1-3-33~ 图 1-3-36 所示的图形。

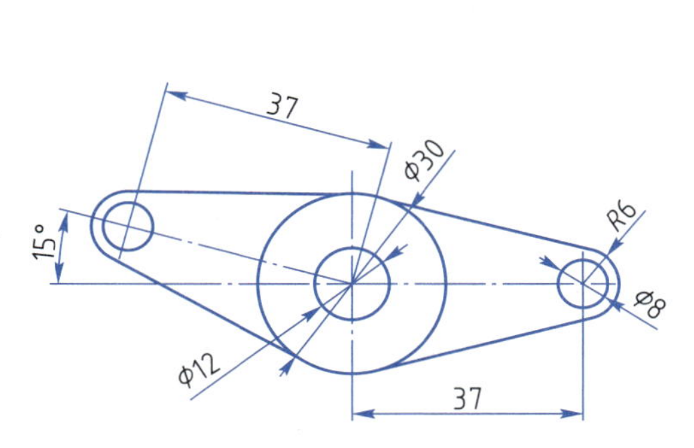

图 1-3-33　操作训练图 1

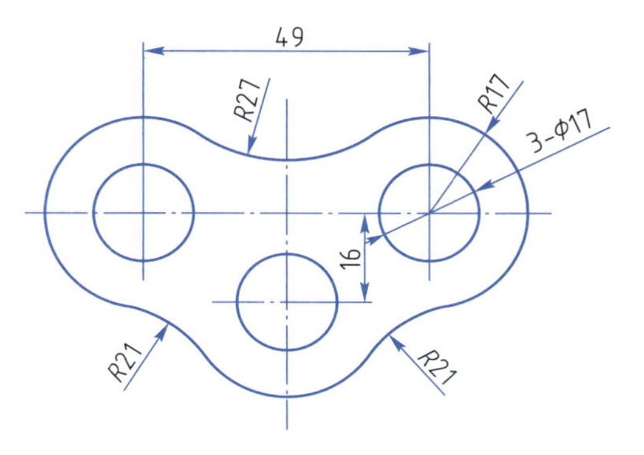

图 1-3-34　操作训练图 2

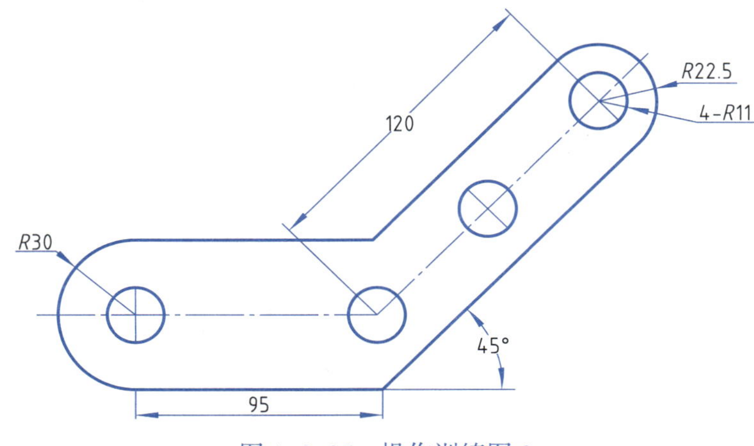

图 1-3-35　操作训练图 3

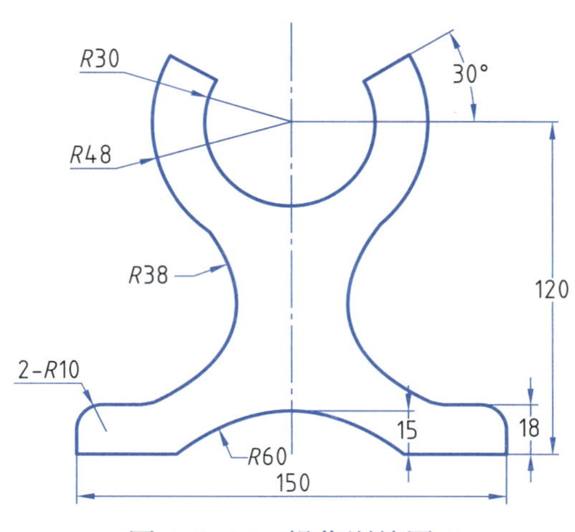

图 1-3-36　操作训练图 4

3. 案例体验

(1) 根据“任务 1.3.1”主视图尺寸及视图,结合图 1–3–37 所示模型尺寸绘制机件的左视图或俯视图。

绘图提示:打开已绘制的机件的主视图,在主视图的正下方绘制俯视图,在主视图的正右方绘制左视图,绘制时遵循“长对正、高平齐、宽相等”的原则,可根据主视图轮廓尺寸通过创建水平、垂直辅助线辅助确定左视图或俯视图轮廓。

(2) 根据图 1–3–38 所示模型尺寸绘制机件的主视图。

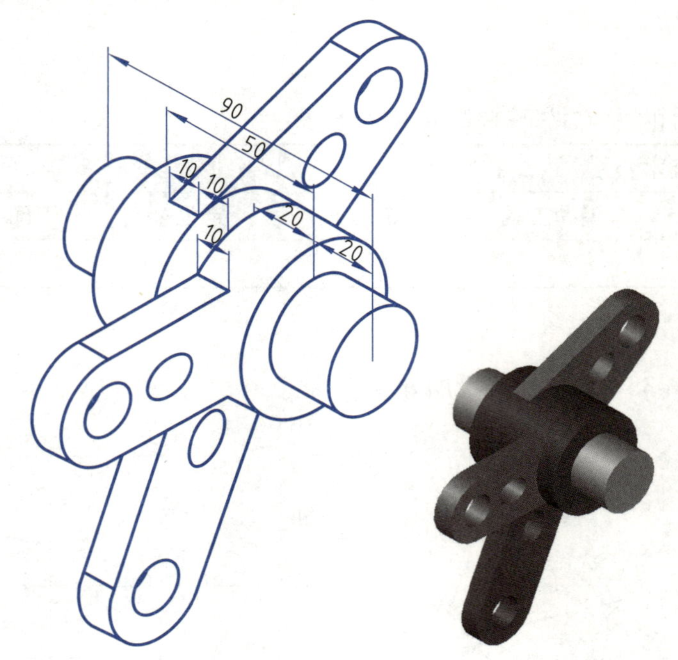

图 1–3–37 机件模型 1

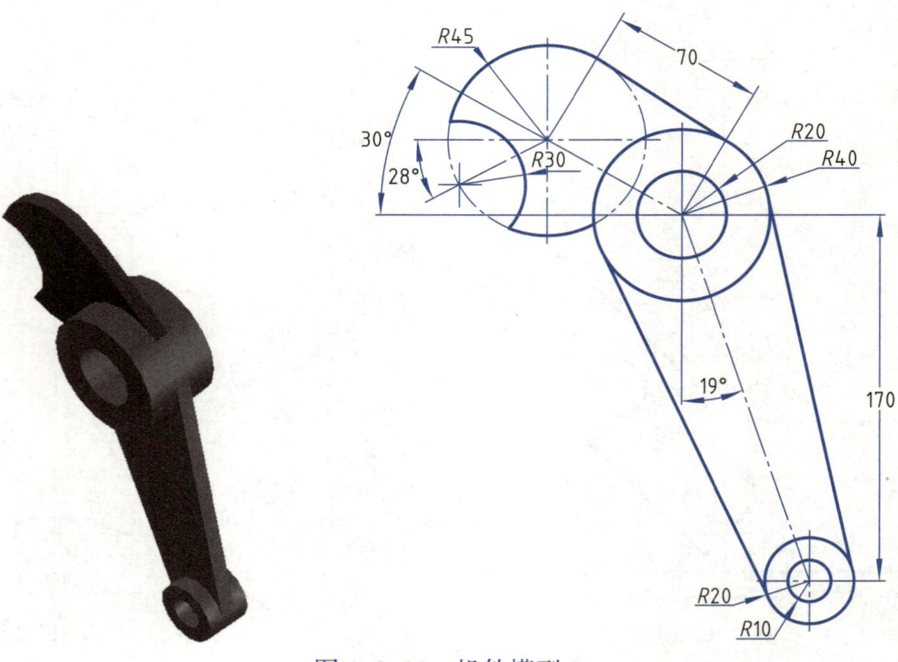

图 1–3–38 机件模型 2

绘图提示：先应用辅助线定位 4 个圆心位置，再绘制圆并修剪。创建切线时注意关闭其他捕捉点，只开启“切点”。

任务 1.3.2　机件视图尺寸标注

——尺寸标注基本操作与应用

〖任务描述〗

打开素材中的图形文件：“项目 1.3\ 任务 1.3.2\ 任务 132.dwg”，进行尺寸标注，如图 1–3–39 所示。

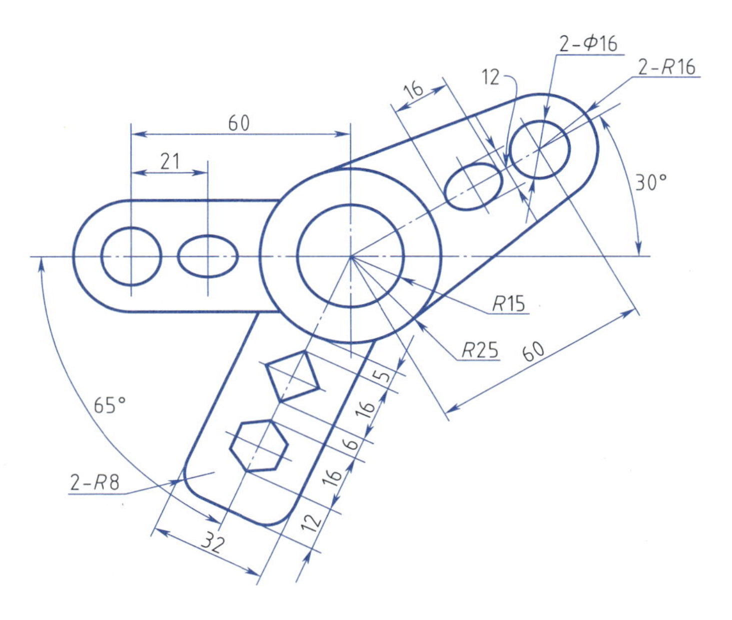

图 1–3–39　机件尺寸标注

〖任务目标〗

掌握尺寸标注的创建、编辑，掌握尺寸样式的修改。

〖任务分析〗

标注尺寸时标注对象尺寸定位点很关键，该点的确定直接影响定位定形尺寸数据的计算。标注尺寸时要在理解各类标注特点的基础上领会操作要领。

在图形文件中的尺寸标注样式和文字样式决定了标注尺寸的结构和样式，在标注前根据标注需要设置好样式，标注过程中还可以编辑修改样式，使尺寸标注更合理。

在机械制图中对图形标注具有一定的规范性要求。

〖任务导学〗

学习单	标题	学习活动	学习建议
	了解图纸标注	打开“项目 1.2\ 叉架图纸 .dwg”,或找一份图纸了解尺寸标注	与生活中的图纸标注相结合

一、打开或新建图形文件

打开素材文件夹中的图形文件“项目 1.3/ 任务 132. dwg”或新建类似图形,如图 1–3–40 所示。

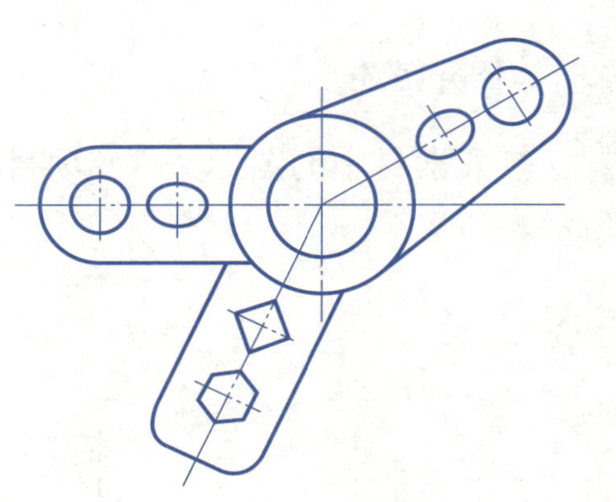

图 1–3–40　机件图形

二、新建标注图层

应用“图层特性管理器”新建“尺寸标注”图层,设置线宽为“默认”,颜色为绿色,其他选项取默认值。将“尺寸标注”图层置为当前层。

三、创建或修改尺寸标注样式

1. 新建标注样式

单击“标注”或“格式”菜单→“标注样式”,或单击“注释”面板的标注样式工具“”,打开“标注样式管理器”对话框(图 1–3–41),单击“新建”,如图 1–3–42 所示,输入新样式名称“机件尺寸标注”,选择基础样式“ISO–25”,单击“继续”设置尺寸标注样式。

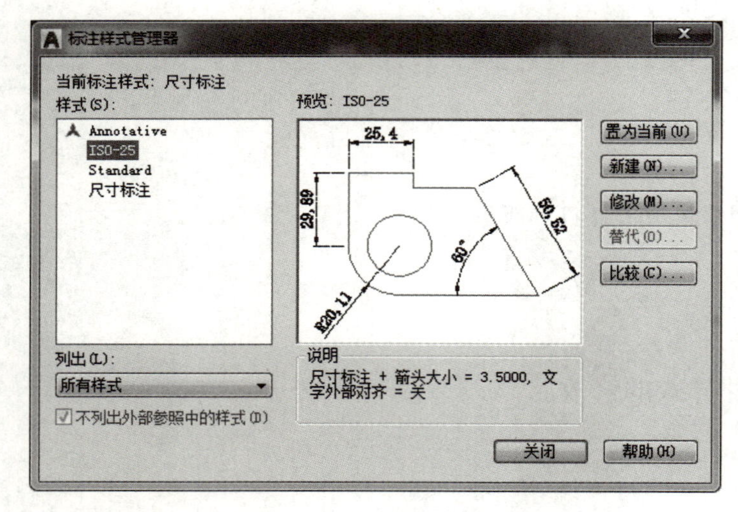

图 1–3–41　标注样式管理器

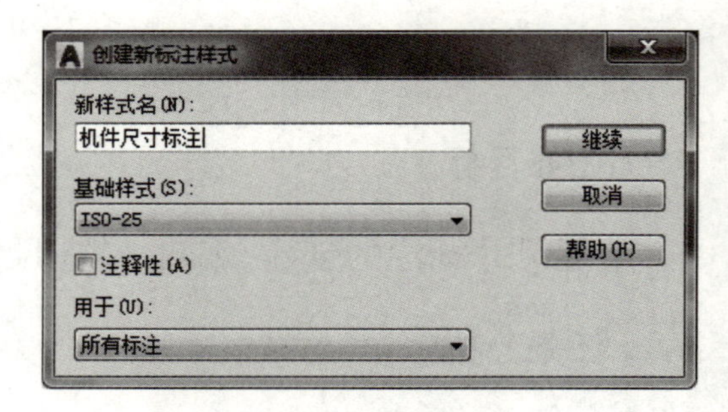

图 1–3–42　创建新标注样式

2. 设置新标注样式

如图 1–3–43 所示,在“线”选项卡中设置“尺寸线”“尺寸界线”。

如图 1–3–44 所示,在“符号和箭头”选项卡中设置“箭头”“折断标注”“半径折弯标注”等。

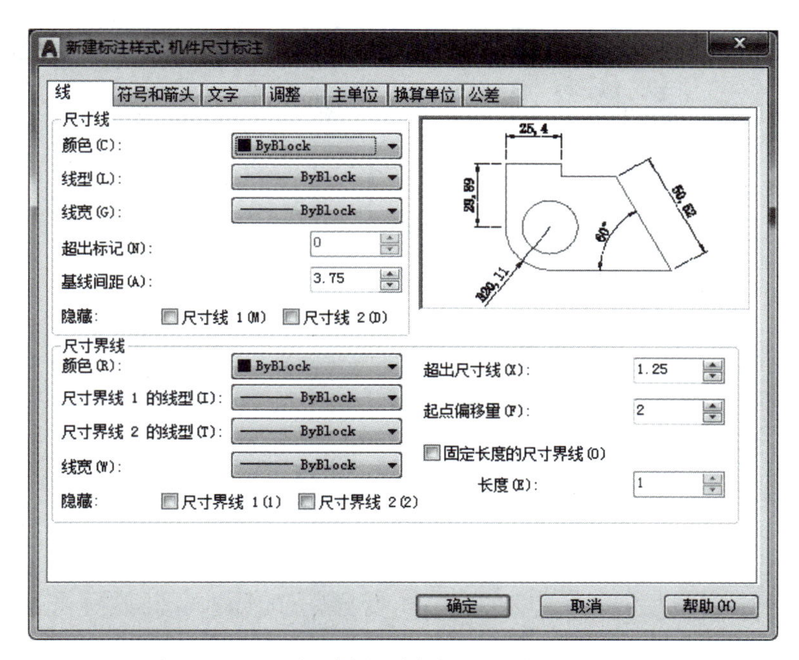

图 1–3–43　“新建标注样式” – “线” 选项卡

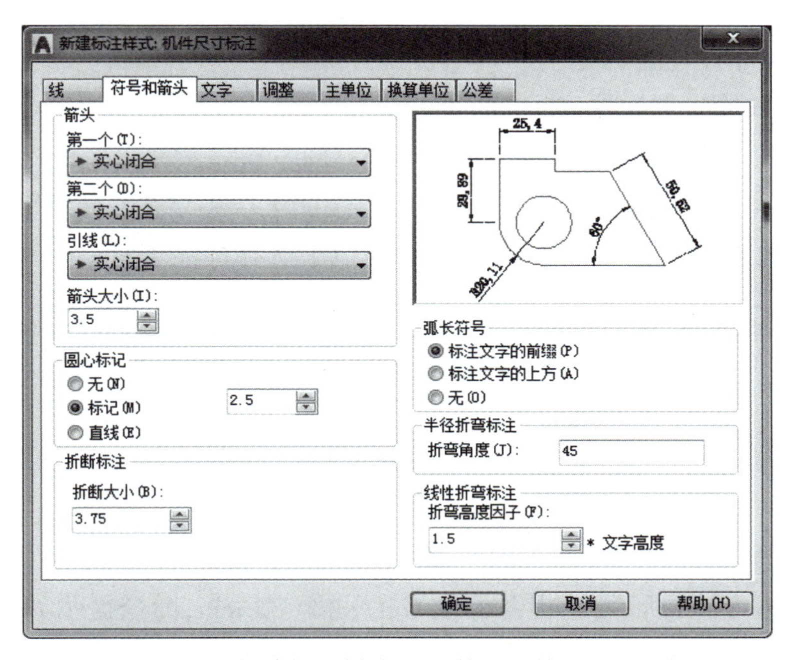

图 1–3–44　“新建标注样式” – “符号和箭头” 选项卡

如图 1–3–45 所示，在“文字”选项卡中设置“文字外观”“文字位置”“文字对齐”。

理一理	标注样式
	上述创建了新标注样式，也可以直接应用基础样式“ISO–25”或修改后进行标注，应用标注样式进行标注前要将需要应用的样式置为当前。

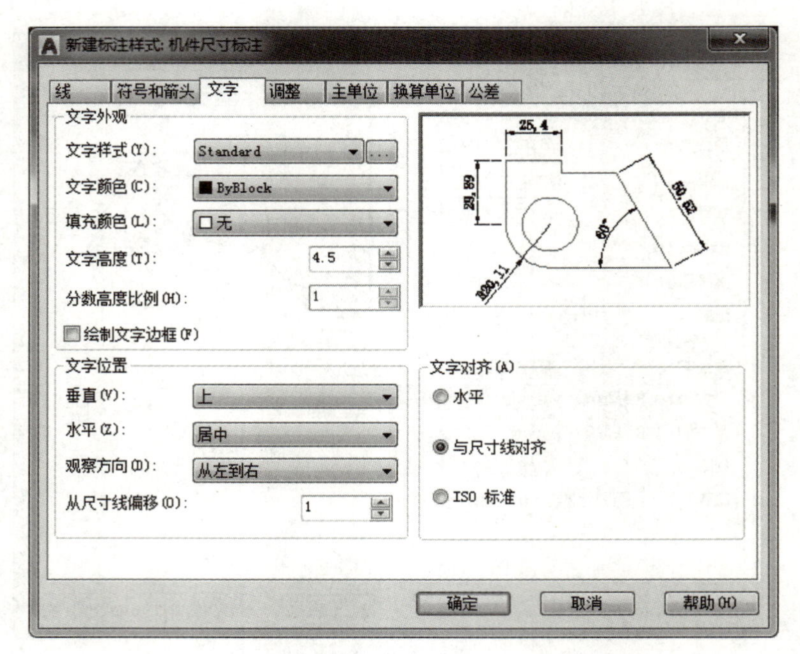

图 1-3-45 “新建标注样式”-“文字”选项卡

四、尺寸标注

1. 将新建的尺寸标注置为当前

打开“标注样式管理器”对话框，在“样式”中选择“机件尺寸标注”，单击“置为当前”。

2. 设置“标注”工具

在低版本 AutoCAD 中右击工具栏，在弹出的快捷菜单中单击“标注”，显示“标注”工具栏（图 1-3-46）。AutoCAD 2021 可直接在“注释”面板中选择标注工具。

图 1-3-46 低版本 AutoCAD“标注”工具栏

3. 尺寸标注

(1) 对齐标注

单击“注释”面板的对齐标注工具“ ”或“标注”菜单→“对齐”标注，开启捕捉“端点”“交点”，如图 1-3-47 所示，捕捉并标注 C、D 间距 32 mm，命令提示如下：

命令：_dimlinear

指定第一个尺寸界线原点或 < 选择对象 >：[开启对象捕捉“交点”（可关闭其他捕捉点），捕捉并单击交点 C]

指定第二条尺寸界线原点：（捕捉并单击交点 D）

指定尺寸线位置或[多行文字(M)/文字(T)/角度(A)/水平(H)/垂直(V)/旋转(R)]（如图 1-3-47 所示，向右下拖动鼠标并单击确定尺寸线位置）

标注文字 =32（系统标注尺寸信息）

用同样的方法标注 A、B 间的对齐尺寸“12”。

(2) 基线标注

开启捕捉“交点”，应用“标注”菜单→“基线”命令或基线工具“”，以图 1-3-47 对齐标注 12 为基准，进行基线标注，如图 1-3-48 所示，命令提示如下：

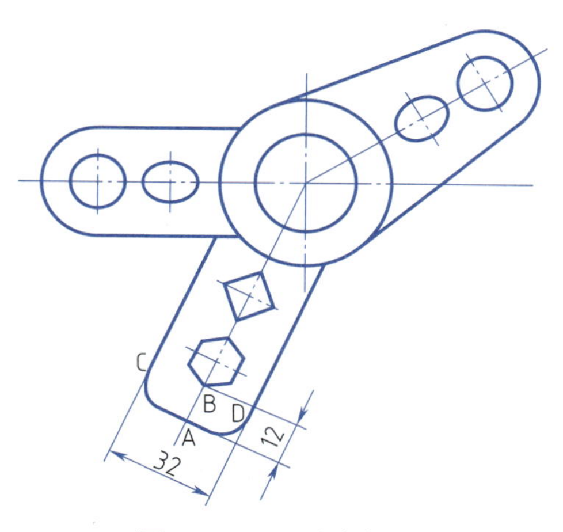

图 1-3-47　对齐标注

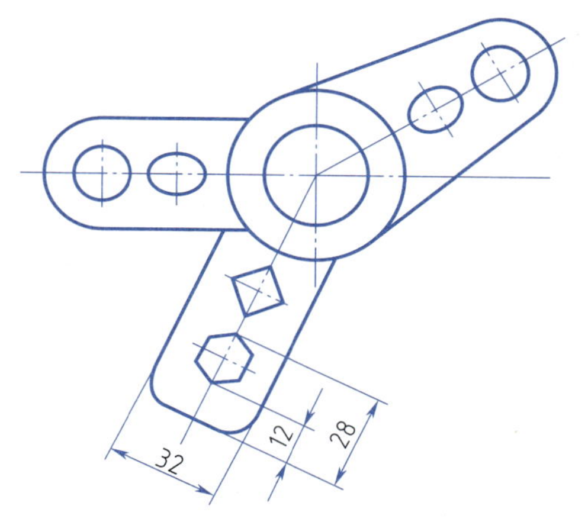

图 1-3-48　基线标注

命令：_dimbaseline

选择基准标注：(系统默认以最近的一次标注为基准，即以对齐标注“12”为基准)

指定第二条尺寸界线原点或［放弃(U)/ 选择(S)］< 选择 >：(如图 1-3-48 所示，捕捉并单击正六边形的右上顶点)

标注文字 = 28

指定第二条尺寸界线原点或［放弃(U)/ 选择(S)］< 选择 >：(移动尺寸标注到适当位置后单击完成标注，右击确认并结束命令)

理一理

拖移标注、改变箭头及字体大小

1. 若标注尺寸位置不理想，可单击选中标注“28”，关闭对象捕捉与正交模式，拖动数据夹点移动标注至恰当位置。

2. 打开图 1-3-41 所示的标注样式管理器，选中当前使用的标注样式，单击“修改”，图 1-3-44 所示“符号和箭头”选项卡中的“箭头大小”数值越大箭头也就越大，图 1-3-45 所示的“文字”选项卡中的“文字高度”数值越大，标注的数字也就越大，还可以修改尺寸数字距尺寸偏移线的距离，以及设置文字对齐为“水平”等。

(3) 连续标注

选中上述已创建的标注“28”，按 Delete 键删除。

应用“标注”菜单→“连续”命令或连续工具“”，标注尺寸，如图 1-3-49 所示，命令提示如下：

命令：_dimcontinue

指定第二条尺寸界线原点或[放弃(U)/选择(S)]<选择>:(对象捕捉“交点”并单击六边形右上顶点,系统自动以尺寸“12”为基准,拖动鼠标创建标注“16”)

标注文字 = 16

指定第二条尺寸界线原点或[放弃(U)/选择(S)]<选择>:(捕捉并单击正方形左下角顶点,拖动鼠标创建标注 6,依次按图示标注尺寸)

标注文字 = 6

指定第二条尺寸界线原点或[放弃(U)/选择(S)]<选择>:

标注文字 = 16

指定第二条尺寸界线原点或[放弃(U)/选择(S)]<选择>:

标注文字 = 5

指定第二条尺寸界线原点或[放弃(U)/选择(S)]<选择>:(右击结束命令)

理一理	标注重叠与数字替代
	若标注尺寸出现重叠现象,选择并移动夹点调整尺寸位置;若双击尺寸数字还可以重新输入要替代的尺寸数值。

(4) 半径标注与修改

单击“注释”面板的半径标注工具“ ”或单击“标注”菜单→半径标注“ ”,标注半径并修改,如图 1-3-50 所示,命令提示如下:

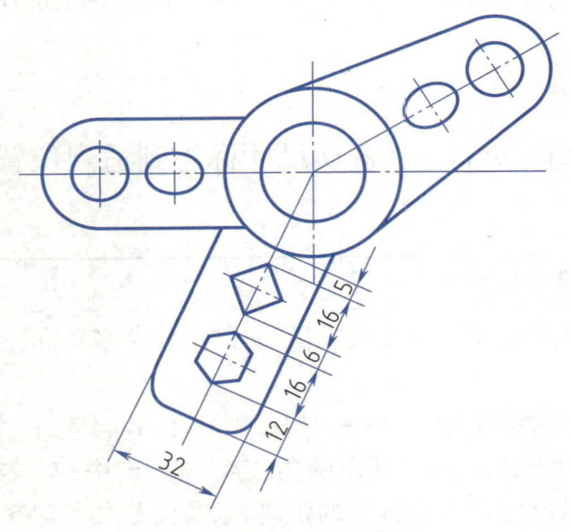

图 1-3-49 连续标注

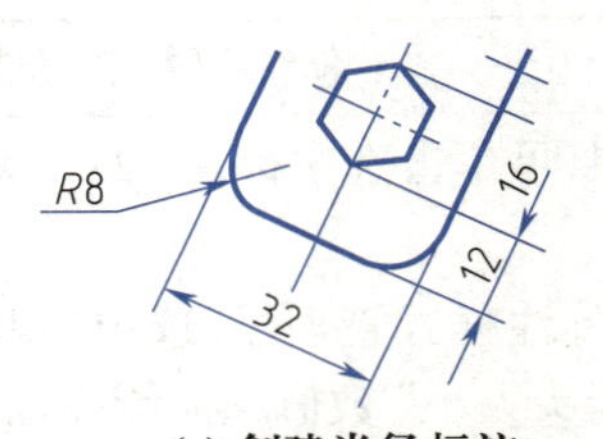

(a) 创建半径标注

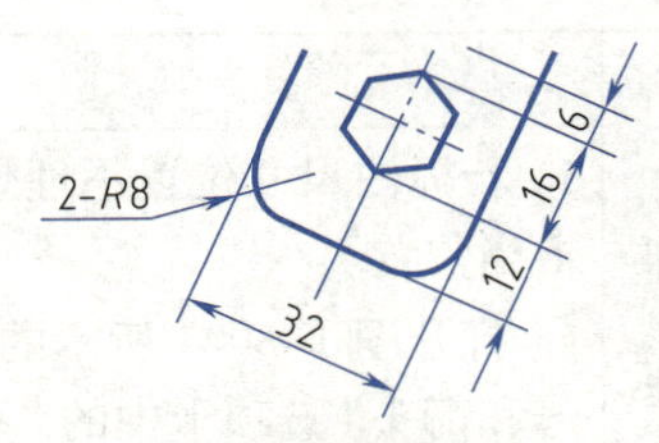

(b) 修改半径标注

图 1-3-50 半径标注

命令:_dimradius

选择圆弧或圆:[单击图 1-3-50(a)尺寸“32”左侧所示圆弧]

标注文字 =8

指定尺寸线位置或[多行文字(M)/文字(T)/角度(A)]:[如图 1-3-50(a)所示,移动尺寸标注到图示位置后单击,完成标注]

双击“R8”标注，进入文字编辑状态，将标注文字修改为“2–R8”表示有两处相同 *R*8 mm 圆弧，单击空白处完成标注的修改，结果如图 1–3–50(b) 所示。其他标注也应用此方法修改。

可将标注样式“文字”中对齐方式设置为“水平”，观察标注结果。

(5) 角度标注

单击“注释”面板的角度标注工具“”，或单击“标注”菜单→角度标注“”，标注 30° 和 65° 两个夹角角度值，如图 1–3–51 所示，命令提示如下：

命令：_dimangular

选择圆弧、圆、直线或 < 指定顶点 >：(单击图 1–3–51 所示 30° 角的一条边)

选择第二条直线：(单击图 1–3–51 所示 30° 角的另一条边)

指定标注弧线位置或 [多行文字(M)/ 文字(T)/ 角度(A)]：(向右移动尺寸标注到图 1–3–51 所示位置后单击完成标注)

标注文字 = 30

同样的方法完成 65° 角的标注。

(6) 线性标注

单击“注释”面板的线性标注工具“”，或单击“标注”菜单→线性标注“”，标注尺寸“60”，如图 1–3–52 所示，命令提示如下：

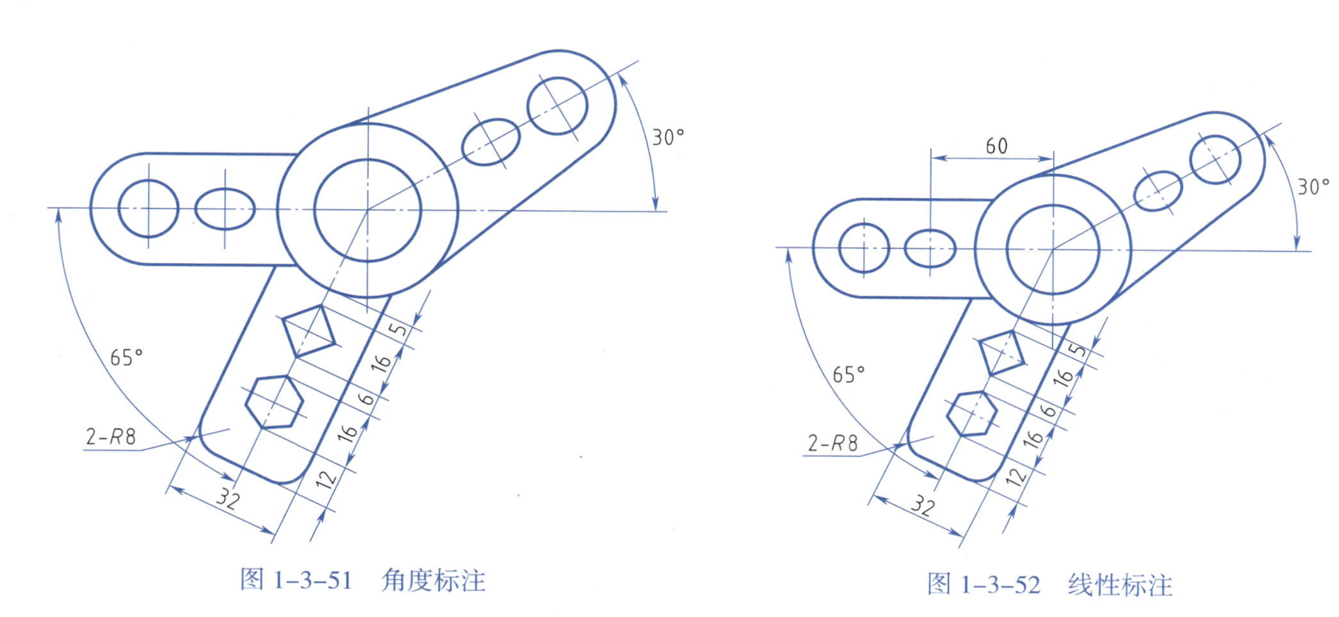

图 1–3–51　角度标注　　　图 1–3–52　线性标注

命令：_dimaligned

指定第一条尺寸界线原点或 < 选择对象 >：[如图 1–3–52 所示，捕捉尺寸“60”左侧椭圆的中心并单击]

指定第二条尺寸界线原点：(如图 1–3–52 所示，捕捉尺寸“60”右侧圆的圆心并单击)

指定尺寸线位置或 [多行文字(M)/ 文字(T)/ 角度(A)]：(移动尺寸标注到图 1–3–52 所

示位置后单击完成标注)

标注文字 = 60

(7) 直径标注

单击“注释”面板的直径标注工具“⊘”,或单击“标注”菜单→直径标注“⊘”,命令提示如下:

命令:_dimdiameter

选择圆弧或圆:(单击图 1-3-53 所示的 ϕ16 mm 圆对象)

标注文字 =16

指定尺寸线位置或[多行文字(M)/文字(T)/角度(A)]:(移动尺寸标注到图 1-3-53 所示位置后单击,完成标注)

如图 1-3-53 所示,应用半径标注“R16”。

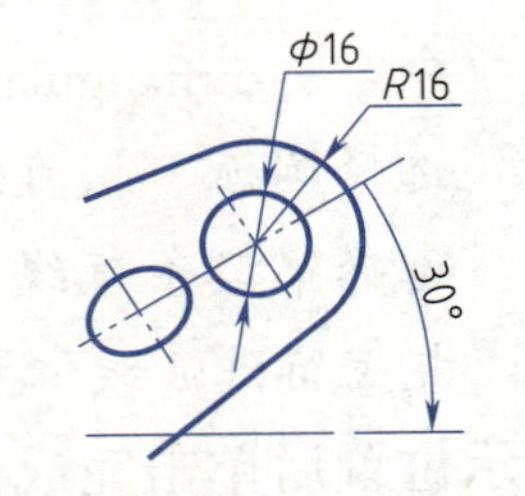

图 1-3-53 直径标注

(8) 引线标注

如图 1-3-54(a)所示,应用对齐创建标注“16”“12”。

由于标注“12”数字在图形线上,应用“多重引线”将该数据引出。

双击数字“12”进入文字编辑状态,删除标注数字,然后按空格键填充数字区,单击空白处删除尺寸数据,如图 1-3-54(b)所示。

单击“注释”面板的引线标注工具“↗”,或单击“标注”菜单→“多重引线”“↗”,命令提示如下:

命令:_mleader

指定引线箭头的位置或[引线基线优先(L)/内容优先(C)/选项(O)]<选项>:[如图 1-3-54(c)所示,单击尺寸数据“12”原位置,指定为引线的箭头起点位置]

指定引线基线的位置:[移动鼠标引线变长,单击图示位置并输入“12”,创建结果如图 1-3-54(c)所示]

命令:* 取消 *

单击“格式”菜单的“多重引线样式”,打开多重引线样式管理器,单击“修改”,在“引线格式”选项卡的“常规”→“类型”中设置为“样条曲线”,确认后可单击选中引线标注,向右拖动数字“12”旋转引线,结果如图 1-3-54(d)所示。

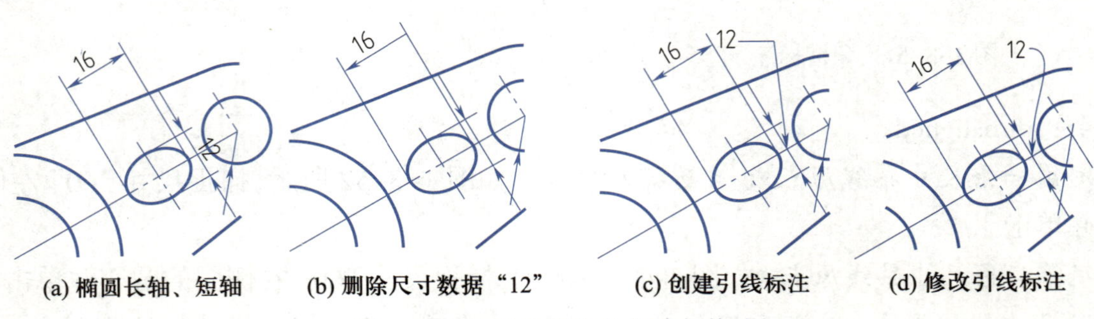

图 1-3-54 引线标注的创建与修改

理一理	引线标注
	引线标注起注释作用，当在尺寸位置不能表达数据时可考虑应用引线标注将尺寸数值引出。右击引线标注，打开“特性”对话框，可修改“引线类型”、文字内容及大小等。

(9) 完成其他尺寸标注，并修改完善尺寸标注

检查未标注的定形、定位图形尺寸，并进行标注。

如图 1-3-55 所示，标注 *R*25 mm、*R*15 mm 圆的半径，标注定位尺寸“60”(对齐标注)、“21”(线性标注)。

对于相同图形的标注，可修改尺寸数据增加数量。

应用夹点调整图形尺寸的位置，使图形尺寸标注规范、完整、清晰、明了。

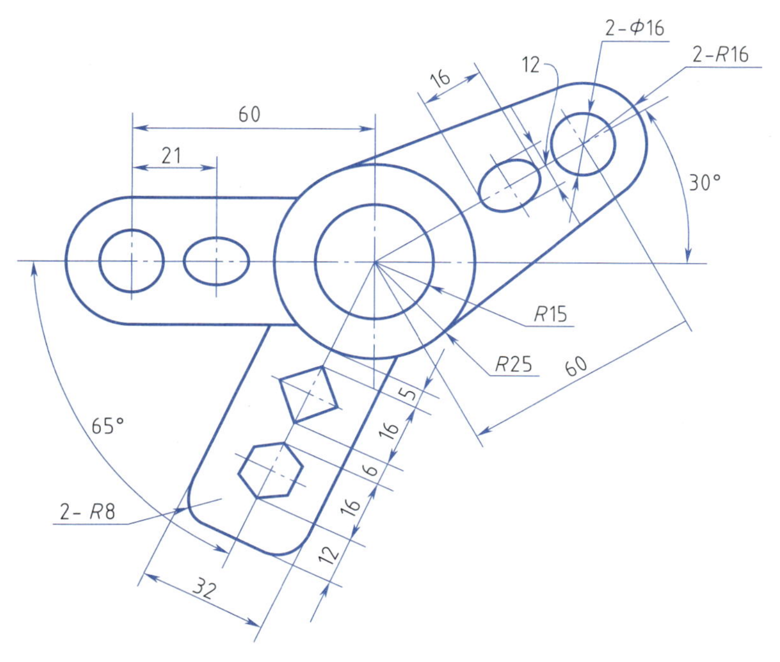

图 1-3-55　完善、修改、调整尺寸标注

〖任务体验〗

1. 任务梳理

请将本次任务学习的内容按下表提示进行梳理。

AutoCAD 技术			制图技能			经验笔记
标注样式	标注工具	标注编辑	标注规范	零件标注	建筑图标注	

2. 操作训练

打开素材文件夹中“任务 1.3.2/ 标注练习 .dwg”的图形文件，如图 1-3-56~ 图 1-3-59 所

示，练习尺寸标注。

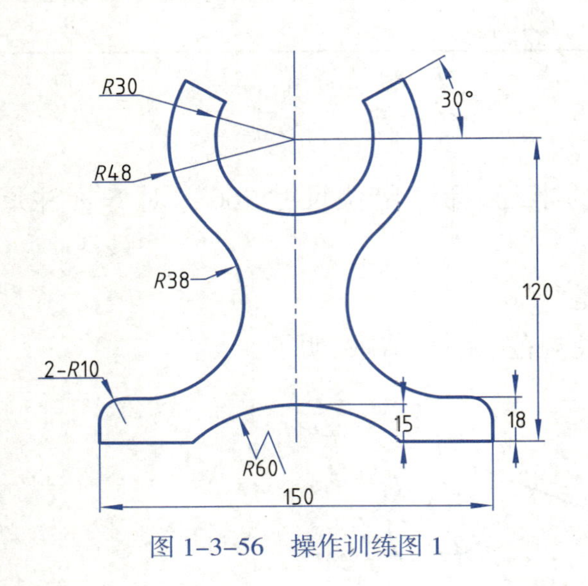

图 1-3-56　操作训练图 1

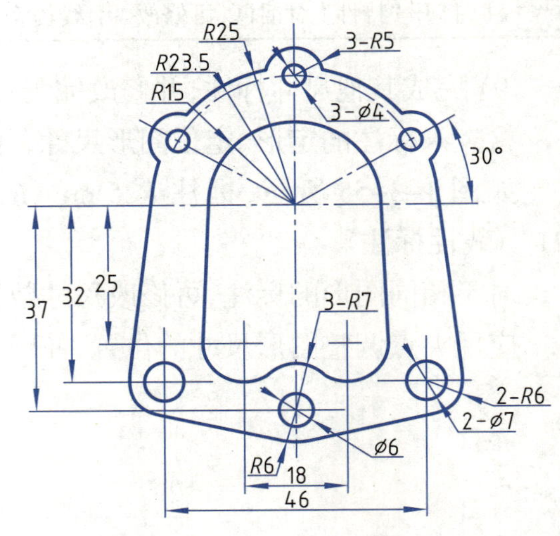

图 1-3-57　操作训练图 2

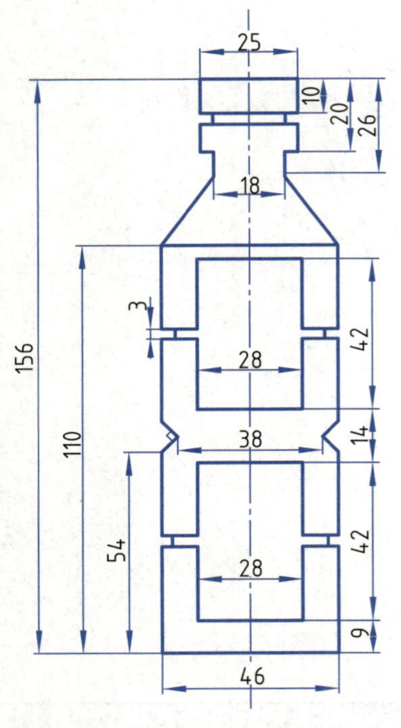

图 1-3-58　操作训练图 3

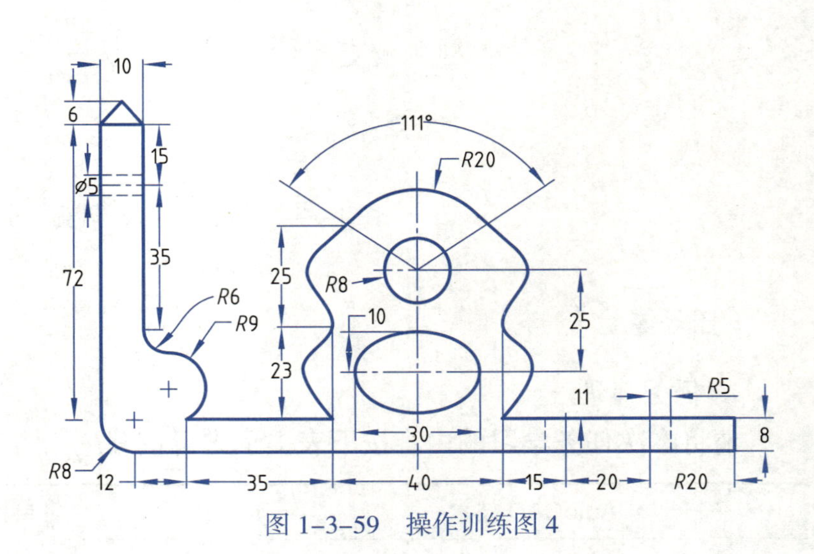

图 1-3-59　操作训练图 4

3. 案例体验

如图 1-3-60 所示，根据三维模型按尺寸绘制主视图、俯视图，并对绘制的图形进行尺寸标注。

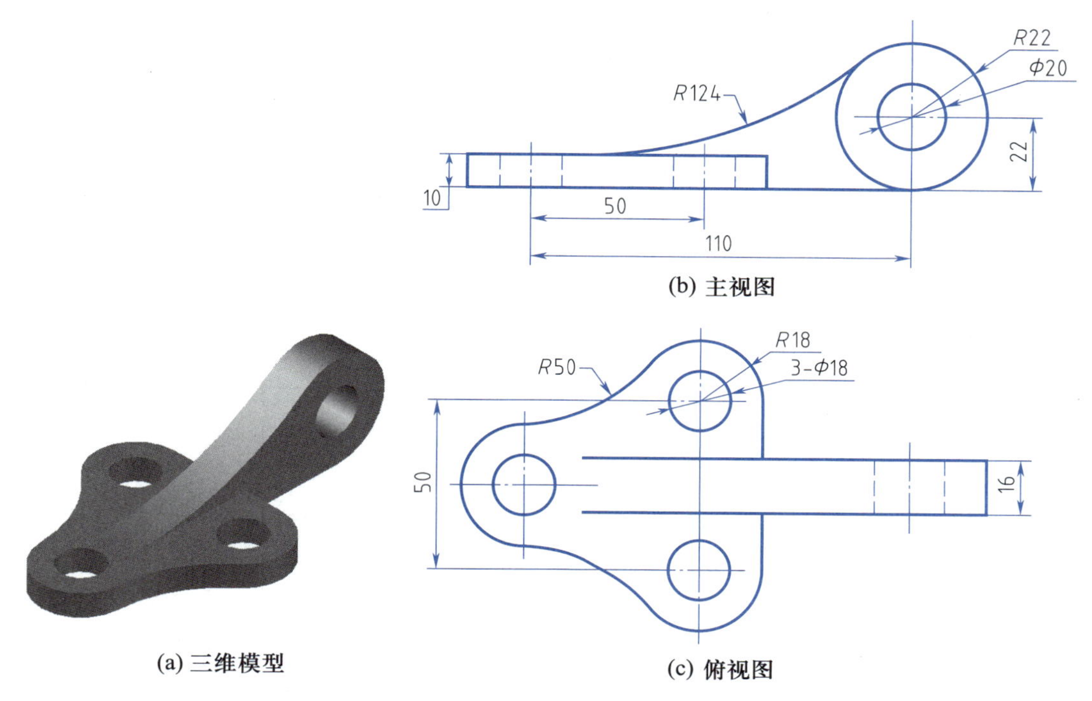

(b) 主视图

(a) 三维模型　　(c) 俯视图

图 1-3-60　案例体验图

【项目体验】

项目情景：

某机械加工厂需生产图 1-3-61（a）所示机件模型，现需要制作机件图纸。

项目要求：

如图 1-3-61 所示，模型的厚度均为 1.5 mm，材料为塑料，根据三维模型按尺寸绘制主视图、俯视图，并对绘制的图形进行尺寸标注。

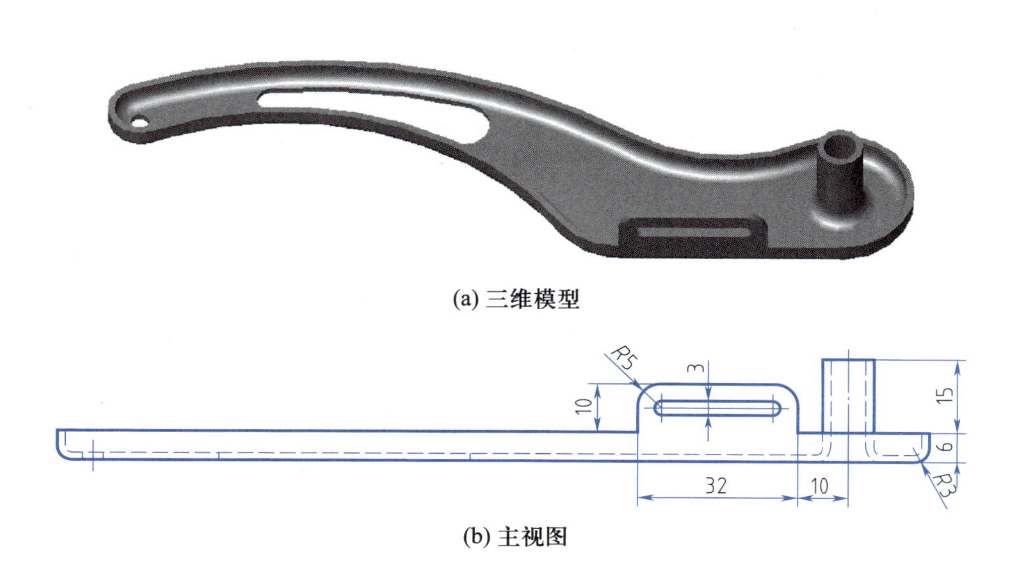

(a) 三维模型

(b) 主视图

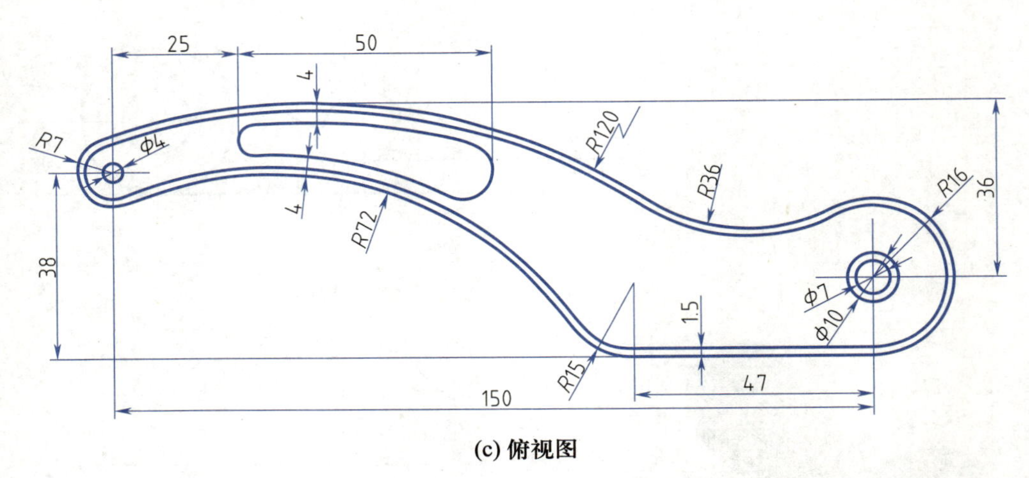

(c) 俯视图

图 1-3-61 项目体验图

【项目评价】

评价项目	能力表现			
基本技能	获取方式：□自主探究学习 □同伴互助学习 □师生互助学习 掌握程度：□了解____% □理解____% □掌握____%			
创新理念	□大胆创新	□有点创新思想	□能完成____%	□保守陈旧
岗位体验	□了解行业知识	□具备岗位技能	□能完成____%	□还不知道
技能认证目标	□高级技能水平	□中级技能水平	□初级技能水平	□继续努力
项目任务自评	□优秀 □良好 □合格 □一般 □再努力一点就更好了			
我获得的岗位知识和技能				
分享我的学习方法和理念				
我还有疑难问题				

项目 1.4 <<<

综合机械绘图

——镜像、阵列、面域、倒角、圆角，文字与表格，
辅助视图，图纸输出

【项目情景】

通常机件都是多种几何形状的复合体，图 1-4-1 所示为几种机件三维模型，怎样通过平面视图表达模型结构特征呢？本项目通过绘制模型的表达视图理解阵列、镜像、倒角 / 圆角的基本操作和注释、标题栏、辅助视图的表示方法。

项目 1.4 包括两个任务：

任务 1.4.1 剖视图的应用——阵列、镜像、倒角、圆角、填充、面域；剖视图，图形模板

任务 1.4.2 绘制支架零件图——零件基本视图、辅助视图，绘图工具综合应用，文字、表格

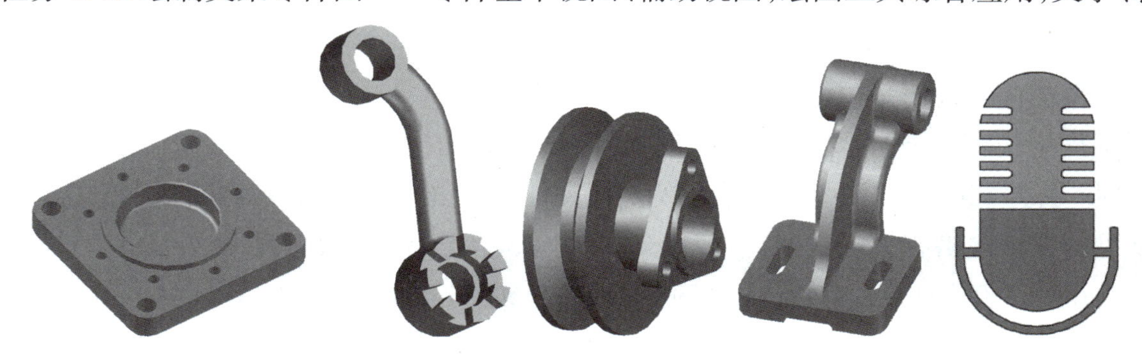

图 1-4-1 几种机件三维模型

【项目目标】

会镜像、阵列、分解、倒角、圆角等修改工具的基本操作与应用；会对封闭二维图形进行图案 / 渐变填充；会创建面域，会对面域进行布尔运算；会创建、编辑文字与文字样式；会创建、编辑表格、表格样式；会应用辅助视图表达机件；会创建图纸。

【岗位对接】

应用绘图、修改工具命令绘制复杂二维视图；具有熟练应用绘图命令绘制机件工程图的综

合应用能力。

表达机件的视图除主视、左视、俯视等基本视图外，为了更清楚地表达机件，制图员往往还需要采用局部视图、斜视图、旋转视图、剖视图、某向视图等辅助视图。

机件的图形绘制好后，可以创建图框、标题栏、技术要求，进行布局、页面设置，输出为图纸或数码图形文件。

【技能建构】

一、走进行业

学习单	标题	学习活动	学习建议
	工程图	请同学们收集工程图纸，并在班上展示	在收集活动中了解工程图
	辅助视图	了解局部视图、斜视图、旋转视图、剖面图、剖视图	结合表达需要理解辅助视图

1. 工程图

工程图是用来描述机械、建筑、电气、管路、道路、园林规划等，按一定标准规范和比例绘制好单一或一组图表。工程图常常被称为技术图纸。工程图可以绘制打印在纸上，也可以存储为数码文件。

(1) 工程图的作用

不管是建筑、桥梁、服装、电气、管路，还是零件加工或装配，工程图在加工、检验、测量中都起到了标准和规范的作用。

(2) 工程图的内容及要素

工程图的内容及要素包括以下几项。

图纸规格：工程图绘制要按特定比例，要符合国际单位制尺寸图纸规格。绘制的图纸要可以装订、折叠或卷起。或以专有格式存储为数码文件，审定的图纸通常保存为 DXF 格式或 PDF 格式。常见的图纸规格有 A4、A3、A2、A1、A0 等，尺寸从 A4 至 A0 逐渐增大，图纸尺寸大小分别为：A4，297 mm × 210 mm；A3，420 mm × 297 mm；A2，594 mm × 420 mm；A1，841 mm × 594 mm；A0，1 189 mm × 841 mm。

图纸比例：比例是指图形与实物的线性尺寸之比，有 3 种类型。原值比例，图形尺寸与实物尺寸一样，比例为 1∶1；放大比例，图形尺寸大于实物尺寸，如比例 4∶1；缩小比例，图形尺寸小于实物尺寸，如比例 1∶4。为了看图方便，画图时尽量采用原值比例。当实物过小或过大时，则采用放大或缩小比例。在日常应用中，图纸上标示的比例为出图比例，而在画图时都采用 1∶1 绘制，均以实物实际尺寸标注。在国际单位制中的常见的图纸比例一般有 1∶10、1∶20、1∶50、1∶100、1∶200、1∶500、1∶1 000、1∶2 000、1∶5 000 等。

图框：图框为长方形，必须用粗实线画出，图 1-4-2 中①为留装订边的图框，②为不留装订边的图框，不同幅面的图框边界尺寸 a、c、e 如③所示。

标题栏：位于图中的右下角（如图 1-4-2 中①所示），标题栏一般填写机件或项目名称、材料、数量、图样的比例、代号和图样的责任人签名和单位名称等。标题栏的方向与看图的方向应一致。图 1–4–3 为简化标题栏。

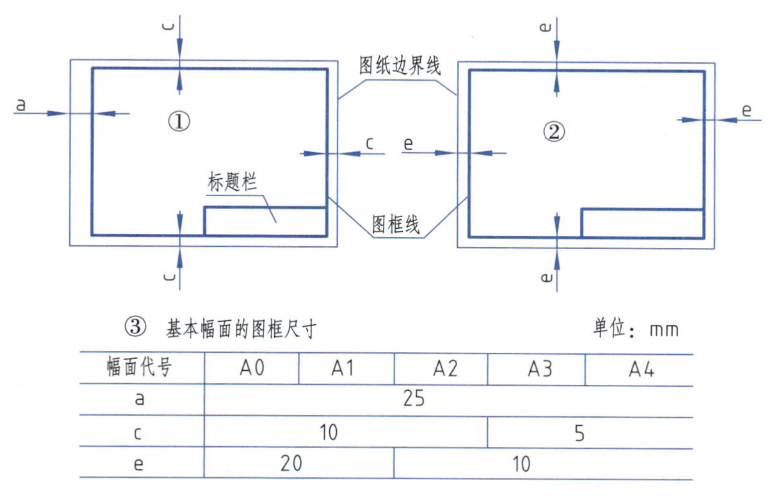

幅面代号	A0	A1	A2	A3	A4
a	25				
c	10			5	
e	20		10		

图 1–4–2　图框

一组图形：用以表达机件或项目的结构布局和形状，可以采用基本视图、剖视、剖面、规定画法和简化画法等表达方法表达。

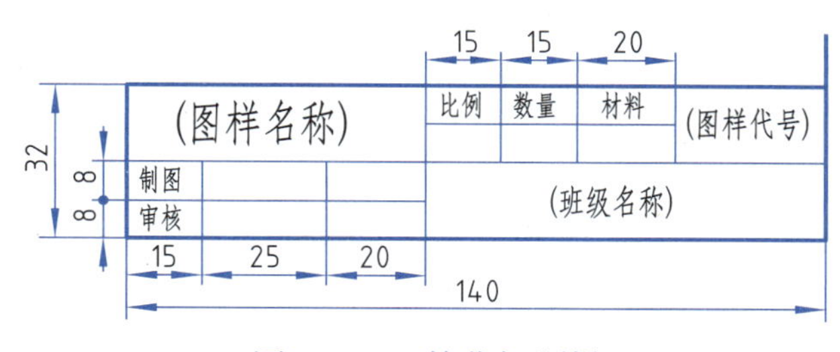

图 1–4–3　简化标题栏

必要的尺寸：反映零件或项目各部分结构的大小和相互位置关系，满足零件制造、项目施工和检验的要求。绘制时均以实际尺寸绘制。

技术要求：不同行业的工程图有不同的技术要求，对零件要给出表面粗糙度、尺寸公差、形状和位置公差以及材料的热处理和表面处理等要求。

看一看	打开“项目 1.4\ 叉架图纸 .dwg”，完成下列任务
	1. 图纸的幅面有多大？图纸包括哪些主要内容？
	2. 图纸名称是________。比例是________。

2. 辅助视图

(1) 局部视图

将机件的某一部分向基本投影面投影得到的视图，称为局部视图。

局部视图是基本视图的一部分，既可以减少基本视图的重复表达，又可以补充基本视图尚未表达清楚的部分。如图 1–4–4 中的 *A* 向为局部视图。

局部视图的画法：

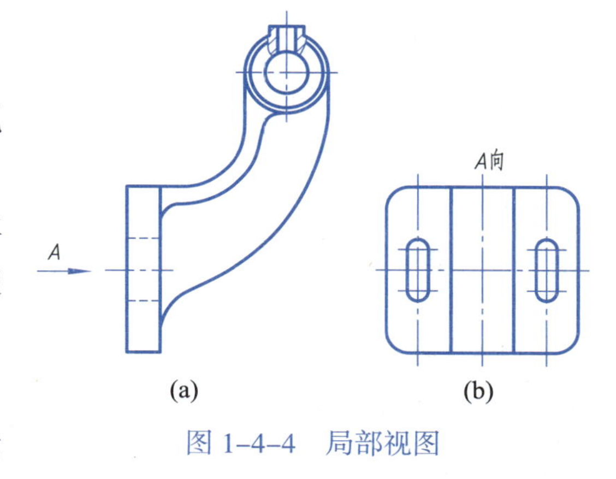

图 1–4–4　局部视图

局部视图的断裂边界线以波浪线表示，若所表示的局部结构是完整的，其外轮廓线又是封闭的，这时波浪线可省略不画。如图 1–4–4（a）中的 *A* 向视图外轮廓线封闭，省略了波浪线，如图 1–4–4（b）所示。

局部视图的位置应尽量配置在投影方向上，并与原视图保持投影关系。但有时为了更好地表达，也可使用其他方向的视图，如斜视图。

局部视图上方应标出视图的名称“× 向”，并在相应视图附近用箭头指明投影方向和注上相应字母；当局部视图按投影关系配置，中间又无其他视图隔开时，允许省略标注。图 1–4–4 所示无其他视图隔开，所以 *A* 也可省略不注。

（2）斜视图

机件向不平行于任何基本投影面的平面投影所得的视图，称为斜视图。

当机件上的倾斜部分在基本视图中不能反映出真实形状时，可重新设立一个与机件倾斜部分平行的辅助投影面（辅助投影面又必须与某一基本面垂直）。将机件的倾斜部分向辅助投影面进行投影，即可得到机件倾斜部分在辅助投影面上反映实形的投影——斜视图（图 1–4–5）。

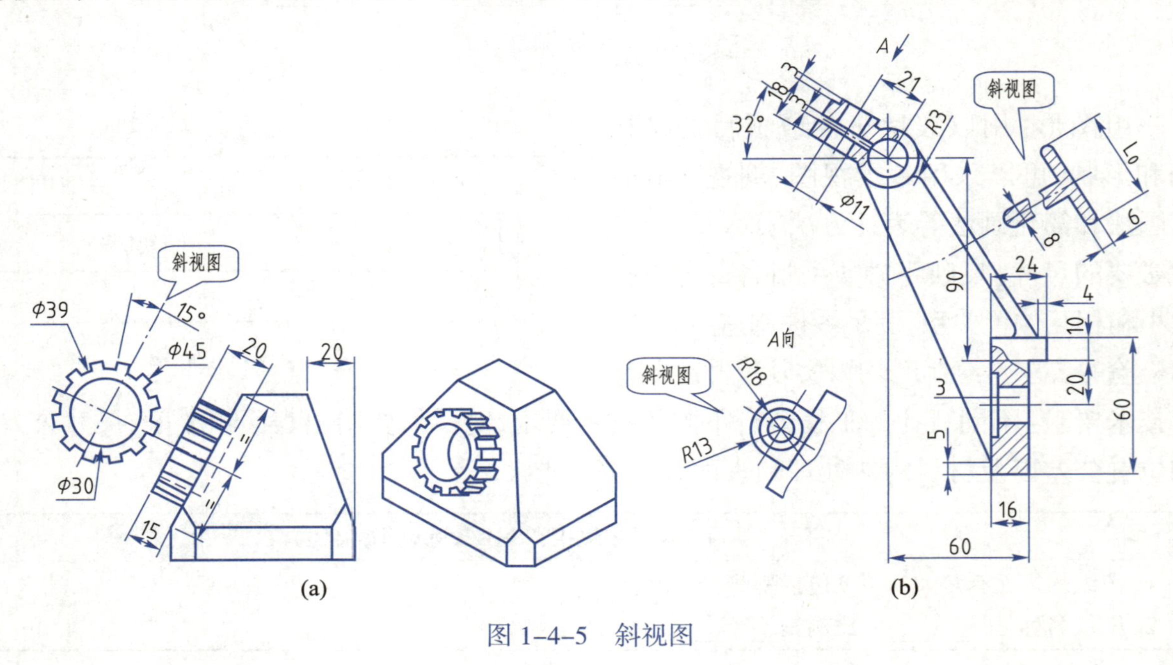

图 1–4–5　斜视图

斜视图的画法：

斜视图的画法与标注基本上与局部视图相同，在不致引起误解时，可不按投影关系配置；还可将图形旋转摆正，此时应在图形上方标注“× 向旋转”。

斜视图一般只要求表达出机件倾斜部分的局部形状。因此在画出它的实形后，对机件的其他部分应断去不画，在断开处用波浪线表示，如图 1–4–5（b）所示 *A* 向图。

（3）旋转视图

假设将机件的倾斜部分旋转到与某一选定的基本投影面平行后，向该投影面投影所得到的视图，称为旋转视图（图 1–4–6）。旋转视图不必标注。

图 1–4–6 所示机件有旋转轴线。为了在左视图中表示出下臂的实长，可假想把倾斜的下

臂绕旋转轴线旋转到垂直后，再连同上臂一起画出它的左视图，即得到旋转视图。

(4) 剖视图

当机件的内部结构比较复杂时，常采用剖视图来表示。

如图 1–4–7 所示，假想用剖切平面剖开机件，移去剖切平面前的一部分，将其余部分向投影面投影，所得到的投影图称为剖视图。剖切后，机件上原来一些看不见的内部形状和结构变为可见，并用粗实线表示，这样便于看图和标注尺寸。

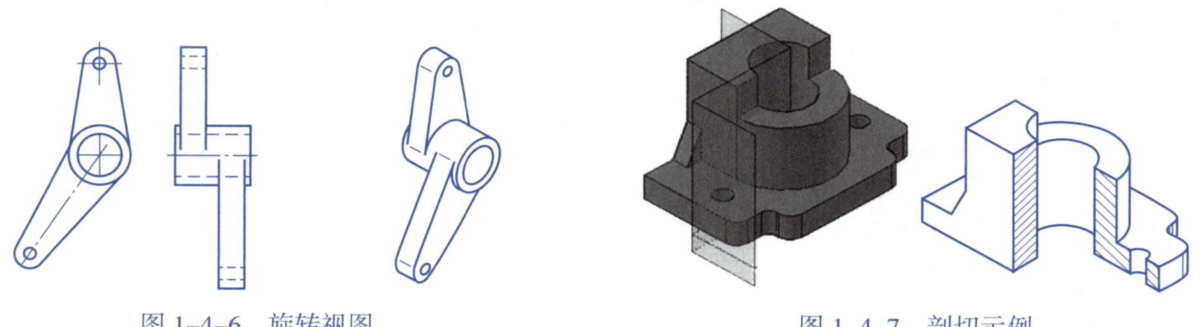

图 1–4–6 旋转视图　　图 1–4–7 剖切示例

剖视图的画法：剖切面应尽量采用通过较多的内部结构（孔、槽）的轴线或对称中心线，剖切平面一般应平行于相应的投影面。剖开机件后，画出剖切平面之后的所有可见轮廓线。剖视图是假想剖切画出的，所以与其相关的视图仍应保持完整，由剖视图已表达清楚的结构，视图中虚线即可省略。用粗实线画出机件被剖切后截断面的轮廓线及机件上处于截断面后面的可见轮廓线，并且在截断面上画出相应材料的剖面符号。金属材料的剖面符号用与水平成 45° 且间隔均匀、互相平行的细实线表示，这种线称为剖面线。同一机件的剖面线倾斜方向和间隔应一致。一般应在剖视图的上方用字母标注出剖视图的名称“×—×”（×——是大写字母的代号），在相应视图上用剖切符号表示剖切位置，用箭头表示投影方向，并注上同样的字母，如图 1–4–8 所示 *A* 向箭头及 *A*–*A*。

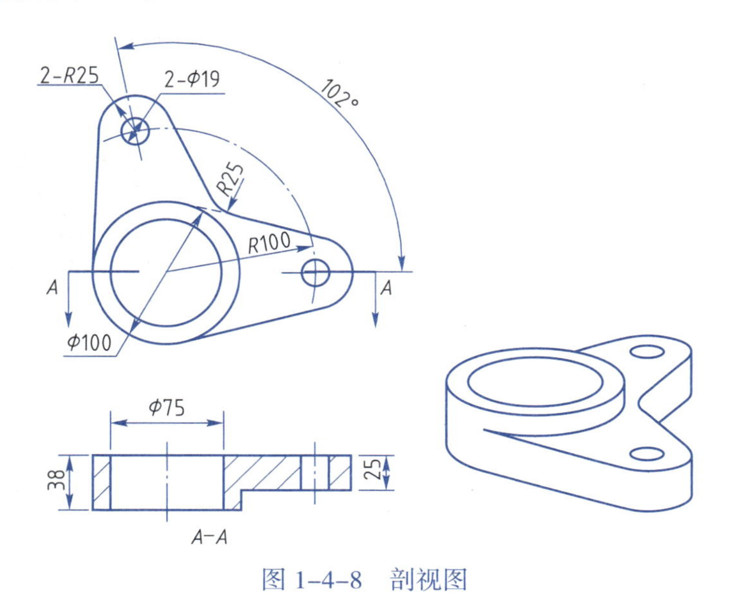

图 1–4–8 剖视图

常用剖视图：按剖切范围的大小，剖视可分为全剖视、半剖视、局部剖视。

① 全剖视图

用剖切平面（可以是单一平面、两相交平面、一组相平行的平面或柱面）来完全剖开机件所得的剖视图称为全剖视图。图 1–4–8 所示为全剖视图。

适用范围：机件外形较简单，内形较复杂，且该视图又不对称时，常采用全剖视画法。

② 半剖视图

对内、外形都较复杂的对称机件（或基本对称的机件），以对称中线为界，一半画成剖视图，另一半画成视图，称为半剖视图，如图 1–4–9 所示 *A–A* 视图。

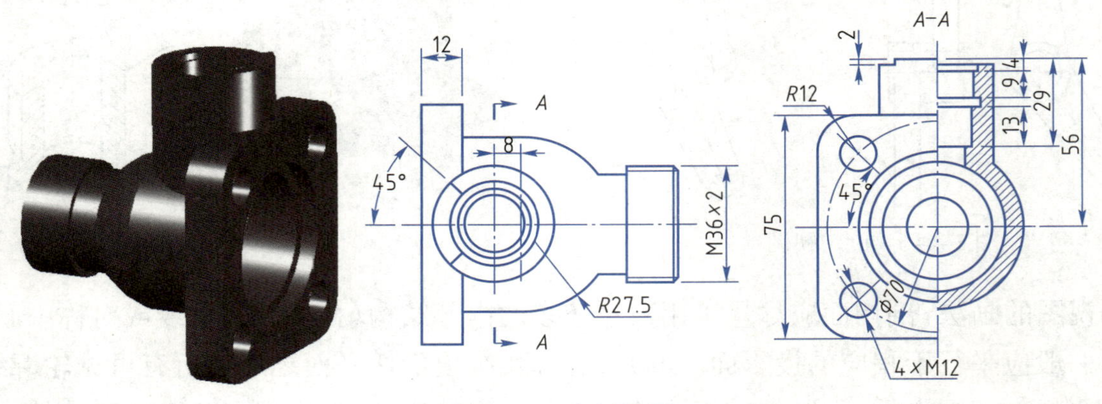

图 1–4–9　半剖视图

绘制要求：在半剖视图中，表示机件外部的半个视图和表示机件内部的半个剖视图的分界线是对称中心线，不能画成粗实线；因机件的内形已在半个剖视图中表达清楚，在半个视图中应省略表示内部形状的虚线（如图形对称）；绘制半剖视图时，对于主视图和左视图应处于对称中心线右半部，对于俯视图应处于对称中心线前半部。

③ 局部剖视图

当同时需要表达不对称机件的内外形状和结构，又不宜采用全剖视图，需要表达局部内形和结构时，用剖切平面局部地剖开机件所得的剖视图，称为局部剖视图。图 1–4–10 所示椭圆圈内图形都是局部剖视图。

绘制要求：当单一剖切平面位置明显时，可省略标注，当剖切平面位置不明显时，必须标注剖切符号、投射方向和剖视图的名称。机件局部剖切后，不剖部分与剖切部分的分界线用细波浪线表示。波浪线只应画在实体断裂部分，而不应把通孔和空槽处连起来，也不应超出视图的轮廓（因为通孔和空槽处不存在断裂）。

④ 剖切方法

根据机件内部结构形状确定剖切方法，在不同的剖切部位剖切机件的剖切面不相同。国家标准《机械制图》规定了 5 种剖切方法：单一剖切平面（全部、半剖、局部剖）、几个互相平行的剖切平面（阶梯剖）、两相交的剖切平面（旋转剖）、组合的剖切平面（复合剖）、不平行于任何基本投影面的剖切平面（斜剖）。

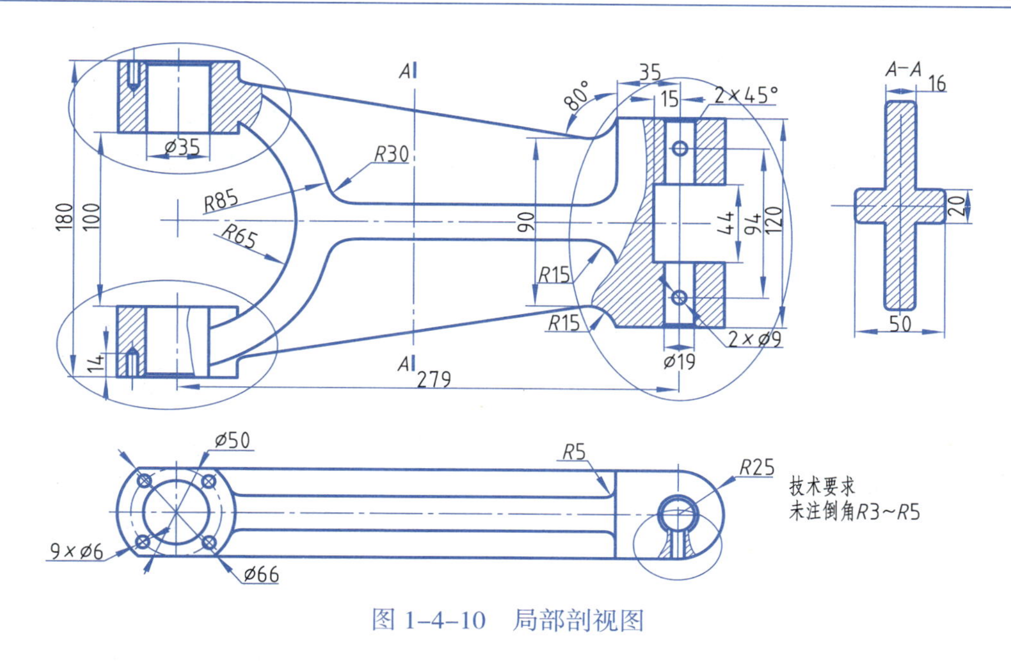

图 1-4-10 局部剖视图

阶梯剖：如图 1-4-11(a)所示，几个相互平行的剖切平面同时剖切一机件，所得的剖视图。

旋转剖：应用旋转剖剖开机件后，应将剖开的倾斜结构及其有关部分旋转到与选定的投影面平行位置进行投影；但在剖切平面后的其他结构一般仍按原来位置投影。图 1-4-11(b)所示为旋转剖。

复合剖：用组合的剖切平面剖开机件的方法，称为复合剖，复合剖适用于表达机件具有若干形状或大小不一、分布复杂的孔和槽等的内部结构，如图 1-4-11(c)所示。

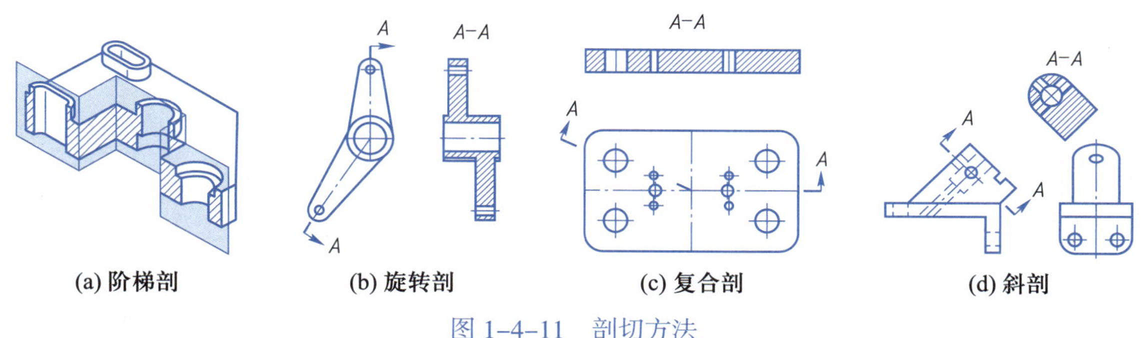

图 1-4-11 剖切方法

斜剖：用不平行于任何基本投影面的剖切平面剖开机件的方法称为斜剖，如图 1-4-12(d)所示“*A*–*A*”剖视图是斜剖得到的视图。为了看图方便，这种剖视图一般都按投影关系配置在投影方向和相对应的位置上。必要时也允许将视图旋转放在剖视图名称的后面并加注“旋转”二字。在画斜剖视图的剖面符号时，当某一剖视图的主要轮廓与水平线成 45° 角时，将该剖视图的剖面线画成 60° 或 30°，其余图形中的剖面线仍与水平线成 45°。

(5) 剖面图

假想用剖切平面将机件的在该处切断，仅画出截断面的图形称为剖面图(简称剖面)。

图 1-4-12(b)所示为剖面图。

剖面图与剖视图的区别：剖面图仅画出机件被切断的截面的图形[图 1-4-12(b)]；剖视图既要画出切断的截面的图形，又要画出剖切平面以后的所有可见部分的投影[图 1-4-12(c)]。

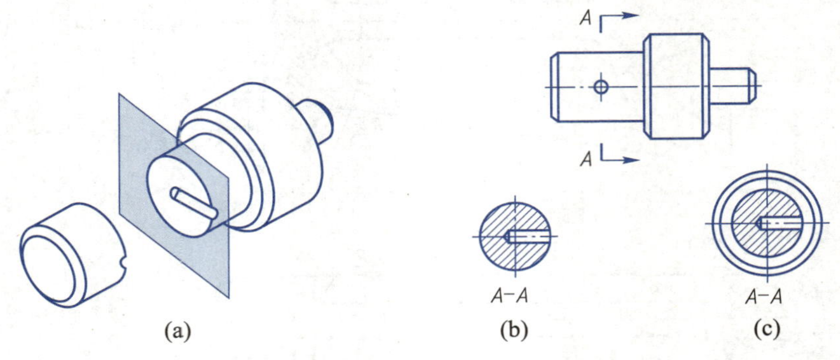

图 1-4-12 剖面图与剖视图

移出剖面：画在视图轮廓之外的剖面，称为移出剖面。图 1-4-12(b)所示为移出剖面。移出剖面应尽量配置在剖切符号或剖切平面迹线的延长线上，有时为了合理布置图面，也可以配置在其他适当的位置。配置在剖切符号延长线上的不对称的移出剖面，可以省略剖面图名称(字母)的标注。配置在剖切平面迹线延长线上的对称移出剖面图(只需在相应视图上用点划线画出剖切位置)和配置在视图中断处的移出剖面图，均不必标注。

重合剖面：按投影关系画在视图中位于折断处的轮廓内的剖面，称为重合剖面。重合剖面的轮廓线用细实线绘制。当视图中的轮廓线与重合剖面的图形重叠时，视图中的轮廓线仍需完整地画出，不可间断。配置在剖切符号上的不对称重合剖面图，必须用剖切符号表示剖切位置，用箭头表示投影方向，但可以省略剖面图的名称(字母)的标注。

(6) 局部放大图

用大于原图的比例画出的图形，称为局部放大图(图 1-4-13)。局部放大图可以画成视图、剖视图或剖面图，局部放大图应尽量配置在放大部位的附近。在原视图上用细实线圈出被放大的部位。当机件上只有一个被放大的部位时，只需在局部放大图的上方注明所采用的比例。而当同一机件上有多个被放大的部位时，必须依次用字母标明被放大的部位，并在局部放大图的上方标注出相应的字母和所采用的比例，同一机件上不同部位的局部放大图，当被放大部分的图形相同或对称时，只需画出一个。

看一看	打开"项目 1.4\ 叉架图纸 .dwg"，完成下列任务
	图中有哪些基本视图、辅助视图？在叉架图纸中这些辅助视图的作用是什么？

二、技能建构

学习单	标题	学习活动	学习建议
	绘图与编辑	收集镜像、阵列、填充、面域及面域运算的应用	在收集整理活动中了解工具

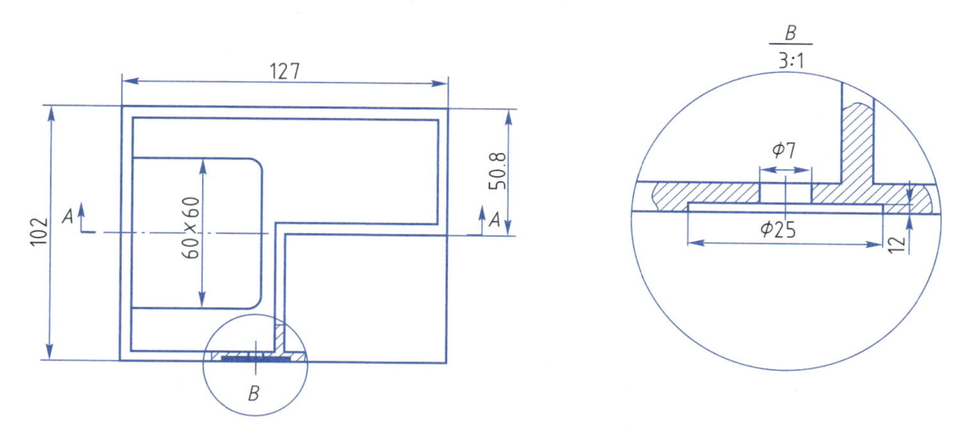

图 1-4-13　局部放大图

1. 镜像

AutoCAD 提供了图形“镜像”功能，即只需绘制出相对称图形的一部分，利用镜像命令就可将对称的另一部分镜像复制出来。例如，机械零件中的键槽、通孔等。

调用命令：“修改”面板的镜像工具“![镜像]”；或“修改”菜单→“![镜像]镜像”。

如图 1-4-14 所示，先选择已绘制的对称图像，再选择对称轴，若不删除源对象，则镜像结果为一对轴对称图形。

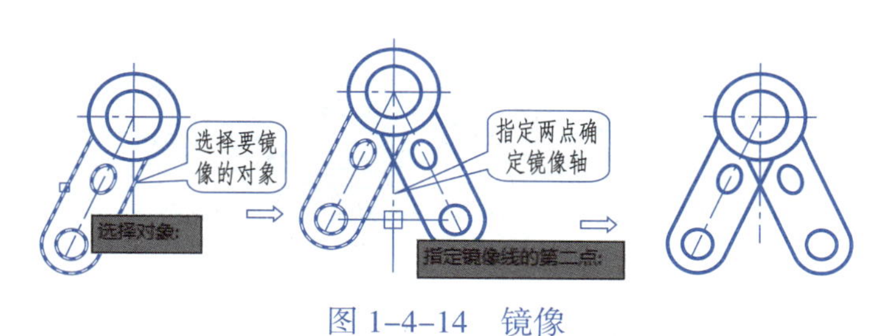

图 1-4-14　镜像

做一做	打开“项目 1.4\ 镜像与阵列 .dwg”，完成下列任务
	如图 1-4-14 所示，分别选择水平线、垂直线作为镜像线，进行两次镜像操作，理解镜像的操作方法。

2. 阵列

“复制”命令可以一次复制多个图形，但要复制规则分布的对象时应用“阵列”更方便。AutoCAD 提供 3 种图形阵列编辑功能：矩形阵列“![矩形阵列]”、路径阵列“![路径阵列]”、环形阵列“![环形阵列]”，以便用户快速准确地复制呈规律分布的图形。阵列后的图形会形成一个整体，应用分解“![分解]”可将阵列又分解为单个图形对象。

调用命令：“修改”面板的阵列工具“![阵列]”；或“修改”菜单→“阵列”→“矩形阵列”/“路径阵列”/“环形阵列”。

（1）矩形阵列

按照网格行、列的方式呈规律地进行对象复制，即矩形阵列。矩形阵列时需要指定要复制的行数、列数、行间距、列间距等参数。调用命令:“修改”面板的矩形阵列工具“ ”;或“修改”菜单→“阵列”→“矩形阵列”。

创建矩形阵列后,如图 1–4–15(a)所示,可应用阵列参数控制按钮改变行 / 列间距和个数,按住 Ctrl 键切换到“轴角度”还可以变换为旋转指定角度的矩形阵列。或右击矩形阵列,在弹出的快捷菜单中选择并设置阵列参数。

在“草图与注释”空间,创建环形阵列后,单击阵列,系统会自动激活“阵列”选项面板。或双击矩形阵列打开如图 1–4–15(b)所示的矩形阵列参数选项面板,图示中的阵列设置的列、行间距分别为 42 和 –35(行的正、负表示向上、下阵列,列的正、负表示向左、右阵列),列数、行数分别为 4、3。修改这些参数可改变矩形阵列。

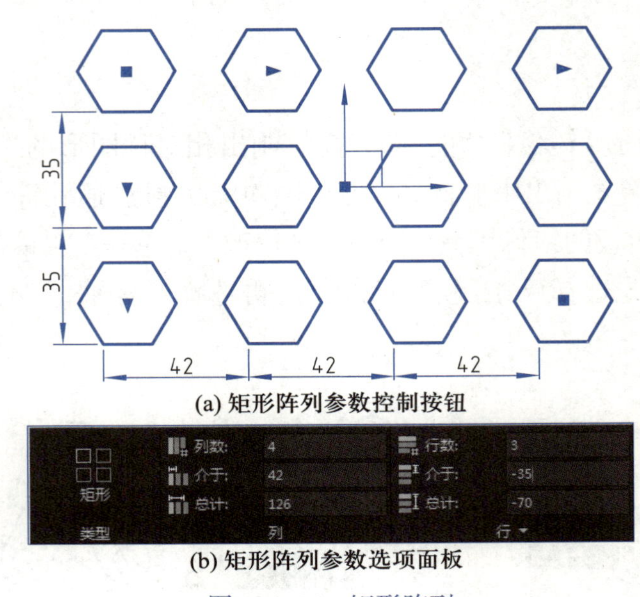

(a) 矩形阵列参数控制按钮

(b) 矩形阵列参数选项面板

图 1–4–15 矩形阵列

做一做	打开“项目 1.4\ 镜像与阵列 .dwg”,完成下列任务
	如图 1–4–15 所示,设置矩形阵列参数并完成图示阵列。增加或减少列数、行数,将 42 改为 38,将 –35 改为 40,观察并理解修改后的矩形阵列变化。 应用分解“ ”可将阵列又分解为单个图形对象。

(2) 环形阵列

将所选择的目标对象按圆周等距排列复制,即环形阵列。调用命令:“修改”面板的环形阵列工具“ ”;或“修改”菜单→“阵列”→“环形阵列”。

如图 1–4–16(a)所示,创建环形阵列时先选择要阵列的对象,再指定阵列的中心点,系统以默认设置创建环形阵列。

在“草图与注释”空间,创建环形阵列后,单击阵列,系统会自动激活“阵列”选项面板,或双击环形阵列,打开环形阵列参数选项面板,如图 1–4–16(b)所示,可修改设置环形阵列的项目间角度、项数、填充角度等。

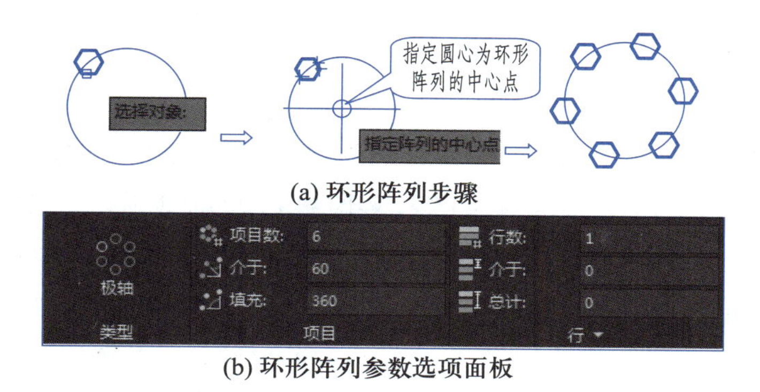

(a) 环形阵列步骤

(b) 环形阵列参数选项面板

图 1-4-16　环形阵列

做一做	打开“项目 1.4\ 镜像与阵列 .dwg”,完成下列任务
	如图 1-4-16 所示,按图示方法完成环形阵列。修改“项目数”为 10,确认后观察结果;修改“行数”为 2,观察结果,修改行的“介于”为 50,观察并理解修改后的环形阵列变化。应用分解“ ”可将阵列又分解为单个图形对象。

(3) 路径阵列

将图形对象按指定的路径“阵列”,路径可以是直线、多段线、三维多段线、样条曲线、螺旋、圆弧、椭圆等。调用命令:“修改”面板的路径阵列工具“ ”;或“修改”菜单→“阵列”→“路径阵列”。

如图 1-4-17(a)所示,选择正六边形,再选择路径,系统按默认设置创建路径阵列。在图 1-4-17(b)所示的路径阵列参数选项面板中,选择“定距等分”,在“项目”组的“介于”中设置间距可改变阵列密度。若选择“定数等分”,在“项目”组的“项目数”中可设置阵列对象的个数,还可以设置阵列的基点、行数等。

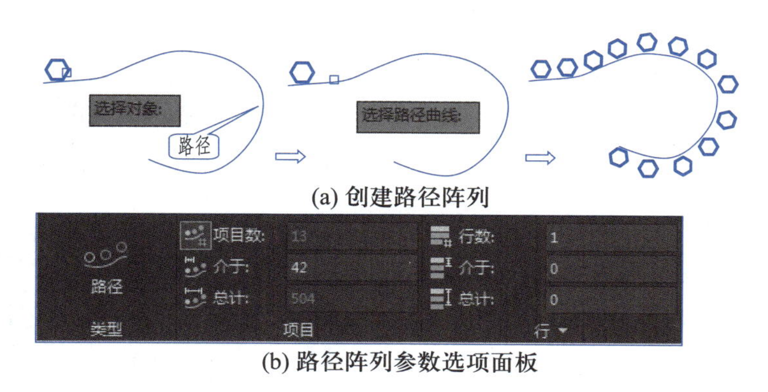

(a) 创建路径阵列

(b) 路径阵列参数选项面板

图 1-4-17　路径阵列

做一做	打开“项目 1.4\ 镜像与阵列 .dwg”,完成下列任务
	如图 1-4-17 所示,按图示方法完成路径阵列。修改“项目数”为 10,确认后观察结果;修改“行数”为 2 后观察结果,修改行的“介于”为 20,观察并理解修改后的路径阵列变化。

3. 倒角、圆角、光顺曲线

(1) 倒角

在工程制图中,“倒角”命令用于将两条相交直线进行倒角或对多段线的多个顶点进行一次性倒角。该命令可用于倒角的对象有直线、多段线以及射线等。该命令也可用于对三维对象的棱、边进行倒角。

调用命令:“修改”面板的倒角工具“■”;或“修改”菜单→“倒角”。

“选择第一条直线或[放弃(U)/多段线(P)/距离(D)/角度(A)/修剪(T)/方式(E)/多个(M)]:”命令行各选项含义如下:

多段线(P):对整个多段线进行倒角。键入“P”,执行该选项后,系统将对多段线每个顶点的相交直线段作倒角处理,即在所选的多段中有转角处(除多段的最后一点与起点是使用目标捕捉来连接的)均进行倒角。且其倒角的长度、角度由“距离”“角度”两项来确定。对封闭的多段线倒角,封闭点的倒角随多段线的绘制方法不同而不同。最后点是捕捉点时捕捉点的角无法倒角,而用闭合命令(C)封闭的多段线可以一次倒角。

距离(D):设置选定边的倒角距离。键入“D”,执行该选项后,系统提示“指定第一个倒角距离和第二个倒角距离”。图 1-4-18 所示为指定两个倒角均为 1 的倒角过程。

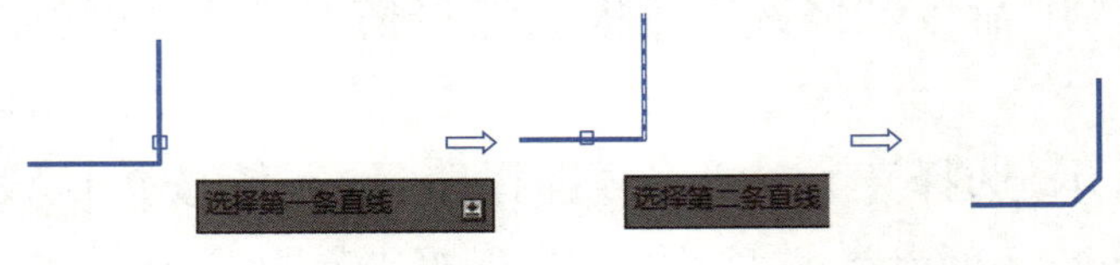

图 1-4-18 倒角的操作

角度(A):该选项通过第一条线的倒角距离和第二条线的倒角角度决定倒角距离。键入“A”,执行该选项后,系统提示“指定第一条直线的倒角长度和指定第一条直线的倒角角度”。

修剪(T):该选项用来确定倒角时是否对相应的倒角边进行修剪。执行该选项后,系统提示“输入修剪模式选项[修剪(T)/不修剪(N)]<修剪>”。提示中的选项含义“修剪(T)”倒角后被倒角的两条直线被修剪到倒角的端点[图 1-4-19(a)]。“不修剪(N)”倒角后,被倒角的两条直线不被修剪,如图 1-4-19(b)所示。

方式(E):设置是以距离还是以角度来作为倒角的默认方式。键入“E”执行该选项后,系统提示“输入修剪方式[距离(D)/角度(A)]<距离>”“距离(D)”即采用确定倒角边长的方法倒角;“角度(A)”即采用指定一个倒角边和一个角度的方法倒角。

多个(M):输入“M”命令后,可以一次完成多条直线的倒角。

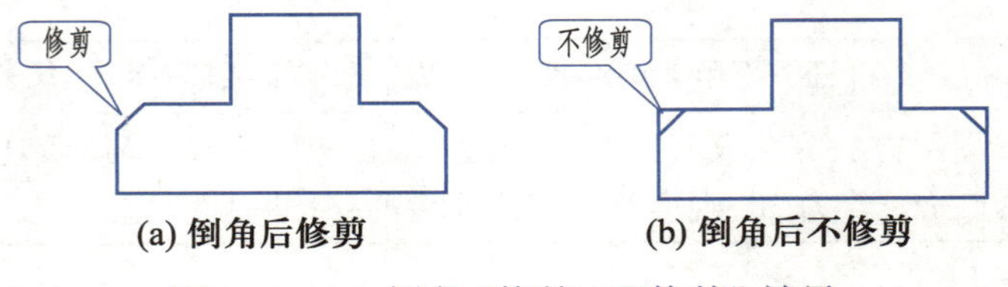

图 1-4-19 倒角“修剪/不修剪”效果

(2) 圆角

用于将两条相交直线进行倒圆或对多段线的多个顶点进行一次性倒圆(按一定的半径进行圆弧连接并修整圆滑)。该命令可用于倒圆的对象有直线、多段线、样条曲线以及射线等。但是圆、椭圆等不能倒圆角。该命令也能对三维对象的棱、边进行倒圆角。

调用命令:“修改”面板的圆角工具“■”;或“修改”菜单→“圆角”。

“选择第一个对象或[放弃(U)/多段线(P)/半径(R)/修剪(T)/多个(M)]:”

命令行各选项含义如下:

多段线(P):对二维多段线中的每个顶点处倒圆角。键入“P”,执行该选项后,可在“选择二维多段线”的提示下用点选的方法选中一条多段线,系统将对多段线每个顶点处倒圆角,其倒圆角的半径可以使用默认值,也可用上面提示中的“半径”选项进行设置(可参考“倒角”)。

半径(R):指定倒圆角的半径。键入“R”后,执行该选项后,系统将提示“指定圆角半径<0>:”,这时可直接输入半径值。如图 1-4-20 所示是设置半径为 4 mm 的圆角过程。

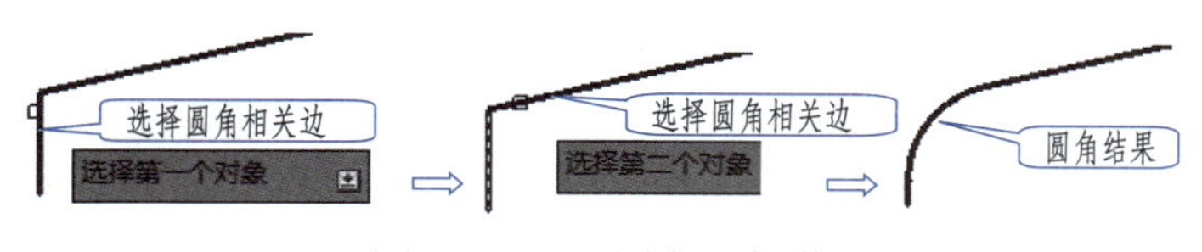

图 1-4-20　圆角的操作

修剪(T):控制系统是否修剪选定的边使其延伸到圆角端点。执行该选项后的选项和操作与“倒角”命令相同。

多个(M):输入“M”命令后,可以一次完成多条直线的倒圆角。

倒角和圆角都存在“修剪”和“不修剪”选项操作,倒角和圆角命令所选定的对象在同一图层中,则倒角和圆角也在同一图层上,否则,倒角和圆角将在当前层上。倒角和圆角的颜色、线型和线宽都随图层而变化。倒角和圆角具有关联性的剖面线区域的边界时,如果是由“直线”命令形成的边界,则倒角和圆角后,剖面线的关联性撤销;如果是多段线形成的边界,则倒角和圆角后,保留剖面线的关联性。

做一做	打开“项目 1.4\ 倒角圆角 .dwg”,完成下列任务
	打开图形,将右图倒角、圆角处理,结果如左图所示。4 处需要倒角的尺寸均为 1 mm × 45°,4 处需要圆角的尺寸均为 $R2$ mm。

(3) 光顺曲线

在两条开放曲线的端点之间创建相切或者平滑的样条曲线。

调用命令:“修改”面板的光顺曲线工具“■”;或“修改”菜单→“光顺曲线”。

图 1-4-21 所示为光顺曲线工具应用过程。

图 1-4-21　光顺曲线

做一做	光顺曲线练习
	打开“项目 1.4\ 光顺曲线 .dwg”,将图中两处断线应用“光顺曲线”进行连接。

4. 分解工具

对多边形、多段线、尺寸标注、块、矩形、面域等复杂组合对象可以用分解命令将其分解。

调用命令:“修改”面板的分解工具“[icon]”;或“修改”菜单→“分解”。

5. 填充与边界

(1) 填充

可以使用图案、纯色或渐变色来填充现有对象或封闭区域,也可以创建新的图案填充对象。在机械绘图中图案填充多用于绘制剖面效果。

可以从提供的多种符合 ANSI、ISO 和其他行业标准的填充图案中选择图案填充。可以基于当前的线型指定间距、角度、颜色和其他特性来设置填充图案。可以选择纯色填充区域,可以选择或设置渐变色填充封闭区域。

图案填充一般用于表示剖面、建筑面等。图 1-4-22 所示为图案填充、渐变填充、单色填充。

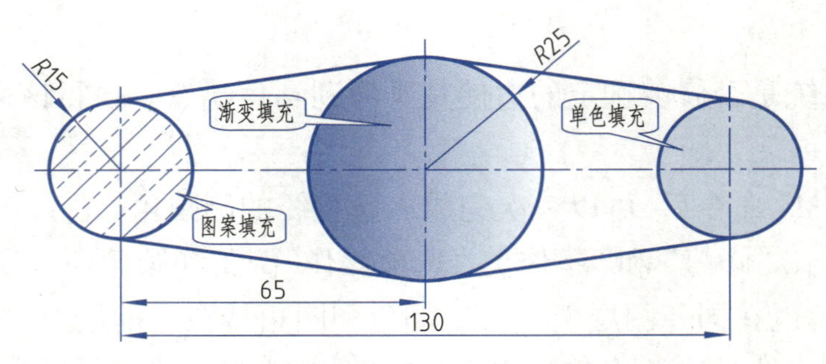

图 1-4-22　图案填充、渐变填充、单色填充

命令调用:“绘图”面板“[icon]”(图案填充、渐变填充);或“绘图”菜单→“图案填充”“渐变填充”。

① 填充图案

如图 1-4-23 所示,单击“绘图”工具栏的图案填充工具“[icon]”,激活“图案填充创建”选项卡或对话框,选择“ANSI31”图案,并设置“比例”为 1,然后拾取填充区域,单击完成图案填充。

或在激活的对话框中选择“用户定义”,自定义颜色、角度、间距完成填充。

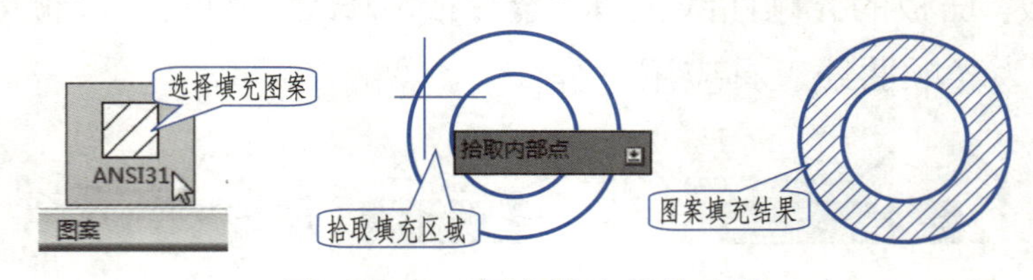

图 1-4-23　图案填充操作步骤

② 填充渐变色或单色

渐变色填充可以在指定的区域内定义不同颜色渐变填充或者定义相同颜色单色填充，操作方法与图案填充相似。

③ 编辑填充

每个填充的图案或颜色都是一个对象，都可以执行编辑修改和删除操作。单击图形中的填充对象激活选项卡，可更改填充对象为实体、图案、渐变色、用户定义，以及更改图案图样、颜色、角度、比例等。

若单击删除工具按钮"![]"，单击填充的对象并按 Enter 键可删除所选择的填充对象；或选定填充的图案后按 Delete 键删除。

练一练	图案填充、渐变填充练习
	1. 按尺寸绘制图 1-4-22 后再进行图案填充（图案名 ANSI33）、渐变填充（蓝白）和单色填充（橙色）。
	2. 绘制图 1-4-23 并进行图案填充（图案名 ANSI31、比例 0.5），同心圆半径分别为 $R24$ mm、$R16$ mm。

（2）边界

用封闭区域创建面域或者多段线。

单击绘图工具栏的边界工具"![]"，或单击"绘图"菜单→"边界"，打开图 1-4-24（a）所示对话框，可设置"对象类型"为"多段线"或"面域"，单击"拾取点"按钮，拾取图 1-4-24（b）所示内部点，右击完成所在封闭区域边界多段线或面域的创建，移动创建的多段线或面域，结果如图 1-4-24（c）所示。

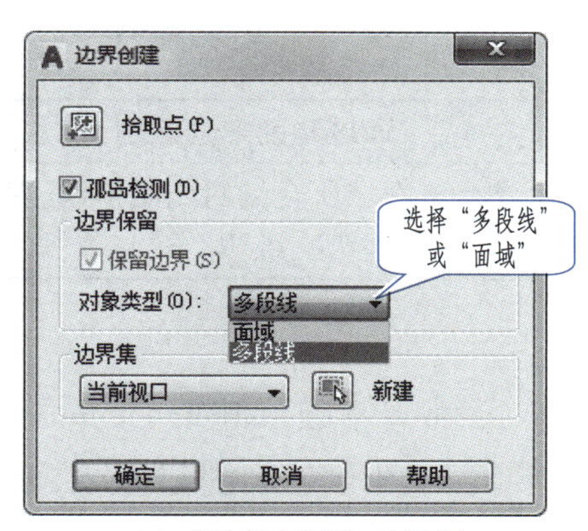

（a）"边界创建"对话框

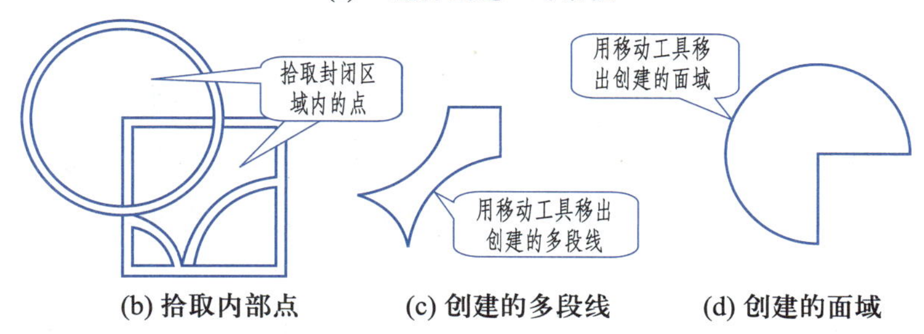

（b）拾取内部点　　（c）创建的多段线　　（d）创建的面域

图 1-4-24　边界创建

做一做	应用“边界创建”创建多段线、面域
	打开“边界创建练习 .dwg”如图 1-4-24 所示，创建多段线、面域，并应用移动工具移出图形区。然后对多段线、面域分别填充图案、渐变色。

6. 面域、布尔运算

(1) 面域

面域是指从对象的闭合平面环创建的二维区域，具有面的特性，有效对象包括多段线、直线、圆弧、圆、椭圆弧、椭圆和样条曲线。每个闭合的区域将转换为独立的面域，将面域拉伸可创建三维体或曲面。在将对象转换至面域后，可以使用求并集、差集、交集布尔运算操作，创建复杂面域（关于面域的运算将在三维部分进一步讲解应用），创建的面域如图 1-4-25 所示。

命令调用：“绘图”面板的面域工具“ ”；或“绘图”菜单→“面域”。

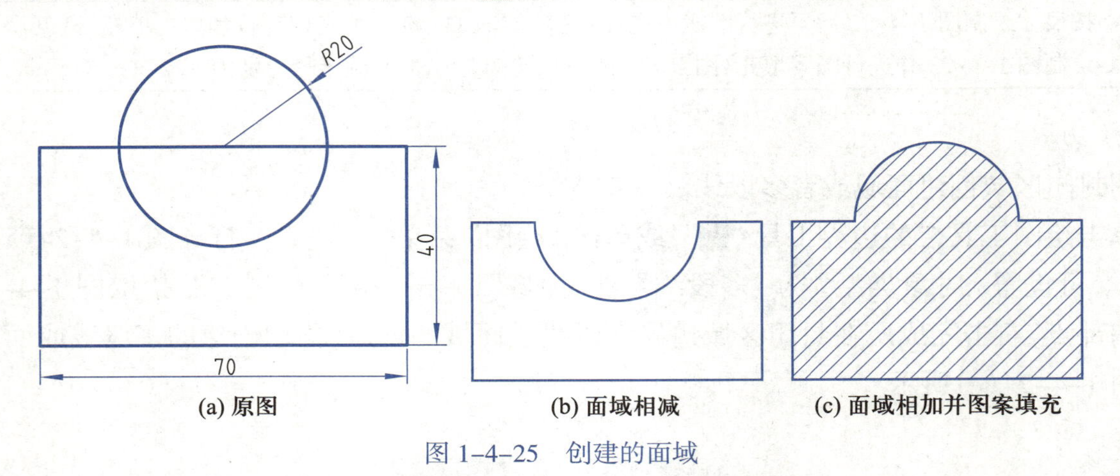

(a) 原图　(b) 面域相减　(c) 面域相加并图案填充

图 1-4-25　创建的面域

理一理	面域和图形的区别
	面域是具有形状和大小的面，其边界是该面域所在的封闭图形线，对图形和面域要区别开来才能真正理解面域。面域可以进行拉伸、旋转等操作创建为三维体。

(2) 布尔运算

布尔运算用于对共面的面域或三维实体进行并集、交集、差集运算，形成新的面域或实体。对二维图形进行布尔运算之前需要先对图形对象创建面域，而对三维对象的布尔运算则不需要创建面域。

① 并集运算

并集运算命令用于将两个或两个以上的面域或实体合并成一个整体。

调用命令：“实体编辑”工具栏的并集工具“ ”；或“修改”菜单→“实体编辑”→“并集”。

应用“并集”操作将两个面域对象合并为一个对象，结果如图 1-4-26(b)所示。

② 差集运算

差集运算命令用于从所选三维的实体组或面域组中减去一个或多个实体或面域并得到一个新的实体或面域。

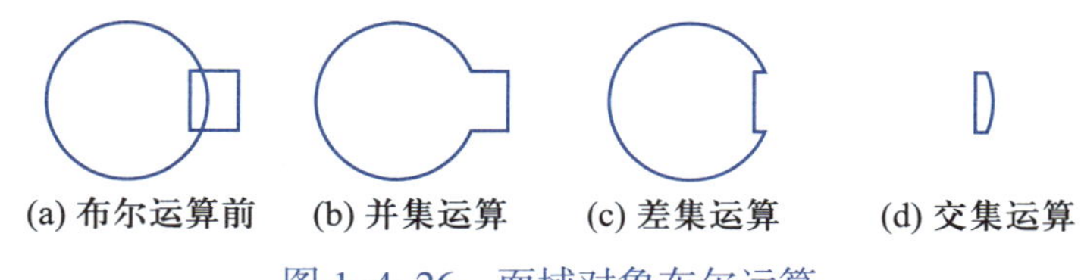
(a) 布尔运算前　(b) 并集运算　(c) 差集运算　(d) 交集运算

图 1-4-26　面域对象布尔运算

调用命令:“实体编辑”工具栏的差集工具“”;或“修改”菜单→“实体编辑”→“差集”。

将如图 1-4-26(a)所示的两个面域应用“差集”命令求差,即在圆面域中减去矩形面域,结果如图 1-4-26(c)所示。

应用“修改”菜单→“实体编辑”→“差集”,命令提示如下:

命令:_subtract　　(激活 subtract 命令)
选择要从中减去的实体或面域 ...　　(系统提示选择被减对象)
选择对象:找到 1 个　　(选择圆对象后右击确认)
选择对象:
选择要减去的实体或面域 ...　　(系统提示选择要减去的对象)
选择对象:找到 1 个　　(根据系统提示选择矩形对象)
选择对象:　　(右击结束选择)

启动 subtract 命令后,AutoCAD 提示:“选择要从中减去的实体或面域”,选择并确定被减对象,可选多个三维实体或面域;“选择要减去的实体或面域”,选择并确定要减去的对象,可选多个三维实体或面域。当选择的实体或面域不相交时,要减去的对象将被删除。

③ 交集运算

交集运算命令用于确定多个面域或实体之间的公共部分,计算并生成相交部分的实体或面域,而每个面域或实体的非公共部分会被删除。

调用命令:“实体编辑”工具栏的交集工具“”;或“修改”菜单→“实体编辑”→“交集”。

如图 1-4-26(a)所示的两个面域求交集,结果如图 1-4-26(d)所示。应用“修改”→“实体编辑”→“交集”,命令提示如下:

命令:_intersect　　(激活 intersect 命令)
选择对象:找到 1 个　　(选择圆面域)
选择对象:找到 1 个,总计 2 个　　(选择矩形面域)
选择对象:　　(按 Enter 键结束选择)

应用该命令时如被选取的实体或面域不相交,AutoCAD 会删除实体或面域。

做一做	创建面域
	打开“面域 .dwg”,按图 1-4-25、图 1-4-26 所示先分别创建面域,再进行并集、交集、差集布尔运算得到图示面域。

7. 文字与表格

(1) 文字的创建与编辑

① 文字样式

输入文字时,默认为系统创建的文字样式,该样式已设置字体、字号、倾斜角度、方向等文字特征,用户也可以自定义文字样式。

命令调用:“文字”工具栏、“样式”工具栏、注释面板“”;“格式”菜单→“文字样式”。

应用上述方法均可打开图 1-4-27 所示“文字样式”对话框。

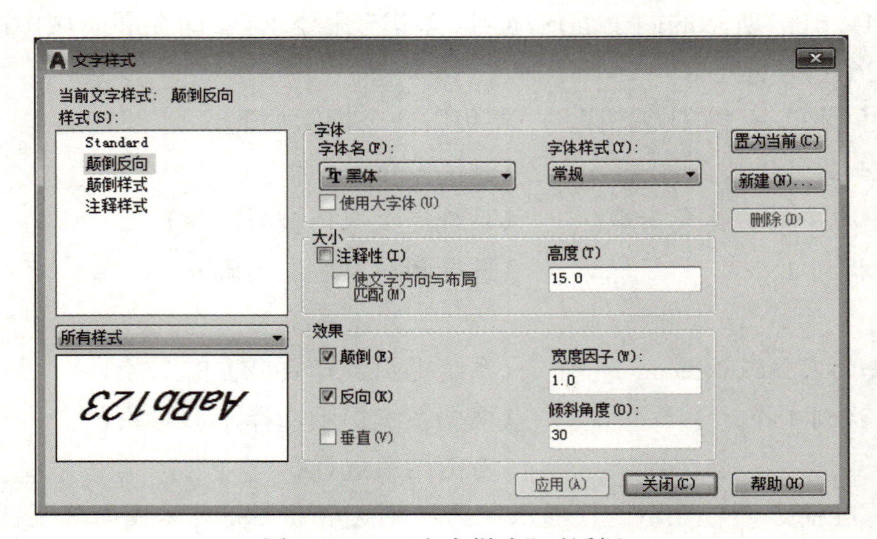

图 1-4-27 “文字样式”对话框

做一做	创建下列 3 种文字样式
	创建文字样式:单击“新建”,在弹出的对话框中输入新样式名称“注释样式”,确认后在“字体”中选择“宋体”,设置“高度”为 10.0;宽度因子:1.0;倾斜角度:30。 创建“颠倒样式”文字样式:字体名为“complex.shx”,不选择“使用大字体”;高度 15.0,“效果”栏勾选“颠倒”复选框,其他选项取默认值。 创建“颠倒反向”文字样式:字体名为“黑体”,不选择“使用大字体”,高度 15.0,“效果”栏勾选“反向”“颠倒”两个复选框,其他选项取默认值。

② 创建文字

单行文字:应用单行文字时,每次只能输入一行文字,不能自动换行。命令调用:“绘图”菜单→“文字”→“单行文字”;或“注释”面板的单行文字工具“”。

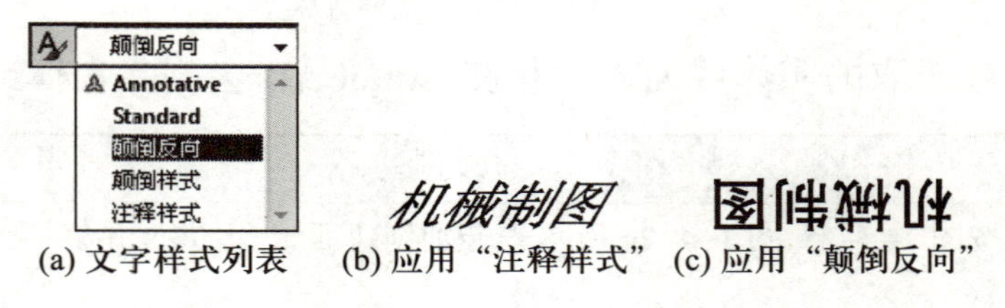

(a) 文字样式列表 (b) 应用“注释样式” (c) 应用“颠倒反向”

图 1-4-28 应用文字样式创建单行文字

做一做	应用文字样式创建单行文字
	创建单行文字，文字内容为“机械制图”，分别应用“注释样式”“颠倒反向”文字样式，创建如图 1-4-28（b）、图 1-4-28（c）所示的文字。

多行文字：使用多行文字工具可以一次标注多行文字，并且各行文字作为一个实体。命令调用：“绘图”菜单→“文字”→“多行文字”；或“注释”面板的多行文字工具“A”。

当指定段落对角点后会弹出图 1-4-29（a）所示的文字格式对话框，应用该对话框可以设置字体、颜色、对齐方式、插入符号、修改文字样式等。多行文字编辑状态如图 1-4-29（b）所示，输入文字内容并设置文字格式后单击空白区，如图 1-4-29（c）所示。

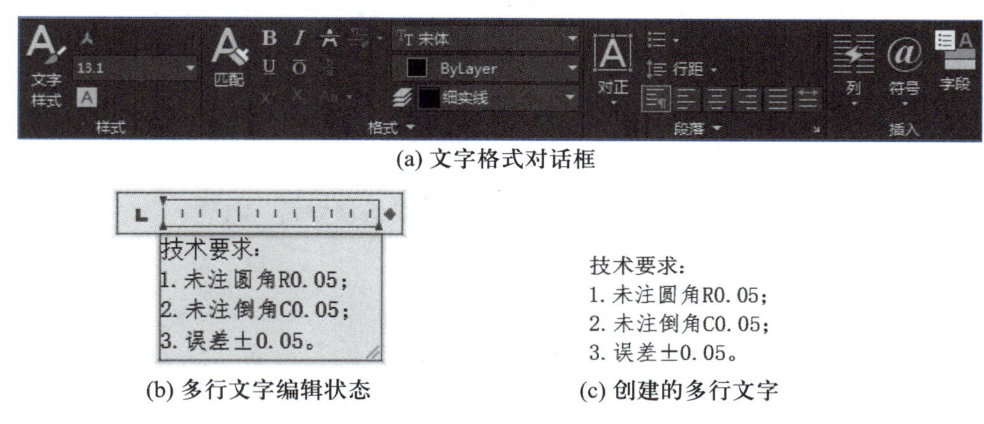

(a) 文字格式对话框

(b) 多行文字编辑状态　　(c) 创建的多行文字

图 1-4-29　创建多行文字

特殊字符输入：应用单行文字或多行文字工具输入控制码显示出相对应的特殊字符。或在文字格式对话框中单击“@”输入特殊字符。如在“单行文字”或“多行文字”中输入“±、°、ϕ、%”等符号。

做一做	创建多行文字、输入特殊字符
	应用“Standard”样式创建多行文字：第一行文字为宋体“技术要求：”，第二行文字为仿宋“1. 未注圆角 R0.05；”，第三行为仿宋“2. 未注倒角 C0.05；”，第四行为仿宋“3. 误差 ±0.05。”。

③ 编辑文字

双击文字对象可快速编辑文本。编辑单行文字时只能编辑文字内容，不能编辑文本的字高、倾斜角度等其他属性；编辑多行文字时不仅可以编辑文字内容，还可以编辑字体、颜色、大小、样式等属性。

(2) 表格

AutoCAD 表格主要用于图形、图纸说明，表格的格式由表格样式控制，用户可以使用默认样式，也可以自定义表格样式。

① 表格样式

默认表格样式为 Standard，创建自定义表格样式命令调用方法：“样式”工具栏“▦”；“格式”菜单→“表格样式”。

应用上述任意一种方法均可打开“表格样式”对话框。单击“新建”按钮将新建表格样式,如图 1-4-30 所示,单击“修改”按钮将修改选定的表格样式。

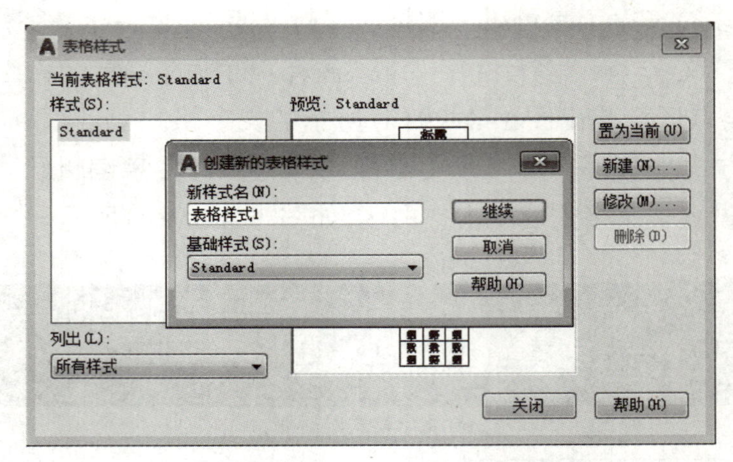

图 1-4-30 “表格样式”与“创建新的表格样式”对话框

② 新建表格样式

在“表格样式”对话框中,如图 1-4-30 所示,单击“新建”,在“创建新的表格样式”对话框中输入表格样式名称(如:表格样式 1),在“基础样式”中选择一个表格样式(如:Standard)为新表格样式提供选项初始设置,然后单击“继续”,在“新建表格样式”对话框中设置表格的各个选项。

如图 1-4-31 所示,单击“单元样式”下拉按钮,可选择标题、表头、数据。

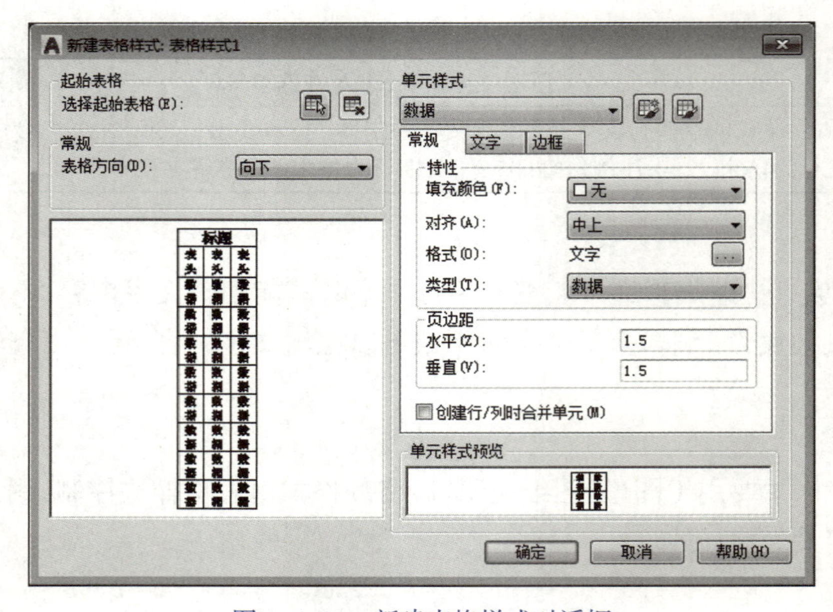

图 1-4-31 新建表格样式对话框

在“单元样式”中选择任何一个选项，都可以在“常规”“文字”“边框”选项卡中设置标题、表头、数据所在单元格格式信息。

③ 创建表格

绘制表格也就是根据表格样式创建表格。

调用命令：“绘图”工具栏的表格工具“▦”；“绘图”菜单→“表格”。

单击“绘图”菜单→“表格”打开“插入表格”对话框，在“插入表格”对话框中，在“表格样式”列表中选择一个表格样式（如：Standard），或单击“▨”按钮创建一个新的表格样式；指定表格的插入方式；设置列数和列宽、行数和行高，单击“确定”后定位表格位置，即可完成表格创建。

④ 编辑表格

表格编辑：单击表格上的网格线选中该表格，单击并拖动夹点可以改变表格的行、列宽度，以及移动表格。右击选中的表格，在弹出的快捷菜单中选择移动、旋转、复制、缩放、删除、均匀调整行、列大小等操作。

单元格编辑：单击单元格可选定一个单元格，框选多个单元格可选定多个单元格。选中的单元格四周出现夹点表示该单元格被选中，拖动单元格上的夹点，其所在的列或行变宽或变窄。选定单元格后激活表格工具栏（图 1-4-32），应用表格工具可进行插入、删除、合并、取消合并、设置边框、设置数据格式、对齐等编辑操作。右击选中的单元格，在弹出的快捷菜单中也可选择相应命令进行单元格编辑操作。

图 1-4-32　表格工具栏

表格文字：双击表格单元格，激活文字输入功能，这时可以输入、编辑表格文字数据，设置文字格式。

试一试

应用表格工具创建下表，并输入文字

<table>
<tr><td colspan="3" rowspan="2">圆柱直齿轮</td><td>比例</td><td></td><td colspan="2" rowspan="2"></td></tr>
<tr><td>件数</td><td></td></tr>
<tr><td>班级</td><td></td><td>(学号)</td><td>材料</td><td></td><td>成绩</td><td></td></tr>
<tr><td>制图</td><td></td><td>(日期)</td><td></td><td colspan="3" rowspan="2"></td></tr>
<tr><td>审核</td><td></td><td>(日期)</td><td></td></tr>
</table>

任务 1.4.1 剖视图的应用

——阵列、镜像、倒角、圆角、填充、面域；剖视图，图形模板

〖任务描述〗

应用图形模板创建图形文档。应用基本视图与剖切视图表达机件结构，并对绘制的视图进行尺寸标注，如图 1-4-33 所示。

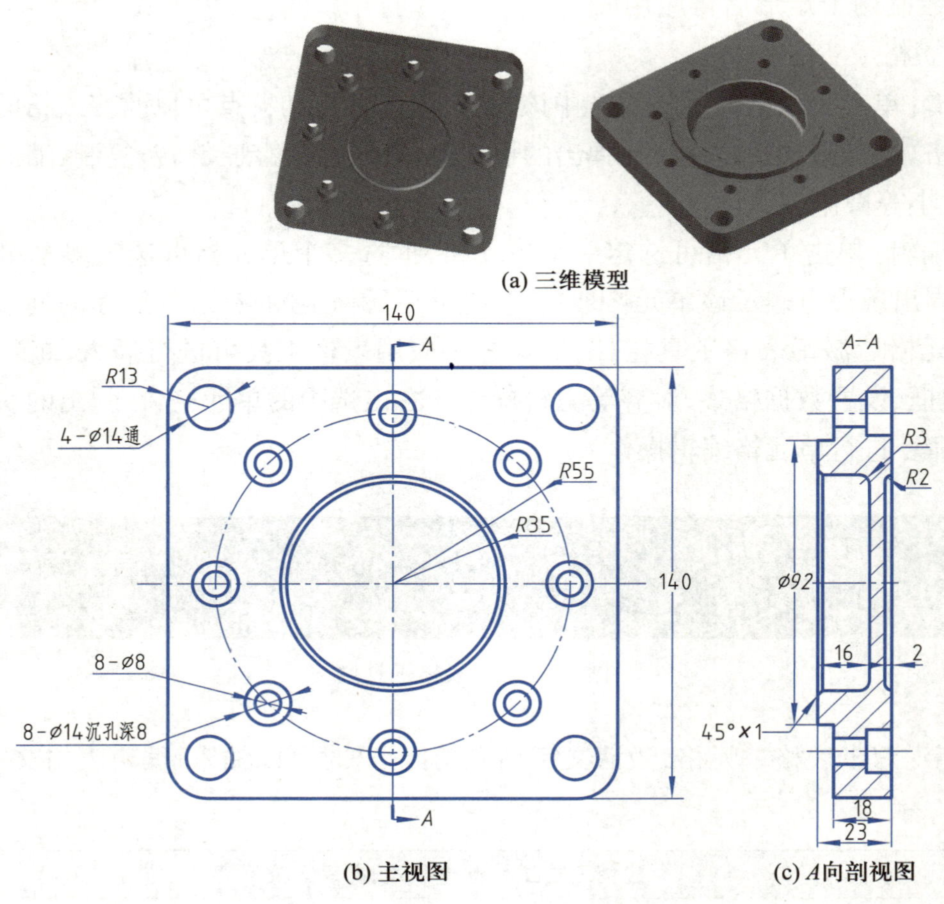

(a) 三维模型

(b) 主视图

(c) A向剖视图

图 1-4-33 机件模型及其视图

〖任务目标〗

掌握矩形阵列、环形阵列、镜像、倒角、圆角、图案填充的基本操作与应用；会应用面域、布尔运算绘制图形；会选择剖视图表达机件，会绘制剖视图。

〖任务分析〗

AutoCAD 把系统自带或用户自定义的图形样板文件放在 Template 文件夹中，图形样板文

件的扩展名是“.dwt”。系统提供的图形样板文件“Template\SheetSets\Manufacturing Imperial.dwt”已设置了图纸边框、标题栏等内容，可直接应用。

图 1-4-33(a)所示机件，选择基本视图中的主视图表示机件的外部特征，为了清楚地表示机件内部尺寸，采用了 *A* 向剖视图。选择机件表达视图时要根据机件表达的需要确定视图的个数和类型，要选择最能完整、清晰地表达机件结构尺寸的视图。

如图 1-4-33(b)所示，工件外轮廓可以应用绘制圆角矩形的方法创建，也可以绘制矩形后进行圆角，或绘制矩形、圆后修剪得到圆角矩形。孔具有环形阵列分布规律，可应用环形阵列。

图 1-4-33(c)所示图形是沿 *A* 线剖切后 *A* 向断面视图，应用图案填充表达剖切的断面。沉孔可以先绘制两个矩形后再应用面域、布尔运算的并集创建，也可以应用直线偏移、修剪完成。上下两个孔具有对称性，应用镜像复制创建。

绘制两个图形时，注意遵循“长对正、高平齐、宽相等”的原则。

〖任务导学〗

学习单	标题	学习活动	学习建议
	样板与图纸	了解 AutoCAD 样板与图纸	与行业接轨
	标题栏	了解图纸标题栏一般包括哪些内容？创建标题栏有哪些方法	理解标题栏

一、新建文档、设置图层

1. 新建文档

应用“新建”→“图形”打开“选择样板”对话框，打开图形样板“Template\SheetSets\Manufacturing Imperial.dwt”，创建图形文档及布局，如图 1-4-34 所示。以文件名“任务 141.dwg”保存图形文档到工作目录。

双击图 1-4-34 中左侧具有文件名信息的文字，弹出如图 1-4-35 所示“增强属性编辑器”对话框，设置文件名为“任务 141.dwg”，日期为“2020-07-01”、图纸编号“B3451276-1”、图纸名称“支座”等。

切换到“ANSI C 标题栏”绘制图形。

2. 设置图层

切换到“草图与注释”工作空间。

选择“默认”选项卡，单击“图层”面板中的图层特性工具“ ”，打开“图层管理器”设置图层，参数见表 1-4-1。

二、绘制主视图

1. 绘制辅助线

切换当前图层为“辅助线”图层，在状态栏中开启正交模式。

如图 1-4-36(a)所示，应用“绘图”面板的直线工具“ ”绘制水平、垂直辅助线。应用“绘图”面板的圆工具“ ”以辅助线交点为圆心，绘制 *R*55 mm 辅助圆。

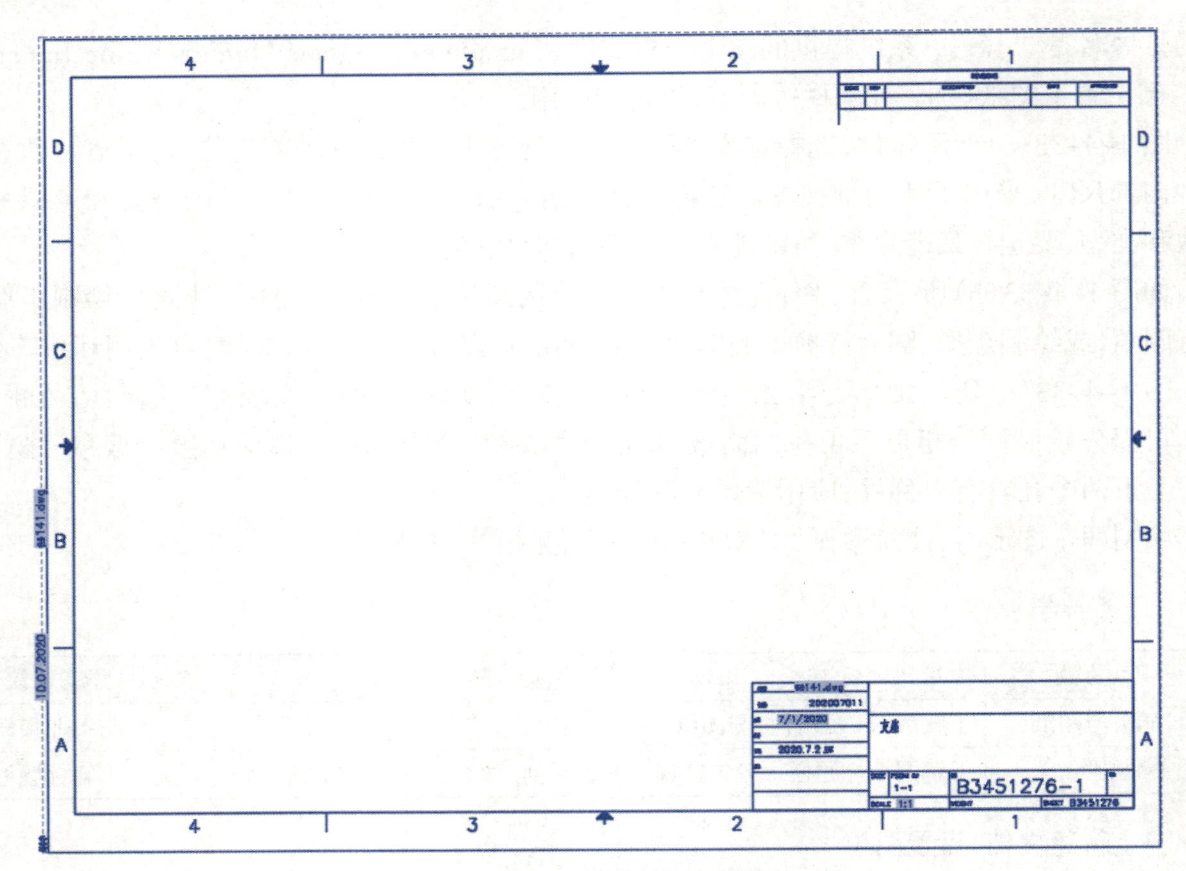

图 1-4-34　应用图形样板创建的图形文档

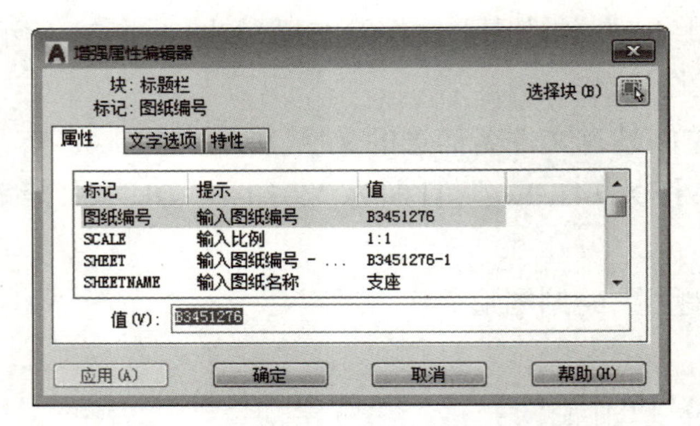

图 1-4-35　“增加属性编辑器”对话框

表 1-4-1　新建 3 个图层

名称	颜色	线型	线宽
辅助线	红色	加载线型“center2”（点划线）	默认
粗实线	黑色	continuous	0.3 mm
标注	绿色	continuous	默认

注：“辅助线”层设为“不打印”。

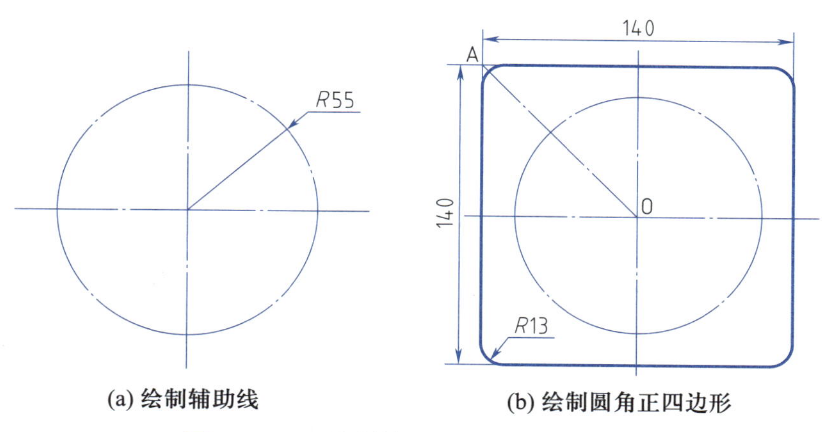

(a) 绘制辅助线　　(b) 绘制圆角正四边形

图 1-4-36 绘制辅助线和圆角正四边形

2. 绘制边长为 140 mm、*R*13 mm 的圆角正方形

(1) 绘制定位辅助线 OA

切换到“辅助线”图层，如图 1-4-36(b)所示，应用直线工具绘制圆角正方形左上角定位辅助线 OA，命令提示如下：

命令：_line

指定第一个点：(对象捕捉“交点”，捕捉并单击“交点”O)

指定下一点或[放弃(U)]：@-70,70(输入左上角 A 点的相对坐标)

指定下一点或[放弃(U)]：

(2) 绘制圆角矩形

切换当前图层为“粗实线”图层，如图 1-4-36(b)所示，单击“绘图”面板的矩形工具“ ”绘制圆角正四边形，命令提示如下：

命令：_rectang

当前矩形模式：　圆角 =5.0000

指定第一个角点或[倒角(C)/标高(E)/圆角(F)/厚度(T)/宽度(W)]：f(输入圆角参数 F)

指定矩形的圆角半径 <5.0000>：13(输入圆角半径 13 mm)

指定第一个角点或[倒角(C)/标高(E)/圆角(F)/厚度(T)/宽度(W)]：(对象捕捉“端点”，捕捉并单击“端点”*A*，确定矩形左上角点)

指定另一个角点或[面积(A)/尺寸(D)/旋转(R)]：@140,-140(输入矩形右下角相对坐标，或输入矩形的长和宽 140 mm)

删除矩形定位辅助线 OA。

试一试	多种方法绘制圆角矩形
	1. 上述绘制圆角矩形的方法是先创建辅助线 OA 得到矩形的左上角点 A，再用矩形工具“ ”“圆角(F)”参数设置圆角半径后绘制出圆角矩形。
	2. 应用多段线工具“ ”绘制圆角矩形。
	3. 先绘制 140 mm × 140 mm 矩形，再应用圆角工具“ ”对 4 个直角圆角。

3. 绘制圆角矩形 4 个角上的 ϕ14 mm 圆

(1) 绘制左上角 ϕ14 mm 圆

如图 1–4–37(a)所示，应用“绘图”面板的圆工具“ ”捕捉圆角矩形左上角圆弧的圆心，绘制 ϕ14 mm 圆。

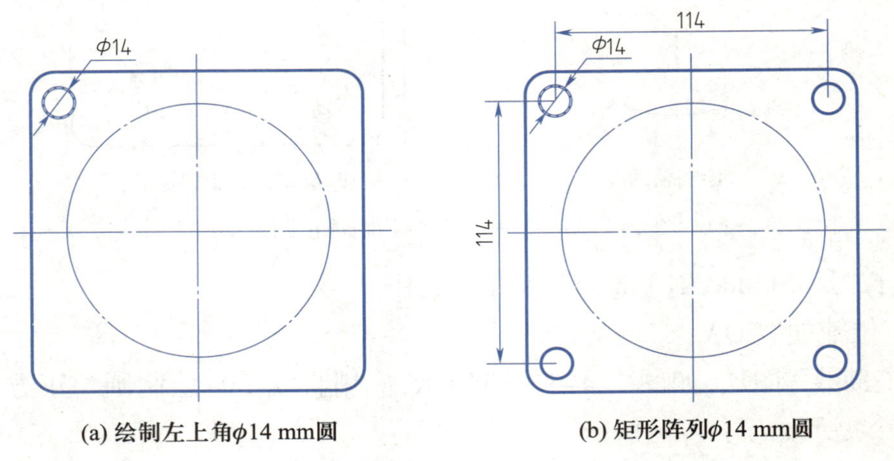

(a) 绘制左上角ϕ14 mm圆　(b) 矩形阵列ϕ14 mm圆

图 1–4–37　绘制并矩形阵列 ϕ14 mm 圆

(2) 矩形阵列 ϕ14 mm 圆

单击“修改”面板的矩形阵列工具“ ”，选择阵列对象 ϕ14 mm 圆，如图 1–4–38 所示，设置列数、行数为 2，设置列、行“介于”为 114、–114(140–13 × 2=114)，确认后完成矩行阵列，如图 1–4–37(b)所示。

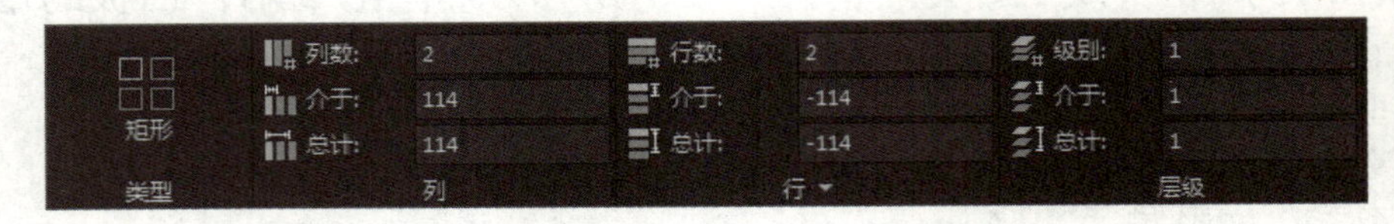

图 1–4–38　矩形阵列参数设置

试一试	阵列与复制 ϕ14 mm 圆
	图 1–4–38 所示列数或行数表示在该方向上对象的个数，“介于”表示所在列或行的对象间距，负号“–”表示与默认方向相反。上述 4 个 ϕ14 mm 圆可以先绘制一个，再应用复制工具“ ”以圆角的圆心为复制基点复制得到另 3 个圆。

4. 绘制环形同心圆组

(1) 绘制上方 ϕ14 mm、ϕ8 mm 同心圆

如图 1–4–39(a)所示，应用“绘图”面板的圆工具“ ”捕捉“交点”，绘制上方 ϕ14 mm、ϕ8 mm 同心圆。

(2) 环形阵列同心圆组

单击“修改”面板的环形阵列工具“ ”，选择阵列对象 ϕ14 mm、ϕ8 mm 同心圆，右击结束阵列对象选择，捕捉 R55 圆心为环形阵列中心点 O，激活“阵列”选项卡，如图 1–4–40 所示，

设置项目数为 8，其他默认，确认阵列结果，如图 1–4–39（b）所示。

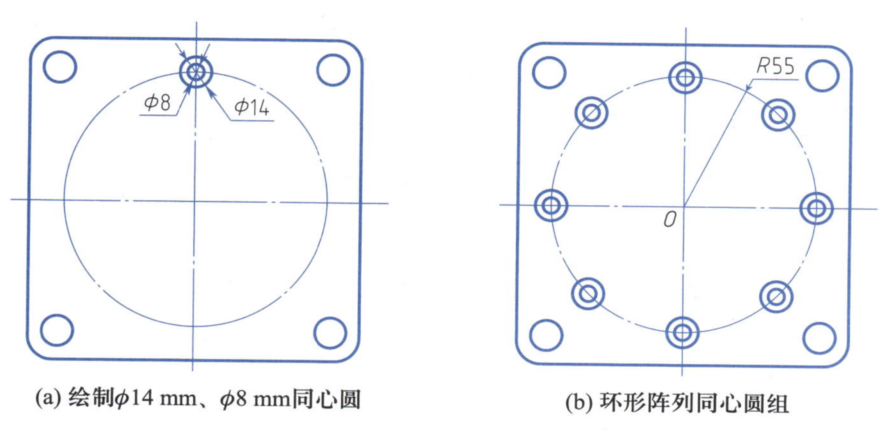

ϕ8
ϕ14
R55
O

(a) 绘制ϕ14 mm、ϕ8 mm同心圆　　(b) 环形阵列同心圆组

图 1–4–39 绘制并环形阵列同心圆组

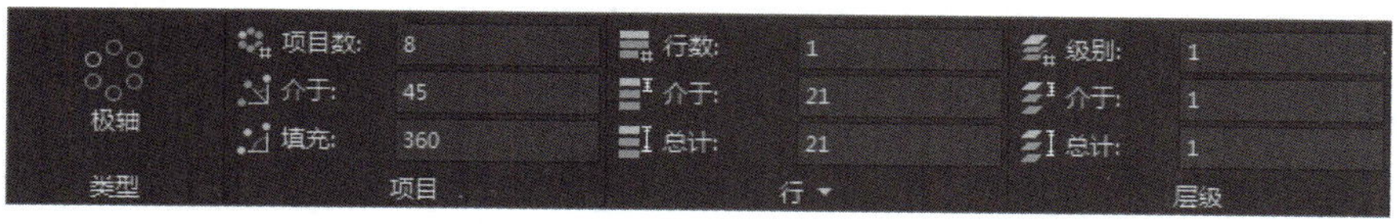

极轴
类型
项目数: 8
介于: 45
填充: 360
项目
行数: 1
介于: 21
总计: 21
行
级别: 1
介于: 1
总计: 1
层级

图 1–4–40 环形阵列参数设置

理一理

环形阵列

图 1–4–39、图 1–4–40 所示环形阵列操作中，先选择要阵列的对象，再指定中心点［本例为图 1–4–39（b）所示点 O］，最后修改环形阵列参数完成阵列。

修改参数练习：填充为 270，行数为 2，行数“介于”为 40。

5. 绘制中间同心圆组

如图 1–4–41（a）所示，应用“绘图”面板的圆工具“ ”捕捉 R55 mm 圆心绘制中间 R35 mm、R33 mm（35 mm–2 mm=33 mm）同心圆。

R55
R35
R33
A
A

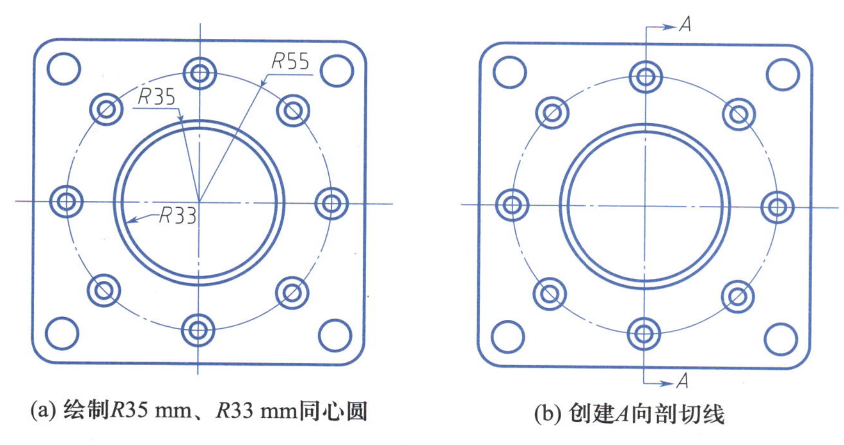

(a) 绘制R35 mm、R33 mm同心圆　　(b) 创建A向剖切线

图 1–4–41 绘制 R35 mm、R33 mm 同心圆和 A 向剖切线

6. 创建 A 向剖切线

如图 1–4–41（b）所示，应用直线工具，绘制 A 向垂直黑色细实线。

应用“注释”面板中的引线工具“ ”以刚绘制的垂直线端点为起点，水平向右创建两个无文字的水平“引线”。可应用“修改”面板的分解工具“ ”分解创建的引线，使其组成部分成为单独的元素，便于修改。

应用“注释”面板中的文字工具“ ”在图 1-4-41（b）所示上、下位置创建两个字母 *A*。

理一理	绘制 *A* 向剖切线
	创建引线和文字时可应用移动、捕捉工具辅助定位。也可以先创建一组引线和 *A*，再复制得到另一组引线和 *A*。*A* 的方向不能错，它表示剖切后的投影方向。

三、绘制 *A* 向剖视图

A 向剖视图是从 *A* 处剖切后，向箭头所指方向投影得到的视图。剖视图中的断面用 45°的斜线图案填充表示。

1. 绘制中心辅助线

切换到“辅助线”层，开启正交模式，应用直线工具创建一条与主视图水平中心线在一条直线上的线段，或将主视图水平中心线右端点向右水平拖动延长，结果如图 1-4-42 的水平线 L 所示。

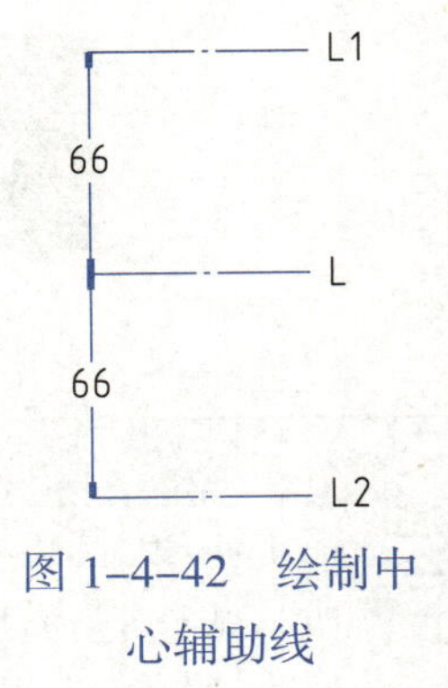

图 1-4-42 绘制中心辅助线

应用“修改”面板的偏移工具“ ”（低版本偏移工具为“ ”）绘制两条与 L 相距 55 mm 的沉孔中心线 L1、L2，如图 1-4-42 所示，命令提示如下：

命令：_offset

当前设置：删除源 = 否　图层 = 源　OFFSETGAPTYPE=0

指定偏移距离或［通过（T）/ 删除（E）/ 图层（L）］< 通过 >：55（输入偏移距离 55 mm）

选择要偏移的对象，或［退出（E）/ 放弃（U）］< 退出 >：（选择水平线 L）

指定要偏移的那一侧上的点，或［退出（E）/ 多个（M）/ 放弃（U）］< 退出 >：（单击 L 的上侧创建水平线 L1）

选择要偏移的对象，或［退出（E）/ 放弃（U）］< 退出 >：（选择水平线 L）

指定要偏移的那一侧上的点，或［退出（E）/ 多个（M）/ 放弃（U）］< 退出 >：（单击 L 的下侧创建水平线 L2）

选择要偏移的对象，或［退出（E）/ 放弃（U）］< 退出 >：* 取消 *（按 Esc 键结束偏移命令）

2. 绘制轮廓外线

（1）偏移辅助线

如图 1-4-43（a）所示，应用“修改”面板的偏移工具“ ”（低版本偏移工具为“ ”）创建与 L 距离 70 mm（=140 mm/2）的辅助线 L3、L4，创建与 L 距离 46 mm（=92 mm/2）的辅助线 L5、L6。

（2）绘制直线

开启正交模式，如图 1-4-43（b）所示，应用“绘图”面板的直线工具“ ”先在右侧绘制垂直线 L7，然后应用偏移工具向左偏移 18 mm 创建垂直线 L8，向左偏移 23 mm 创建垂直线 L9。

开启“对象捕捉”的“交点”，如图 1–4–43（b）所示，应用“绘图”面板的直线工具“ ”通过连接交点绘制 4 条水平线段。

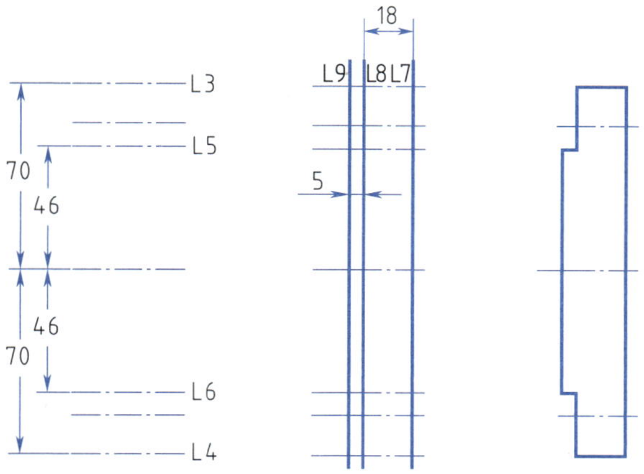

(a) 偏移辅助线　(b) 绘制直线　(c) 修剪结果

图 1–4–43　绘制辅助线和轮廓外线

（3）修剪

应用“修改”面板的修剪工具“ ”（低版本为“-/--”）修剪直线，修剪结果如图 1–4–43（c）所示。删除用于辅助绘制轮廓外边线的辅助线，保留 3 条水平中心辅助线[图 1–4–43（c）]。

3. 绘制右侧圆碟形的侧面

由主视图可知圆碟形的半径为 35 mm，由 *A* 向剖视图可知圆角半径为 2 mm，深度为 2 mm。

（1）偏移

如图 1–4–44（a）所示，应用“修改”面板的偏移工具“ ”在左侧创建与右边线距离为 2 mm 的偏移线。应用偏移工具偏移中心水平辅助线 L，偏移距离为 35 mm，得到 L10、L11 两条水平辅助线。

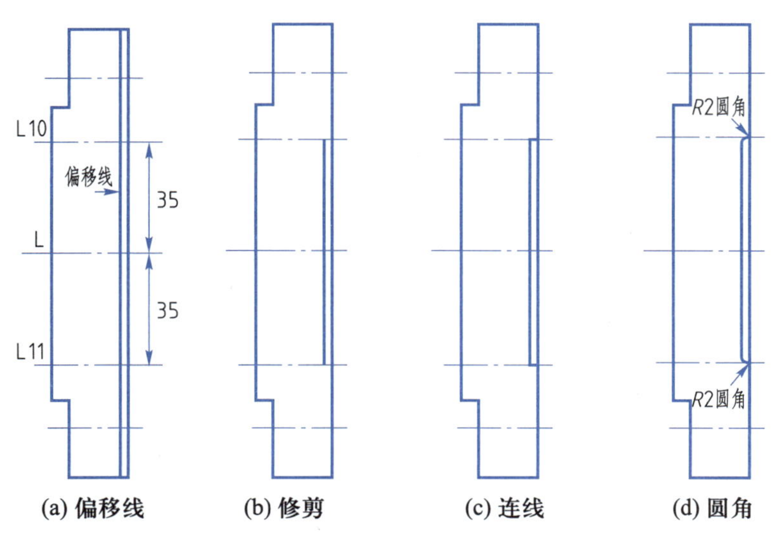

(a) 偏移线　(b) 修剪　(c) 连线　(d) 圆角

图 1–4–44　绘制右侧圆碟形的侧面

理 一 理	偏移
	偏移时先指定偏移距离，再选择要偏移的对象，确定偏移到哪一侧并创建对象。偏移是指定距离复制创建对象，不是移动对象。

(2) 修剪、连线

应用“修改”面板的修剪工具“”（“-/--”）对偏移线以水平辅助线 L10、L11 为界进行修剪，修剪结果如图 1-4-44(b) 所示。

开启“对象捕捉”的“交点”“端点”，应用“绘图”面板的直线工具“”连接端点、交点得到两条水平线段，如图 1-4-44(c) 所示。

(3) 圆角

应用“修改”面板的圆角工具“”进行半径为 2 mm 的圆角处理，如图 1-4-44(d) 所示，命令提示如下：

命令：_fillet（一次 *R*2 mm 圆角）

当前设置：模式 = 修剪，半径 = 3.0000

选择第一个对象或[放弃(U)/多段线(P)/半径(R)/修剪(T)/多个(M)]:R（输入半径参数）

指定圆角半径 <3.0000>:2（输入要圆角的半径 2 mm）

选择第一个对象或[放弃(U)/多段线(P)/半径(R)/修剪(T)/多个(M)]:（拾取并单击选择要圆角的一条边）

选择第二个对象，或按住 Shift 键选择对象以应用角点或[半径(R)]:（拾取并单击选择要圆角的另一条边）

命令：FILLET（二次 *R*2 mm 圆角，直接按 Enter 键可继续应用圆角工具进行上述相同的圆角操作）

当前设置：模式 = 修剪，半径 = 2.0000（应用已设置的半径，相同圆角不必重设）

选择第一个对象或[放弃(U)/多段线(P)/半径(R)/修剪(T)/多个(M)]:（拾取并单击选择要圆角的一条边）

选择第二个对象，或按住 Shift 键选择对象以应用角点或[半径(R)]:（拾取并单击选择要圆角的一条边）

理 一 理	圆角
	圆角时先设置圆角半径，再分别选择要圆角的两条边即可。在未学习圆角工具之前一般采用绘制与两条边相切的圆（圆角半径），然后修剪即得到圆角。

4. 绘制左侧柱形孔、倒角、圆角

由 *A* 向剖视图和俯视图可知柱孔的半径为 35 mm，深 16 mm，倒角距离为 1 mm，角度为 45°。

(1) 偏移

应用“修改”面板的偏移工具“”（“”）偏移左侧垂直边线，偏移距离为 16 mm，在右

侧创建偏移垂直线，如图 1-4-45(a)所示。

(2) 修剪

应用“修改”面板的修剪工具“”(“-/--”)选择偏移得到的垂直线、水平辅助线，修剪偏移的垂直线，修剪结果如图 1-4-45(b)所示。

(3) 连线

开启“对象捕捉”的“交点”“端点”，应用“绘图”面板的直线工具“”通过连接交点、端点绘制两条水平线段，如图 1-4-45(c)所示。

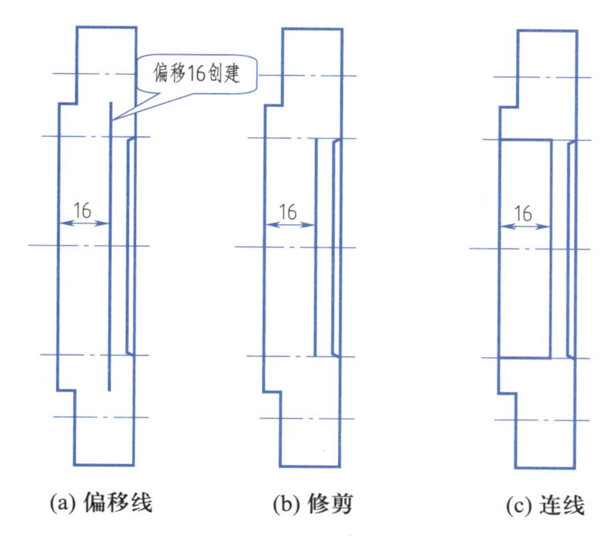

图 1-4-45　绘制左侧柱形轮廓

(4) 倒角

① 创建上方“不修剪”倒角

应用“修改”面板的倒角工具“”进行距离为 1 mm、角度为 45° 的“不修剪”倒角处理，如图 1-4-46(a)所示，命令提示如下：

命令：_chamfer

(“修剪”模式)当前倒角距离 1 = 1.0000，距离 2 = 1.0000

选择第一条直线或[放弃(U)/多段线(P)/距离(D)/角度(A)/修剪(T)/方式(E)/多个(M)]：t(输入“修剪”设置参数 t)

输入修剪模式选项[修剪(T)/不修剪(N)]<修剪>：n(输入 n，即“不修剪”模式)

选择第一条直线或[放弃(U)/多段线(P)/距离(D)/角度(A)/修剪(T)/方式(E)/多个(M)]：a(输入“角度”参数 a)

指定第一条直线的倒角长度 <0.0000>：1(输入倒角长度 1 mm)

指定第一条直线的倒角角度 <0>：45(输入倒角角度 45°)

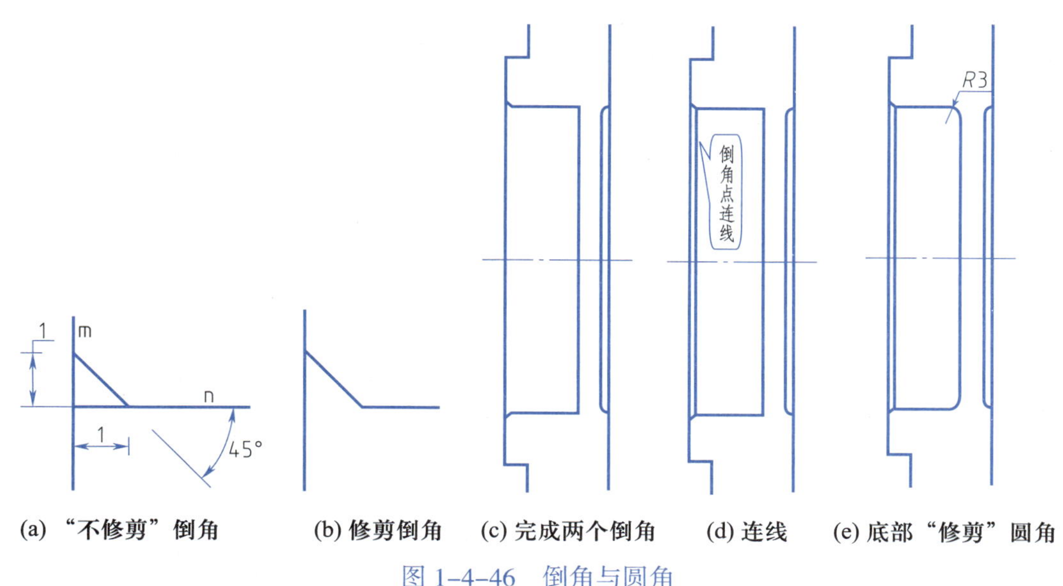

图 1-4-46　倒角与圆角

选择第一条直线或［放弃(U)/多段线(P)/距离(D)/角度(A)/修剪(T)/方式(E)/多个(M)]:［拾取并单击选择要倒角的一条边，即图 1–4–46(a)所示直线 m］

选择第二条直线，或按住 Shift 键选择直线以应用角点或［距离(D)/角度(A)/方法(M)]:［拾取并单击选择要倒角的另一条边，即图 1–4–46(a)所示直线 n］

② 修剪上方倒角

如图 1–4–46(a)所示，应用“修改”面板的修剪工具“”修剪掉线 n 的左部分。

若应用“”则需要先选择相关线 m、n，右击结束线的选择，单击线 n 的左侧端点完成修剪，修剪结果如图 1–4–46(b)所示。

③ 如图 1–4–46(c)所示，应用上述方法在下侧先创建相同的“不修剪”倒角，经修剪后完成下侧的另一个倒角。

④ 连线

应用直线工具将倒角点连线，如图 1–4–46(d)所示。

(5) 创建“修剪”圆角

应用“修改”面板的圆角工具“”进行半径为 3 mm 的“修剪”圆角处理，如图 1–4–46(e)所示，命令提示如下：

命令：_fillet

当前设置：模式 = 不修剪，半径 = 2.0000

选择第一个对象或［放弃(U)/多段线(P)/半径(R)/修剪(T)/多个(M)]:t(输入“修剪”参数 t)

输入修剪模式选项［修剪(T)/不修剪(N)]< 不修剪 >:t(输入 t，即“修剪”模式)

选择第一个对象或［放弃(U)/多段线(P)/半径(R)/修剪(T)/多个(M)]:［如图 1–4–46(e)所示，选择要 R3 mm 圆角的一条边］

选择第二个对象，或按住 Shift 键选择对象以应用角点或［半径(R)]:r(输入半径参数 r)

指定圆角半径 <2.0000>:3(输入圆角半径 3 mm)

选择第二个对象，或按住 Shift 键选择对象以应用角点或［半径(R)]:(选择要 R3 mm 圆角的另一条边)

命令：_fillet

(直接按 Enter 键可继续应用圆角工具进行上述相同的圆角操作，完成另一处的圆角)

当前设置：模式 = 修剪，半径 = 3.0000

选择第一个对象或［放弃(U)/多段线(P)/半径(R)/修剪(T)/多个(M)]:

选择第二个对象，或按住 Shift 键选择对象以应用角点或［半径(R)]:

理一理	倒角、圆角
	倒角、圆角都有两种模式，即“［修剪(T)/不修剪(N)]”。图 1–4–46(a)所示是应用“不修剪(N)”创建的倒角，图 1–4–46(e)所示是应用“修剪(T)”创建的 R3 mm 圆角。若不应用倒角工具，也可以通过在距离 1 mm 处创建 45° 斜线后应用修剪工具修剪。

5. 创建沉孔

(1) 偏移创建辅助水平线 b

如图 1-4-47(a)所示,应用"修改"面板的偏移工具"▣"("▣")偏移沉孔中心水平线 a 创建水平线 b,命令提示如下:

命令:_offset

当前设置:删除源 = 否　图层 = 源　OFFSETGAPTYPE=0

指定偏移距离或[通过(T)/删除(E)/图层(L)]<通过>:7[输入偏移距离(14 mm/2=7 mm)]

选择要偏移的对象,或[退出(E)/放弃(U)]<退出>:(选择沉孔中心水平线 a)

指定要偏移的那一侧上的点,或[退出(E)/多个(M)/放弃(U)]<退出>:(单击 a 的上侧创建水平线 b)

选择要偏移的对象,或[退出(E)/放弃(U)]<退出>:*取消*(按 Esc 键结束偏移命令)

(2) 绘制 3 个矩形

① 绘制 18 mm × 14 mm 矩形

开启对象捕捉"交点",如图 1-4-47(b)所示,单击"绘图"面板的矩形工具"▣"绘制 18 mm × 14 mm 矩形,命令提示如下:

命令:_rectang

指定第一个角点或[倒角(C)/标高(E)/圆角(F)/厚度(T)/宽度(W)]:(对象捕捉并单击"交点"A,确定要绘制的 18 mm × 14 mm 矩形左上角角点)

指定另一个角点或[面积(A)/尺寸(D)/旋转(R)]:@18,-14[输入 18 mm × 14 mm 矩形右下角角点相对坐标(@18,-14)并按 Enter 键确定]

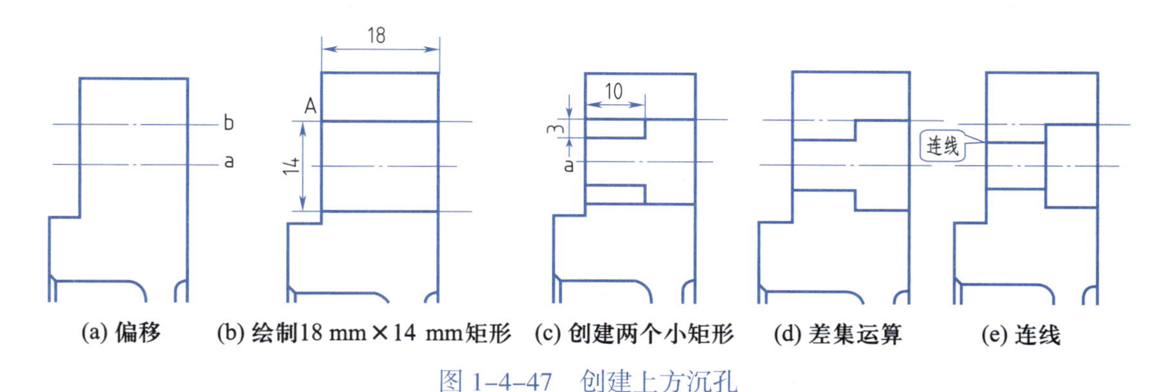

图 1-4-47　创建上方沉孔

② 绘制 10 mm × 3 mm 矩形

应用"绘图"面板的矩形工具"▣"绘制 10 mm × 3 mm 矩形,命令提示如下:

命令:_rectang

指定第一个角点或[倒角(C)/标高(E)/圆角(F)/厚度(T)/宽度(W)]:(对象捕捉并单击"交点"A,确定 10 mm × 3 mm 矩形左上角角点)

指定另一个角点或[面积(A)/尺寸(D)/旋转(R)]:@10,-3(输入 10 mm × 3 mm 矩形右下角角点相对坐标（@10，-3）并按 Enter 键确定，18 mm-8 mm=10 mm，14 mm/2-8 mm/2=3 mm）

绘制结果为图 1-4-47（c）中上方 10 mm × 3 mm 矩形。

③ 镜像绘制水平线 a 下方 10 mm × 3 mm 矩形

如图 1-4-47（c）所示，应用“修改”面板的镜像工具“”镜像创建水平线 a 下方 10 mm × 3 mm 矩形，命令提示如下：

命令：_mirror

选择对象：找到 1 个（单击选择上方已绘制的 10 mm × 3 mm 矩形）

选择对象：（右击结束镜像对象的选择）

指定镜像线的第一点：[如图 1-4-47（c）所示，单击水平中心线 a 左侧端点，确定镜像线的一点]

指定镜像线的第二点：（单击水平中心线 a 右侧端点，确定镜像线的另一点）

要删除源对象吗？ [是（Y）/ 否（N）]<N>：（按 Enter 键确定，即不删除源对象，完成镜像）

(3) 应用面域、差集运算编辑图形

① 创建 3 个面域

单击“绘图”面板的面域工具“”，将 3 个矩形创建面域，命令提示如下：

命令：_region

选择对象：找到 1 个（依次单击创建的 3 个矩形）

选择对象：找到 1 个，总计 2 个

选择对象：找到 1 个，总计 3 个

选择对象：（右击结束创建面域对象的选择，系统自动将 3 个封闭区域创建面域）

已提取 3 个环。

已创建 3 个面域。（表示成功创建 3 个面域）

② 差集运算、连线

切换到“三维基础”工作空间，单击“编辑”面板的差集工具“”，或单击“修改”菜单→“实体编辑”→“差集”，命令提示如下：

命令：_subtract 选择要从中减去的实体、曲面和面域 ...

选择对象：找到 1 个（单击选择 18 mm × 14 mm 矩形面域，即被减对象）

选择对象：（右击结束被减对象的选择）

选择要减去的实体、曲面和面域 ...

选择对象：找到 1 个（依次单击两个 10 mm × 3 mm 矩形面域，即减去的对象）

选择对象：找到 1 个，总计 2 个

选择对象：（右击完成差集运算）

完成差集运算，如图 1-4-47（d）所示。

应用直线工具在差集运算后图形中间转折处连线，如图 1-4-47（e）所示。

理一理	面域的应用
	上述案例应用面域创建沉孔轮廓线，意在帮忙学习者理解面域。也可以应用修剪工具“”修剪创建的矩形，得到图 1-4-47(d)所示孔轮廓线。

(4) 镜像完成下方沉孔

切换到“草图与注释”工作空间。

如图 1-4-48 所示，应用“修改”面板的镜像工具“”镜像创建下方沉孔，命令提示如下：

命令：_mirror

选择对象：找到 1 个(单击选择差集运算后的图形)

选择对象：找到 2 个(单击选择差集运算图形中的短垂线)

选择对象：(右击结束镜像对象的选择)

指定镜像线的第一点：(如图 1-4-48 所示，单击中心水平直线 L 左侧端点，确定镜像线的一点)

指定镜像线的第二点：(单击直线 L 右侧端点，确定镜像线的另一点)

要删除源对象吗？［是(Y)/否(N)］<N>：(按 Enter 键确定，即不删除源对象，完成镜像)

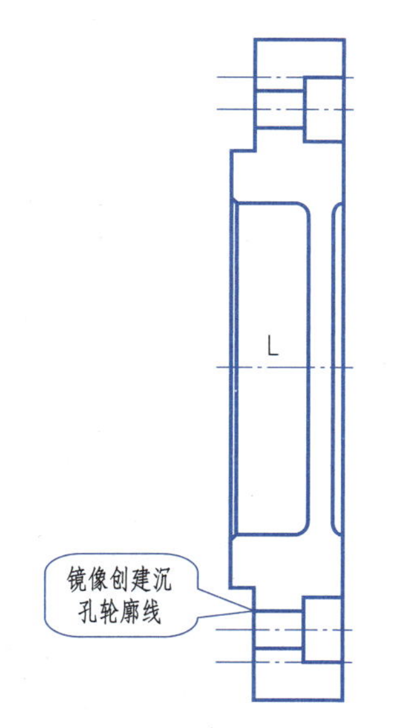

图 1-4-48　镜像创建下方沉孔

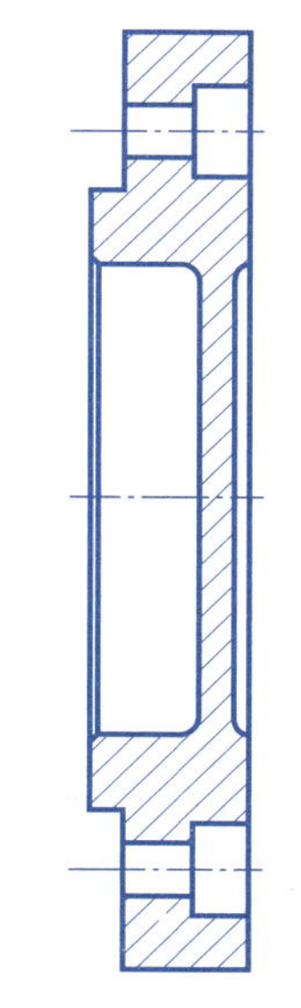

图 1-4-49　填充断面

6. 图案填充剖切后的断面

在“草图与注释”工作空间单击“绘图”面板的图案填充工具“”，拾取要填充的区域，激活“图案填充创建”选项卡，单击“图案”面板的图案填充按钮“”，在弹出的列表中选择图案“ANS131”，在特性面板“”中设置“图案填充比例”为 1.2，参照图 1-4-49 所示填充区域依次单击，完成图案填充。

<table>
<tr><td rowspan="2">理
一
理</td><td>图案填充与修改</td></tr>
<tr><td>应用图案填充工具“”填充图案时，可以选择系统自带的图案，设置图案颜色、比例、角度等。若选中图案，可修改、删除填充的图案。</td></tr>
</table>

四、尺寸标注

对绘制的主视图和 *A* 向剖视图进行尺寸标注（图 1-4-50），标注时注意参照机械尺寸标注的原则，标注要符合机械零件定形、定位尺寸要求。标注方法参照项目 1.3，标注操作过程略。

五、布局图纸

双击标题栏，打开“增加属性编辑器”对话框，完善标题栏属性设置，缩放、移动视图，如图 1-4-50 所示。

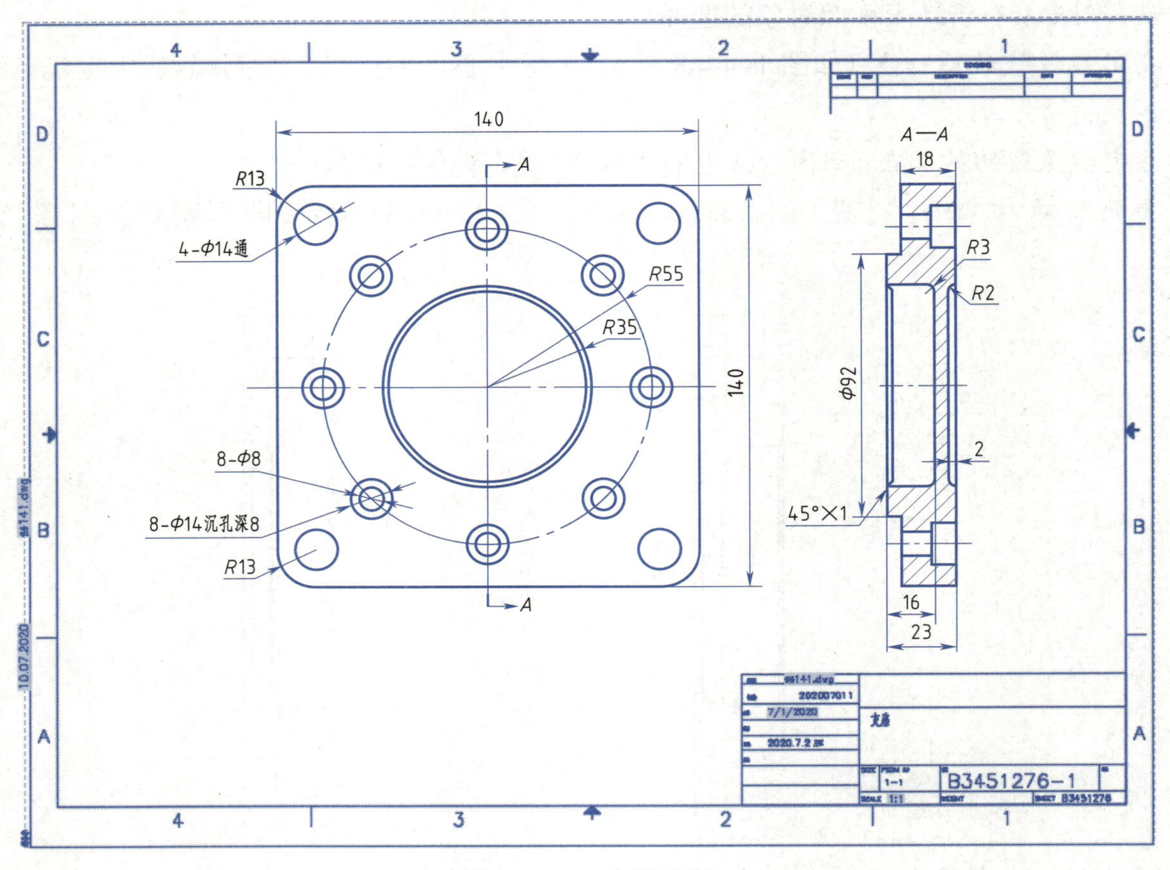

图 1-4-50　布局图纸

以文件名“任务 141.dwg”保存图形到工作目录。

六、输出图纸为 PDF 文件

依次单击左上角“”→“输出”→“PDF”，打开“输出数据”对话框，在“文件名”中输入“支座图纸”，选择保存位置为“桌面”，单击“保存”，保存图纸到桌面。打开保存的“支座图纸 .pdf”，打印图纸。

〖任务体验〗

1. 任务梳理

请将本次任务学习的内容按下表提示进行梳理。

AutoCAD 技术			制图技能			经验笔记
偏移 / 镜像	阵列 / 填充	圆角 / 倒角	图纸	标题栏	图纸导出	

2. 操作训练

按尺寸及要求绘制图 1-4-51~ 图 1-4-54 所示的图形。

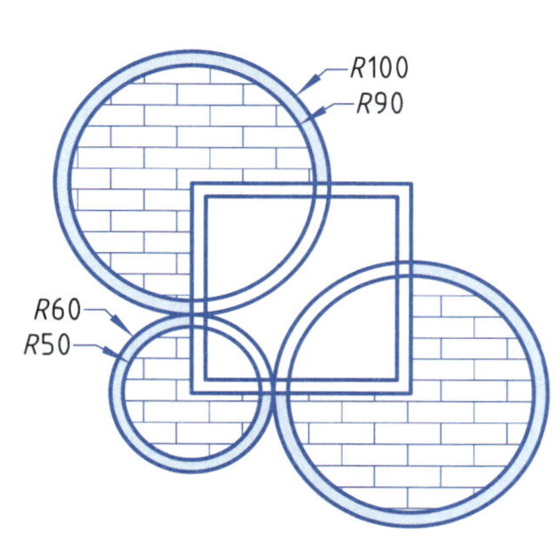

图 1-4-51　应用偏移、图案填充

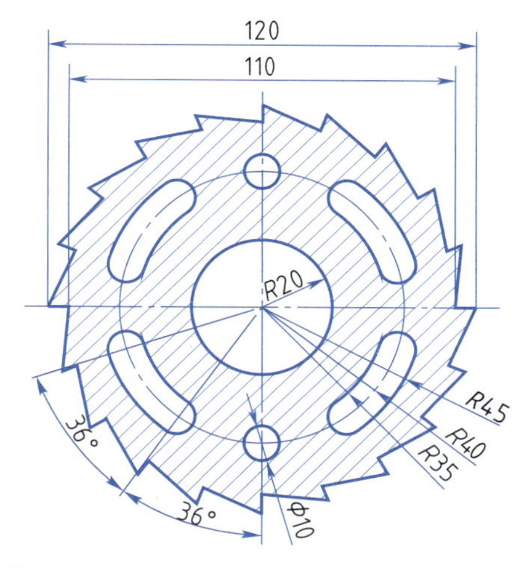

图 1-4-52　应用阵列、修剪 \ 图案填充

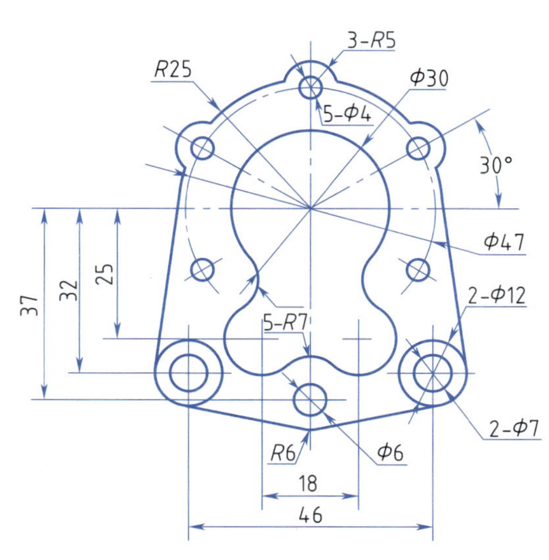

图 1-4-53　环形阵列、镜像

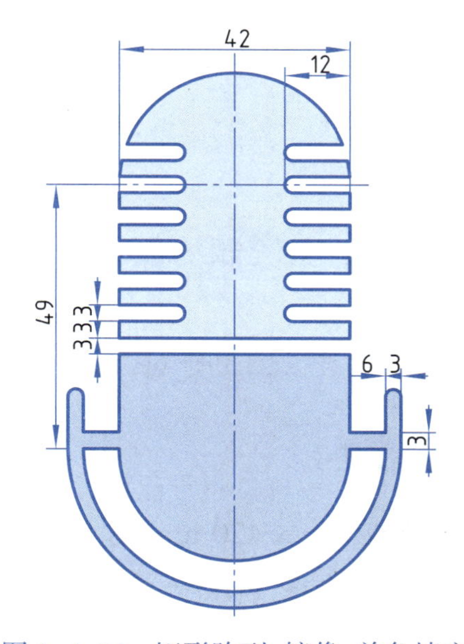

图 1-4-54　矩形阵列、镜像、单色填充

绘图提示：如图 1-4-52 所示，绘制一个 ϕ10 mm 圆后环形阵列 10 个，在水平辅助线上绘制长 5 mm［(120 mm-110 mm)/2］的齿高线环形阵列 20 个后连线；图 1-4-53 中三段 $R7$ mm 弧用“相切－相切－半径”绘制后修剪，$R6$ mm 与 ϕ6 mm 共圆心；图 1-4-54 两侧平行齿口绘制，绘制一个 3 mm × 12 mm 矩形，应用 $R1.5$ mm 对矩形左侧圆角，矩形阵列 1 列 7 行，行“介于”为 6，然后将阵列结果镜像。

3. 案例体验

根据图 1-4-55 所示三维机件模型，确定机件表达视图，确定图纸幅面，创建图框标题栏，按尺寸绘制表达视图，并进行尺寸标注，输出为 PDF 格式图纸。

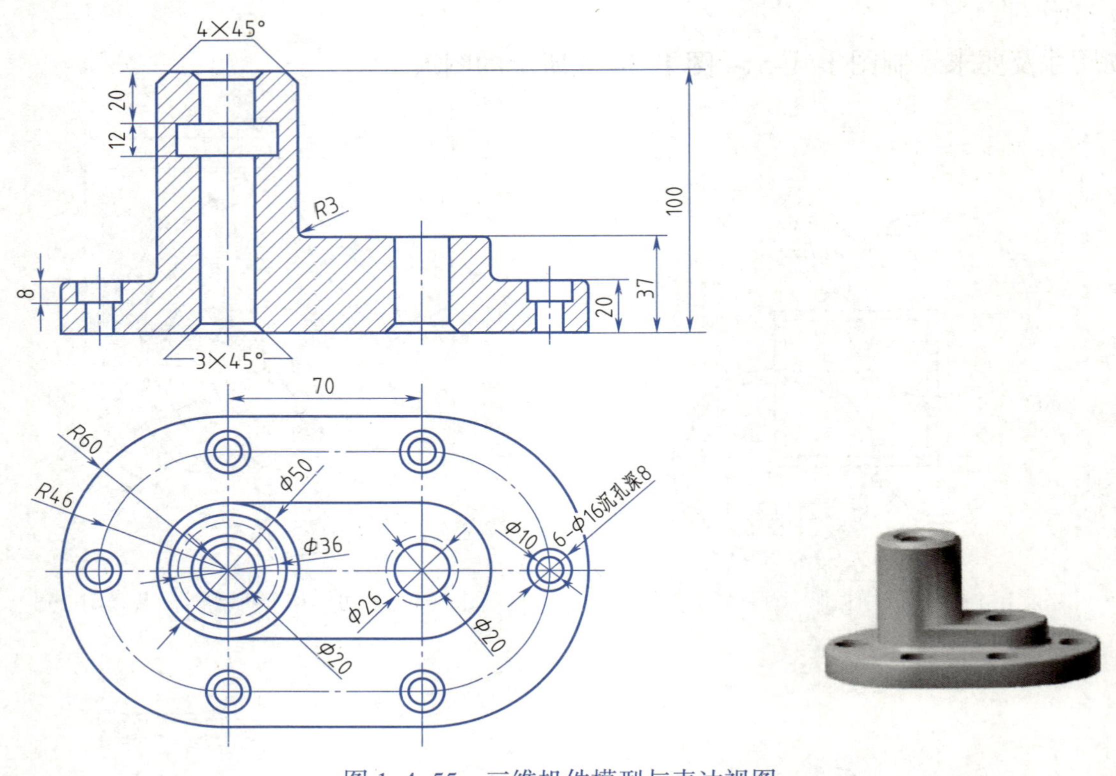

图 1-4-55　三维机件模型与表达视图

任务 1.4.2　绘制支架零件图

——零件基本视图、辅助视图，绘图工具综合应用，文字、表格

〖任务描述〗

绘制 297 mm × 420 mm 的 A3 幅面图框、标题栏，保存为图形样板。如图 1-4-56 所示，在图框中绘制支架零件图、标注尺寸、标注粗糙度、创建文字注释与标题栏。将绘制的图纸输出为 PDF 格式的电子图纸，通过 E-mail 将电子图纸发给公司主管。

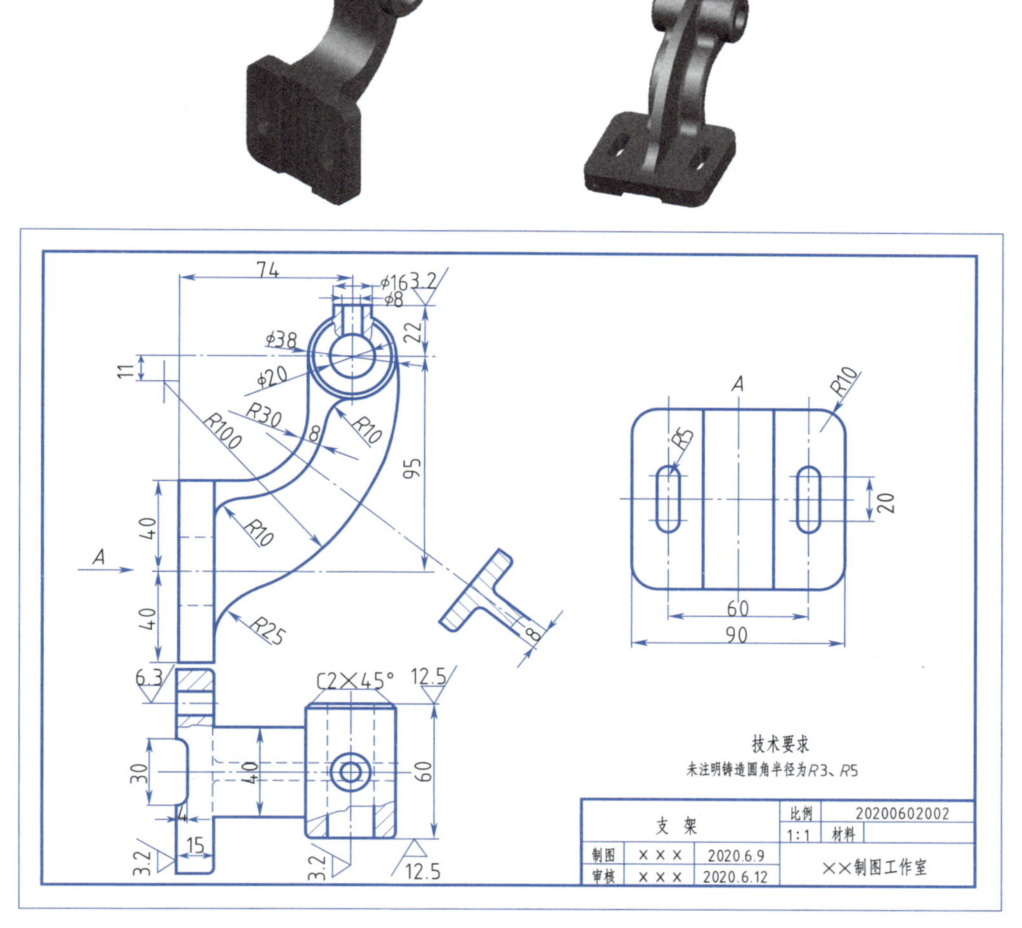

图 1-4-56　支架零件图

〖任务目标〗

掌握文字、表格的创建与编辑，掌握图框、标题栏的创建方法，综合应用绘图工具、编辑工具绘制机械零件图；学会应用局部视图表达机件，熟悉绘制、标注零件图的基本规范与要求。

〖任务分析〗

应用直线、偏移工具绘制 297 mm × 420 mm 的 A3 幅面图框，内、外框间距为 10 mm，应用表格工具创建标题栏。

支架如图 1-4-56 所示，选择主视图时，主要考虑工作位置和形状特征。由于高度特征在主视图中已表达，可以不采用左视图，而用适当的局部视图更加合理。为了表达零件的内部结构，采用局部剖切图。而对于 T 字形肋，采用断面图比较合适。

零件标注中既有尺寸标注，又有粗糙度标注，应用带属性的块创建粗糙度标注解决了粗糙度符号及变化的数字标注问题。

图 1-4-56 所示支架零件图中的“技术要求”、标题栏内容分别应用文字、表格创建、编辑。

〖任务导学〗

学习单	标题	学习活动	学习建议
	局部视图	收集局部视图,并附说明后分享给同学们	在收集中学习
	表格与标题栏	总结创建标题栏的方法	与图纸标题栏对接

一、新建文档、设置图层

1. 新建文档

应用“新建”→“图形”打开“选择样板”对话框,应用默认图形样板“acadiso.dwt”单击“打开”,创建图形文档。

以文件名“任务 142.dwg”保存图形文档到工作目录。

2. 设置图层

切换到“草图与注释”工作空间。选择“默认”选项卡,单击“图层”面板中的图层特性工具“ ”,打开“图层管理器”设置图层,参数见表 1-4-2。

表 1-4-2 新建 6 个图层

名称	颜色	线型	线宽	备注
中心线层	红色	加载线型“center2”(点划线)	默认	中心辅助线
细实线层	黑色	continuous	默认	剖切线
粗实线层	黑色	continuous	0.3 mm	轮廓线
虚线层	黑色	continuous	默认	隐藏轮廓线
标注层	绿色	continuous	默认	尺寸标注
0 层	黑色	默认	默认	文字与标题栏

注:“辅助线”层设为“不打印”。

二、绘制图框

1. 绘制横向 A3 幅面 420 mm × 297 mm 外框

切换到“细实线层”,单击“绘图”面板的矩形工具“ ”,如图 1-4-57 所示,绘制 420 mm × 297 mm 矩形外框,命令提示如下:

命令:_rectang

指定第一个角点或[倒角(C)/标高(E)/圆角(F)/厚度(T)/宽度(W)]:0,0(输入矩形左下角点坐标)

指定另一个角点或[面积(A)/尺寸(D)/旋转(R)]:@420,297(输入矩形右上角点坐标)

2. 偏移外框绘制内框

应用“修改”面板的偏移工具“ ”(“ ”),以距离 10 mm 向内偏移 420 mm × 297 mm

矩形，如图 1-4-57 所示，命令提示如下：

命令：_offset

当前设置：删除源 = 否　图层 = 源　OFFSETGAPTYPE=0

指定偏移距离或［通过(T)/ 删除(E)/ 图层(L)］< 通过 >：10(输入偏移距离 10 mm)

选择要偏移的对象，或［退出(E)/ 放弃(U)］< 退出 >：(在矩形内单击向内偏移)

指定要偏移的那一侧上的点，或［退出(E)/ 多个(M)/ 放弃(U)］< 退出 >：

选中偏移得到的内框，修改框线为 0.3 mm 的粗实线。

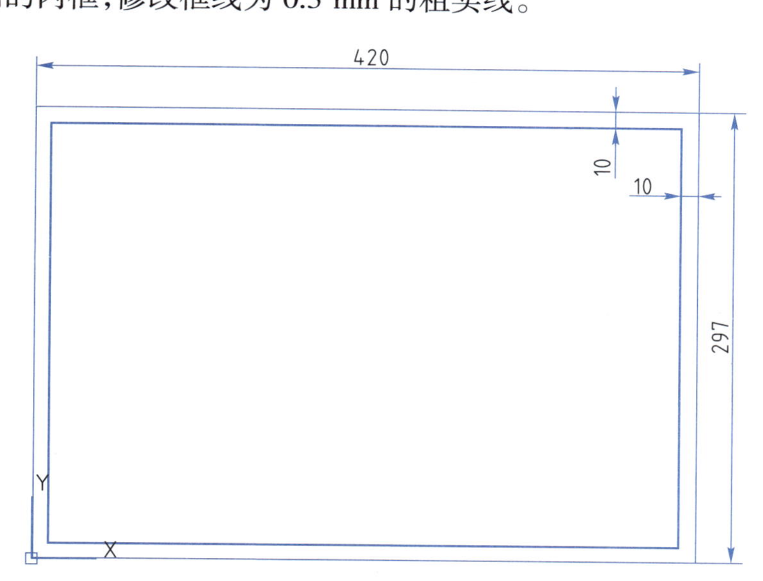

图 1-4-57　绘制图框

三、绘制主视图、俯视图辅助线

开启正交模式，切换到“中心线层”，应用直线命令根据图 1-4-56 确定尺寸，绘制水平基准线和垂直基准线，如图 1-4-58 所示。

1. 绘制主视图基准辅助线

如图 1-4-58 所示，绘制水平线 L1 和垂直线 L0，应用偏移工具对 L0 向右偏移 74 mm 创建直线 L01，对 L1 向上偏移 22 mm 创建直线 L11，对 L1 向下偏移 95 mm 创建直线 L12，对 L12 分别向上、向下偏移 40 mm 创建直线 L13、L14。

2. 绘制俯视图基准辅助线

如图 1-4-58 所示，在 L14 的下方绘制水平线 L2，应用偏移工具对 L2 分别向下偏移 90 mm、45 mm 创建直线 L21、L22，对 L22 分别向上、向下偏移 20 mm 创建直线 L23、L24，对 L22 分别向上、向下偏移 30 mm 创建直线 L26、L25。

3. 转换线层

将与水平、垂直轮廓相关的线加粗。

如图 1-4-59 所示，选中图 1-4-58 中的 L0、L11、L13、L14、L2、L26、L23、L24、L25、L21，在“图层”面板中切换到“粗实线层”，将选中的直线转换为粗实线(用于创建轮廓线)。

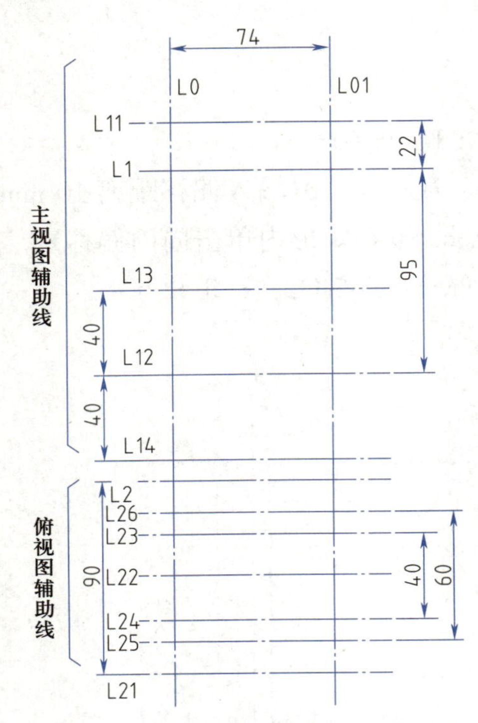

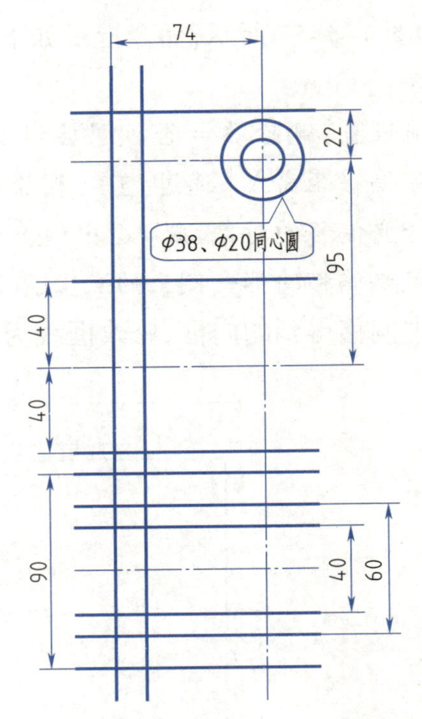

图 1-4-58 绘制两个视图的基准辅助线　　图 1-4-59 切换“粗实线层”、画两同心圆

如图 1-4-59 所示，将转换后的粗直线 L0 向右偏移 15 mm 创建一条垂直粗线。

四、绘制主视图

将当前图层设置为“粗实线层”。

1. 绘制同心圆（ϕ38 mm、ϕ20 mm），修剪、删除线条

如图 1-4-59 所示，应用“绘图”面板的圆工具“ ”以 L01 与 L1 的交点为圆心绘制主视图右上角两个同心圆（ϕ38 mm、ϕ20 mm）。

如图 1-4-60 所示，开启捕捉“切点”和正交模式，用直线工具创建 ϕ38 mm 圆的垂直切线 m，应用“修改”面板的修剪工具“ ”（“-/--”）修剪主视图中多余线条 L1、L13、L14，应用“修改”面板的偏移工具设置偏移距离为 10 mm，分别向上、向下偏移 L12 得到直线 a 和直线 b，如图 1-4-60 所示。

2. 圆角 R30 mm、R10 mm，偏移 8 mm

如图 1-4-60 所示，应用“修改”面板的圆角工具“ ”，将图中直线 L13 和 m 在“修剪”模式下进行半径为 30 mm 的圆角，得到图 1-4-61 所示 R30 mm 圆弧。再应用“修改”面板的偏移工具将 R30 mm 圆弧向下偏移 8 mm，创建间隔为 8 mm 的圆弧。

应用“修改”面板的圆角工具“ ”对偏移的圆弧两端在“不修剪”模式下进行 R10 mm 圆角，圆角后再应用修剪工具“ ”（“-/--”）对 R10 mm 圆角处进行修剪，如图 1-4-61 所示。

3. 绘制 R100 mm 圆弧，R25 mm 圆角

如图 1-4-62(a) 所示，将过 A 点的中心线 L1 向下偏移 11 mm 得到一条水平辅助线 n。

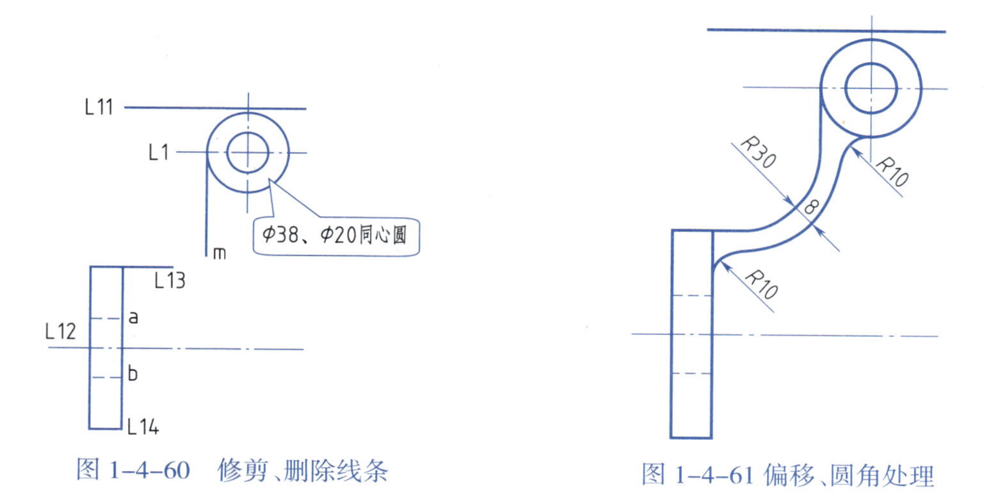

图 1-4-60　修剪、删除线条　　图 1-4-61 偏移、圆角处理

应用“绘图”面板的圆工具“”以 A 点为圆心绘制半径为 $R100$ mm 的圆，此圆与刚偏移的水平线 n 相交于 B 点，再以 B 点为圆心绘制半径为 $R100$ mm 的圆，应用修剪、删除命令修剪得到 $R100$ mm 的大圆弧，如图 1-4-62（b）所示。

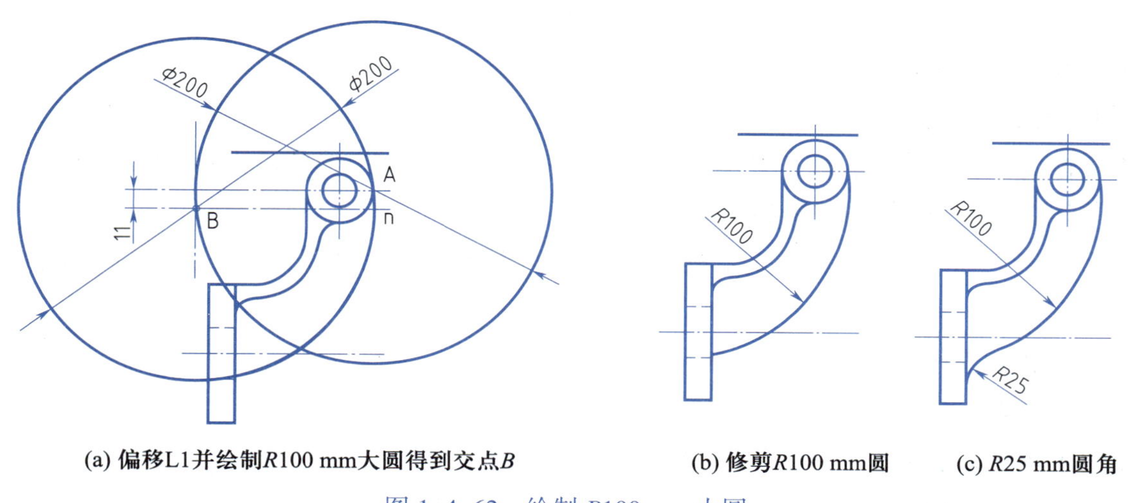

(a) 偏移L1并绘制$R100$ mm大圆得到交点B　　(b) 修剪$R100$ mm圆　　(c) $R25$ mm圆角

图 1-4-62　绘制 $R100$ mm 大圆

应用“修改”面板的圆角工具“”对 $R100$ mm 圆弧的下端在“不修剪”模式下进行 $R25$ mm 圆角，圆角后再应用修剪工具“”（“”）对 $R25$ mm 圆角处进行修剪，如图 1-4-62（c）所示。

4. 绘制 $\phi 34$ mm 倒角圆，绘制局部剖切通孔

（1）绘制 $\phi 34$ mm 倒角圆

应用“绘图”面板的圆工具“”绘制 $\phi 34$ mm 倒角圆，如图 1-4-63（a）所示。

（2）绘制孔轮廓线

如图 1-4-63（a）所示，应用“修改”面板的偏移工具“”（“”）将同心圆处的垂直中心线 L01 分别向左、向左偏移 4 mm 创建两条对称垂直线，将同心圆处的垂直中心线 L01 分别

向左、向左偏移 8 mm 再创建两条对称垂直线。将偏移得到的垂直线转换为粗实线。

应用修剪工具“ ”（“-/--”）剪掉多余线条，完成孔轮廓线的绘制，如图 1-4-63(b) 所示。

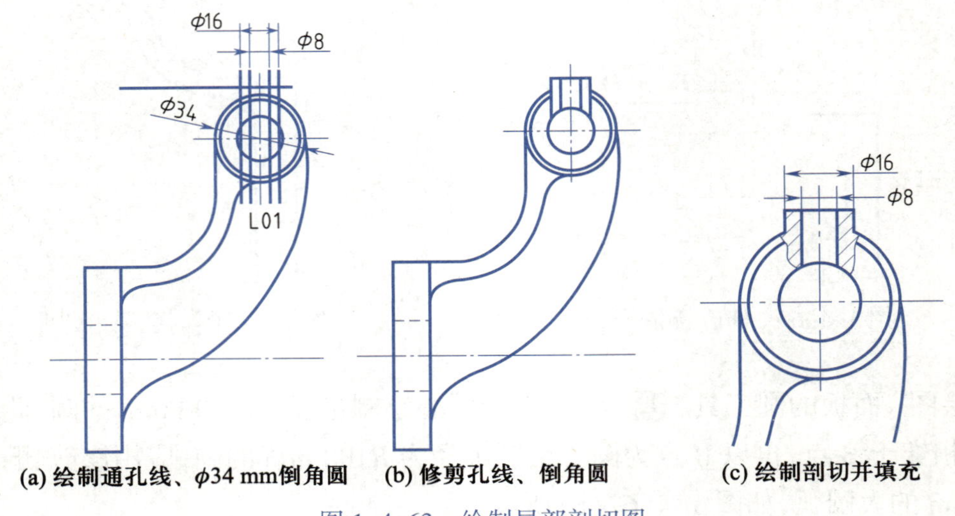

图 1-4-63　绘制局部剖切图

(3) 绘制局部剖面图

单击“绘图”面板的样条曲线工具“ ”，如图 1-4-63(c) 所示，应用“细实线层”绘制两条样条曲线作为剖切边界线，应用修剪工具“ ”（“-/--”）剪掉两条样条曲线间的倒角圆及两端的多余样条曲线，完成剖切边界的绘制。

应用“绘图”面板图案的填充工具“ ”填充“ANSI31”图案，如图 1-4-63(c) 所示。

5. 绘制局部剖面图

绘制局部剖面图表达“T”形肋的形状尺寸结构。

(1) 绘制剖切线 L

如图 1-4-64(a) 所示，应用“中心线层”绘制一条剖切线 L。

(2) 绘制局部剖面图

如图 1-4-64(b) 所示，应用“偏移”工具以距离 4 mm 向两侧偏移 L 线，得到与 L 线平行且均相距为 4 mm 的两条辅助直线。用同样的方法偏移绘制两条与 L 线相距 20 mm 的平行直线。

(3) 转变线型、绘制断开边界、填充截面

选中截面所需要轮廓辅助线，转换为“粗实线层”线型。应用修剪工具删除、修剪处理转换后的直线，如图 1-4-64(c) 所示。

应用圆角工具对图 1-4-64(c) 所示四角进行 $R3$ mm 圆角。

应用样条曲线绘制断开的边界。应用“绘图”面板的图案填充工具“ ”对截面填充“ANSI31”图案。

完成后的主视图如图 1-4-64(d) 所示。

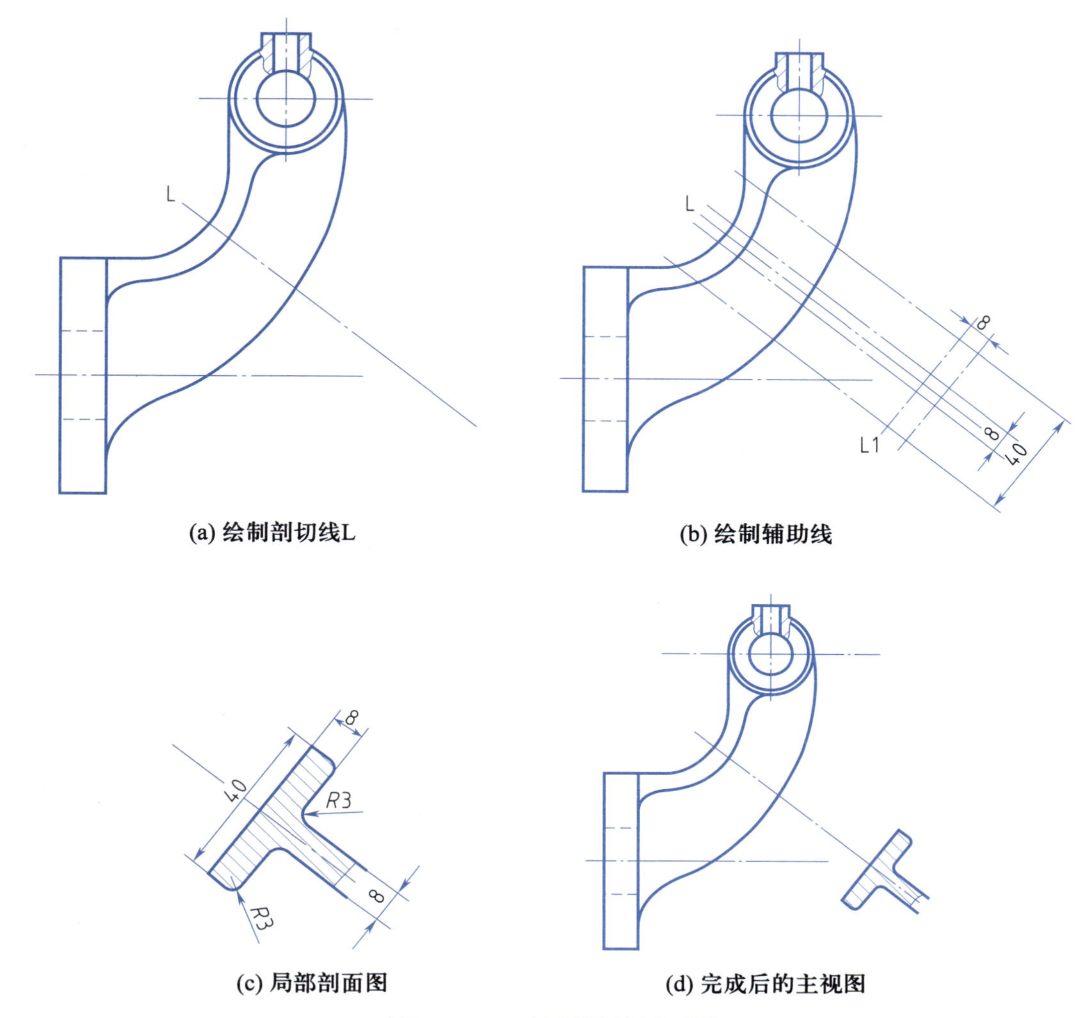

(a) 绘制剖切线L　(b) 绘制辅助线

(c) 局部剖面图　(d) 完成后的主视图

图 1-4-64　绘制局部剖面图

五、绘制俯视图

1. 沿主视图轮廓向俯视图作垂直线

应用直线工具配合正交模式和对象捕捉功能，根据三视图中主视图与俯视图长对正的关系，从主视图中的轮廓分别垂直向下画垂直线得到俯视图中的交点位置，如图 1-4-65 所示。

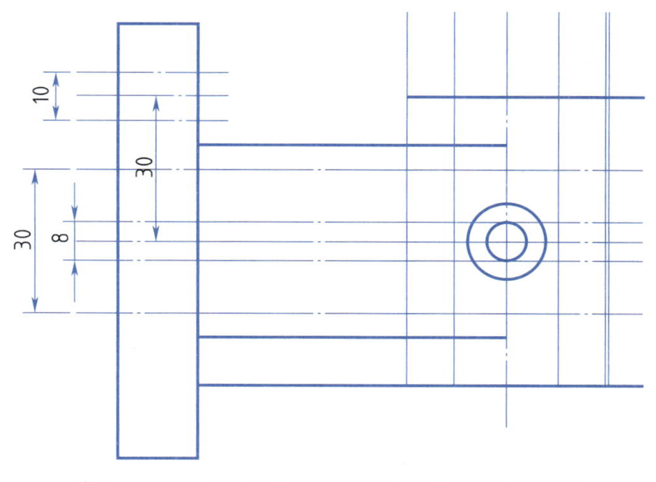

图 1-4-65　沿主视图轮廓向俯视图作垂直线

2. 转换图层，修剪直线

将俯视图中所需轮廓线型换为“粗实线”，应用修剪命令剪掉、删除多余线条，得到图 1-4-66 所示图形。

3. 倒角、圆角

如图 1-4-67 所示，对所需倒角和圆角之处进行倒角、圆角处理，倒角尺寸为 2 mm × 45°，圆角尺寸为 *R*4 mm、*R*3 mm。

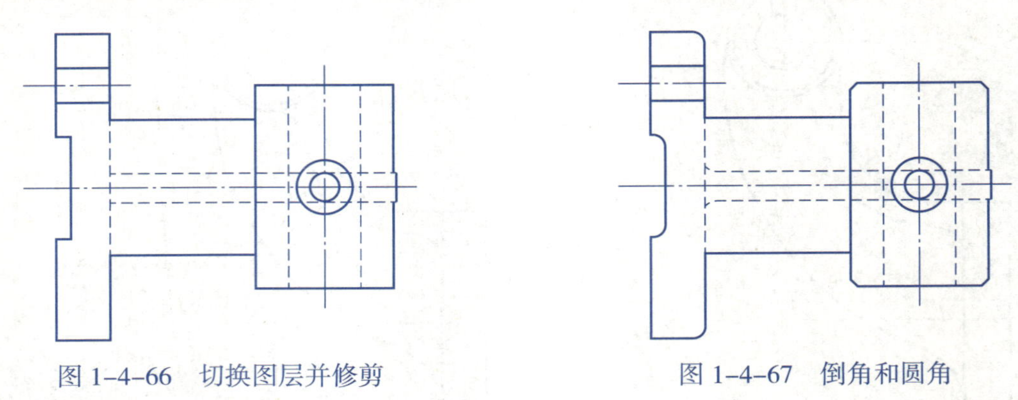

图 1-4-66　切换图层并修剪　　　　图 1-4-67　倒角和圆角

4. 绘制局部剖视图

应用样条曲线以细实线画图 1-4-68 所示局部剖视图中的两处边界线，再应用图案填充工具填充剖面线。

六、绘制 *A* 向视图

1. 在主视图中绘制 *A* 向箭头

切换到“细实线层”，应用“绘图”面板的多段线工具“”绘制图 1-4-69 所示箭头。命令提示如下：

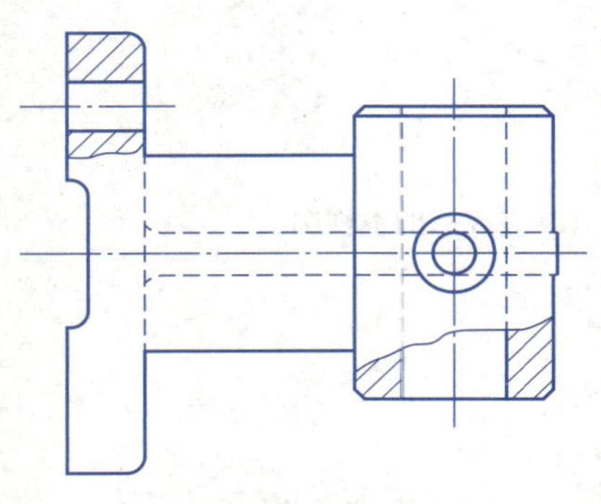

图 1-4-68　绘制局部剖视图

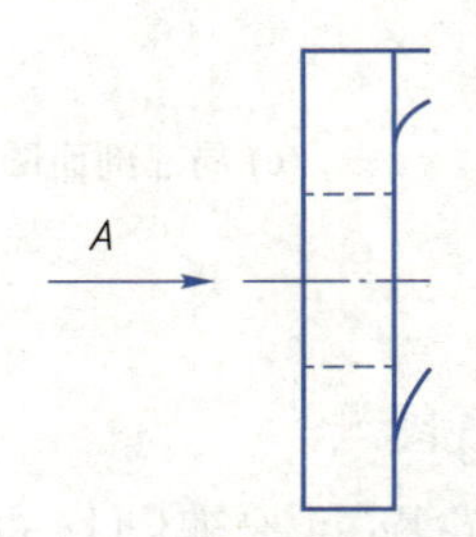

图 1-4-69　在主视图中绘制 *A* 向箭头

命令：_pline

指定起点：

当前线宽为 0.0000

指定下一个点或［圆弧（A）/ 半宽（H）/ 长度（L）/ 放弃（U）/ 宽度（W）］：14（输入线长）

指定下一点或［圆弧（A）/ 闭合（C）/ 半宽（H）/ 长度（L）/ 放弃（U）/ 宽度（W）］：W（输入“宽度”参数 W）

指定起点宽度 <0.0000>：3（输入“起点宽度”3 mm）

指定端点宽度 <3.0000>：0（输入“端点宽度”0）

指定下一点或［圆弧（A）/ 闭合（C）/ 半宽（H）/ 长度（L）/ 放弃（U）/ 宽度（W）］：12（输入线长）

指定下一点或[圆弧(A)/闭合(C)/半宽(H)/长度(L)/放弃(U)/宽度(W)]:

应用单行文字工具创建文字“A”,应用移动工具在主视图中调整箭头、文字的位置,如图 1-4-69 所示。

2. 绘制 *R*10 mm 的 90 mm × 80 mm 圆角矩形

切换到“粗实线层”,单击“绘图”面板的矩形工具“▭”,如图 1-4-70 所示,绘制 *R*10 mm 的 90 mm × 80 mm 圆角矩形,命令提示如下:

命令:_rectang

指定第一个角点或[倒角(C)/标高(E)/圆角(F)/厚度(T)/宽度(W)]:f(输入“圆角”参数 f)

指定矩形的圆角半径 <0.0000>:10(输入“圆角半径”10 mm)

指定第一个角点或[倒角(C)/标高(E)/圆角(F)/厚度(T)/宽度(W)]:(单击确定左下角点)

指定另一个角点或[面积(A)/尺寸(D)/旋转(R)]:@90,80(输入矩形右上角点相对坐标)

3. 绘制 *A* 向视图辅助线

开启正交模式,对象捕捉“中点”,切换到“中心线层”,如图 1-4-71 所示,应用直线工具绘制经过圆角矩形的四边中点的两条互相垂直的中心线 L1、L2。

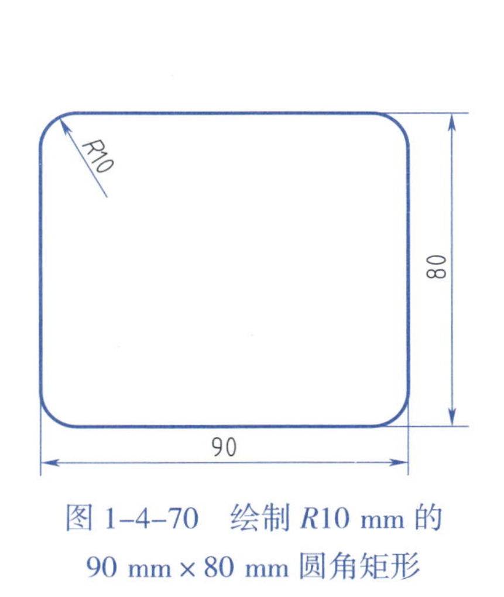

图 1-4-70　绘制 *R*10 mm 的 90 mm × 80 mm 圆角矩形

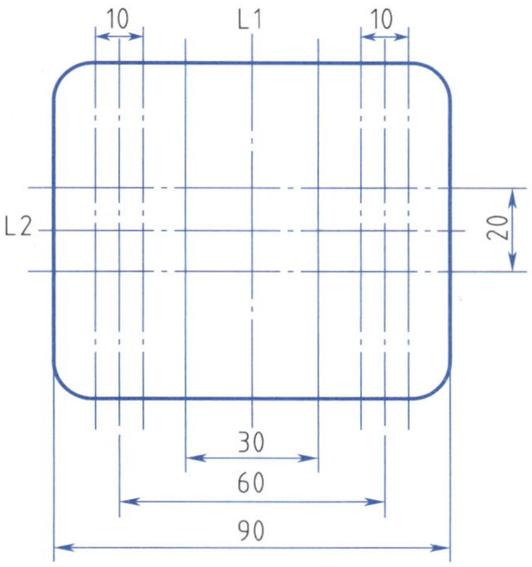

图 1-4-71　绘制 *A* 向视图辅助线

应用偏移工具以距离 15 mm 分别向左、向右偏移 L1 创建两条垂直线,以距离 30 mm 分别向左、向右偏移 L1 创建两条垂直线,对偏移 30 mm 创建的两条垂直线再偏移创建两组距离为 10 mm 的垂直线。

应用偏移工具以距离 10 mm 分别向上、向下偏移 L2 创建两条水平线。

4. 转换线层,修剪直线

将图形中所需轮廓线转换为“粗实线层”,应用修剪、删除命令剪掉多余线条,如图 1-4-72

所示。

5. 绘制 4 个 $R5$ mm 圆弧

切换到“粗实线层”，单击“绘图”面板的“圆弧”，用起点、端点、半径工具“”绘制上侧两个 $R5$ mm 的圆弧，如图 1-4-73 所示。

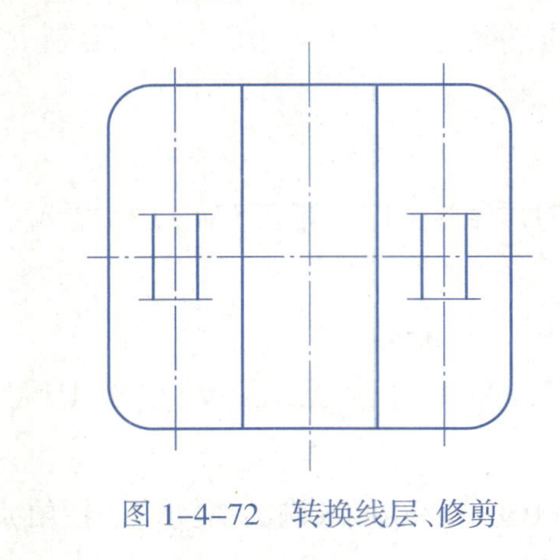

图 1-4-72 转换线层、修剪

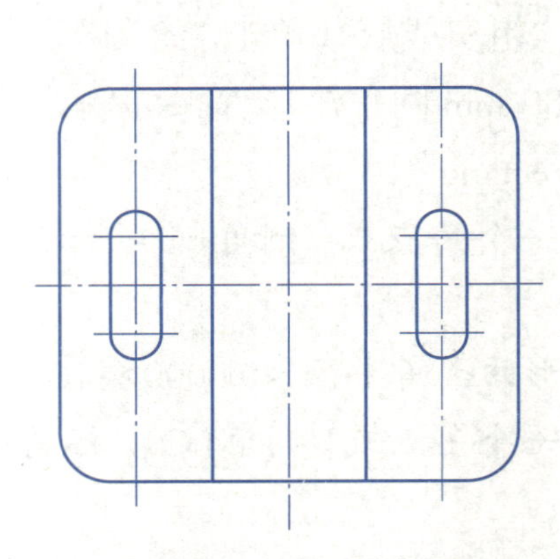

图 1-4-73 圆角

应用镜像工具“”以水平中心线为镜像轴镜像创建下侧两个 $R5$ mm 圆弧。

应用单行文字工具在 *A* 向视图上方创建文字“A”。

对完成的 3 个视图，应用移动工具在图框中布局视图位置，注意主视图与俯视图的垂直中心线应在同一条直线上。截面图应在剖切线上。完成布局，如图 1-4-56 所示。

七、尺寸标注、粗糙度标注

1. 尺寸标注

如图 1-4-56 所示，应用“注释”选项卡的“标注”面板工具进行尺寸标注。注意标注时遵循标注规范，体现形状特征。

2. 粗糙度标注

(1) 绘制粗糙度符号

如图 1-4-74(a)所示，应用直线工具、相对极坐标以“细实线层”绘制粗糙度符号，命令提示如下：

命令：_line

指定第一个点：(单击确定一点)

指定下一点或[放弃(U)]：@10<120(输入相对极坐标“@长度<角度”)

指定下一点或[放弃(U)]：10(水平向右移动，输入长度 10 mm)

指定下一点或[闭合(C)/放弃(U)]：

命令：_line

指定第一个点：< 打开对象捕捉 >(捕捉 60° 角处的端点)

指定下一点或[放弃(U)]：@20<60(鼠标向右上移动，输入相对极坐标“@长度<角度”)

指定下一点或[放弃(U)]：

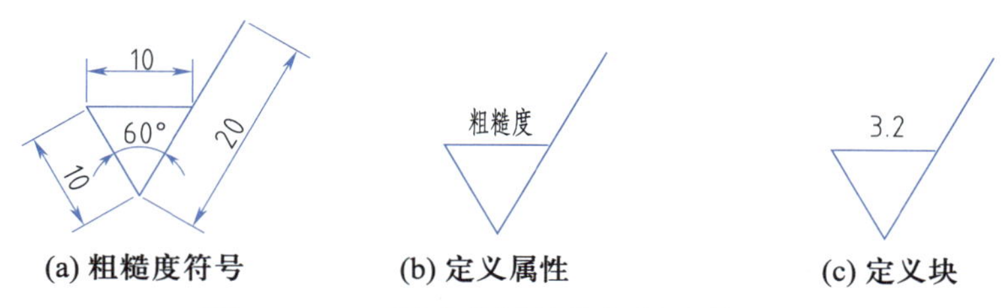

图 1-4-74　创建带属性的粗糙度符号块

(2) 定义属性

应用“默认”选项卡中“块”面板的定义属性工具“ ”,弹出图 1-4-75 所示“属性定义”对话框,在“标记”栏输入“粗糙度”,“提示”栏输入“粗糙度符号”,“默认”值输入“3.2”(可以作为插入块时的默认数据),文字“对正”为“居中”,“文字高度”设为 2,单击“确定”完成设置。应用移动工具辅助调整“粗糙度”文字到图 1-4-74(b)所示位置。

若文字区出现“? ? ? ”,表示在文字样式中需要重新指定字体才能正常显示文字,这时可以单击“注释”面板的文字样式工具“ ”,在弹出的“文字样式”对话框中设置字体名,例如设置为“宋体”。

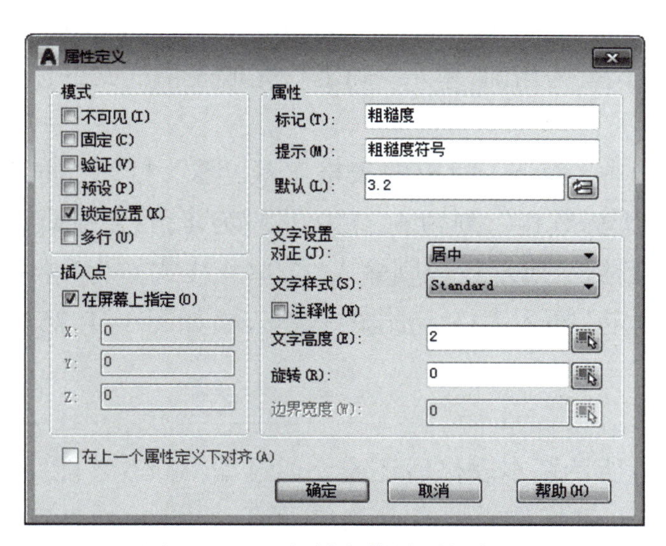

图 1-4-75　粗糙度符号属性定义

(3) 定义块

单击“块”面板的创建块工具“ ”,弹出“块定义”对话框,单击“选择对象”,选定“粗糙度”图形和属性文字对象。单击“拾取基点”,捕捉并选定图形符号下角点为参考基点,右击或按 Enter 键完成选定并返回对话框,单击“确定”完成定义块,弹出“编辑属性”对话框,可以输入插入块时的默认数据,输入后确定完成设置,如图 1-4-74(c)所示。

(4) 标注块

带属性的“粗糙度”块创建好以后,应用插入块“ ”并输入参数值进行粗糙度标注,可应用旋转、移动、对象捕捉调整粗糙度的标注位置。

八、绘制并填写标题栏、添加技术要求

1. 绘制标题栏

在图框的右下角应用“注释”选项卡的“表格”面板工具绘制标题栏。

(1) 新建表格样式

① 打开并命名表格样式

单击“注释”选项卡的“表格”面板按钮“↘”,打开“表格样式”对话框,单击“新建”,在“创建新的表格样式”对话框中输入新样式名称:“图纸标题栏”,基础样式默认。

② 设置表格数据文字样式

单击“继续”,弹出“新建表格样式”对话框,单击对话框“文字”选项卡中“文字样式”旁的“...”按钮弹出“文字样式”对话框,设置“字体名”栏为“仿宋”,单击“文字样式”对话框中的“应用”按钮确认设置并关闭“文字样式”对话框,返回“新建表格样式”对话框。

单击“常规”选项卡,设置“对齐”为“正中”。

③ 设置表格外边框与内线

在“新建表格样式”对话框的“边框”选项卡中设置“线宽”为 0.30 mm 并单击“⊞”按钮应用于外边框,设置“0.05 mm”细实线,单击“⊞”应用到表格内线。

将“图纸标题栏”样式置为当前,单击“确定”,完成表格样式的创建。

(2) 创建基本表格

单击“注释”选项卡中“表格”面板的表格工具“▦”,打开“插入表格”对话框,设置如下:表格样式名称为“图纸标题栏”,列为 6、行为 2(应为 4 行,系统默认时已有两行:标题和表头,将这两行均设置为“数据”,所示行数则输入 2),单元样式均为“数据”,其他选项取默认值。完成上述设置后单击“确定”插入表格,创建的基本表格如图 1-4-76(a)所示。

(3) 编辑表格

① 合并一组单元格

创建好图 1-4-76(a)所示基本表格后还需要通过编辑修改才能完成标题栏。

选中表格,按住鼠标左键拖选需要合并的单元格,如图 1-4-76(b)所示虚线框区域,松开左键选中 6 个单元格,在选中区域右击,弹出快捷菜单,选择“合并→全部”或单击工具面板合并单元格按钮“▥”,如图 1-4-76(c)所示。

② 合并另两组单元格

应用上述方法完成另两组单元格的合并操作,如图 1-4-76(d)所示。

(4) 表格文字

选中表格,在需要输入文字的单元格内双击,进入表格文字编辑状态,工具面板也相应自动切换为文字编辑工具,如图 1-4-77 所示,分别输入文字:支架、比例、1∶1、20200602002、材料、制图、×××、2020.6.9、审核、×××、2020.6.12、××制图工作室。设置“支架”,单击文字对正工具“A”设置对齐方式为“正中”。按照同样的方法完成其他单元格文字设置:文字高度为 3.5 mm、对齐方式为“正中”,其他为设置默认。

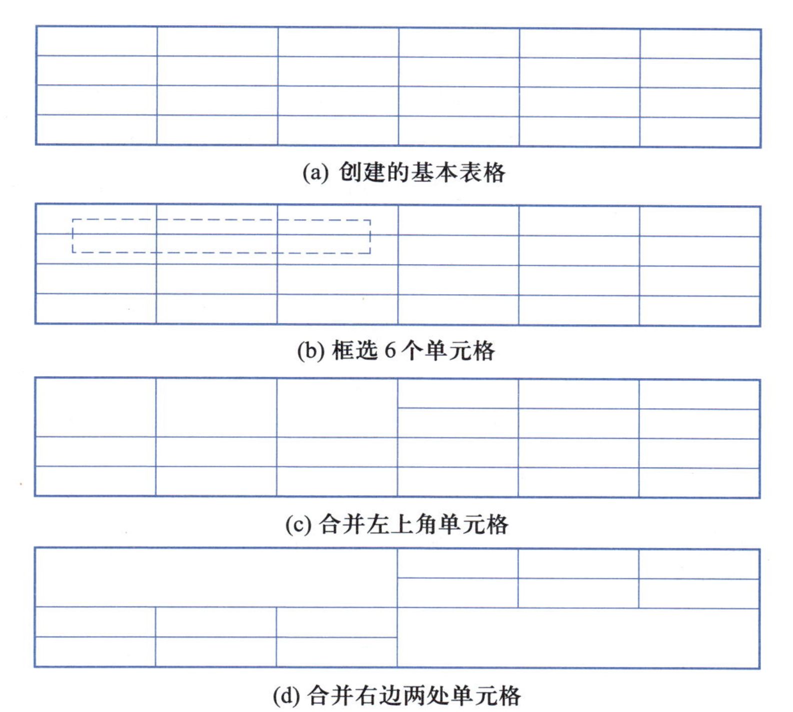

(a) 创建的基本表格

(b) 框选 6 个单元格

(c) 合并左上角单元格

(d) 合并右边两处单元格

图 1-4-76　创建并编辑表格

技术要求

未注明铸造圆角半径为*R*3、*R*5

支　架			比例	20200602002	
			1∶1	材料	
制图	×××	2020.6.9	××制图工作室		
审核	×××	2020.6.12			

图 1-4-77　标题栏与文字注释

(5) 设置表格行高、列宽，移动表格

选择“制图”单元格，右击选中的单元格，在弹出的快捷菜单中单击“特性”，打开“特性”对话框，在“单元”中设置“单元宽度”为 15 mm、“单元高度”为 8 mm。

用同样的方法依次设置“审核”“比例”“1∶1”的“单元宽度”为 15 mm、“单元高度”为 8 mm。设置姓名栏的“单元宽度”为 25 mm，日期栏的“单元宽度”为 30 mm，图号栏的“单元宽度”为 55 mm。

应用“修改”面板的移动工具“✥”以表格右下角为基点，以图框内框右下角为目标点移动表格到图框，如图 1-4-56 所示。

2. 技术要求文字注释

应用“注释”面板的多行文字工具“A”创建文字高度为 4 mm 的仿宋体文字，内容为：“未注明铸造圆角半径为 $R3$、$R5$”，如图 1–4–77 所示，应用移动工具调整文字位置。用同样的方法创建文字高度为 6 mm 的仿宋体单行文字：“技术要求”，如图 1–4–77 所示。

理一理	多种方法制作标题栏
	1. 应用表格工具创建标题栏：应用上述方法创建标题栏，可以将制作的图框、标题栏保存为 dwg 文件，以插入块的方式重复调用。 2. 动态标题栏制作：应用矩形、直线、修剪等工具创建表格，若需要将此表格反复调用且每次调用需要输入不同的文字信息，可以在单元格应用定义属性文字并与表格一起创建为内部块，这样就可以方便地反复调用并动态输入文字信息。 3. OLE 标题栏制作：AutoCAD 还提供了通过应用程序创建表格建立 OLE 对象，如 Excel、Word 等，通过 AutoCAD 中的 OLE 对象插入完成标题栏，标题栏数据由相应应用程序创建的外部文件提供，并可以通过外部应用程序编辑修改。 4. 应用图形样板中的标题栏。

九、设置“布局”输入图形

单击切换至“布局 1”，右击“布局 1”，在弹出的快捷菜单中单击“页面设置管理器”，在打开的对话框中单击“修改”，设置“图纸尺寸”为 A4 横向，设置“打印范围”为“布局”，其他默认，单击“确定”完成页面设置。

单击选定视口框，拖动控制方块调整视口框大小至虚线框处，在视口内双击激活视口，右击视口内的空白处，在弹出的快捷菜单中应用“平移”“缩放”调整图纸大小，使其刚好布满视口。也可以在该步骤中制作图框和标题栏。

依次单击“A”→“输出”→“PDF”，在“选项”中设置 dpi，设置保存位置，输入图纸名称并保存。

〖任务体验〗

1. 任务梳理

请将本次任务学习的内容按下表提示进行梳理。

AutoCAD 技术			制图技能			经验笔记
文字工具	表格工具	创建块	标题栏	剖视图	图纸输出	

2. 操作训练

绘制图 1–4–78~ 图 1–4–81 所示的图形，并进行尺寸标注。

3. 案例体验

如图 1–4–82 所示，根据素材文件夹中提供的“案例体验三维 .dwg”三维模型按图示尺寸绘制主视图、左视图、局部剖视图等，并对绘制的图形进行尺寸标注。

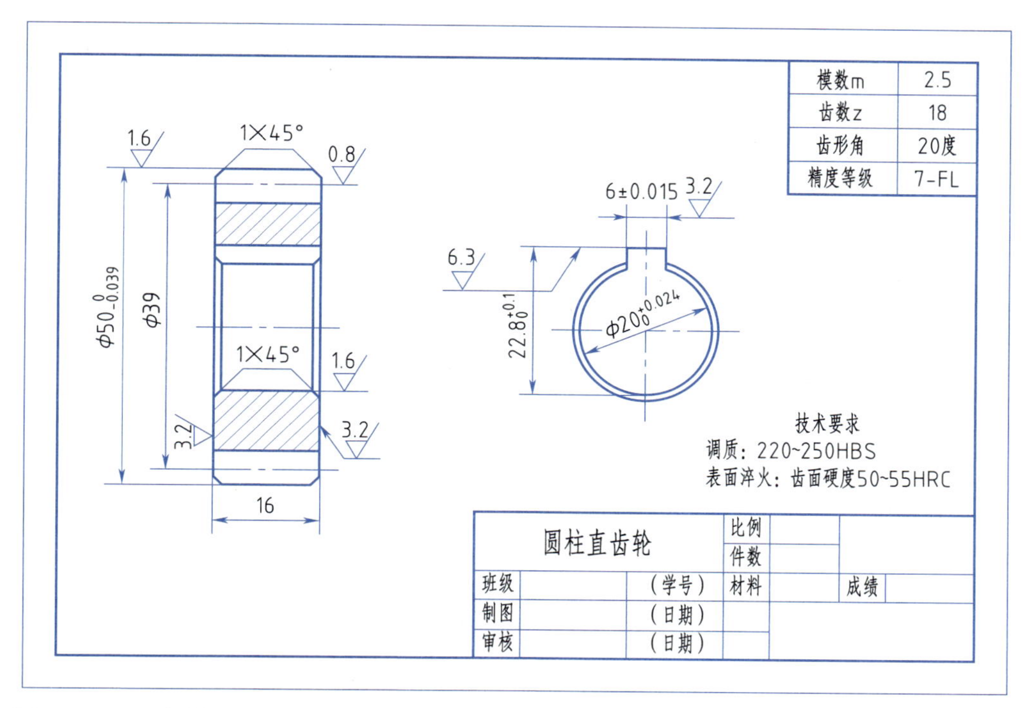

图 1-4-78　绘制图形、148 mm × 105 mm 图框、标题栏，并进行尺寸标注（素材：齿轮 .pdf）

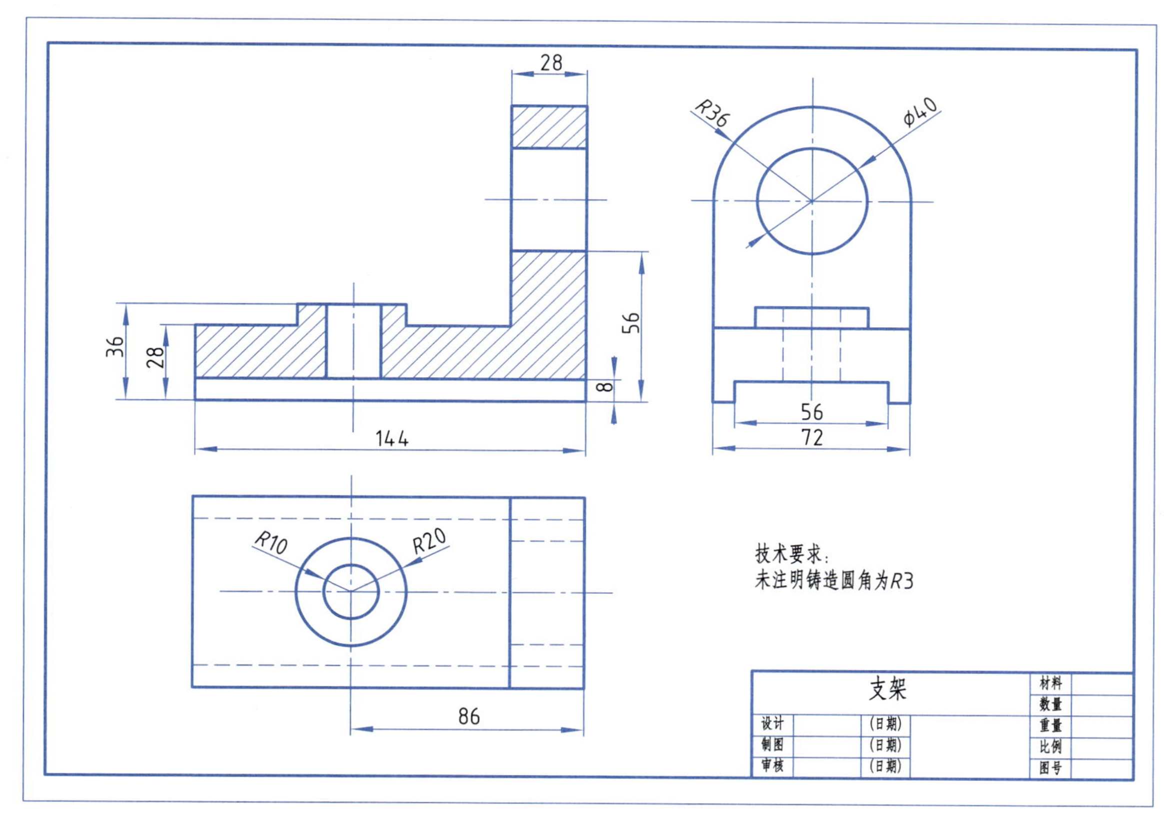

图 1-4-79　绘制图形、A4 图框、标题栏，并进行尺寸标注（素材：支架 .pdf）

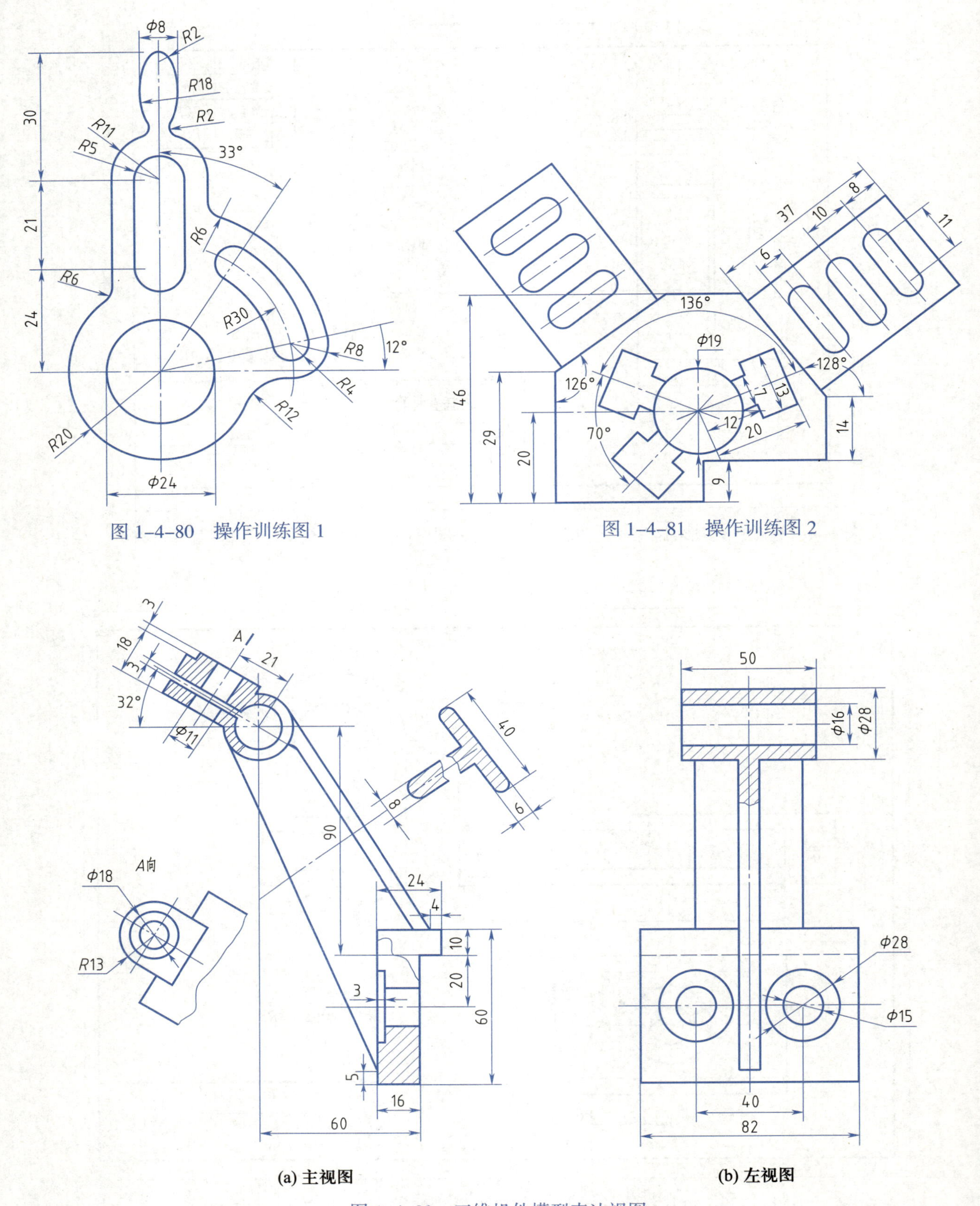

图 1-4-80 操作训练图 1

图 1-4-81 操作训练图 2

(a) 主视图

(b) 左视图

图 1-4-82 三维机件模型表达视图

【项目体验】

项目情景：

某机械加工厂需生产图 1-4-83 所示的机件模型，现需要制作机件图纸。

项目要求：

1. 根据图 1-4-83 所示三维机件模型，确定机件表达视图，按尺寸绘制表达视图，进行尺寸标注，创建标题栏及技术文字注释，并分别输出为 dwg 和 pdf 格式文件。

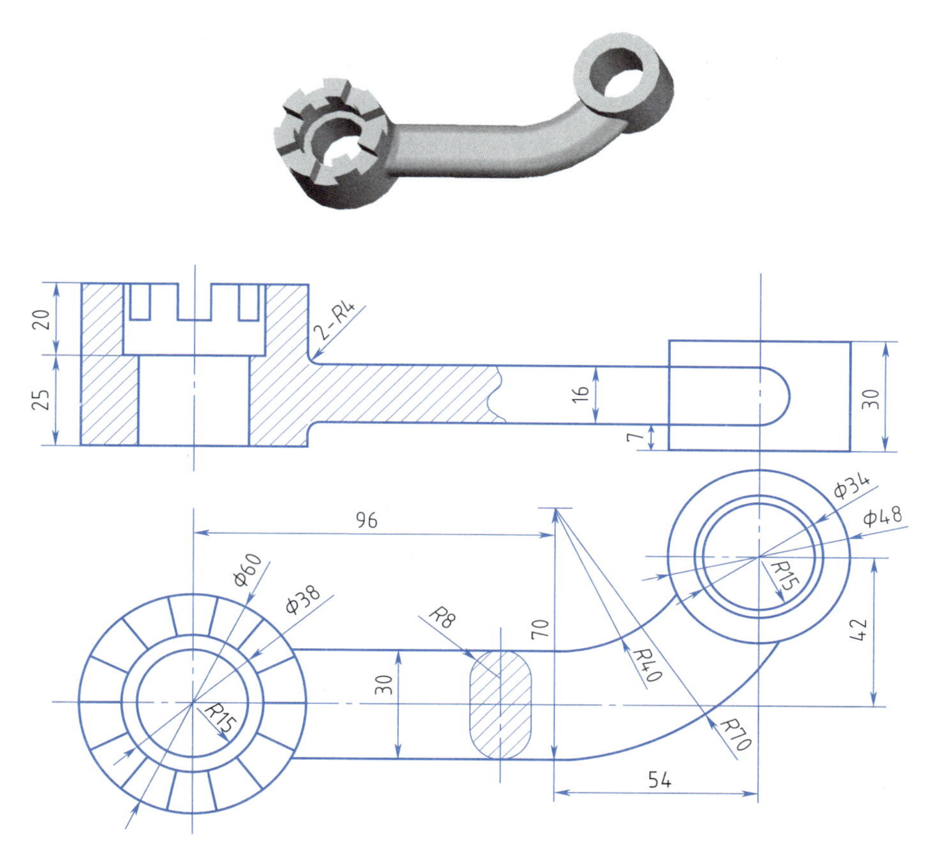

图 1-4-83　三维机件模型及视图

2. 根据图 1-4-84 所示带轮模型及三维尺寸，确定并绘制表达视图，并根据机件表达需要配备局部视图，进行尺寸标注。对绘制的图形制作 A4 横向图框、标题栏和包含“技术要求”的文字注释，并分别输出为 DWG 和 PDF 格式文件。

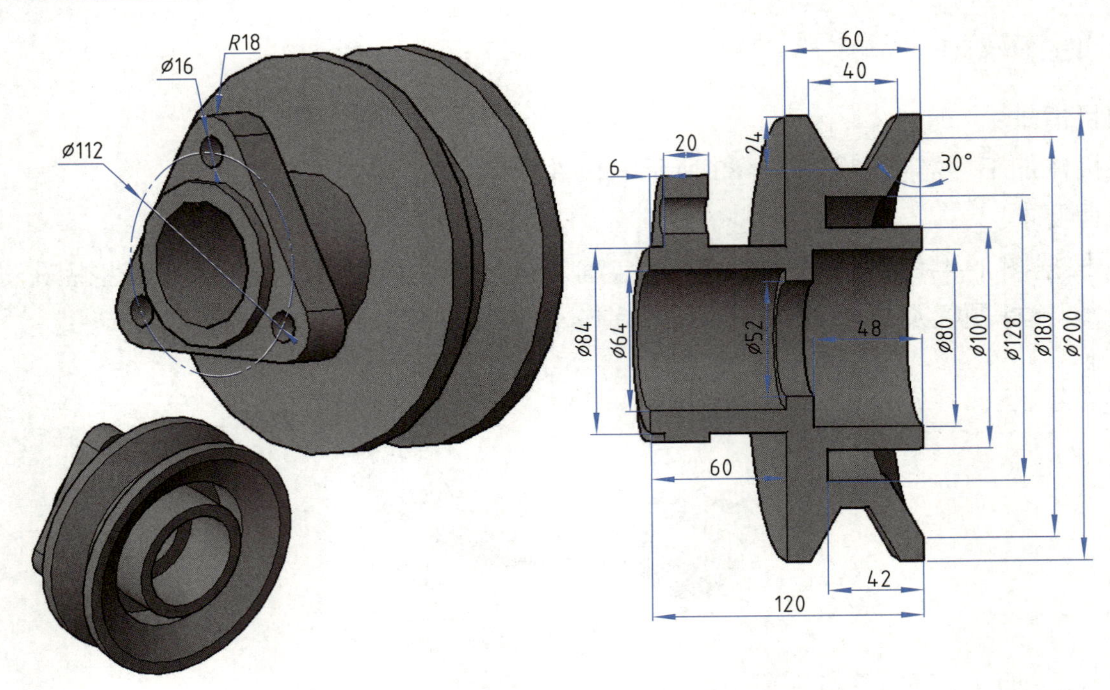

图 1-4-84　带轮模型及三维尺寸

【项目评价】

评价项目	能力表现			
基本技能	获取方式：□自主探究学习　□同伴互助学习　□师生互助学习 掌握程度：□了解____%　□理解____%　□掌握____%			
创新理念	□大胆创新	□有点创新思想	□能完成____%	□保守陈旧
岗位体验	□了解行业知识	□具备岗位技能	□能完成____%	□还不知道
技能认证目标	□高级技能水平	□中级技能水平	□初级技能水平	□继续努力
项目任务自评	□优秀　□良好　□合格　□一般　□再努力一点就更好了			
我获得的岗位知识和技能				
分享我的学习方法和理念				
我还有疑难问题				

>>>2 建筑园林绘图

近年来,AutoCAD 已广泛应用于建筑、结构、室内装修、水电设计、城市园林规划等领域。使用该软件不仅能将设计方案用规范的施工图表达出来,而且能有效地帮助设计人员提高设计水平和工作效率。

应用 AutoCAD 设计的图形在建设方案设计阶段,生成扩展名为 .dwg 的矢量图形文件,这些文件可以导入 3ds Max、3DVIZ 等建模软件,也可以输出位图导入 Photoshop 等图像处理软件中制作平面效果图。

在建筑设计中主要包括建筑总图、平面图、立面图、剖面图、大样图、节点详图等。应用 AutoCAD 提供的多线工具绘制建筑平面图非常方便。

在园林规划设计中,可绘制规划设计总平面图,包括地形、花草树木、道路、房屋等。在 AutoCAD 中可以将树木、花草、汽车等创建为块,方便重复调用。在室内布局、装修、水电设计中,绘制出设计图、施工图。有了图纸,在设计论证和施工应用中都很方便。

本单元简要介绍建筑园林制图中的相关知识,重点介绍使用 AutoCAD 进行建筑园林设计的操作环境、设置图层和精确绘图的基本方法和技巧。

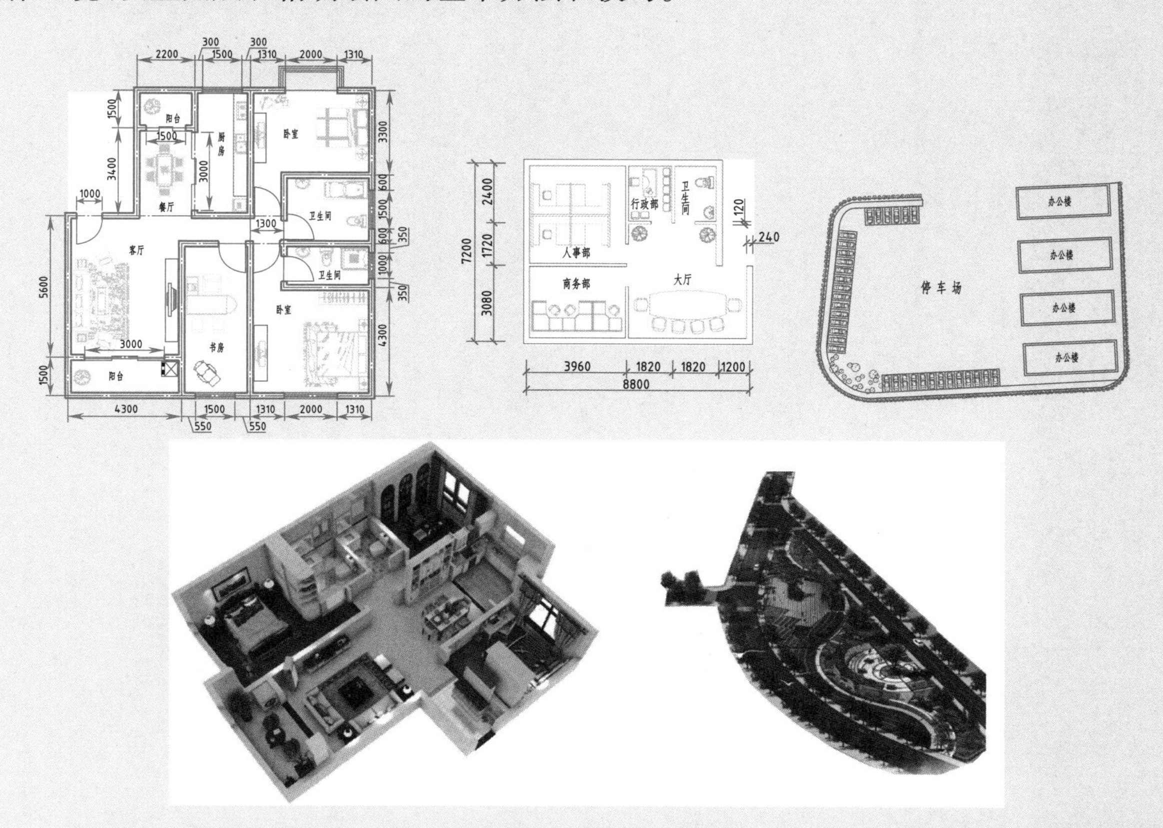

项目 2.1 <<<

户型平面图

——多线的创建、编辑及应用；建筑制图与标注；建筑设施布局

【项目情景】

如图 2-1-1 所示，绘制户型平面图，并进行尺寸标注、文字注释、家具布局等。

项目 2.1 包括两个任务：

任务 2.1.1 绘制户型平面图——环境设置、辅助工具、图层创建与管理、多线等线条类绘图工具的应用；

任务 2.1.2 户型平面图标注与家具布局——户型平面图的标注应用、家具图案应用。

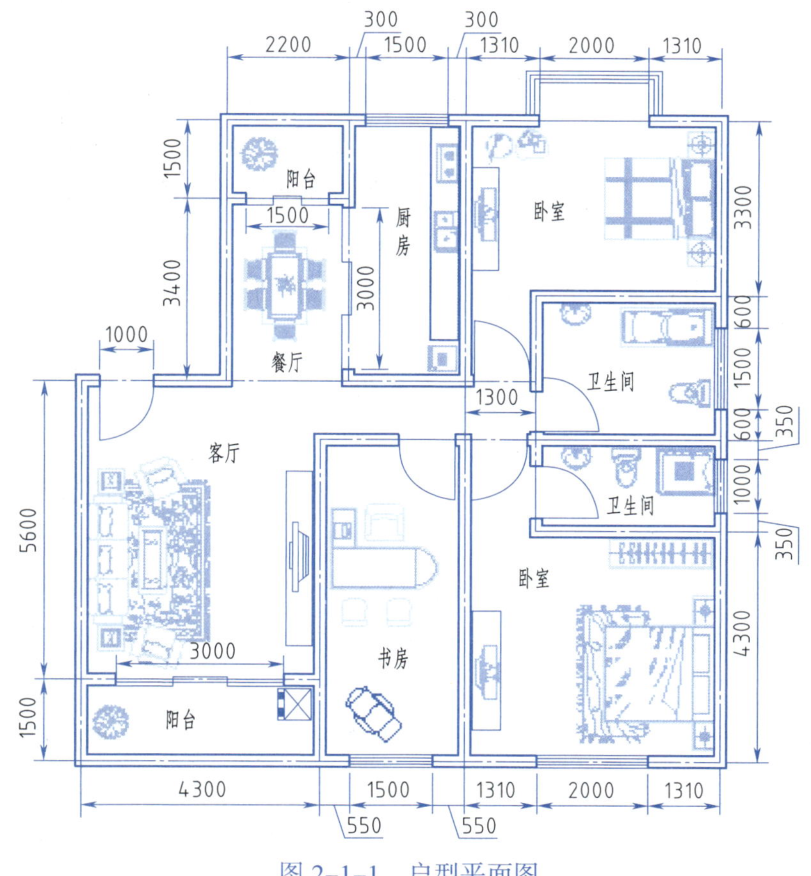

图 2-1-1 户型平面图

【项目目标】

会读懂建筑图,能根据建筑数据绘制建筑平面图;能根据绘图需要设置、编辑多线;偏移、修剪、多线工具的综合应用。

【岗位对接】

建筑制图岗位基本技能包括:建筑平面图的识读、绘制、规范标注等技能;多线的创建、编辑、应用技能;AutoCAD 绘图、编辑工具应用技能。

【技能建构】

一、走进行业

学习单	标题	学习活动	学习建议
	建筑图户型图	查找并收集建筑图、户型图,可以是电子或纸质,并分享给同学们	在收集活动中了解建筑图纸

1. 房屋组成

房屋建筑一般可归纳为民用建筑和工业建筑两大类,其基本的组成内容相似,一般由基础、墙或柱、楼板层、楼梯、屋顶和门窗六大部分组成。

基础起着承受和传递荷载的作用,常用的基础形式有条形基础、独立基础、筏板基础、箱形基础、桩基础等,使用的材料有砖、石、混凝土、钢筋混凝土等;屋顶、外墙、雨篷等起着隔热、保温、避风遮雨的作用,屋顶风格具有美化作用,反映不同的民族文化;屋面、天沟、雨水管等起着排水的作用;台阶、门、走廊、楼梯起着沟通房屋内外、上下交通的作用,常用的楼梯有钢筋混凝土楼梯和钢楼梯;窗则主要用于采光、通风,目前常用的门窗有木门窗、钢门窗、铝合金门窗、塑钢门窗等。

在房屋建筑设计中还包括水、弱电、强电工程设计等。

2. 房屋、园林施工图设计流程

在设计房屋、园林施工图时,要经历一系列设计论证阶段,在绘制施工图时应遵循国家规定的制图要求。

施工图设计主要经历方案设计、初步设计、技术设计和施工图设计 4 个阶段。

在方案设计阶段中,可应用 AutoCAD 中的绘图功能、计算功能以及三维分析功能等技术。AutoCAD 的渲染技术可以提供逼真的渲染效果图。

初步设计阶段的初设图由建筑、园林设计者根据设计任务书、有关的政策文件、地质条件、环境、气候、文化背景等,明确设计意图,提出设计方案。

技术设计阶段的技术设计图是各专业根据报批的初步设计图对工程进行技术协调后设计绘制的基本图纸。

施工图设计是建筑、园林设计过程的最后阶段。此阶段的主要设计依据是报批获准的技术设计图或扩大初设图，要求用尽可能详尽的图形、尺寸、文字、表格等形式将工程对象的有关情况表达清楚。

房屋建筑、园林施工图是为施工服务的，要求准确、完整、清晰、明了。

3. 建筑图纸

(1) 建筑总平面图

建筑总平面图是表明一项建设工程总体布置情况的图纸。它是在建设基地的地形图上，把已有的、新建的和拟建的建筑物、构筑物以及道路、绿化等按与地形图同样比例绘制出来的平面图。主要表明新建平面形状、层数、室内外地面标高，新建道路、绿化、场地排水和管线的布置情况，并表明原有建筑、道路、绿化等和新建筑的相互关系以及环境保护方面的要求等。由于建设工程的性质、规模及所在基地的地形、地貌的不同，建筑总平面图所包括的内容有的较为简单，有的则比较复杂，必要时还可分项绘出竖向布置图、管线综合布置图、绿化布置图等。

(2) 建筑平面图

建筑平面图是假想在房屋的窗台以上作水平剖切后，移去上面部分作剩余部分的正投影而得到的水平剖面图。建筑平面图是最基本的建筑施工图，包括：房屋的大小和形状，墙、柱的位置、厚度、材料，门窗的位置、大小、开启方向等。建筑平面图还可以表达家具的摆放位置。建筑平面图按工种分类一般可分为建筑施工图、结构施工图和设备施工图。施工使用的房屋建筑平面图一般有：底层平面图（表示第一层房间的布置、建筑入口、门厅及楼梯等）、标准层平面图（表示中间各层的布置）、顶层平面图（房屋最高层的平面布置图）以及屋顶平面图（即屋顶平面的水平投影，其比例尺一般比其他平面图小）。图 2-1-2 所示是别墅立体图及一层平面图。

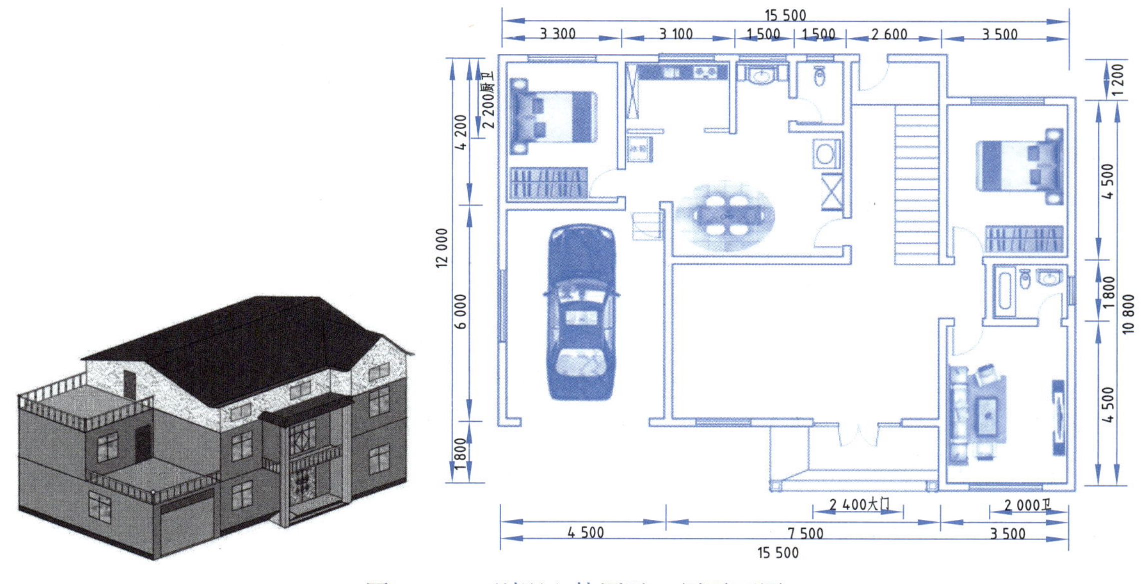

图 2-1-2　别墅立体图及一层平面图

(3) 建筑立面图和建筑剖面图

建筑立面图是将建筑的不同侧表面，投影到垂直投影面上而得到的正投影图。

建筑剖面图是依据建筑平面图上标明的剖切位置和投影方向，假定用铅垂方向的切平面将建筑切开后面得到的正投影图。

(4) 建筑工程施工图

建筑工程施工图简称施工图，是表示工程项目总体布局，建筑物的外部形状、内部布置、结构构造、内外装修、材料做法以及设备、施工等要求的图样。

(5) 建筑剖面图

沿建筑宽度方向剖切后得到的剖面图称横剖面图；沿建筑长度方向剖切后得到的剖面图称纵剖面图；将建筑的局部剖切后得到的剖面图称局部剖面图。建筑剖面图主要表示建筑在垂直方向的内部布置情况，反映建筑的结构形式、分层情况、材料做法、构造关系及建筑竖向部分的高度尺寸等。

4. 房屋施工图绘制要求

在房屋施工图设计过程中，建筑施工图应按照房屋正投影原理绘制，清晰、准确、详尽地表达建筑对象，并且在绘图过程尽可能地简化图形，其具体内容如下所述。

房屋建筑施工图除效果图、设备施工图中的管道线路系统图外，其余采用正投影的原理绘制，因此所绘图样应符合正投影的特性。

建筑物形体很大，绘图时都要按比例缩小。为反映建筑物的细部构造及具体做法，常配较大比例的详图图样，并且用文字和符号详细说明。

许多构配件无法如实画出，需要采用国标中规定的图例符号画出。有时国标中没有的，需要自己设计，并加以说明。

二、技能建构

学习单	标题	学习活动	学习建议
	墙体线	了解建筑墙体宽度一般为多少？在图纸中怎样表示墙体	在收集活动中学习提升

1. 多线与多线样式

多线命令用于一次创建 1~16 条平行线，每条平行线是一个元素，平行线之间的间距和数目可以调整，常用于绘制建筑图中的墙体、电子线路图等平行对象。

(1) 创建多线样式

做一做	创建多线样式
	创建名称为“样式 1”的多线样式，要求有 4 条平行线，线间距为 0.5 mm，起点为外弧，端点为直线，外线为红色，内线为绿色，并置为当前。

在应用多线工具创建多线前，可以应用系统样式，也可以由用户自定义多线样式，用户根据需要定义不同的线数、线型、封口和颜色等。

在经典模式下选择“格式”菜单→“多线样式”，打开“多线样式”对话框，单击对话框中的“新建”按钮，在打开的“创建新的多线样式”对话框中选择基础样式，输入新样式名称“样式 1”。

单击“继续”，打开“新建多线样式”对话框，如图 2-1-3 所示，单击“添加”并分别设置“偏移”为 0.75、0.25、-0.25、-0.75 的 4 条平行线，设置第一条、第四条为红色，中间平行线为绿色，勾选封口“起点”为“外弧”，勾选“端点”为“直线”，其他项取默认值，单击“确定”，完成新建多线样式设置并返回“多线样式”对话框，单击样式“样式 1”并“置为当前”，启用“绘图”菜单→“多线”将按“样式 1”绘制多线（图 2-1-4 所示为该样式的绘制效果）。

理一理	多线样式与多线
	启动“多线”命令时命令行提示：“当前设置：对正 = 上，比例 =20.00，样式 = 样式 1”，表明多线的“对正”方式为“上”，“比例”为 20，多线样式为“样式 1”，可通过输入参数修改“对正”和“比例”。绘制图 2-1-4 所示多线。

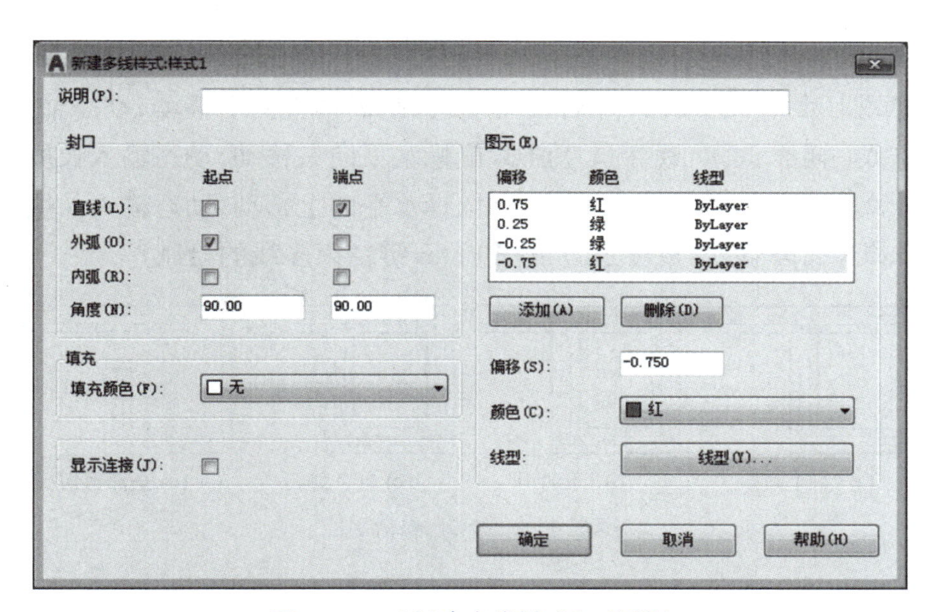

图 2-1-3　“新建多线样式”对话框

（2）修改多线样式

“格式”菜单→“多线样式”

选择“格式”菜单→“多线样式”，打开“多线样式”对话框，若选择“样式 1”，单击“修改”又可以修改“样式 1”的封口、线型、颜色、偏移以及增减线。“修改多线样式”对话框与“创建新的多线样式”对话框中的内容与操作相同，可参照创建多线样式的方法对多线样式进行修改。

图 2-1-4　应用“样式 1”按比例 1 绘制的多线

2. 绘制、编辑多线

(1) 绘制多线

命令“绘图”菜单→“多线”。

应用“多线”命令以“样式 1”绘制图 2-1-5(a)所示图形,命令提示如下:

命令:_mline

当前设置:对正 = 下,比例 = 1.00,样式 = 样式 1

指定起点或[对正(J)/比例(S)/样式(ST)]:s(输入“比例”参数设置比例)

输入多线比例 <1.00>:10(输入比例 10)

当前设置:对正 = 下,比例 = 10.00,样式 = 样式 1

指定起点或[对正(J)/比例(S)/样式(ST)]:j(输入“对正”参数设置对正)

输入对正类型[上(T)/无(Z)/下(B)]< 下 >:z(设置居中对正,即“无”)

当前设置:对正 = 无,比例 = 10.00,样式 = 样式 1

指定起点或[对正(J)/比例(S)/样式(ST)]:(单击确定多线的绘制起点)

指定下一点:100(开启正交模式,鼠标水平向左移动,动态输入长度 100 mm)

指定下一点或[放弃(U)]:70(开启正交模式,鼠标垂直向下移动,动态输入长度 70 mm)

指定下一点或[闭合(C)/放弃(U)]:55(鼠标水平向右移动,动态输入长度 55 mm)

指定下一点或[闭合(C)/放弃(U)]:65(鼠标水平向上移动,动态输入长度 65 mm)

指定下一点或[闭合(C)/放弃(U)]:(按 Enter 键结束多线的绘制)

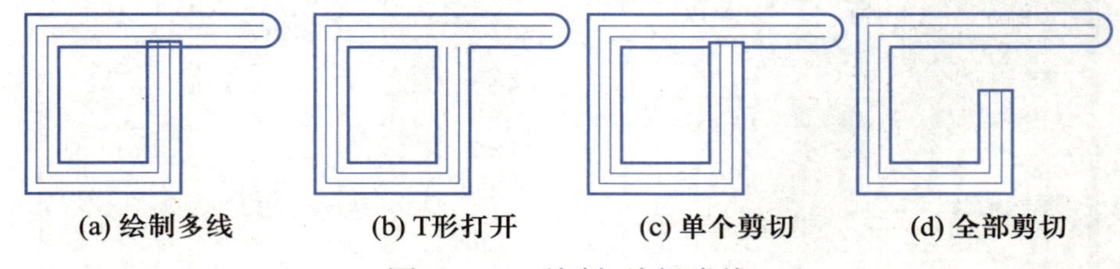

(a) 绘制多线　(b) T形打开　(c) 单个剪切　(d) 全部剪切

图 2-1-5　绘制、编辑多线

(2) 编辑多线

应用多线工具编辑图 2-1-5(a),得到图 2-1-5(b)、(c)所示图形。

选择“修改”菜单→“对象”→“多线”或双击多线图形,打开“多线编辑工具”对话框,如图 2-1-6 所示,可以使用其中的 12 种编辑工具编辑多线。

做一做	绘制、编辑图 2-1-5 所示多线
	单击“T 形打开”,依次单击图 2-1-5(a)两条相关线即可完成图 2-1-5(b)。 单击“单个剪切”按钮,依次单击图 2-1-5(a)重叠红线上的两点,打通红线,完成图 2-1-5(c)。 单击“全部剪切”在图 2-1-5(a)多线要剪切“缺口”的两点间位置打开“通道”,再开启捕捉端点,应用直线工具用红色线连接开口处,完成图 2-1-5(d)。

图 2-1-6　“多线编辑工具”对话框

任务 2.1.1　绘制户型平面图

——环境设置、辅助工具、图层创建与管理、多线等线条类绘图工具的应用

〖任务描述〗

如图 2-1-7 所示，通过修剪和偏移直线创建建筑平面图轴线网格，然后在这个网格上应用多线绘图命令绘制墙体线，应用多线编辑或打散修剪完成开门窗洞和转角，最后插入门窗等物件后完成文字和尺寸标注。

整个项目可以分为绘制墙体中心线、绘制墙线、开门窗洞、绘制门窗图块及插入门窗、插入室内其他物件、尺寸标注、文字说明几个步骤来完成，完成的图形如图 2-1-7 所示。

〖任务目标〗

会根据绘图需要进行多线设置；会选择合适的 AutoCAD 线型编辑方式编辑多线；能熟练应用 AutoCAD 的偏移、修剪以及多线等绘图命令绘制户型平面图；掌握房屋的墙体、门窗、阳台的表示与绘制方法。

〖任务分析〗

绘制房屋平面图时首先画出墙体中心线的位置，应用多线、正交、捕捉等工具精确绘制墙线，也可以先对重要部位进行尺寸标注，这样对辅助绘制墙线会更方便。

在建筑行业中墙体厚度一般为 24 cm(隔断 20 cm)，可设置多线为双线来表示墙体，间距为 1 mm，绘制比例为 240，即 240 × 1 mm=24 cm，对正方式为“无”，即居中。墙体中心线为墙体中线，居中对正绘制更方便。

整个项目可以分为绘制墙体中心线、绘制墙线、开门窗洞、绘制门窗图块及插入门窗几个步骤来完成，如图 2–1–7 所示。

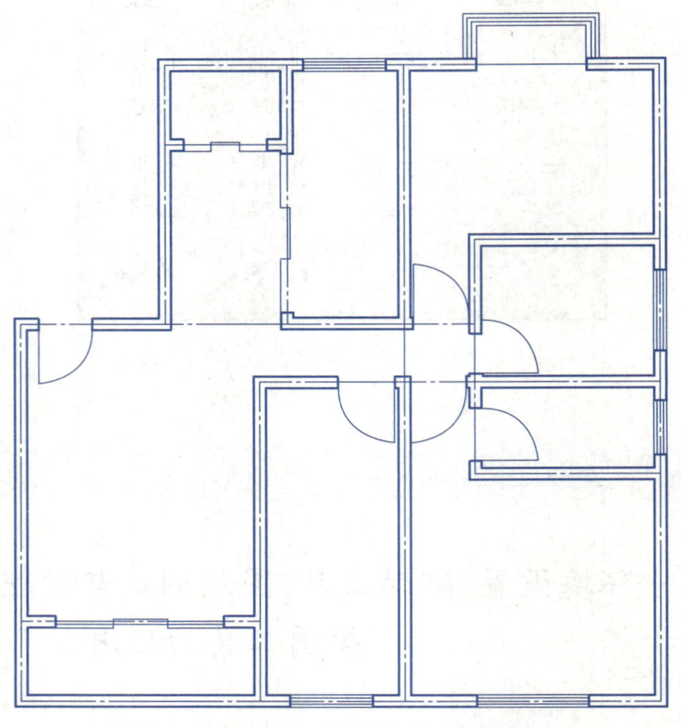

图 2–1–7 “三室两厅两卫”户型平面图

〖任务导学〗

学习单	标题	学习活动	学习建议
	绘制户型图	上网查一查户型图一般包括哪些内容	走进行业

一、应用样板创建新图形文件

启动 AutoCAD 系统，切换到 AutoCAD “草图与注释”或 AutoCAD 经典工作空间。

单击“文件”→“打开”，在“文件类型”中选择“图形样板(*.dwt)”，打开“acadiso.dwt”模板建立新的图形文件，并以文件名“任务 211.dwg”保存到工作目录。

二、设置图层

单击“图层特性”图标按钮“”，或选择“格式”菜单→“图层”命令，打开“图层特性管理器”对话框，创建 6 个图层，见表 2–1–1：

三、绘制墙体

1. 绘制墙体中心线

设置当前绘图图层为“中心线层”。

表 2-1-1　新建 3 个图层

图层名称	颜色	线型	线宽
中心线层	红色	加载线型“center2”（点划线）	默认
标注层	蓝色	continuous	0.15 mm
墙体层	黑色	continuous	0.3 mm
门窗层	青色	continuous	0.05 mm
家具层	金色	默认	默认
文字层	绿色	默认	默认

（1）线型设置

单击直线工具“”，如图 2-1-8 所示，绘制一条长为 11 520 mm 的水平线 L，并应用“格式”菜单→“线型”命令，打开如图 2-1-9 所示“线型管理器”对话框，单击“显示细节”修改线型比例对话框中的“全局比例因子”为 10。

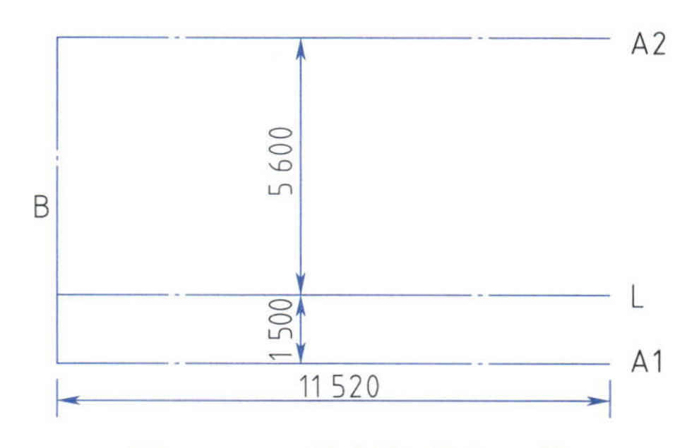

图 2-1-8　绘制部分中心线

（2）偏移 L 线并连接线段

单击偏移工具“”（低版本为“”），将已绘制好的水平线 L 向下偏移 1 500 mm 创建水平线 A1，向上偏移 5 600 mm 创建水平线 A2，连接水平线 A1、A2 的左边端点，创建垂直线段 B，如图 2-1-9 所示。

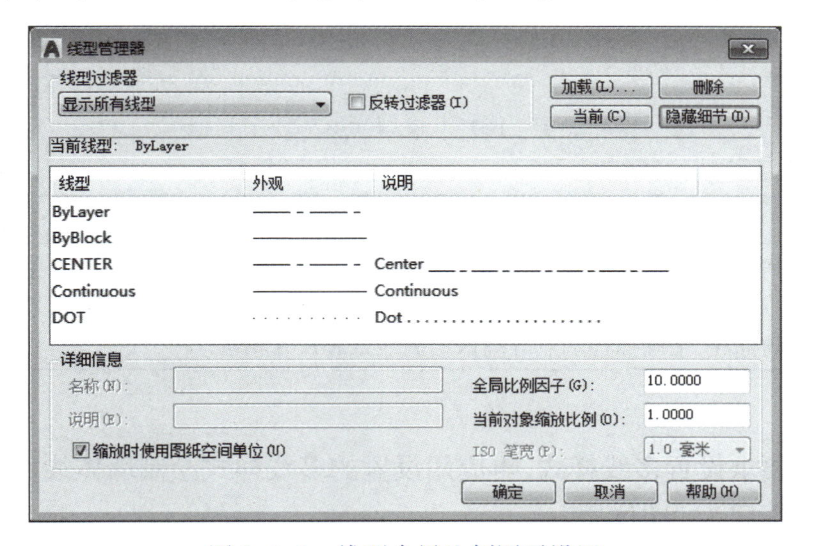

图 2-1-9　线型全局比例因子设置

（3）偏移线 A1 和线 B 完成其他中心线

重复应用偏移工具“”（低版本为“”），如图 2-1-10 所示，以线段 A1 为偏移起始线，向上偏移 4 300 mm 创建一条水平线，再将该线向上偏移 1 700 mm 创建水平线，将这条水平线向上偏移 2 700 mm 创建水平线，继续向上偏移 3 300 mm 创建水平线；以线段 B 为偏移起始线，按上述方法也逐次向右偏移 4 300 mm、2 600 mm、4 620 mm。应用修剪、删除工具修剪中心线，如图 2-1-10 所示。

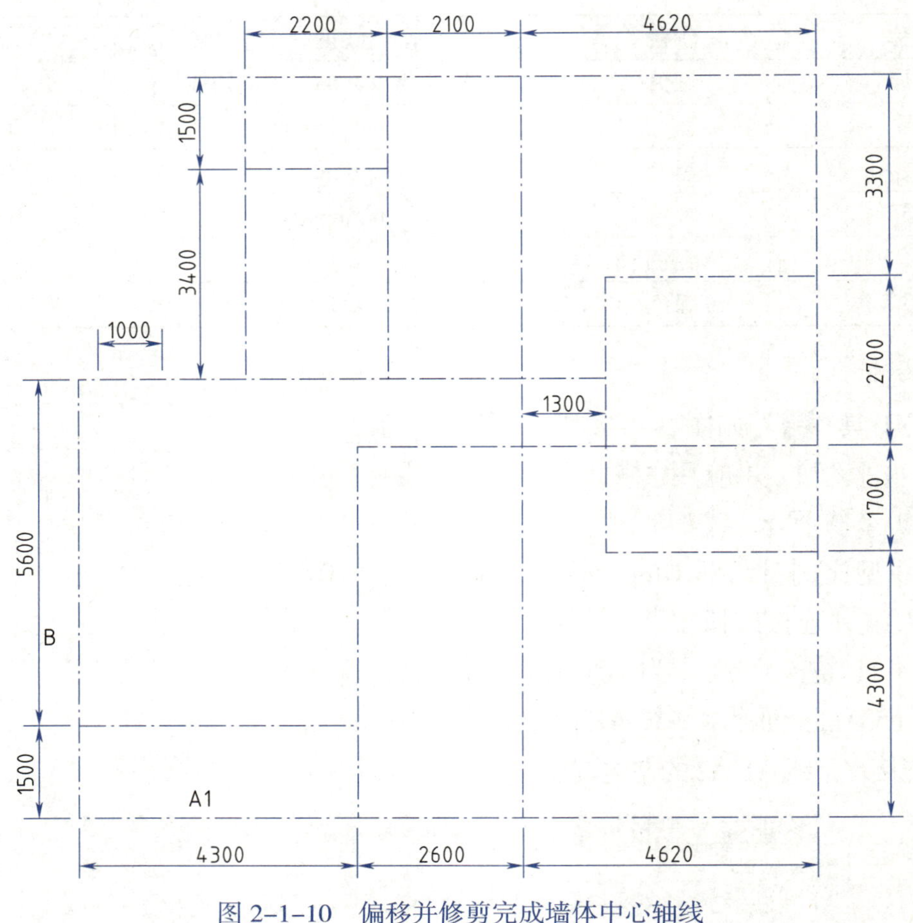

图 2-1-10　偏移并修剪完成墙体中心轴线

做一做	绘制中心线
	中心线主要用于确定墙体中心线位置，在建筑图中称之为墙体中心轴线，为了避免线偏移后线段过于密集，影响绘制，可以先偏移部分线后修剪，再继续偏移或直接应用直线工具绘制出墙体中心线轮廓。还可以先作重要部位的标注，精确捕捉端点等确保绘制线条和尺寸精准。

2. 绘制墙体线

先根据墙体线要求设置多线样式，再应用设置的多线样式绘制墙体线。

设置当前绘图图层为“墙体层”。

(1) 设置多线样式

单击“格式”菜单→“多线样式”，以“STANDARD”为基础样式新建“墙体 1”多线样式，设置参数，如图 2-1-11 所示。

(2) 绘制封闭的多线线段 ABCDEFA

开启正交模式，启动“绘图”菜单→“多线”命令，如图 2-1-12 所示，绘制封闭的外墙体多线 ABCDEFA，命令提示如下：

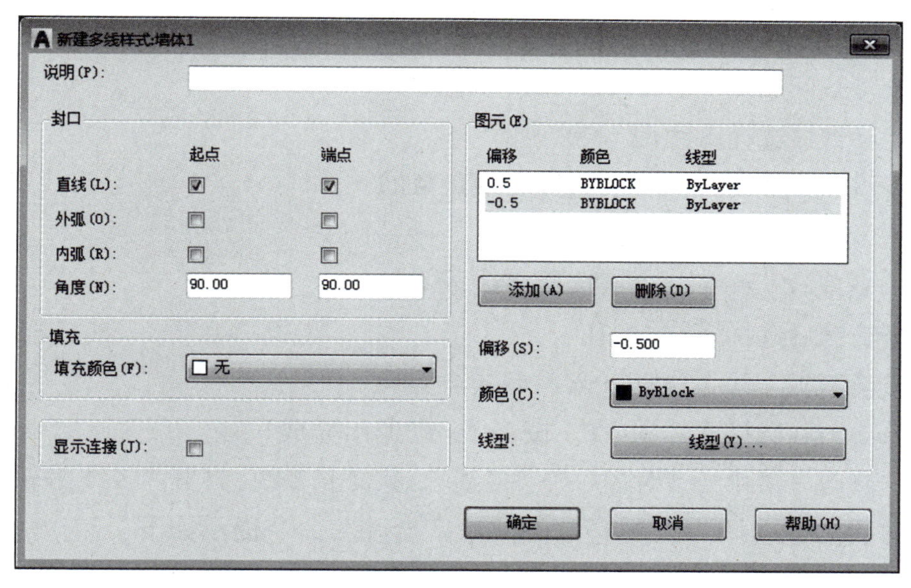

图 2-1-11　“墙体 1”多线样式设置

命令:_mline

当前设置:对正 = 上,比例 = 20.00,样式 = 墙体 1

指定起点或[对正(J)/比例(S)/样式(ST)]:按下正交按钮 < 正交　开 >s(输入 s 设置比例)

输入多线比例 <20.00>:240(输入比例 240)

当前设置:对正 = 上,比例 = 240.00,样式 = 墙体 1

指定起点或[对正(J)/比例(S)/样式(ST)]:j(输入 j 设置对正)

输入对正类型[上(T)/无(Z)/下(B)]< 上 >:z(设置对正方式为“无”,即居中对齐)

当前设置:对正 = 无,比例 = 240.00,样式 = 墙体 1

指定起点或[对正(J)/比例(S)/样式(ST)]:(捕捉并单击图 2-1-12 所示 A 点)

指定下一点或[放弃(U)]:(捕捉并单击图 2-1-12 所示 B 点)

指定下一点或[闭合(C)/放弃(U)]:(捕捉并单击图 2-1-12 所示 C 点)

指定下一点或[闭合(C)/放弃(U)]:(捕捉并单击图 2-1-12 所示 D 点)

指定下一点或[闭合(C)/放弃(U)]:(捕捉并单击图 2-1-12 所示 E 点)

指定下一点或[闭合(C)/放弃(U)]:(捕捉并单击图 2-1-12 所示 F 点)

指定下一点或[闭合(C)/放弃(U)]:(捕捉并单击图 2-1-12 所示 A 点或输入“C”闭合)

(3) 绘制多线线段 GHI、JKLM、NOP、QR、ST、WX、UV

开启对象捕捉“交点”,应用上述方法分别绘制多线段 GHI、JKLM、NOP、QR、ST、WX、UV,如图 2-1-12 所示。

(4) 编辑墙体多线

依次单击“修改”菜单→“对象”→“多线”,或双击多线,打开“多线编辑工具”对话框(图 2-1-6),在对话框中多次选择应用“T 形打开”或“T 形合并”,命令提示如下:

命令：_mledit

选择第一条多线：(选择图 2–1–12 多线段 AB)

选择第二条多线：(选择多线段 NO)

选择第一条多线或［放弃(U)］：(选择多线段 AB)

选择第二条多线：(选择多线段 QR)

选择第一条多线或［放弃(U)］：(选择多线段 CD)

选择第二条多线：(选择多线段 HI)

选择第一条多线或［放弃(U)］：(选择多线段 CD)

选择第二条多线：(选择多线段 ST。按 Enter 键退出完成)

依次单击“修改”菜单→“对象”→“多线”，或双击多线，打开“多线编辑工具”对话框(图 2–1–6)，在对话框中选择“十字打开”或“十字合并”，命令提示如下：

命令：_mledit

选择第一条多线：(选择图 2–1–12 多线段 HG)

选择第二条多线：(选择多线段 LK。按 Enter 键完成)

用同样的方法进行其他部位的编辑修改，如图 2–1–13 所示。

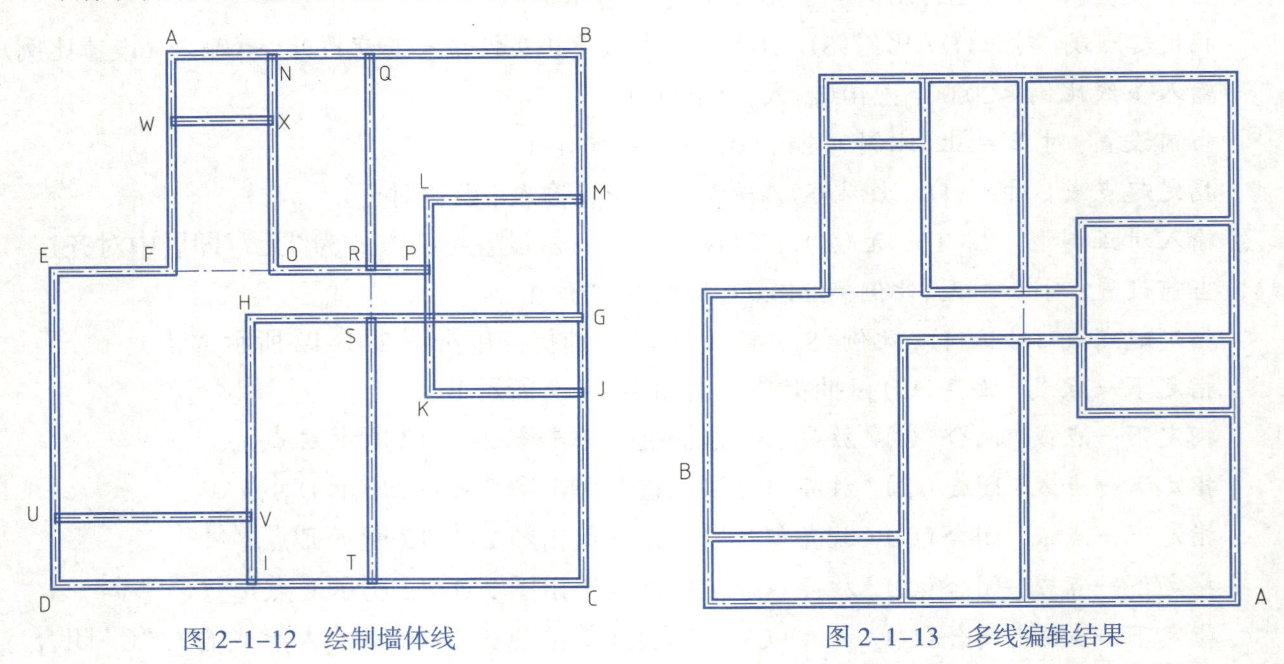

图 2–1–12　绘制墙体线　　　　图 2–1–13　多线编辑结果

做一做	多线编辑练习
	打开素材“多线编辑训练 .dwg”，分别练习应用十字打开、十字合并、T 形打开、T 形合并、角点结合，完成 A、B、C、D、E 五处的多线编辑。

四、绘制门窗

1. 应用直线、修剪工具创建门窗

创建门窗时，若具有对称性，则以其中点为基准分别向两边创建辅助直线并修剪。应用直

线、修剪工具创建一个 1 500 mm 宽的窗户洞口的操作方法如下：

开启捕捉“中点”，应用直线工具“![]”，如图 2-1-15(a)所示，捕捉到房间窗墙内线的中点 m，开启正交模式“![]”，鼠标水平向左移动，动态输入 750，鼠标垂直向上移动，动态输入 260(大于墙厚即可)，鼠标水平向右移动，动态输入 1 500，鼠标垂直向下移动，动态输入 260(超过墙厚即可)，按 Enter 键完成。

单击“修改”面板的修剪工具“![]”，或单击“修改”菜单→“修剪”(低版本修剪工具为“![]”)，修剪掉辅助线框内多线，应用直线工具“![]”捕捉“端点”，连接多线断处的端点 AB 和 CD，完成 1 500 mm 宽的窗户洞口，如图 2-1-14(b)所示。

应用上述方法可以按尺寸分别“挖出”其他门窗洞口。

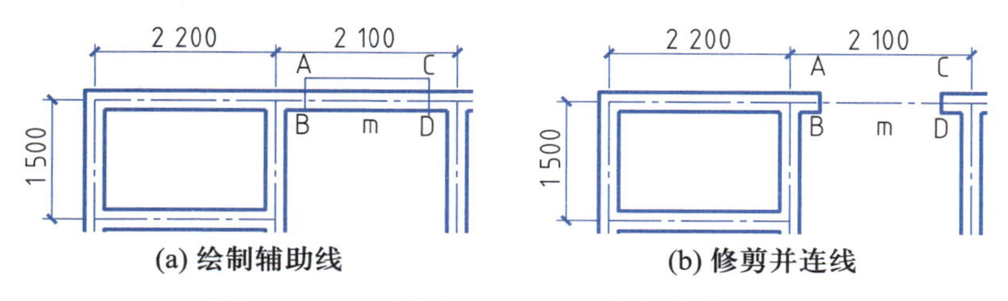

(a) 绘制辅助线　　(b) 修剪并连线

图 2-1-14　创建 1 500 mm 宽的窗户洞口

2. 应用矩形、修剪的方法创建门窗

可以分别绘制长 1 000 mm、1 500 mm、2 000 mm、3 000 mm 宽不少于 300 mm 的矩形。根据门窗个数的需要进行复制，分别放置到不同的门窗位置(窗一般位于房间墙的中心位置，门距墙边线不少于 20 mm)，以这些矩形为门窗洞的修剪边界修剪门窗洞，操作方法如下：

(1) 绘制 5 个矩形

根据门窗尺寸绘制图 2-1-15 所示的 5 个矩形。

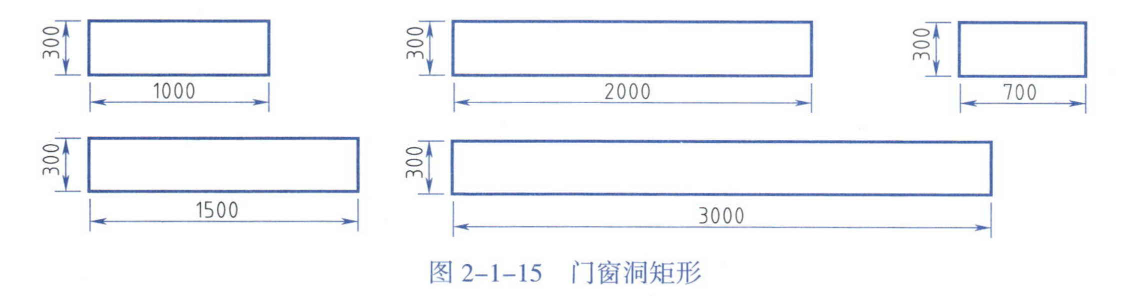

图 2-1-15　门窗洞矩形

(2) 复制矩形

根据门窗个数、尺寸的需要对已绘制的矩形进行复制，经过移动、辅助定位(中点、端点)后得到图 2-1-16 所示图形。

(3) 修剪

单击“修改”面板的修剪工具“![]”，或单击“修改”菜单→“修剪”(低版本修剪工具为“![]”)，以矩形作为修剪边界，对所有的墙线进行修剪，经修改后应用直线工具连接断处端点得到门窗洞。

(4) 删除矩形

删除门窗洞矩形，最后得到图 2-1-17 所示图形。

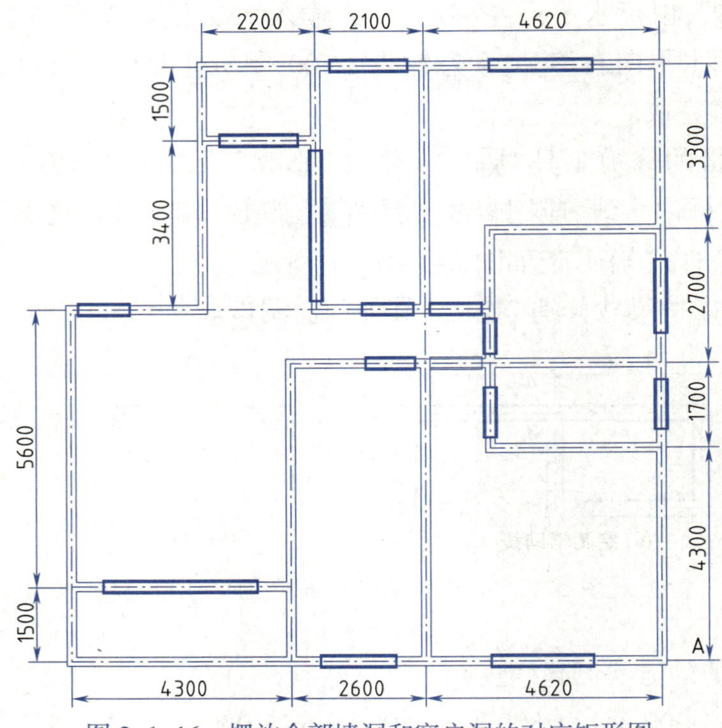

图 2-1-16　摆放全部墙洞和窗户洞的对应矩形图

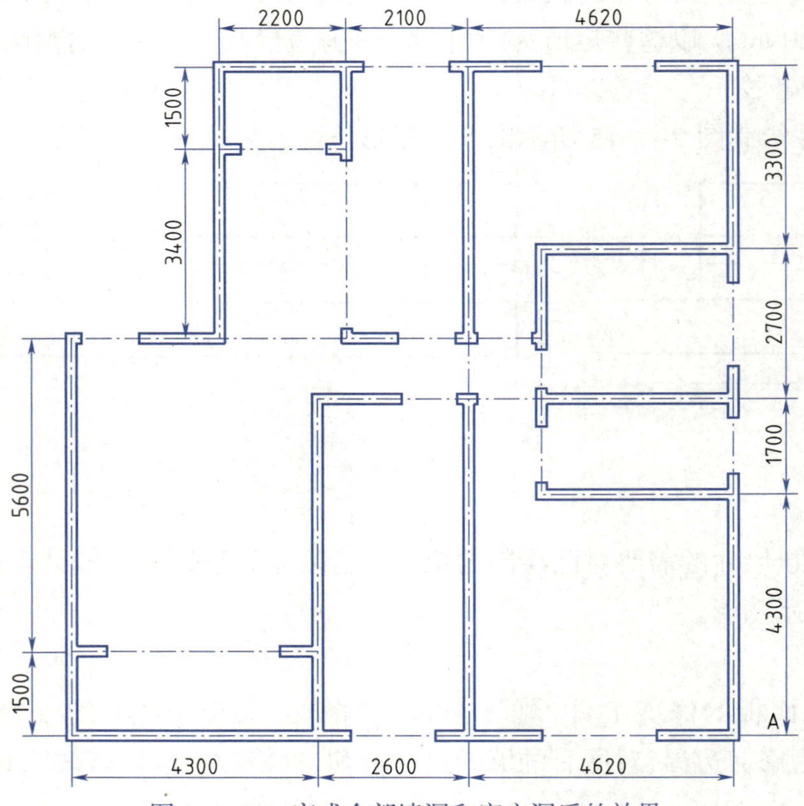

图 2-1-17　完成全部墙洞和窗户洞后的效果

理一理	绘制门、窗的方法小结
	在多线墙体中绘制门、窗的方法有： ① 用多线编辑的方法直接创建门、窗（缺乏精准性）。 ② 应用直线工具确定门、窗边界后应用修剪工具修剪（可精准定位）。 ③ 用矩形工具绘制并确定门、窗边界，再根据需要门窗的个数进行复制，分别放在不同的门窗位置，修剪出门窗（可精准定位，反复使用）。

五、绘制门、窗

窗户可以利用多线绘制也可单线绘制好后偏移完成。若是单线绘制，则需要将其定义成图块后插入图形。

1. 绘制门

（1）绘制平开门、滑门图形

设置当前绘图图层为“门窗层”。应用直线工具分别绘制图 2-1-18 所示的平开门（长 1 000 mm，厚 4 mm）、小滑门（长 1 500 mm，厚 8 mm）、大滑门（长 3 000 mm，厚 8 mm）图形。

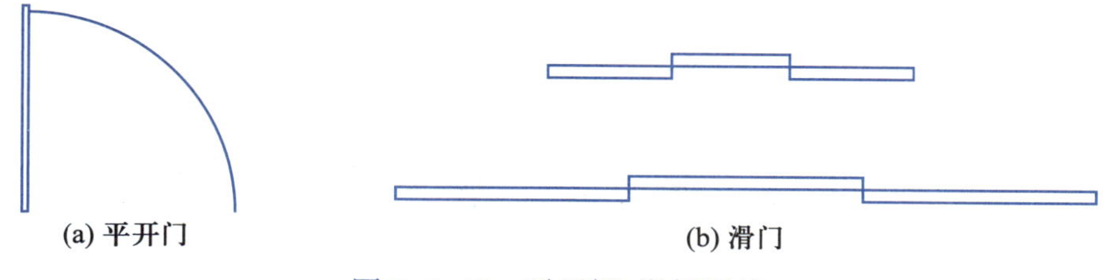

图 2-1-18　平开门、滑门图块

（2）创建图形块

单击“块”面板的创建块工具“ ”，或“绘图”菜单→“块”→“创建”，分别为平开门、两个大小不同的滑门创建 3 个图块，图块名称分别为“平开门”“小滑门”“大滑门”。

（3）插入图形块

单击“块”面板的插入块工具“ ”，或“插入”菜单→“块选项板”→“当前图形”→“插入”，分别插入墙体图形中相应的位置，对于对称性的平开门，可以插入一个后应用镜像完成对称的另一扇门，应用捕捉、移动、旋转工具进行调整，如图 2-1-19 所示。

理一理	绘制平开门、滑门的方法小结
	上述应用了块创建平开门、滑门；也可以先绘制图 2-1-18 所示的平开门、滑门图形，应用复制、镜像、捕捉、移动、旋转工具创建相同门形。

2. 绘制窗

应用多线命令绘制窗户。

（1）创建“窗户”多线样式

单击“格式”菜单→“多线样式”，弹出“新建多线样式”对话框，单击“新建”按钮，名称命名为“窗户”，创建如图 2-1-20 所示红色“图元”和直线“封口”设置。

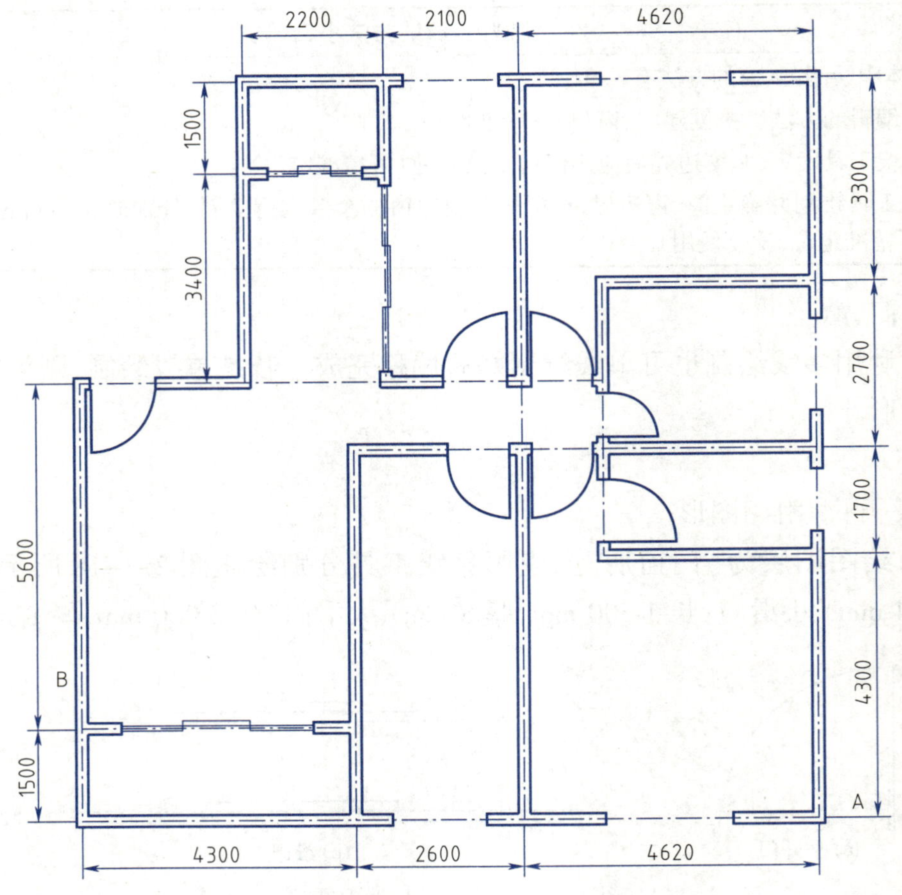

图 2-1-19 插入平开门和滑门

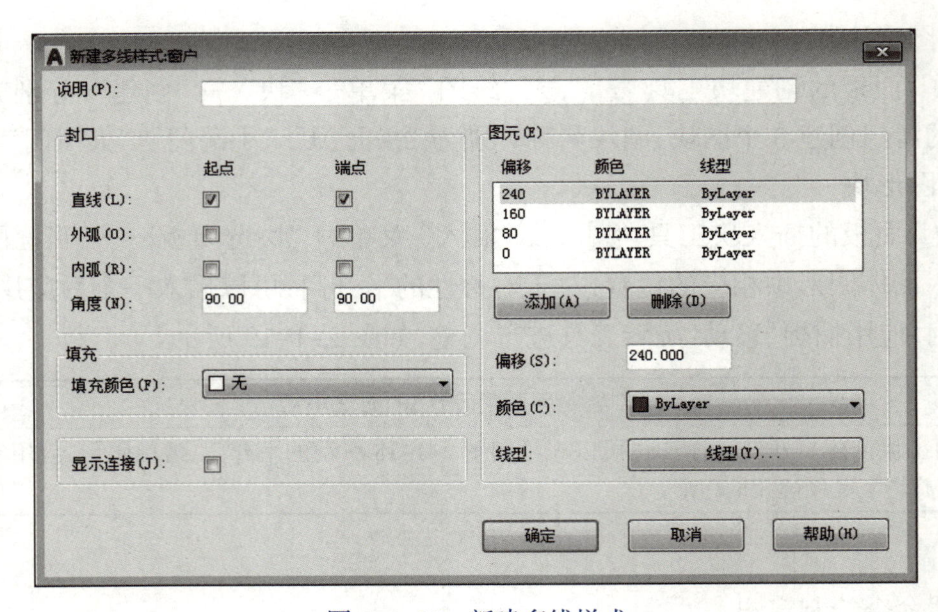

图 2-1-20 新建多线样式

(2) 绘制窗

在“新建多线样式”对话框中将“窗户”样式置为当前。

单击“绘图”菜单→“多线”，应用“窗户”样式绘制一个窗的命令提示如下：

命令：_mline

当前设置：对正 = 无，比例 = 240.00，样式 = 窗户

指定起点或［对正(J)/比例(S)/样式(ST)］：s（输入比例参数）

输入多线比例 <240.00>：1（输入比例 1）

当前设置：对正 = 无，比例 = 1.00，样式 = 窗户

指定起点或［对正(J)/比例(S)/样式(ST)］：j（输入对正参数）

输入对正类型［上(T)/无(Z)/下(B)］<无>：B（设置为向下对齐）

当前设置：对正 = B，比例 = 1.00，样式 = 窗户

指定起点或［对正(J)/比例(S)/样式(ST)］：（捕捉并单击图 2-1-21 所示 A 点）

指定下一点：（捕捉并单击图 2-1-21 所示 B 点后按 Enter 键）

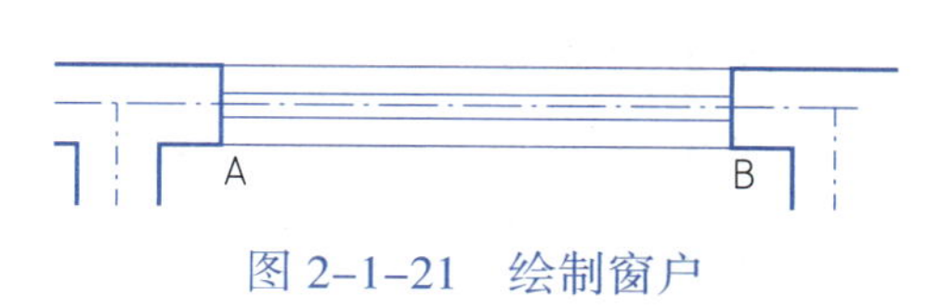

图 2-1-21　绘制窗户

应用上述方法绘制其他窗户，如图 2-1-22 所示，注意理解多线的对正方式。

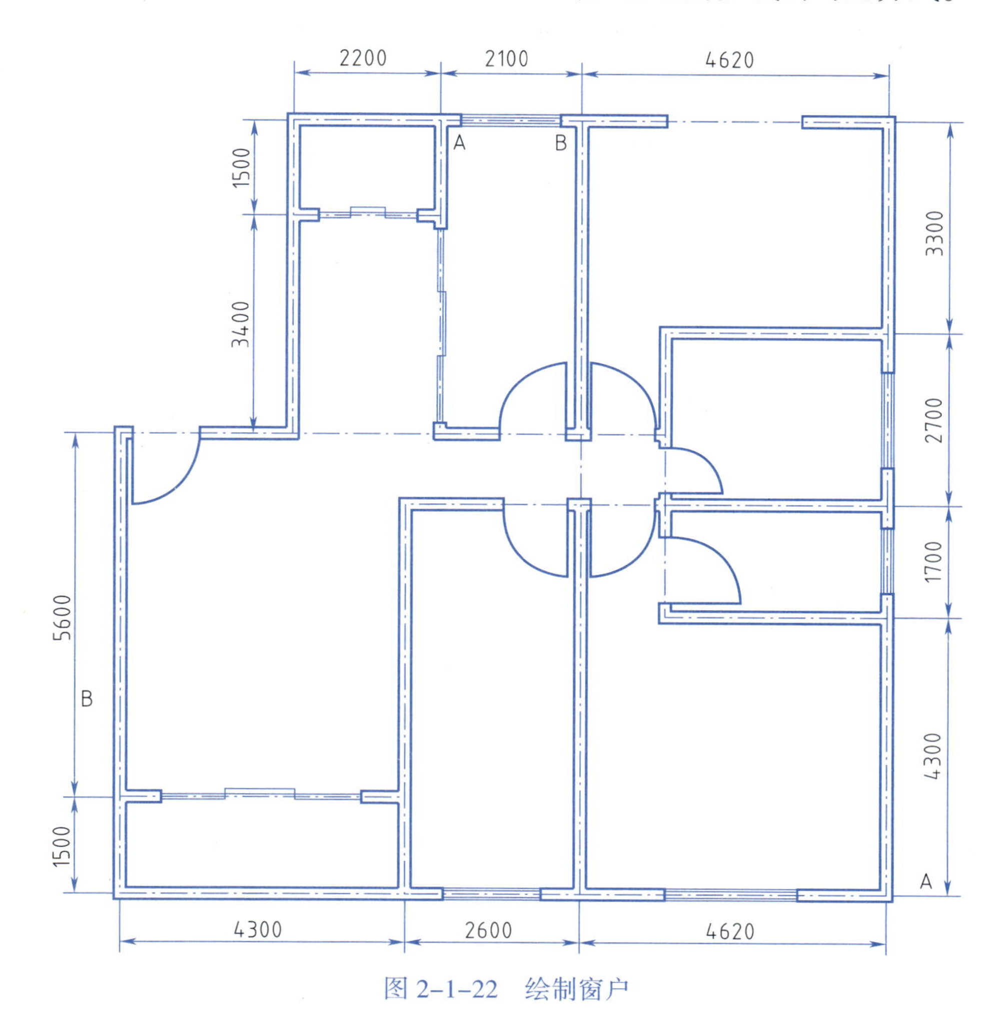

图 2-1-22　绘制窗户

3. 绘制飘窗

绘制图 2-1-23 所示的飘窗。

单击“绘图”菜单→“多线”,应用“窗户”多线样式,命令提示如下:

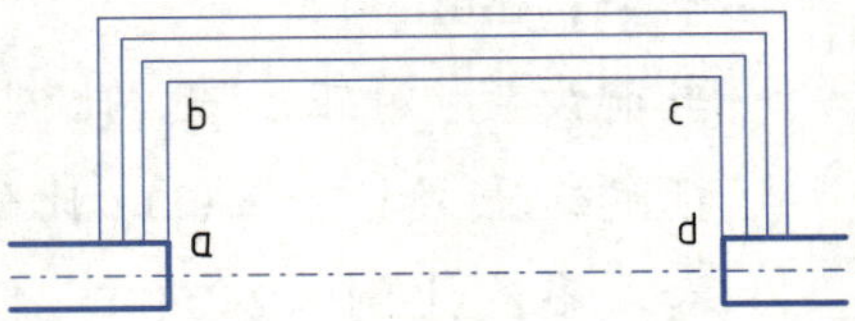

图 2-1-23 绘制飘窗

命令:_mline

指定起点或[对正(J)/比例(S)/样式(ST)]:s

输入多线比例 <240.00>:1

指定起点或[对正(J)/比例(S)/样式(ST)]:j

输入对正类型[上(T)/无(Z)/下(B)]< 下 >:b

指定起点或[对正(J)/比例(S)/样式(ST)]:(捕捉图 2-1-23 飘窗最左边起点 a)

指定下一点:(开启正交模式,鼠标垂直向上移动,输入 600,绘制 ab)

指定下一点或[放弃(U)]:(鼠标水平向右移动,输入 2000,绘制 bc)

指定下一点或[闭合(C)/放弃(U)]:(鼠标垂直向下移动,输入 600 后到图 2-1-23 中点 d,按 Enter 键完成飘窗的绘制)

全部门窗完成后的效果如图 2-1-24 所示。

保存文档。

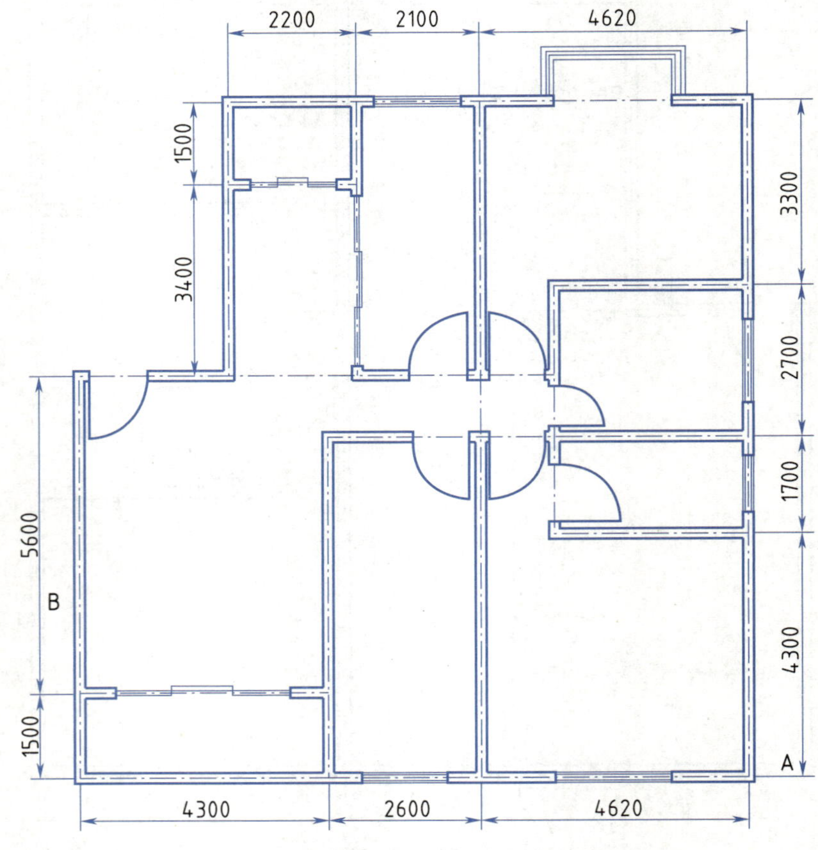

图 2-1-24 全部门窗完成后的效果图

〖任务体验〗

1. 任务梳理

请将本次任务学习的内容按下表提示进行梳理。

AutoCAD 技术			制图技能			经验笔记
多线工具	多线样式	绘制多线	墙	窗（飘窗）	门	

2. 操作训练

（1）绘制如图 2-1-25 所示的室内办公区平面图。

（2）绘制如图 2-1-26 所示的房屋平面图，3 个窗洞的尺寸分别为 720 mm、850 mm、1 500 mm，飘窗尺寸为 600 mm × 2 200 mm，墙体厚度分别为 240 mm、120 mm。

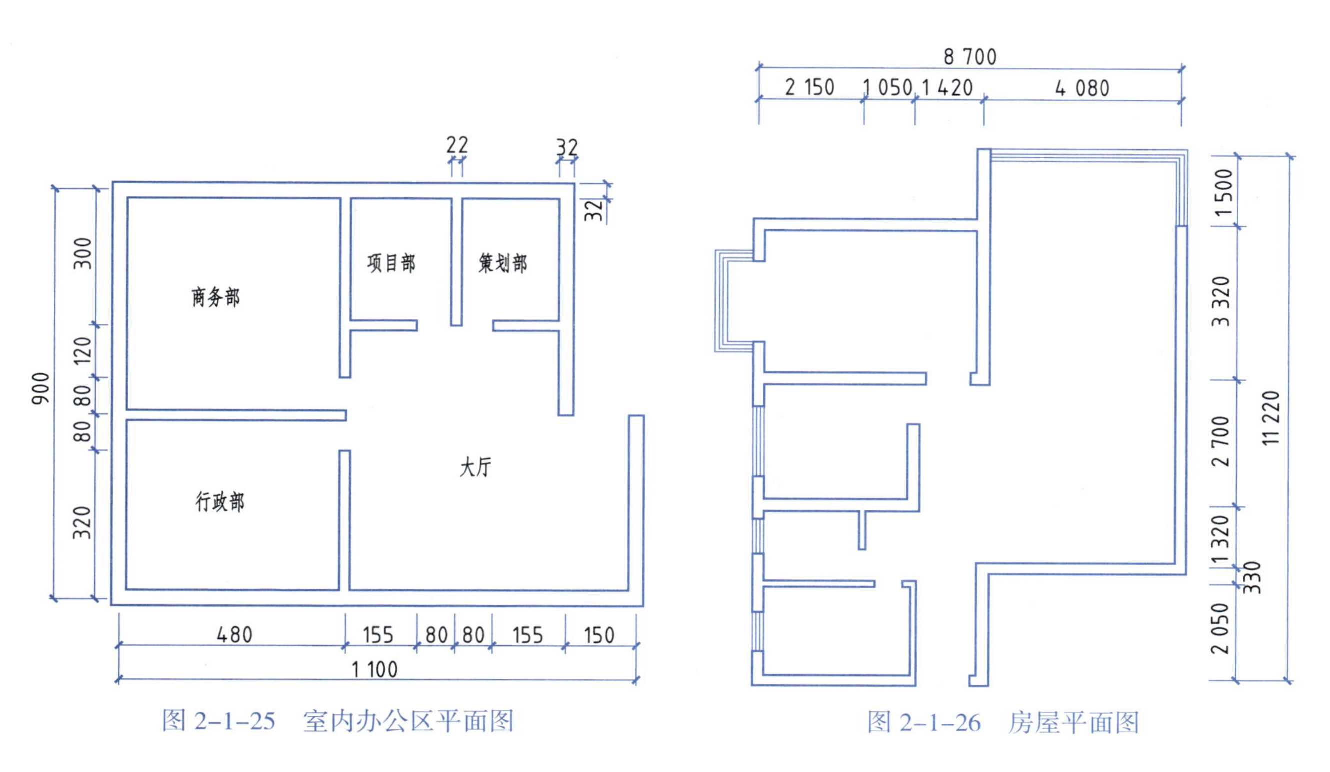

图 2-1-25　室内办公区平面图

图 2-1-26　房屋平面图

3. 案例体验

小梅准备开一家蛋糕店，请帮她绘制图 2-1-27 所示店内平面布置图，方便工人装修施工。

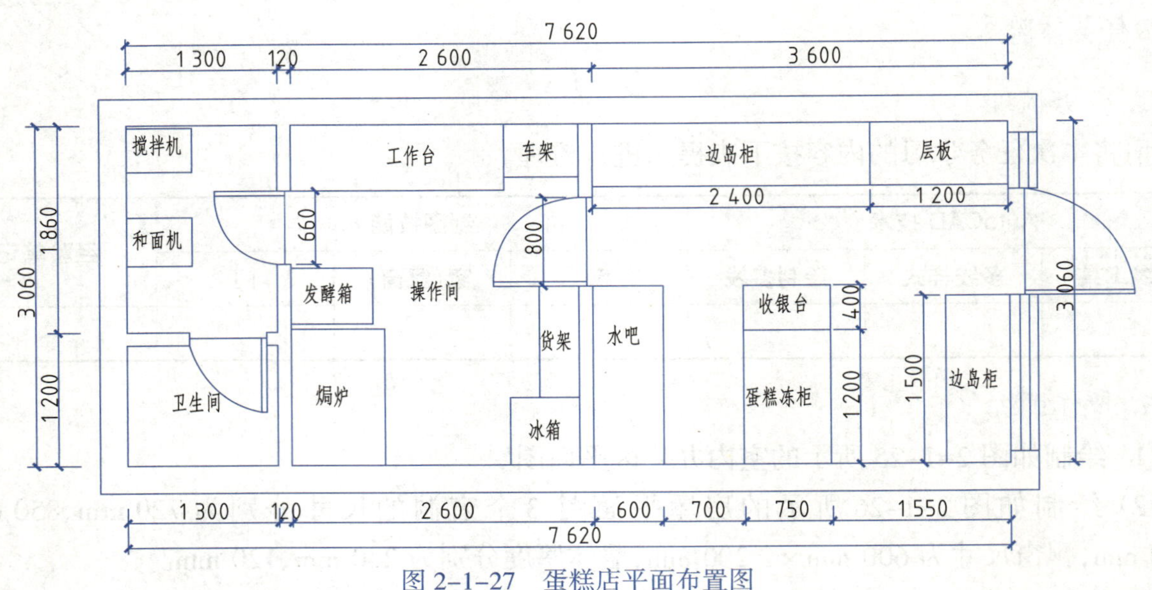

图 2-1-27　蛋糕店平面布置图

任务 2.1.2　户型平面图标注与家具布局

——户型平面图的标注应用、家具图案应用

〖任务描述〗

如图 2-1-1 所示，进行户型平面图标注、家具等设施布局设计。

〖任务目标〗

会设置建筑标注样式；会对户型平面图进行建筑尺寸标注；会创建简单的家具、设施图形；会下载、插入家具设施图形；会在户型平面图上进行家具、设施布局设计。

〖任务分析〗

如图 2-1-1 所示，户型平面图的标注具有一定的规范，本任务让学习者了解简单建筑图的标注，以及家具布局。

建筑尺寸标注与机械标注一样，在图样上的尺寸包括尺寸界线、尺寸线、尺寸起止符号和尺寸数字。

家具是房间布置的主要部分，家具摆设要合理、美观、实用，要给生活带来方便，给人以舒适清爽的感觉。

厨房、卫生间设施的布局在空间利用与使用方便性上也要合理。

〖任务导学〗

学习单	标题	学习活动	学习建议
	建筑图 标注	分享收集的建筑图，了解建筑标注	走进行业
	户型图家具布局	分享收集的户型图，了解户型图家具布局	走进行业

一、打开文档

打开任务素材文件夹中的“任务 212.dwg”，如图 2-1-7 所示。

二、复制、布局室内装饰、家具、厨卫设施

可以先画好室内装饰、家具、厨卫设施素材，分别把它们定义成图块，然后根据需要分别插入相应的位置，也可以把所有的素材先绘制好，然后用复制、粘贴的办法快速地将它们复制到相应的位置，本任务中已经准备好素材(项目 2.1/ 任务 2.1.2/ 任务 212 素材 .dwg)，可以直接选择图形插入或复制。

下面以布局“床”为例讲解操作方法。

打开“项目 2.1/ 任务 2.1.2/ 任务 212 素材 .dwg”素材文件，选定如图 2-1-28 所示的“床”素材图形，按 Ctrl+ C 组合键复制，切换到“任务 212.dwg”图形文档，按 Ctrl+V 组合键粘贴到图 2-1-29 所示右下角。应用移动工具以右下角为基点精确移动到图示位置。

应用上述方法通过复制、粘贴、移动、旋转、镜像完成其他家具、装饰、厨卫的布局，如图 2-1-29 所示。

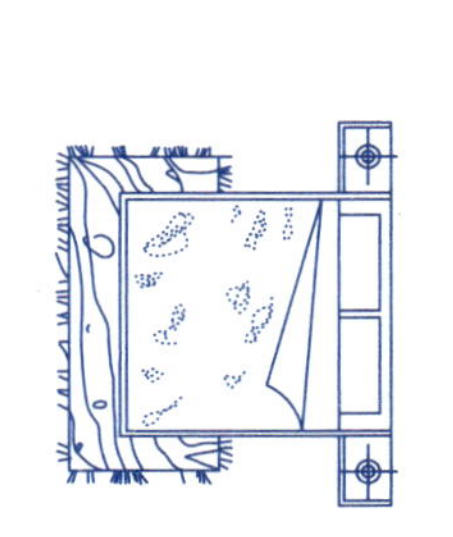

图 2-1-28　“床”素材

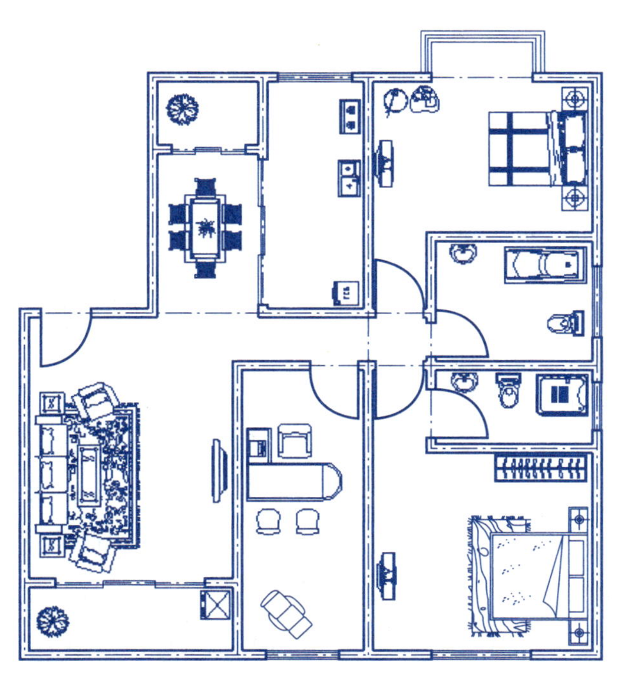

图 2-1-29　完成室内家具、厨卫、装饰布局

三、尺寸标注

户型图中的标注主要是门窗和标高标注，墙体标注一般以墙体中心线为基准，标注前先设置好尺寸的建筑标注样式，再应用样式标注。

切换当前图层为“标注层”。

1. 设置标注样式

由于建筑图中大多只有墙体和门窗的标注，因此只需要设置一个样式，然后对当前的默认样式进行修改就可以了。如果有其他特殊部位的标注，则需要新建一个样式，局部地方的修改也可以通过替代样式的方法来进行标注。

单击“注释”面板标注样式按钮“”，或“格式”菜单→“标注样式”，打开标注样式对话框，修改标注样式设置如下：

“线”选项卡设置：颜色为“绿色”，线型、线宽均为 ByBlock，基线间距为 3.75 mm，超出尺寸线为 100 mm，起点偏移量为 150 mm，其他设置为默认。

“符号和箭头”标签设置：箭头均为“建筑标记”，箭头大小为 100 mm，其他为默认。

“文字”标签设置：文字颜色为绿色，文字高度为 150 mm，从尺寸线偏移为 50 mm，其他为默认。

“主单位”标签设置：精度为 0，比例因子为 1，其他为默认。

2. 尺寸标注

在上、下、右方向的标注可应用线性标注工具“”、连续标注工具“”进行标注。其他标注可应用线性标注工具“”标注，标注结果如图 2-1-1 所示。

四、文字注释

户型图中很多位置需要进行文字说明，如标出房间名称等。如图 2-1-1 所示，创建房间文字说明。

切换当前图层为“文字层”。

1. 设置文字样式

单击“注释”面板的文字样式按钮“”，或选择“格式”菜单→“文字样式”，打开“文字样式”对话框，如图 2-1-30 所示，应用“Standard”为基础样式创建“户型注释”文字样式，并将该样式“置为当前”。

2. 创建单行文字

单击“绘图”工具箱文字工具“A”，创建文字，命令提示如下：

命令：_mtext 当前文字样式：“户型注释”　当前文字高度：250

指定第一角点：(单击图 2-1-29 所示左下角阳台处)

指定对角点或[高度(H)/对正(J)/行距(L)/旋转(R)/样式(S)/宽度(W)]:

在文本编辑框中输入文字“阳台”，按 Enter 键完成，可应用移动工具调整文字到图 2-1-1 所示位置，在“特性”中设置文字的颜色等属性。

重复上述操作完成其他文字的输入。

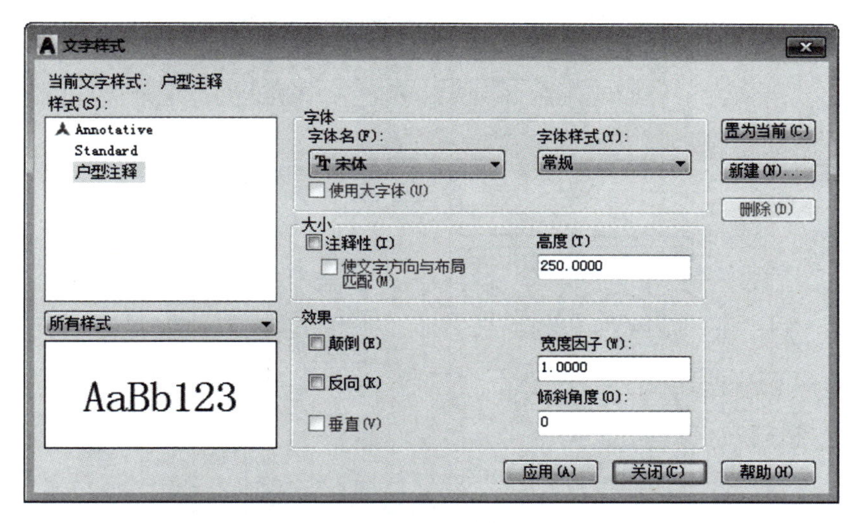

图 2-1-30　“文字样式”设置

检查室内装饰、家具、厨卫设施布局，尺寸标注、文字注释等是否有遗漏，补充完善后保存图形文件。

〖任务体验〗

1. 任务梳理

请将本次任务学习的内容按下表提示进行梳理。

AutoCAD 技术			制图技能			经验笔记
建筑标注样式	建筑标注	家具等布局	建筑图	户型图	户型装饰	

2. 操作训练

打开“任务 2.1.2\任务体验\标注布局 .dwg”，完成图 2-1-31 所示的办公平面图、图 2-1-32 所示的户型图的标注、注释及家具等布局（打开“任务 212 素材 .dwg”，选择家具等图形）。

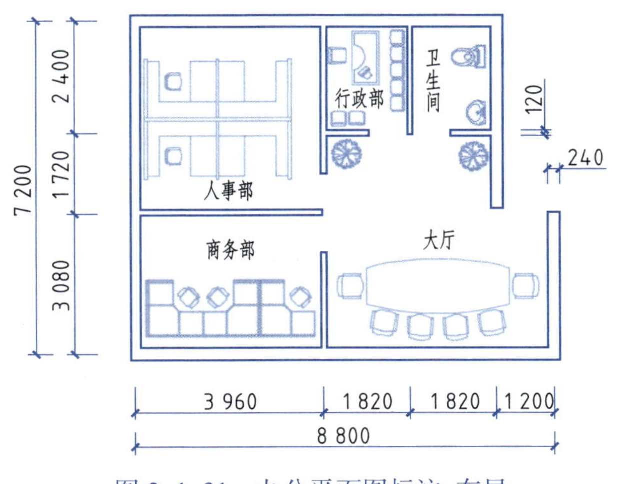

图 2-1-31　办公平面图标注、布局

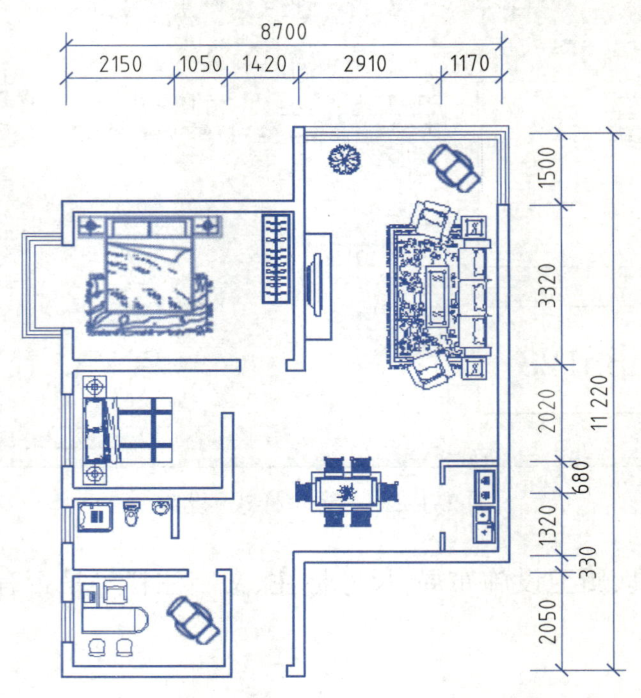

图 2-1-32 户型图标注、布局

3. 案例体验

如图 2-1-33 所示，绘制某单位规划简图（长约 102 m，宽约 67 m），并根据素材文件夹中“CAD 图库 .dwg” 提供的图形进行园林环境规划和文字注释。

图 2-1-33 规划设计图

【项目体验】

项目情景：

“力星设计” 接到一茶吧设计任务工单，包括建筑制图、房间设置和家具饰品等布局。

项目要求：

根据尺寸绘制图 2-1-34 所示茶吧建筑设计图，墙厚为 240 mm、120 mm，门宽 800 mm、1 000 mm、2 000 mm，窗宽 1 000 mm、2 000 mm。布置茶吧房间功能分区，并用文字注释。应用“项目 2.1\ 项目体验 \CAD 图库 .dwg”提供的家具、卫具、饰品，根据功能分区为茶吧布局。

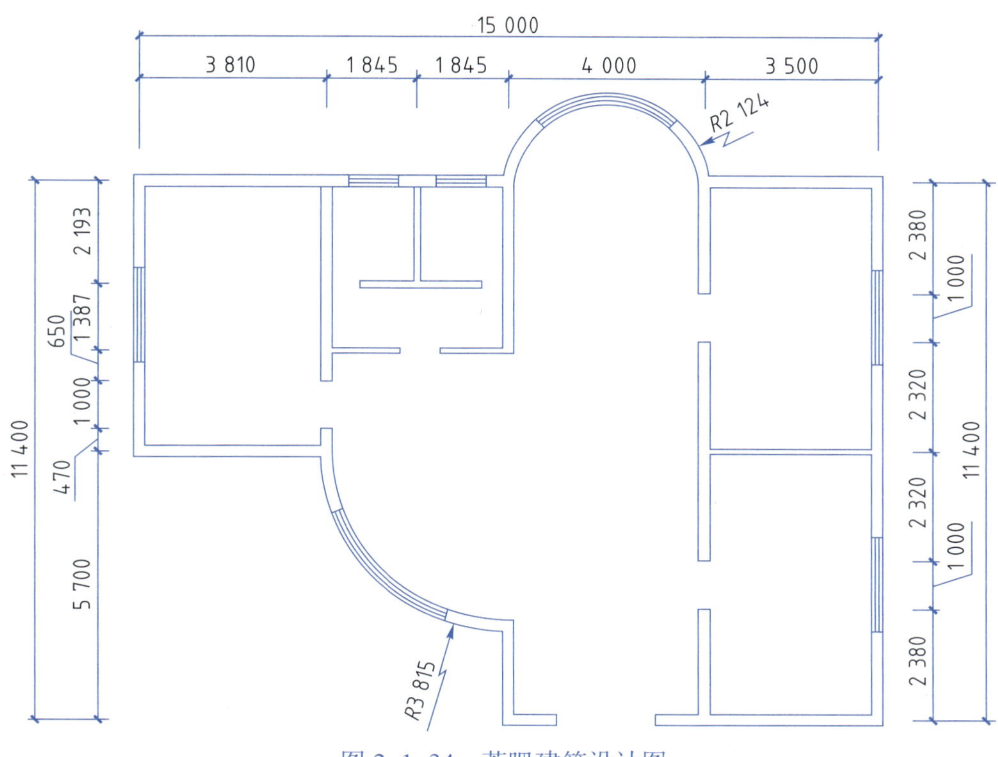

图 2-1-34　茶吧建筑设计图

【项目评价】

评价项目	能力表现			
基本技能	获取方式：□自主探究学习　□同伴互助学习　□师生互助学习 掌握程度：□了解______%　□理解______%　□掌握______%			
创新理念	□大胆创新	□有点创新思想	□能完成______%	□保守陈旧
岗位体验	□了解行业知识	□具备岗位技能	□能完成______%	□还不知道
技能认证目标	□高级技能水平	□中级技能水平	□初级技能水平	□继续努力
项目任务自评	□优秀　□良好　□合格　□一般　□再努力一点就更好了			
我获得的岗位知识和技能				

续表

评价项目	能力表现
分享我的学习方法和理念	
我还有疑难问题	

>>>3　工业产品设计

工业产品设计以工学、美学、经济学为基础，其理念是“在符合各方面需求的基础上兼具特色”。在工业设计中工业产品设计是主体，工业产品设计在企业中有着广阔的应用空间。

工业产品设计是一种创造性活动。现代工业产品设计依托科技手段，通过三维模型、材质、渲染模拟真实产品，设计的内涵更加广泛、直观、深入、高效，如厨卫、家具、电子产品、工艺品、机械零件、日常用品、玩具等造型设计。

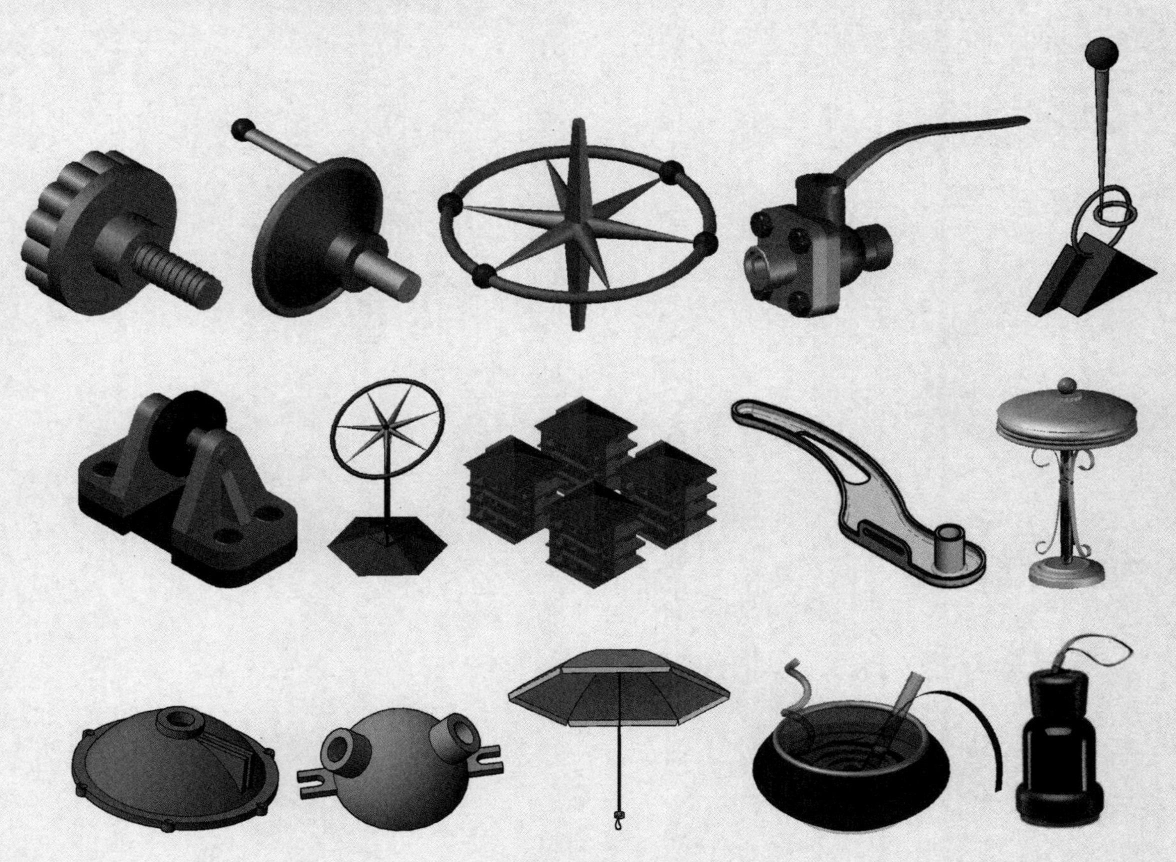

项目 3.1 <<<

艺术品、建筑模型设计

——三维坐标系，基本三维体，多段体，三维编辑，视觉样式，产品设计基础

【项目情景】

应用 AutoCAD 的三维建模功能设计工业产品模型，如艺术品、楼盘建筑模型、机械产品模型、电子产品外观、玩具外观模型等，如图 3-1-1 所示。

项目 3.1 包括两个任务：

任务 3.1.1 艺术品设计——三维坐标系、基本三维体、对象捕捉、旋转、阵列、布尔运算的应用；

任务 3.1.2 建筑模型设计——多段体、长方体、圆柱体、三维阵列；合并；视觉样式。

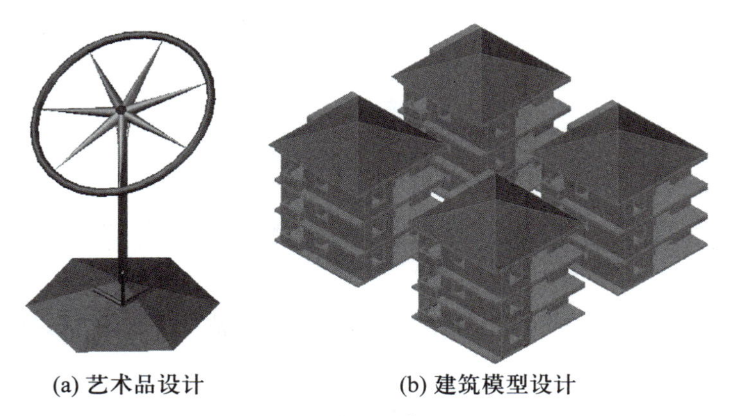

图 3-1-1　艺术品、建筑模型设计

【项目目标】

理解三维视图；会应用三维坐标系绘制三维体；会应用三维动态观察器辅助创建三维造型；掌握创建长方体、圆柱体、球体、楔体、锥体、圆环体、多段体的操作方法；会应用移动、复制、旋转、阵列等编辑工具辅助建模，掌握并集、差集、交集的基本操作与应用。

【岗位对接】

具备三维造型空间几何能力；应用建模工具、三维坐标系、对象捕捉设计三维模型的能力；产品设计创新能力。

【技能建构】

一、走进行业

学习单	标题	学习活动	学习建议
	收集工业产品	查找并收集工业产品，可以是图片或实物，并展示给同学们	在收集活动中了解工业产品

1. 工业设计概述

随着现代科学技术和社会经济的发展，工业设计领域日益拓宽，工业设计相关岗位主要有：产品设计、传播设计、设计管理。产品设计又包括造型设计、机械设计、电路设计、服装设计、环境设计、室内设计、建筑设计、UI 设计、平面设计、包装设计等。

工业产品设计是指对某项产品，通过构思、设计建立产品方案，用直观的手段规范、清晰、准确地表示产品的系列设计行为。工业产品设计的核心是产品的适用性、创造性、可生产性、规范性。

工业产品设计人员需具备工业设计的基础知识与设计软件操作应用能力，包括工业产品造型、视觉表达、环境艺术等专业能力。涉及素描、色彩、机械与结构、计算机辅助设计等知识。

2. 常见工业产品设计

机械类：机械零件、机械装配、机械产品设计等。

厨卫类：热水器、燃气灶、换气扇、水龙头、浴霸、微波炉、吸油烟机、电饭煲、电磁炉、电炒锅、压力锅等。

家居类：电风扇、排气扇、空调扇、咖啡壶、电熨斗、吸尘器、电暖器、饮水机、净水机；桌、椅、凳、柜等。

小家电类：电吹风、电动剃须刀、电子按摩器、电子体温计、电子美容仪、卷发器等。

消费电子类：个人计算机、平板电脑等电子消费产品，数码相机、数码摄像机等影像视频产品，显示器、电话、手机、路由器等网络通信产品，电子乐器、电子游戏机、电子玩具、电子礼品等电子技术产品等。

3. 工业产品设计要求

进行工业产品设计前要对待设计产品的功能、性能、形式、价格、使用环境进行分析定位，要结合材料、技术、结构、工艺、形态、色彩、表面处理、装饰、成本等因素，从社会、经济、技术等角度进行创意设计。

对工业产品设计的定位，既要考虑到是产品、商品，又要考虑到是用品，达到需求和效益的完美统一。

工业产品设计的创造性使设计更具有活力，是优秀产品设计最重要的前提，产品设计要简洁大方，不必要的堆砌使设计显得臃肿，设计的适用性是衡量产品设计的重要标准，适用性表达的是适合的、需要的，在产品设计中要表现出产品的兼容性和扩展性，让它的适用性更广，这时设计的工业产品本身的价值也就体现得更充分。

设计时要精心处理好每一个细节，使设计更加精细。

在设计风格上可以表现民族特色，蕴含文化特征。

4. 工业产品设计的原则

工业产品设计要注意遵循的原则：创造性原则、市场需求原则、使用优先原则、企业目标原则、可操作性原则、美观性原则、保护生态环境原则等。

5. 工业产品设计的基本程序

产品设计调研，产品设计规划，产品设计方案论证，产品设计造型，产品设计结果论证，编制说明书等。

二、技能建构

学习单	标题	学习活动	学习建议
	找软件	查找并收集创建三维模型并能生成图纸的软件有哪些	在收集整理活动中了解更多建模、制作软件

1. 三维设计基础

(1) 三维体

一切三维实体都可以简化为基本几何体（长方体、锥体、球体、圆柱体、环体、楔体等）组成的组合体，将组成三维立体的点、线、面、体通过移动、旋转、复制、拉伸、扩大、弯曲等操作可以创建复杂的三维实体。

(2) 三维视图

三维立体构成是二维平面图形进入三维立体空间的结构表现，从不同的方向向实体投影到投影面都会得到一个描述实体的平面图形，按照“投影法”垂直投影出各个侧面的投影图并把这些投影图绘制出来，称为视图。

在 AutoCAD 中应用“视图”菜单→“三维视图”或绘图区左上角都可以切换视图，系统除提供主视图等平面视图外，还提供了 4 种三维实体等轴测视图，用于帮助用户绘图设计时从不同位置方便地观察三维模型，这 4 种等轴测视图是：西南等轴测、东南等轴测、东北等轴测、西北等轴测。

(3) 三维坐标系

AutoCAD 设置世界坐标系（WCS）、用户坐标系（UCS）定位实体上各个点，实体上的每一个点都有一个固定的坐标值。任意两个点之间的位置关系可以用尺寸数据来表达，尺寸数据可以通过坐标来计算,所以 AutoCAD 坐标体系通过坐标点最终表示实体的外表特征,包括位置、大小、形状等。

AutoCAD 系统提供的三维坐标系由 1 个原点[坐标为(0,0,0)]和 3 个通过原点、相互垂直的坐标轴构成,如图 3-1-2 所示,三维空间中任何一点 P 都可以由 X 轴、Y 轴和 Z 轴的坐标来定义,即用坐标值(x,y,z)来定义一个点。

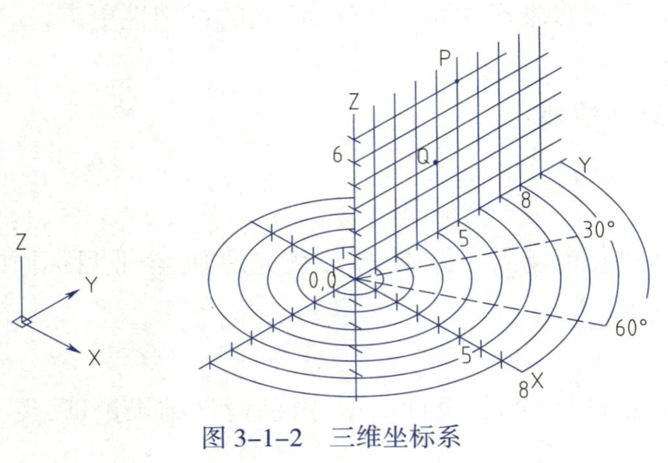

图 3-1-2　三维坐标系

在 AutoCAD 中可以根据 WCS 定义 UCS,用户坐标系(UCS)可以随时变换坐标原点、旋转坐标轴以方便绘图。

三维绝对坐标与相对坐标: 三维绝对坐标相对于三维坐标系原点来定位坐标值;相对坐标是某点与相对点(通常为上一操作点)的相对位移值,在 AutoCAD 中相对坐标用"@"标识,如"@5,6,-16"。如图 3-1-2 所示,P 点为三维绘图时的上一操作点,坐标为(0,5,6),下一操作点为 Q,则 Q 相对于原点的绝对坐标为(0,4,3),Q 相对上一操作点 P 在 X、Y、Z 三个方向的位移分别为 0,-1,-3(Q 点相对于 P 点向 Y、Z 轴的负方向移动时相对坐标为负值,若向正方向位移则为正),Q 的相对坐标为"@0,-1,-3"。三维坐标系的绝对坐标与相对坐标与二维坐标相似。

在二维绘图中,若考虑点的 Z 坐标,则 z 值为 0。在三维坐标系中调整用户坐标系 XY 平面到操作对象平面时,应用极坐标绘图也很方便。

右手定则: 应用右手定则可以帮助我们理解三维坐标系轴的指向情况和坐标旋转方向角度的判断。在三维坐标系中,将右手手背靠近屏幕,调整拇指、食指、中指使它们呈互相垂直状态,拇指指向 X 轴的正方向,伸出食指指向 Y 轴的正方向,中指所指示的方向则为 Z 轴的正方向。使用右手定则可以确定三维空间坐标轴旋转的方向,判断方向时将右手拇指指向旋转轴的正方向(例如以 X 轴为旋转轴旋转 UCS 坐标系,则右手拇指指向 X 轴正方向),卷曲右手四指握紧旋转轴,四指所指的方向为轴的旋转正方向,相反为负方向。

新建 UCS: 在 AutoCAD 中,单击"工具"菜单→"新建 UCS",打开下拉菜单列表,如图 3-1-3 所示,系统提供了多种新建 UCS 的方法。如"原点"表示重新指定用户坐标系的 UCS 原点;选定"X"(或"Y"或"Z")时表示用户坐标系将绕 X(或 Y 或 Z)轴旋转相应角度。

单击"工具"菜单→"工具栏"→"AutoCAD"→"UCS",可打开 UCS 工具栏,UCS 工具栏中的工具与"新建 UCS"下拉菜单列表中的命令功能相同。

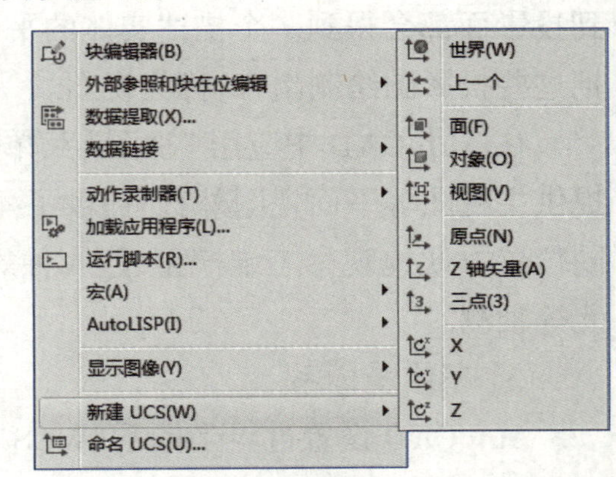

图 3-1-3　新建用户坐标系 UCS

试一试	打开“机件与表达视图 .dwg”，新建 UCS
	应用“三点”指定长方体的三边创建 UCS，应用“原点”指定圆孔圆心创建 UCS，以 X 为轴旋转 90° 创建 UCS，应用“世界”使 UCS 坐标系为系统默认。

(4) 三维视图实时工具

在 AutoCAD “视图”菜单中提供了缩放、平移、动态观察等视图工具[如图 3-1-4(a)所示]，应用这些工具方便观察三维实体，而不改变实体实际大小和位置，方便观察视图的整体、局部以及各个方位，这对在三维空间中绘制三维几何体非常有用。

在“自由动态观察”模式下，按住鼠标左键朝不同方向移动鼠标，实体模型也随着在三维空间中旋转，对三维实体模型从任意方位观察可得到任意角度的三维实体动态视图。

滚动鼠标滚轮可以缩放模型；按住鼠标滚轮移动鼠标，可移动视图；按住 Shift 键的同时按住鼠标左键移动鼠标，可旋转调整模型方位。

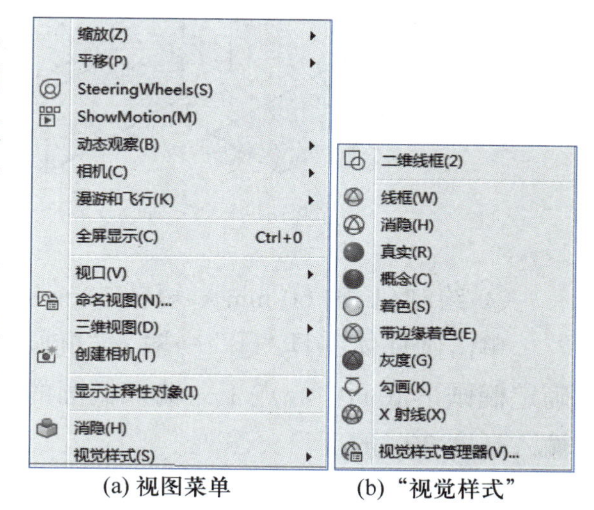

(a) 视图菜单　　(b) “视觉样式”

图 3-1-4　“视图”与“视觉样式”菜单

(5) 视觉样式

单击 AutoCAD “视图”菜单→“视觉样式”，如图 3-1-4(b)图所示，视觉样式主要包括二维线框、概念、消隐、真实、着色、带边缘着色、灰度、勾画、二维线框、X 射线等。

二维线框：通过使用直线和曲线表示边界的方式显示对象。

消隐：使用线框表示法显示对象，而隐藏表示背面的线。

真实：使用平滑着色和材质显示对象。

着色：使用平滑着色显示对象。

灰度：使用平滑着色和单色灰度显示对象。

2. 绘制基本几何体

(1) 绘制长方体(底面→高度)

“绘图”菜单→“建模”→“长方体”；或“建模”面板长方体工具“□”。

绘制 140 mm × 300 mm × 150 mm 长方体：单击“视图”菜单→“三维视图”→“西南等轴测”切换到西南等轴测视图，单击长方体工具“□”，如图 3-1-5 所示，确定长方体底面的角点 1→确定角点 2：输入长度 300 mm，按 Tab 键再输入宽度 140 mm 后按 Enter 键；或输入角点 2 的相对坐标(@300，140，0)→输入高度 150 mm 或表示高度相对坐标(@0，0，150)。注意坐标在英文状态下输入。

(2) 绘制圆(椭圆)柱体(底面→高度)

“绘图”菜单→“建模”→“圆柱体”；或“建模”面板的圆柱体工具“□”。

① 绘制 $R50\ \text{mm} \times 30\ \text{mm}$ 圆柱体

如图 3-1-6 所示，单击圆柱体工具“ ”→指定圆柱体底面中心点：单击确定或对象捕捉或输入坐标确定点 1（圆心）→输入半径 50 mm 或直径 100 mm 确定点 2→输入高度 30 mm。

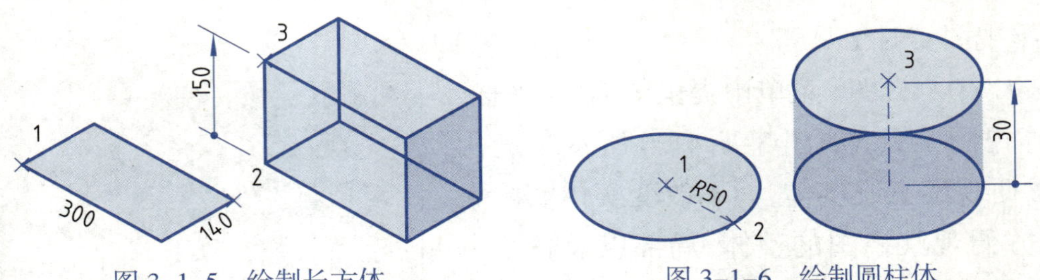

图 3-1-5　绘制长方体　　图 3-1-6　绘制圆柱体

② 绘制（长轴 60 mm× 短轴 20 mm）×30 mm 椭圆柱体

单击圆柱体工具“ ”→输入“椭圆”参数 E→输入“中心”参数 C，单击指定或输入坐标确定椭圆形底面中心点 1→输入椭圆的一个半轴 30 mm→输入椭圆的另一个半轴 10 mm→输入高度 30 mm。

试一试	绘制长方体、圆柱体、椭圆柱体
	1. 绘制图 3-1-5、图 3-1-6 所示长方体、圆柱体。 2. 绘制（长轴 60 mm× 短轴 20 mm）×30 mm 椭圆柱体。

(3) 绘制球体

“绘图”菜单→“建模”→“球体”；或“建模”面板的球体工具“ ”。

绘制半径为 30 mm 的球体：如图 3-1-7 所示，单击“建模”面板上的球体工具“ ”→单击指定或输入坐标指定球体球心点 1→输入 30 mm，指定球体半径。

(4) 绘制楔体（底面→高度）

“绘图”菜单→“建模”→“楔体”；或“建模”面板的楔体工具“ ”。

绘制 100 mm×50 mm× 高 60 mm 的楔体：如图 3-1-8 所示，单击“建模”面板的楔体工具“ ”→单击或输入坐标指定长方形底面的角点 1→确定角点 2：输入长度 100 mm，按 Tab 键再输入宽度 50 mm 后按 Enter 键，或直接输入角点 2 的相对坐标（@100,50,0）→输入高度 60 mm 或输入表示高度相对坐标（@0,0,60）。

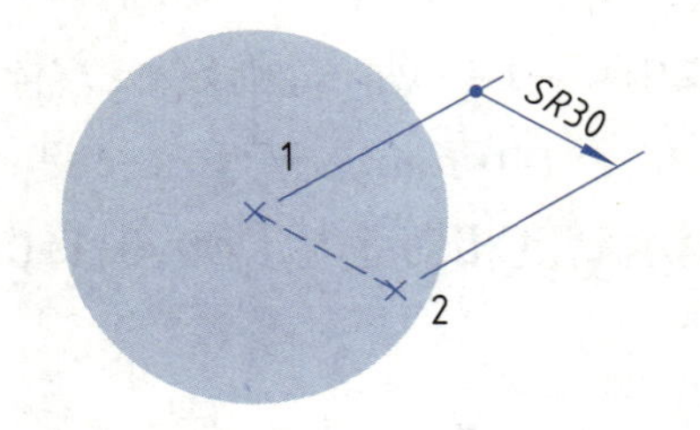

图 3-1-7　绘制球体

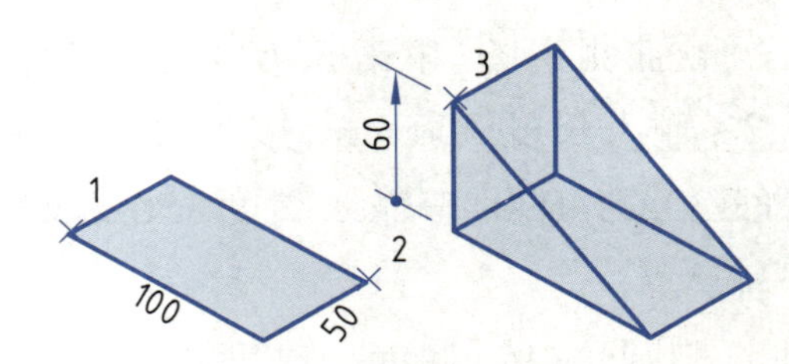

图 3-1-8　绘制楔体

试一试	绘制球体、楔体
	1. 绘制图 3-1-7、图 3-1-8 所示球体、楔体。
	2. 绘制 100 mm × 150 mm × 80 mm 的楔体。

(5) 绘制锥体(底面→高度)

① 绘制圆(椭圆)锥体

"绘图"菜单→"建模"→"圆锥体";或"建模"面板的圆锥体工具"△"。

绘制 R30 mm × 70 mm 的圆锥体:如图 3-1-9 所示,单击"建模"面板的圆锥体工具"△"→指定圆锥体底面中心点:单击确定或对象捕捉或输入坐标确定点 1→输入半径 30 mm 确定点 2→输入高度 70 mm。

通过圆锥体命令还可以绘制椭圆圆锥体,只需在启动该命令后,根据后续提示选择参数"[椭圆(E)]"即可,具体操作参照椭圆柱体的绘制方法。

② 绘制棱锥体

选择"绘图"菜单→"建模"→"棱锥体";或"建模"面板的棱锥体工具"△"。如图 3-1-10 所示,绘制 50 mm × 50 mm × 70 mm 的四棱锥体。

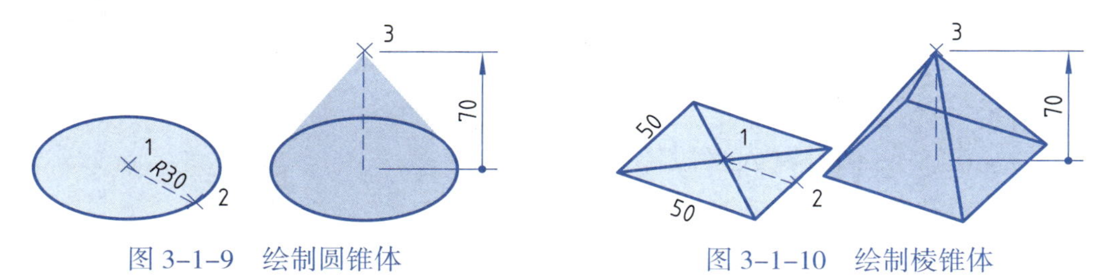

图 3-1-9　绘制圆锥体　　图 3-1-10　绘制棱锥体

绘制外切于圆 R50 mm × 70 mm 的五棱锥体:单击"绘图"菜单→"建模"→"棱锥体",命令提示如下:

命令:_pyramid

4 个侧面　外切

指定底面的中心点或[边(E)/侧面(S)]:s(输入侧面参数 s)

输入侧面数 <4>:5(输入侧面数 5)

指定底面的中心点或[边(E)/侧面(S)]:(单击指定底面中心点)

指定底面半径或[内接(I)]:50(输入正五边形外切于圆的半径 50 mm,注意参照绘制正多边形的方法理解正棱锥底面外切和内接)

指定高度或[两点(2 P)/轴端点(A)/顶面半径(T)]<60.0000>:70(输入锥体高度)

试一试	绘制圆锥体(圆台)、棱锥体(棱台)、椭圆锥体(椭圆台)
	1. 绘制图 3-1-9、图 3-1-10 所示圆锥体和棱锥体。
	2. 绘制底面半径为 30 mm、顶面半径为 10 mm、高为 60 mm 的圆台。
	3. 绘制(内接于圆)底面半径为 35 mm 和顶面半径为 15 mm、高为 60 mm 的六棱台。
	4. 绘制底面长轴 26 mm × 短轴 18 mm、顶面半径 12 mm、高 55 mm 的椭圆台。

(6) 绘制圆环体(圆环半径→圆管半径)

"绘图" 菜单→ "建模" → "圆环体";或 "建模" 面板的圆环体工具 "◎"。

如图 3-1-11 所示,圆环体半径为 50 mm,圆管半径为 5 mm。

图 3-1-11 绘制圆环体

试一试	绘制圆环体
	1. 绘制图 3-1-11 所示半径为 50 mm、圆管半径为 5 mm 的圆环体。 2. 绘制半径为 60 mm、圆管半径为 7 mm 的圆环体。

(7) 绘制多段体

"绘图" 菜单→ "建模" → "多段体";"建模" 面板的多段体工具 "▣"。

如图 3-1-12 所示,绘制多段体,先设置高为 100 mm,宽为 10 mm,对正为 "居中",绘制 1-2 段长 150 mm,2-3 段长 150 mm 的多段体。单击多段体工具 "▣",命令提示如下:

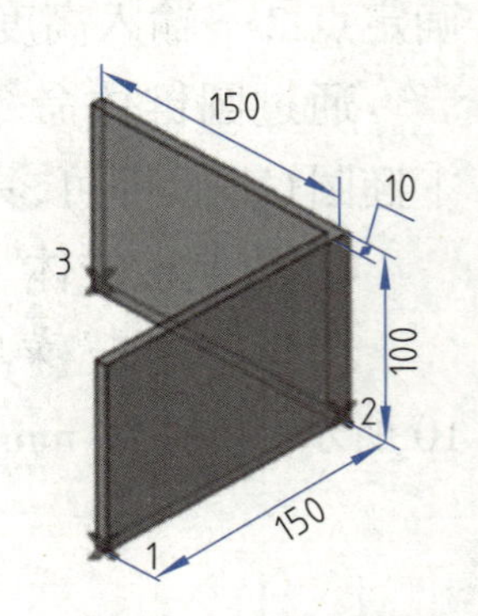

图 3-1-12 绘制多段体

命令:_Polysolid 高度 = 4.0000,宽度 = 0.2500,对正 = 左对正

指定起点或[对象(O)/高度(H)/宽度(W)/对正(J)]<对象>:h(输入高度参数)

指定高度 <4.0000>:100(输入多段体高度 100)

高度 = 100.0000,宽度 = 0.2500,对正 = 居中

指定起点或[对象(O)/高度(H)/宽度(W)/对正(J)]<对象>:w(输入宽度参数)

指定宽度 <0.2500>:10(输入多段体宽度 10 mm)

高度 = 100.0000,宽度 = 10.0000,对正 = 居中

指定起点或[对象(O)/高度(H)/宽度(W)/对正(J)]<对象>:j(设置对正)

输入对正方式[左对正(L)/居中(C)/右对正(R)]<左对正>:c(设置居中)

高度 = 100.0000,宽度 = 10.0000,对正 = 居中

指定起点或[对象(O)/高度(H)/宽度(W)/对正(J)]<对象>:

指定下一个点或[圆弧(A)/放弃(U)]:150(输入一段长度 150 mm)

指定下一个点或[圆弧(A)/放弃(U)]:150(输入另一段长度 150 mm)

指定下一个点或[圆弧(A)/闭合(C)/放弃(U)]:

试一试	绘制多段体
	1. 绘制图 3-1-12 所示二段体。 2. 绘制互相垂直的四段体,每一段的厚、长、高分别为 15 mm、200 mm、90 mm。

(8) 绘制螺旋

"绘图" 菜单→ "螺旋",或 "绘图" 面板的螺旋工具 "螺"。

如图 3-1-13 所示，绘制螺旋：底面、顶面半径均为 30 mm，螺旋高 80 mm，圈数 3，单击螺旋工具“”，命令提示如下：

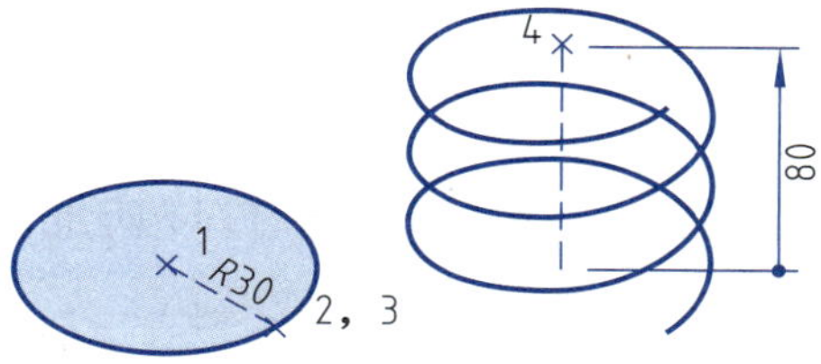

命令：_Helix

圈数 = 4.0000　扭曲 =CCW

指定底面的中心点：(单击指定底面中心点)

指定底面半径或[直径(D)]<1.0000>：30(单击输入底面半径 30 mm)

指定顶面半径或[直径(D)]<30.0000>：30(单击指定顶面半径 30 mm)

指定螺旋高度或[轴端点(A)/圈数(T)/圈高(H)/扭曲(W)]<40.0000>：t(输入圈数参数 t)

输入圈数 <4.0000>：3(输入圈数 3)

指定螺旋高度或[轴端点(A)/圈数(T)/圈高(H)/扭曲(W)]<1.0000>：80(输入螺旋高度 80 mm)

图 3-1-13　绘制螺旋

试一试	绘制螺旋
	绘制螺旋：① 底面、顶面半径均为 30 mm，螺旋高为 80 mm，圈数为 3；② 底面、顶面半径分别为 30 mm、15 mm，螺旋高为 100，圈数为 5；应用“扭曲(W)”改变扭曲方向。

3. 三维编辑工具

(1) 三维移动

三维移动工具“”在三维空间以指定的三维方向按指定距离移动三维对象(图形或实体)。而二维移动工具“”只能在坐标系的 XY 平面中移动图形或实体。开启正交模式可辅助沿坐标轴移动对象。

命令调用：“修改”菜单→“三维操作”→“三维移动”，或三维空间“编辑”面板的三维移动工具“”。

选择要移动的三维对象[图 3-1-14(a)所示 1]，选择对象后，按 Enter 键或右击确认；选中对象后，将显示小控件[图 3-1-14(a)、(b)所示坐标控件]；可以通过单击小控件上的坐标轴或坐标平面来约束移动，如图 3-1-14(a)所示，选择并约束到 Y 轴移动，如图 3-1-14(b)所示，选择并约束到 XY 平面移动。

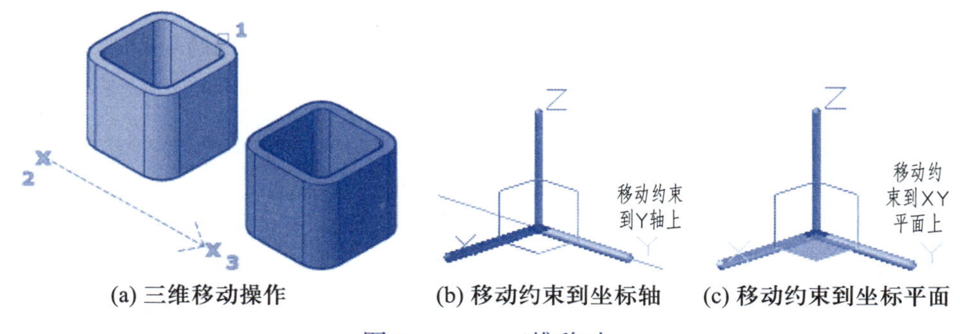

(a) 三维移动操作　(b) 移动约束到坐标轴　(c) 移动约束到坐标平面

图 3-1-14　三维移动

(2) 三维旋转

在三维视图中,三维旋转工具“⊕”在三维空间以指定的三维旋转轴和角度旋转图形或实体,显示三维旋转小控件以协助绕基点旋转三维对象。而二维旋转工具“○”只能在坐标系的XY平面中旋转图形或实体。

命令调用:“修改”菜单→“三维操作”→“三维旋转”,或三维空间“编辑”面板三维旋转工具“⊕”。

选择要旋转的三维对象[图3-1-15(a)所示1],选择对象后,按Enter键或右击确认;选中对象后,需要指定旋转轴的基点,在显示的旋转小控件上移动鼠标直至要选择的轴轨迹变为黄色,然后单击以选择此轨迹来约束旋转,如图3-1-15(b)所示,选择并约束到Z轴旋转。

图3-1-15　三维旋转

试一试	三维移动、三维旋转
	打开“项目3.1/T1.dwg”。① 选择三维对象,分别沿X、Y轴移动100 mm、120 mm;② 选择三维对象,分别在XZ、XY平面上移动;③ 以三维对象顶面外侧一条边的中点为基点,分别绕X、Y轴旋转60°、120°;④ 以绘制的垂直虚线端点为基点,绕垂直虚线旋转70°。

(3) 三维阵列

三维阵列与二维阵列的操作相似,包括矩形阵列和环形阵列。在二维阵列中操作的对象可以是图形或实体,指定“层级”为1,即1层,则阵列的结果是二维,若指定“层级”为2或更多,即多层,则阵列的结果是三维的。在三维阵列中阵列的结果是三维的。

二维阵列:在坐标系的XY平面内对图形或实体进行二维阵列“⊞ ∿ ⁘”,包括矩形阵列、环形阵列、路径阵列。

三维阵列:三维阵列包括矩形阵列、环形阵列。调用命令:“修改”菜单→“三维操作”→“三维阵列”。

试一试	阵列
	打开“项目4.1/T2.dwg”,选择三维对象。① 分别应用“三维阵列”“二维阵列”进行矩形阵列,行数、列数分别为4、5,行距、列距分别为100 mm、110 mm,层级数3,层间距150 mm;② 应用“三维阵列”进行环形阵列,数量为8,以绘制的虚线为中心轴;③ 应用“二维阵列”进行环形阵列,数量为7,层级为2,层间距为100 mm,以绘制的虚线为中心轴。

(4) 布尔运算

布尔运算包括：并集、差集、交集，应用布尔运算对指定的面域或实体创建交集、并集、差集，形成较复杂的面域或实体，有关布尔运算在“平面 CAD”项目面域中已有介绍，在“三维 CAD”中布尔运算的运用方法与面域的操作相同，可参考“项目 1.4 综合机械绘图”中“技能建构”善于“面域、布尔运算”相关内容，在本项目的实例中也有应用，注意参照学习，此处不再赘述。

命令调用：“修改”菜单→“实体编辑”→“并集”“差集”“交集”，或“实体编辑”面板的并集工具“”、差集工具“”、交集工具“”。

试一试 **并集、差集、交集**

打开“项目 4.1/T3.dwg”。

① 应用“并集”，将长方体与圆柱体合并；② 应用“差集”，将圆柱体从长方体中减去；③ 应用“交集”，获取长方体与圆柱体的相交体。三维布尔运算的结果如图 3-1-16 所示。

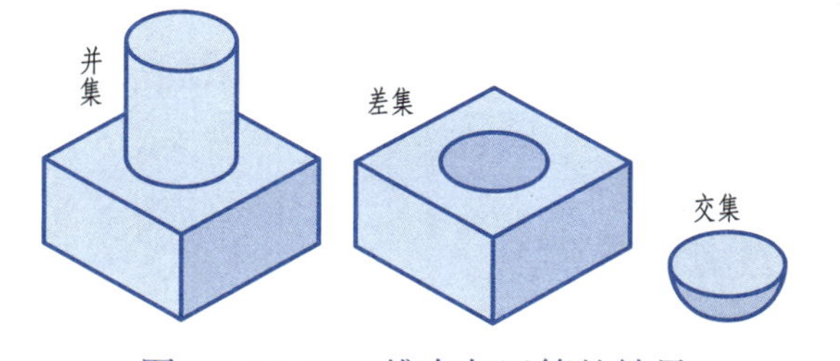

图 3-1-16 三维布尔运算的结果

任务3.1.1 艺术品设计

——三维坐标系、基本三维体、对象捕捉、旋转、阵列、布尔运算的应用

〖任务描述〗

如图 3-1-17 所示，应用三维工作空间、三维坐标系、基本三维体、对象捕捉、旋转、阵列等工具创建艺术品三维模型，设置不同的颜色，改变视觉样式观察模型。

〖任务目标〗

掌握三维坐标系，会应用三维坐标辅助创建三维体，掌握圆柱体、球体、锥体、圆环体等基本三维体的创建方法，会应用移动、复制、三维旋转、阵列等工具，能综合应用建模工具设计三维模型。

〖任务分析〗

图 3-1-17 艺术品三维模型

图 3-1-17 所示为艺术品三维模型。

底座为正六棱锥，绘制时以坐标原点为正六棱锥底面中心点，定形底面时可参考正多边形的画法，先确定侧面数(类似于正多边形的边数)，以外切于 R80 mm 圆确定底面，高为 30 mm。

支撑杆是底面半径为 5 mm、高 200 mm 的圆柱，创建时应用坐标以原点(0,0,0)为底面圆心位置。

支撑杆的顶端安装有螺旋弹簧：底面圆、顶面圆半径分别为 5 mm、8 mm，高为 30 mm，圈数为 8，应用对象捕捉圆柱顶面"圆心"，定位螺旋底面圆心。

半径为 8 mm 的球体中心在螺旋顶面圆心上，应用对象捕捉螺旋顶面圆心，定位球心。

创建圆环及 3 个圆锥体时，先在水平面上创建，再将 4 个对象应用三维旋转 30°。创建 3 个圆锥体时，先在球心位置创建一个垂直方向的圆锥体，再将圆锥体三维旋转 90°，然后以球心为中心进行环形阵列，阵列数为 7，角度为 360°。

圆环体：环半径 90 mm，管半径 4 mm；圆锥体：底面圆半径 6 mm，高 90 mm（与环半径相等）。

对不同的三维基本体设置不同的颜色，在"真实"视觉样式下欣赏西南等轴测视图艺术品效果。

〖任务导学〗

学习单	标题	学习活动	学习建议
	工业产品	将收集的工业产品在课堂上展示（图像或实物），并分析可以拆解为哪些基本几何体	与行业接轨

一、新建文档

单击 AutoCAD 2021 左上角"A"，在弹出的下拉菜单中单击"新建"→"图形"，打开"选择样板"对话框，应用默认图形样板"acadiso"，单击"打开"，创建名为"艺术品设计 .dwg"的图形文档，并保存图形文档到工作文件夹。

二、创建艺术品

单击状态栏"⚙ ▾"切换到"三维建模"工作空间。

单击左上角"[-][俯视][二维线框]"中的"俯视"位置，在弹出的下拉列表中单击"西南等轴测"，切换到"西南等轴测"视图；单击左上角"[-][西南等轴测][二维线框]"中的"二维线框"位置，在弹出的下拉列表中单击"真实"，切换为"真实"视觉样式。

1. 绘制 R80 mm × 30 mm 的六棱锥底座

单击"常用"选项卡中"建模"面板的左侧下拉按钮"▾"，在弹出的下拉列表中单击圆锥体工具"△"，或单击"绘图"→"建模"→"圆锥体"，命令提示如下：

命令：_pyramid

5 个侧面　外切

指定底面的中心点或［边(E)/侧面(S)］:s（输入侧面参数 s）

输入侧面数 <5>:6（要创建六棱锥，所以输入侧面数为 6）

指定底面的中心点或［边(E)/侧面(S)］:0,0,0（输入圆锥中心点坐标，即原点）

指定底面半径或［内接(I)］<8.5065>:80（输入棱锥底面外切于圆的半径 80 mm，如图 3-1-18(a)

指定高度或［两点(2P)/轴端点(A)/顶面半径(T)］<20.0000>:30（输入圆锥高度）

（开启正交模式，鼠标垂直向上移动，输入圆锥的高；若向下移动，锥将在下方）

创建的正六棱锥如图 3-1-18（b）所示。选中并右击创建的六棱锥，在弹出的快捷菜单中单击“特性”，设置颜色为橙色。

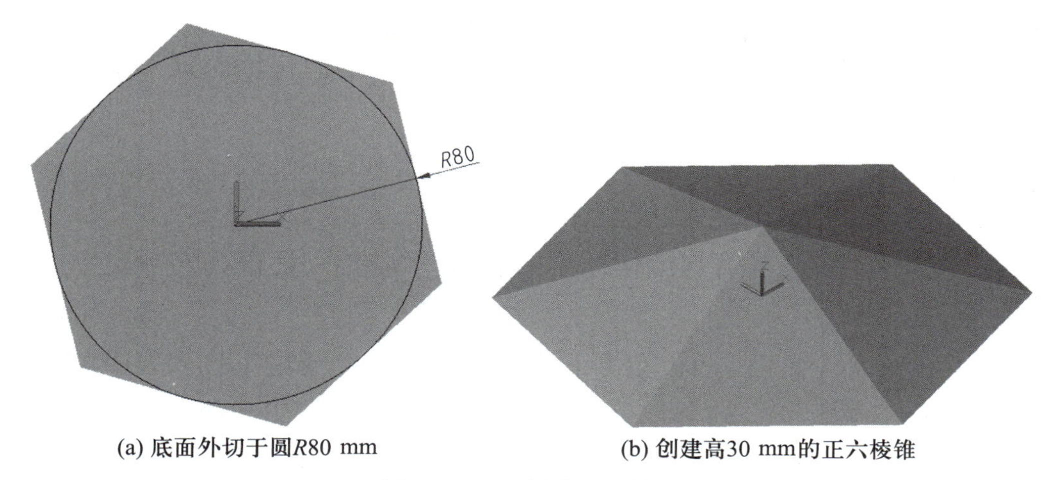

(a) 底面外切于圆R80 mm　　(b) 创建高30 mm的正六棱锥

图 3-1-18　创建正六棱锥

理一理	创建正棱锥与正多边形
	上述创建正六棱锥时通过“侧面（S）”确定棱数或底边数，确定底面大小的方法有“内接（I）”和“外切”（默认）两种方式，这与创建正多边形的方法相同。

2. 创建 *R*5 mm × 200 mm 圆柱杆

单击“常用”选项卡中“建模”面板的左侧下拉按钮“▾”，在弹出的下拉列表中单击圆柱体工具“□”，或单击“绘图”→“建模”→“圆柱体”，命令提示如下：

命令：CYLINDER

指定底面的中心点或［三点（3 P）/ 两点（2 P）/ 切点、切点、半径（T）/ 椭圆（E）］：0，0，0（输入圆柱底面圆的中心点坐标，即原点）

指定底面半径或［直径（D）］<2>：5（输入圆柱底面圆半径 *R*5 mm）

指定高度或［两点（2 P）/ 轴端点（A）］<30.0000>：200（开启正交模式，鼠标垂直向上移动，输入圆柱杆的高 200 mm）

创建的圆柱杆如图 3-1-19 所示。选中并右击创建的杆，在弹出的快捷菜单中单击“特性”，设置颜色为绿色。

图 3-1-19　创建正六棱锥和圆柱杆

3. 绘制 *R*5 mm/*R*8 mm × 8 圈 × 高 30 mm 的螺旋

单击“常用”选项卡中“绘图”面板的螺旋工具“≋”，或单击菜单“绘图”→“螺旋”，命令提示如下：

命令：_Helix

圈数 = 3.0000　扭曲 =CCW

指定底面的中心点：（如图 3-1-20 所示，对象捕捉圆柱杆顶面圆心点

O,单击确定为螺旋底面圆中心点)

正在检查 946 个交点……

指定底面半径或[直径(D)]<1.0000>:5(输入螺旋底面圆半径 $R5$ mm)

指定顶面半径或[直径(D)]<5.0000>:8(输入螺旋顶面圆半径 $R8$ mm)

指定螺旋高度或[轴端点(A)/圈数(T)/圈高(H)/扭曲(W)]<1.0000>:t(输入圈数参数 t)

输入圈数 <3.0000>:8(输入圈数 8)

指定螺旋高度或[轴端点(A)/圈数(T)/圈高(H)/扭曲(W)]<1.0000>:30(开启正交模式,鼠标垂直向上移动,输入螺旋的高度 30 mm)

选中并右击创建的螺旋,在弹出的快捷菜单中单击“特性”,设置颜色为黄色。

4. 绘制 $R8$ mm 球体

单击“常用”选项卡“建模”面板左侧下拉按钮“▾”,在弹出的下拉列表中单击球“”,或单击菜单“绘图”→“建模”→“球体”,命令提示如下:

命令:_sphere

指定中心点或[三点(3 P)/两点(2 P)/切点、切点、半径(T)]:

(如图 3-1-21 所示,对象捕捉螺旋顶面圆心点,单击确定为球中心点)

指定半径或[直径(D)]<5.0000>:8(输入球体半径 8 mm)

设置球体颜色为红色。创建的球体如图 3-1-21 所示。

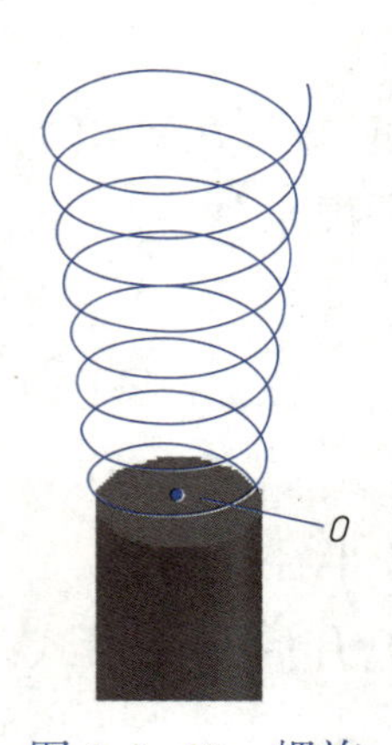

图 3-1-20　螺旋

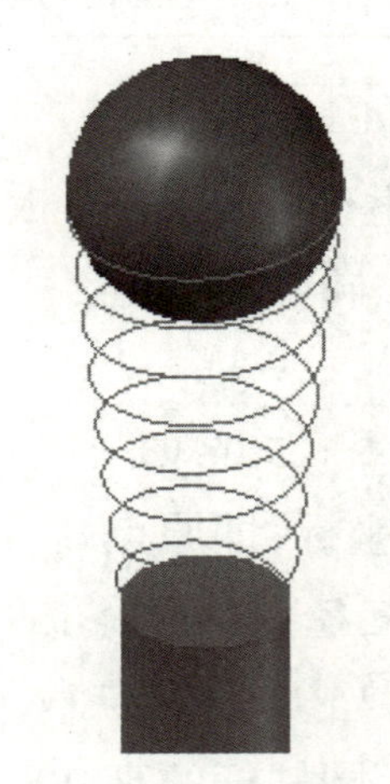

图 3-1-21　创建球体

5. 绘制 $R90$ mm × $R4$ mm 圆环体

单击“常用”选项卡中“建模”面板的左侧下拉按钮“▾”,在弹出的下拉列表中单击圆环体“”,或单击菜单“绘图”→“建模”→“环体”,命令提示如下:

命令:_torus

指定中心点或[三点(3 P)/两点(2 P)/切点、切点、半径(T)]:(对象捕捉球心,单击确定为圆环体中心点)

指定半径或[直径(D)]<8.0000>:90(输入圆环体半径 $R90$ mm)

指定圆管半径或[两点(2 P)/直径(D)]:4(输入圆管半径 R4 mm)

设置圆环体颜色为深绿色,如图 3-1-22 所示。

6. 绘制 R6 mm × 90 mm 圆锥体

单击“常用”选项卡中“建模”面板的左侧下拉按钮“▾”,在弹出的下拉列表中单击圆锥体工具“△”,或单击菜单“绘图”→“建模”→“圆锥体”,命令提示如下:

命令:_cone

指定底面的中心点或[三点(3 P)/两点(2 P)/切点、切点、半径(T)/椭圆(E)]:(对象捕捉球心,单击确定为圆锥体底面中心点)

指定底面半径或[直径(D)]<90.0000>:6(输入圆锥体底面半径 R6 mm)

指定高度或[两点(2 P)/轴端点(A)/顶面半径(T)]<200.0000>:90(鼠标垂直向上移动,输入圆锥体高 90 mm)

设置圆锥体颜色为棕色,如图 3-1-23 所示。

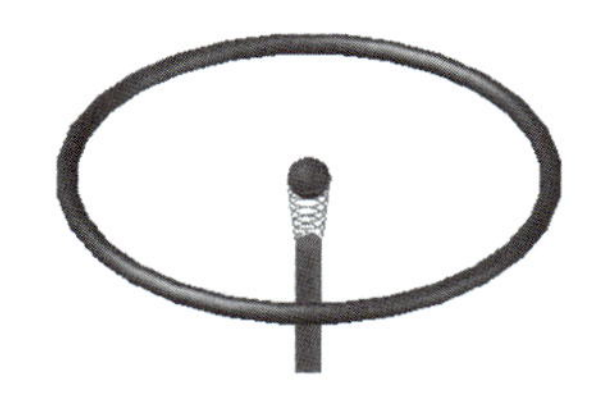

图 3-1-22　创建圆环体

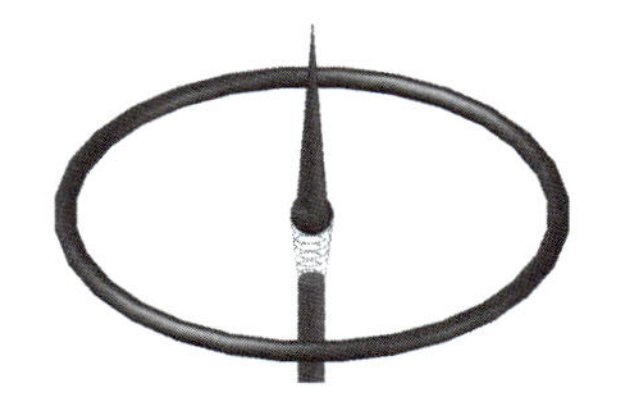

图 3-1-23　创建竖向的圆锥体

理一理

基本三维体的底面与新建 UCS 坐标系

上述创建的棱锥体、圆柱体、圆锥体、螺旋等基本三维体的底面都在坐标系 XY 平面上,其实底面与 XY 平面平行时也可以创建三维体。若要改变底面方向,则需应用“工具”→“新建 UCS”,在“新建 UCS”中可以移动 UCS 坐标系原点、应用三维体的一个面新建 UCS、应用三点新建 UCS、旋转坐标轴调整 UCS 等,坐标系的改变使得可以实现创建任意方向三维体;若不新建 UCS 坐标系,则需要应用三维旋转工具“⊕”、三维移动工具“✥”旋转、移动三维体达到需要的效果。

练习通过“新建 UCS”后将图 3-1-23 所示圆锥体创建为横向的。

7. 三维旋转圆锥体 90°

单击“常用”选项卡中“修改”面板的三维旋转工具“⊕”,或单击菜单“修改”→“三维操作”→“三维旋转”,命令提示如下:

命令:_3 drotate

UCS 当前的正角方向:　ANGDIR= 逆时针　ANGBASE=0

选择对象:找到 1 个

选择对象:[如图 3-1-24(a)所示,单击选择要旋转的圆锥体]

指定基点:[如图 3-1-24(b)所示,捕捉并单击球心指定为旋转基点]

拾取旋转轴:[如图 3-1-24(c)所示,拾取绿圈出现轴线,单击指定为旋转轴]

指定角的起点或键入角度:90(输入转轴角度 90° 按 Enter 键)

三维旋转结果如图 3-1-24(d)所示。

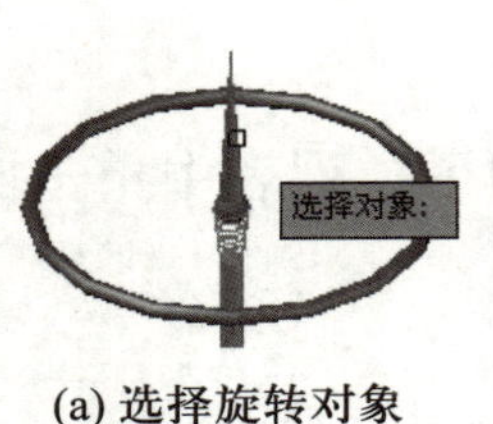

(a) 选择旋转对象

(b) 指定球心为旋转基点

(c) 拾取旋转轴

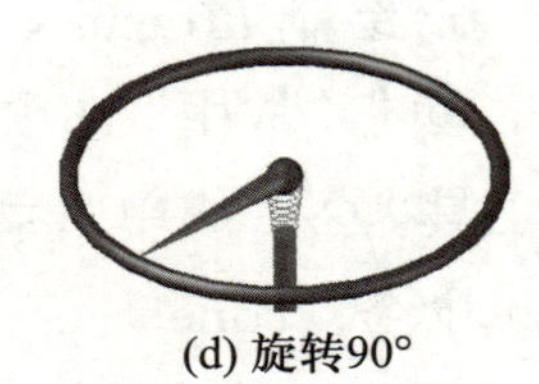

(d) 旋转90°

图 3-1-24　三维旋转圆锥体 90°

8. 阵列圆锥体(项目数为 7 个)

单击“常用”选项卡中“修改”面板的环形阵列工具“”(或应用“修改”菜单→“三维操作”→“三维阵列”),命令提示如下:

命令:_arraypolar

选择对象:找到 1 个(单击选择圆锥体)

选择对象:(右击结束选择)

类型 = 极轴　关联 = 是

指定阵列的中心点或[基点(B)/旋转轴(A)]:(对象捕捉并单击球心确定为阵列中心点)

选择夹点以编辑阵列或[关联(AS)/基点(B)/项目(I)/项目间角度(A)/填充角度(F)/行(ROW)/层(L)/旋转项目(ROT)/退出(X)]< 退出 >:

默认状态下系统自动环形阵列 6 个,可确认后再单击阵列对象,在弹出的“阵列”选项卡“项目”中修改“项目数”为 7,确认后的环形阵列如图 3-1-25 所示。

图 3-1-25　阵列

9. 将圆环体、阵列结果旋转 30°

单击“常用”选项卡中“修改”面板的三维旋转工具“”,或单击“修改”菜单→“三维操作”→“三维旋转”,参照圆锥体的旋转操作方法,选择圆环体、3 个三维圆锥体,以球心为旋转基点,拾取绿圈确定旋转轴,指定旋转角度为 30°,如图 3-1-17 所示。

10. 设置颜色

创建艺术品时可以在创建的过程中应用“特性”设置颜色,也可以创建结束后分别设置颜色,还可以在图层中设置多个图层分别管理对象的颜色等。

11. 视觉样式效果

单击“视图”选项卡,在“视觉样式”面板中分别切换二维线框、概念、消隐、真实、着色、带边缘着色、灰度、勾画、线框等视觉样式,观察、比较、理解显示效果。

三、保存并输出艺术品

以“艺术品设计 .dwg”保存模型。

单击 AutoCAD 2021 左上角“”,在弹出的下拉菜单中单击“输出”,保存为 PDF 文件。

〖任务体验〗

1. 任务梳理

请将本次任务学习的内容按下表提示进行梳理。

AutoCAD 技术			制图技能			经验笔记
三维坐标系	基本三维体	三维操作	工业产品	设计原则	设计步骤	

2. 操作训练

（1）按图 3–1–26、图 3–1–27 所示尺寸对三维造型建模。

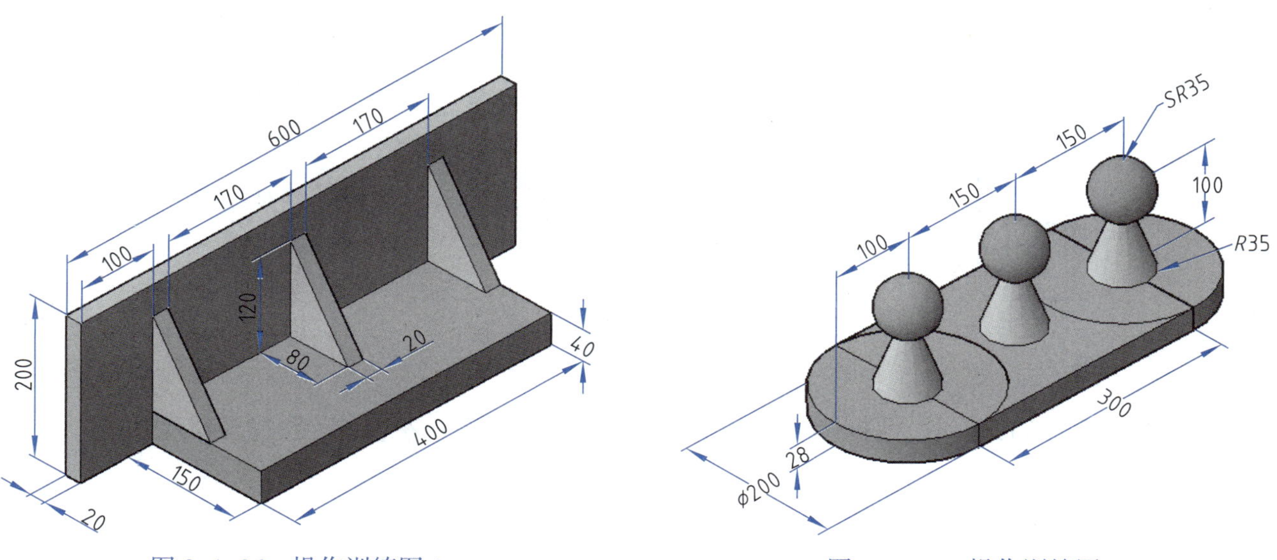

图 3–1–26　操作训练图 1　　图 3–1–27　操作训练图 2

（2）创建图 3–1–28、图 3–1–29 所示的艺术模型。绿色圆环体：*R*100 mm × 管 *R*5 mm，橙色圆锥体：底面 *R*10 mm × 高 100 mm，橘红色球体：*R*10 mm，淡蓝色棱台：侧面数 5 × 外切底面 *R*10 mm × 外切顶面 *R*4 mm × 高 100 mm；淡蓝色圆台（杯体）：底面 *R*80 mm × 顶面 *R*100 mm，橙色圆柱体：底面 *R*5 mm × 高 500 mm × 倾斜 –15°）；自定义尺寸创建图 3–1–30 所示的艺术品。

图 3–1–28　操作训练图 3

图 3–1–29　操作训练图 4

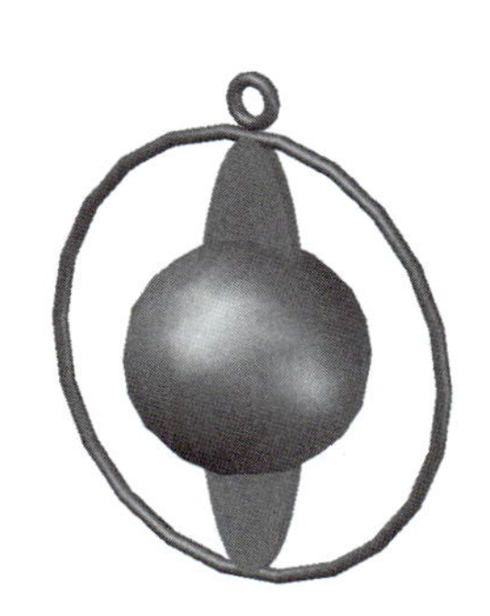

图 3–1–30　操作训练图 5

创建提示：创建图 3-1-26、图 3-1-27 时可以先创建拆解后的基本三维体，应用捕捉棱的中点、底面圆心等关键点辅助进行三维移动、三维旋转，从而组成组合体；图 3-1-28 中五棱台底面、圆锥体底面、圆环体中心在同一中心点上；图 3-1-29 中杯口处为 *R*100 mm × 管 *R*5 mm 绿色圆环体，在杯口中心点创建 1 个 *R*10 mm 橘红色球体，再在距杯口中心点 20 mm 的位置创建 1 个 S*R*10 mm 橘红色球体进行环形阵列（数量 6、行数 3、行间距 30 mm，以杯底中心点为起点创建底面 *R*5 mm × 高 500 mm 的橙色圆柱体，以底面中心点为基点进行 −15° 的三维旋转）。

3. 案例体验

(1) 如图 3-1-31 所示，根据提供的螺柱圆把手图纸（主视图、左视图）创建三维模型，其中柱杆 *R*40 mm × 200 mm 可增加螺旋（底面、顶面半径均为 40 mm，圈数 10，螺旋高 200 mm）。

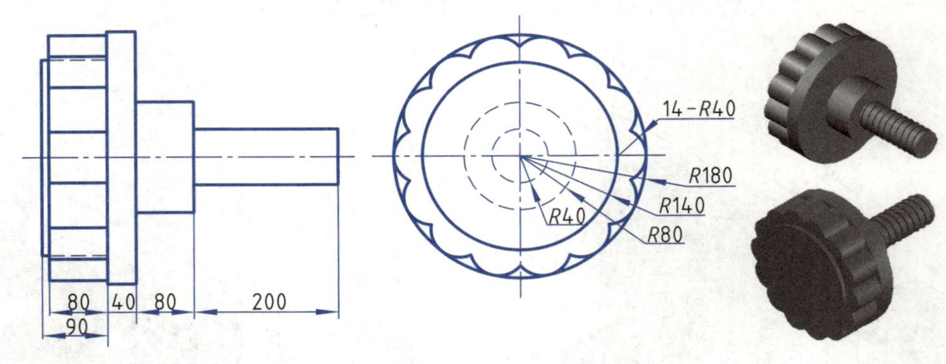

图 3-1-31 螺柱圆把手模型

(2) 如图 3-1-32 所示，根据提供的碟形手轮图纸（主视图、左视图）创建三维模型。

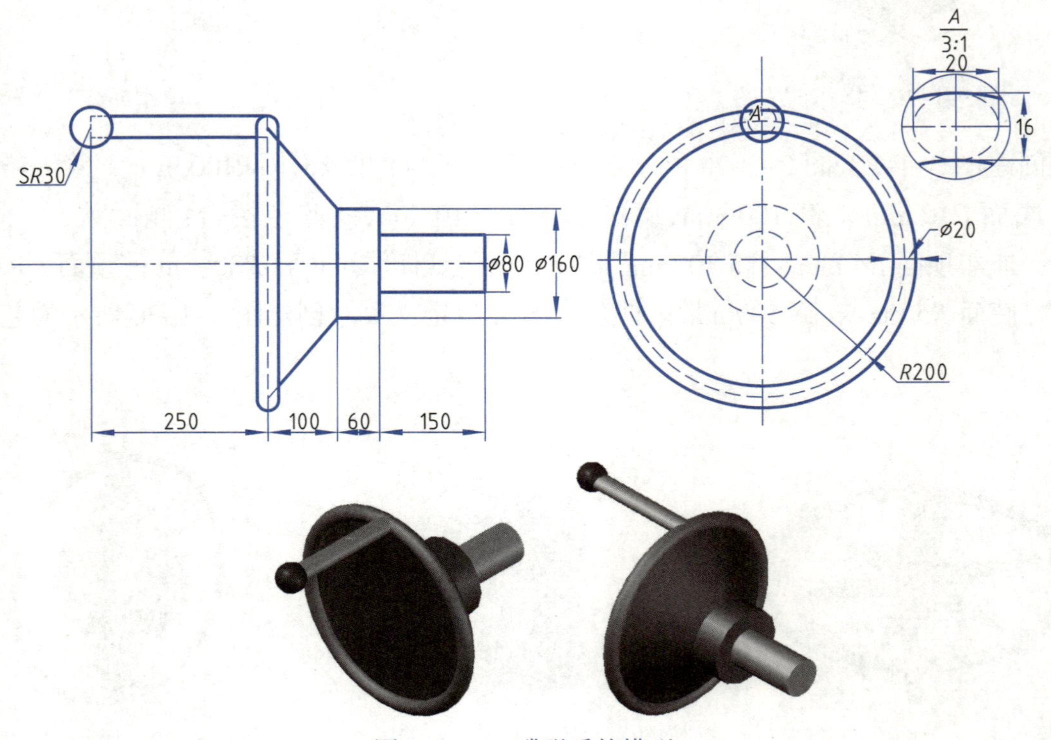

图 3-1-32 碟形手轮模型

任务 3.1.2　建筑模型设计

——多段体、长方体、圆柱体、三维阵列；合并；视觉样式

〖任务描述〗

根据图 3-1-33(a)所示建筑平面图创建如图 3-1-34(b)所示的建筑模型，其中楼高 3 000 mm、墙厚 240 mm、小门宽 880 mm × 高 2 200 mm、大门宽 2 000 mm × 高 2 200 mm、窗宽 1 500 mm × 高 1 400 mm、飘窗宽 1 720 mm × 高 1 800 mm、栏杆高 700 mm，应用三维阵列创建 4 栋 3 层楼房。在“真实”视觉样式下观察模型。

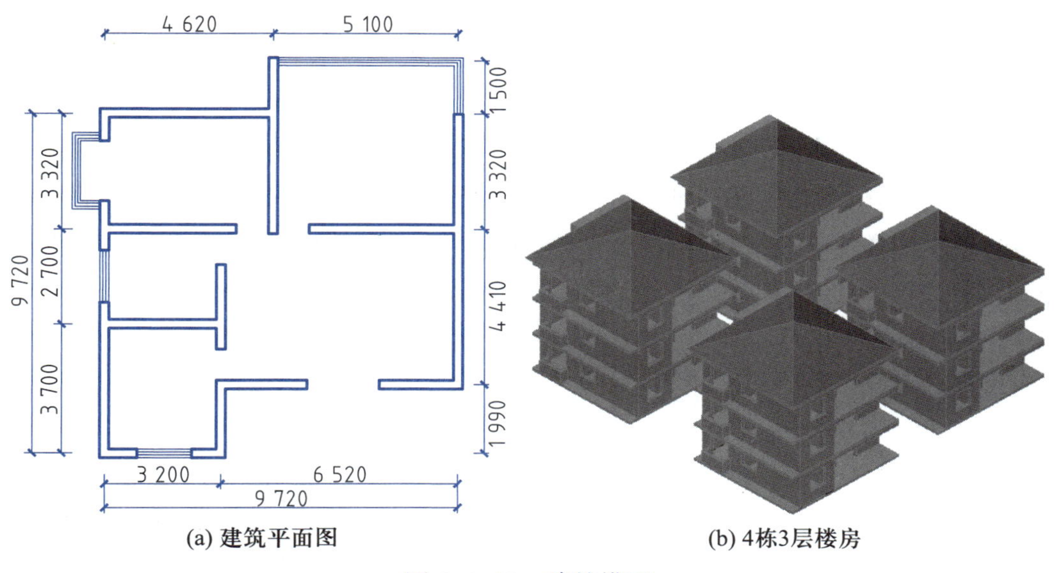

(a) 建筑平面图　　(b) 4栋3层楼房

图 3-1-33　建筑模型

〖任务目标〗

掌握多段体、长方体在建筑模型中的应用；会应用复制、移动、删除、三维阵列、三维旋转、对象捕捉、布尔运算、三维坐标创建三维体；会缩放、移动、旋转视图；会应用转换视觉样式、三维视图。

〖任务分析〗

在本任务中已提供建筑平面图，根据建筑平面图绘制三维模型更加准确快速。若没有建筑平面图，可先根据尺寸要求绘制二维平面图或草图。

应用多段体创建建筑模型主墙体、窗、阳台时，通过设置多段体的宽、高来表达墙体的厚、高，还可以灵活地设置对正方式。图 3-1-33(a)所示的建筑平面图的尺寸以墙中心为基准，可

设置多段体对正方式为“居中”，这时方便按墙中心尺寸绘制多段体。若通过捕捉图 3–1–33（a）建筑平面图端点绘制多段体，这时设置对正方式为“左对齐”或“右对齐”，应用捕捉绘制多段体更方便。

应用长方体绘制窗、阳台上方圈梁时，应用了对象捕捉、复制、移动、三维旋转等工具。或改变 UCS 坐标系后应用多段体绘制窗框（改变 XY 平面方向也就改变了多段体的创建方向）。

尺寸为 2 700 mm 的为楼梯间，一层楼有上、下两段梯，进门处为上梯。

创建一层地面及楼框后，将其合并为一个整体，再应用三维阵列可阵列多层，最后创建楼顶。对一栋楼应用阵列工具可阵列出多栋楼。

〖任务导学〗

学习单	标题	学习活动	学习建议
	别墅	收集别墅造型及图纸，并分享给同学们	与行业接轨

一、打开文档

单击状态栏右下角“”按钮，切换到“三维建模”工作空间。

单击 AutoCAD 2021 左上角“”，在弹出的下拉菜单中单击“打开”，打开素材文件夹“项目 3.1\ 任务 3.1.2\ 建筑平面图 .dwg”图形文件，如图 3–1–33（a）所示。

单击 AutoCAD 2021 左上角“”，在下拉菜单中单击“另存为”，以“任务 312.dwg”为文件名，保存文件类型为“AutoCAD 2004 图形（*.dwg）”，保存图形文件到工作文件夹。

二、创建主墙体

1. 创建 ABD 段墙体

依次单击“常用”选项卡→“建模”面板→多段体工具“”，先设置多段体宽 240 mm，高 3 000 mm，左对正，创建 ABD 段墙体，命令提示如下：

命令：_Polysolid 高度 = 100.0000，宽度 = 10.0000，对正 = 居中

指定起点或［对象（O）/ 高度（H）/ 宽度（W）/ 对正（J）］< 对象 >：w（输入宽度参数 w）

指定宽度 <10.0000>：240（指定宽度 240 mm）

高度 = 100.0000，宽度 = 240.0000，对正 = 居中

指定起点或［对象（O）/ 高度（H）/ 宽度（W）/ 对正（J）］< 对象 >：h（输入高度参数 h）

指定高度 <100.0000>：3000（指定高度 3000 mm）

高度 = 3000.000 0，宽度 = 240.0000，对正 = 居中

指定起点或［对象（O）/ 高度（H）/ 宽度（W）/ 对正（J）］< 对象 >：j（输入对正参数 j）

输入对正方式［左对正（L）/ 居中（C）/ 右对正（R）］< 居中 >：l（输入左对正参数 l）

高度 = 3000.0000，宽度 = 240.0000，对正 = 左对齐

指定起点或［对象（O）/ 高度（H）/ 宽度（W）/ 对正（J）］< 对象 >：（开启对象捕捉“端点”，捕捉并单击图 3–1–34 所示 A 点）

指定下一个点或[圆弧(A)/放弃(U)]:(对象捕捉并单击图 3-1-34 所示 B 点)

指定下一个点或[圆弧(A)/放弃(U)]:(对象捕捉并单击图 3-1-34 所示 D 点)

指定下一个点或[圆弧(A)/闭合(C)/放弃(U)]:(按 Enter 键结束,创建 ABD 段墙体,如图 3-1-35 所示)

设置墙体颜色为青色。

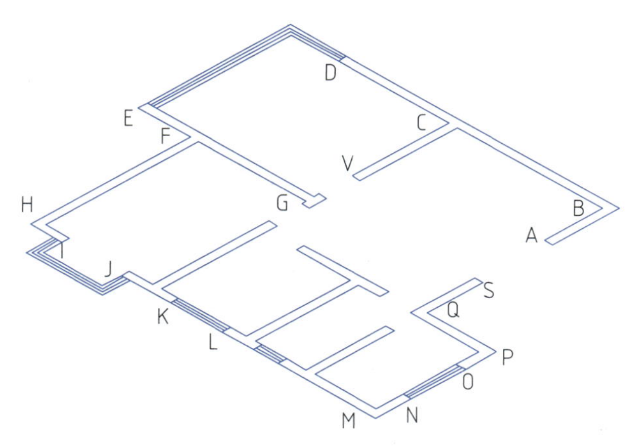

图 3-1-34　建筑平面图字母分段

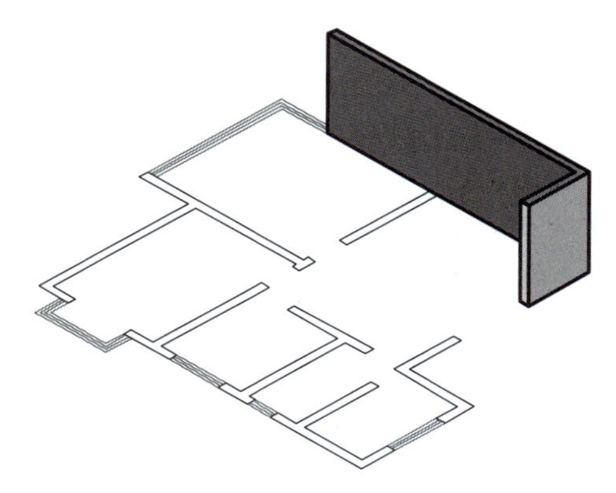

图 3-1-35　创建 ABD 段墙体

2. 创建 VC 段墙体

依次单击“常用”选项卡→“建模”面板→多段体工具“”,创建 VC 段墙体,命令提示如下:

命令:_Polysolid 高度 = 3000.0000,宽度 = 240.0000,对正 = 左对齐

指定起点或[对象(O)/高度(H)/宽度(W)/对正(J)]< 对象 >:(对象捕捉并单击图 3-1-34 所示 V 点)

指定下一个点或[圆弧(A)/放弃(U)]:(对象捕捉并单击图 3-1-34 所示 C 点)

指定下一个点或[圆弧(A)/放弃(U)]:(对象捕捉并单击图 3-1-34 所示 V 点,按 Enter 键结束,创建结果如图 3-1-36 所示)

3. 创建 EG 段墙体

单击“常用”选项卡的“建模”面板多段体工具“”,创建 EG 段墙体,命令提示如下:

命令:_Polysolid 高度 = 3000.0000,宽度 = 240.0000,对正 = 左对齐

指定起点或[对象(O)/高度(H)/宽度(W)/对正(J)]< 对象 >:(对象捕捉并单击图 3-1-34 所示 E 点)

指定下一个点或[圆弧(A)/放弃(U)]:(对象捕捉并单击图 3-1-34 所示 G 点)

指定下一个点或[圆弧(A)/放弃(U)]:(按 Enter 键结束,创建结果如图 3-1-37 所示)

应用上述方法完成其他主墙体的创建,如图 3-1-38 所示。

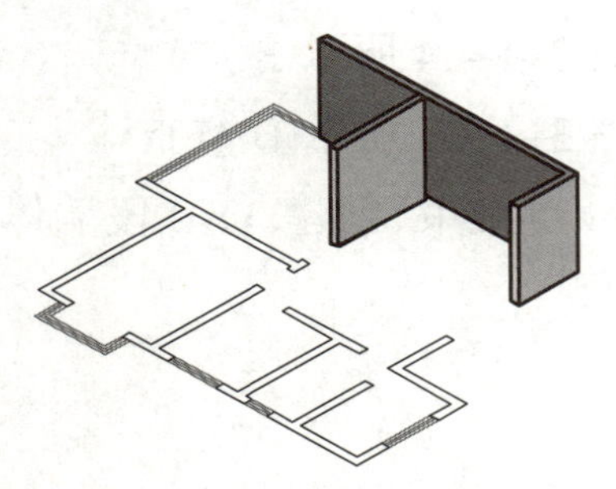

图 3-1-36 创建 VC 段墙体

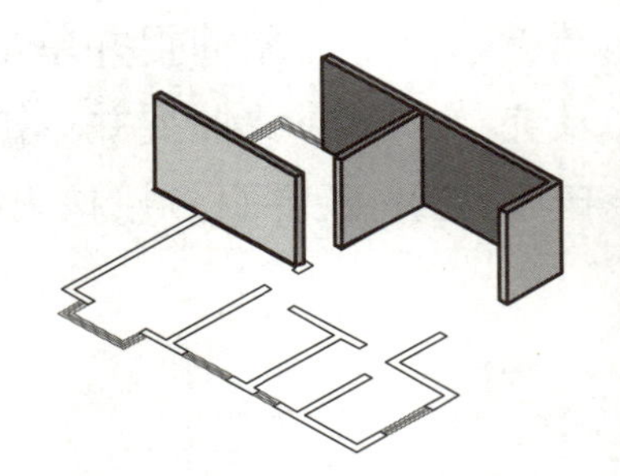

图 3-1-37 创建 EG 段墙体

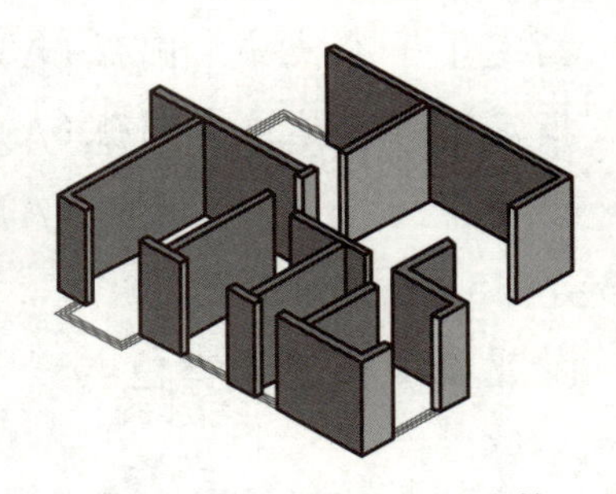

图 3-1-38 创建完主墙体

理一理

多段体的对正与绘制

应用对象捕捉“端点”时可滚动滚轮实时放大视图局部观察捕捉点。在“二维线框”视觉样式下捕捉特殊点更直观。创建多段体与多线的对正方法相同,面朝绘制方向左手边为左、右手边为右。绘制原理与直线一样,多线是具有宽度的“直线”,多段体是具有宽度和高度的“直线”。

三、创建窗、门、阳台处的墙体

1. 创建窗、阳台处的下墙体

(1) 创建 AB 段

单击“常用”选项卡中“建模”面板的多段体工具“”,先设置多段体的高 1 000 mm,宽、对正方式不变,再创建 AB 段 1 m 高的墙体,命令提示如下:

命令:Polysolid 高度 = 3000.0000,宽度 = 240.0000,对正 = 左对齐

指定起点或[对象(O)/ 高度(H)/ 宽度(W)/ 对正(J)]< 对象 >:h(输入高度参数 h)

指定高度 <3000.0000>:1000(输入高度 1000 mm)

高度 = 1000.0000,宽度 = 240.0000,对正 = 左对齐

指定起点或[对象(O)/ 高度(H)/ 宽度(W)/ 对正(J)]< 对象 >:[如图 3-1-39(a)所示,对象捕捉并单击 A 点]

指定下一个点或[圆弧(A)/ 放弃(U)]:[如图 3-1-39(a)所示,对象捕捉并单击 B 点]

指定下一个点或[圆弧(A)/ 放弃(U)]:(按 Enter 键结束,创建结果如图 3-1-39(b)所示)

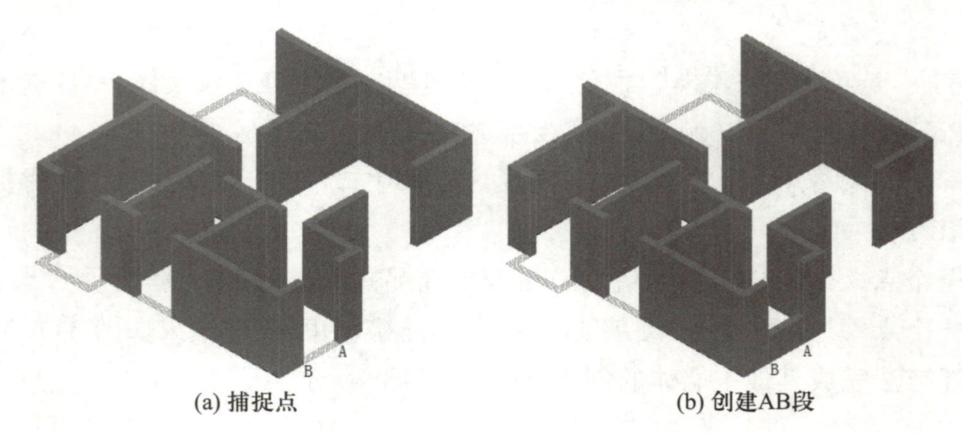

(a) 捕捉点　　(b) 创建AB段

图 3-1-39 创建 AB 段窗墙体

（2）创建其他窗、阳台的 1 m 墙体

应用上述创建 AB 段的方法直接调用多段体工具创建其他窗（含飘窗）、阳台的 1 m 墙体。创建时应用滚轮实时缩放观察局部，按住 Shift 键实时旋转视图调整建筑模型角度，或切换至东南等轴测视图创建其他 1 m 高的窗、阳台墙体，如图 3–1–40 所示。

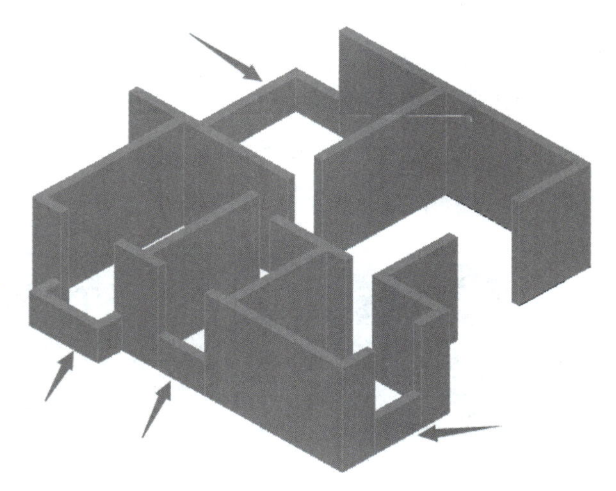

图 3–1–40　创建 1 m 墙体

2. 创建阳台处 0.3 m 的圈梁，门、窗处 0.4 m 高的门梁和窗梁

（1）创建阳台 0.3 m 的圈梁

先在阳台 1 m 高墙体上绘制 0.3 m 高的圈梁，再应用对象捕捉、移动到阳台上方。

① 绘制阳台 0.3 m 高的圈梁

切换至东北等轴测视图，或按住 Shift 键不放并按住左键旋转视图到如图 3–1–41 所示阳台位置，应用多段体工具“ ”指定其高度 300 mm，绘制阳台 0.3 mm 高的圈梁。

命令：_Polysolid 高度 = 400.0000，宽度 = 240.0000，对正 = 左对齐

指定起点或［对象（O）/ 高度（H）/ 宽度（W）/ 对正（J）］< 对象 >：h（输入高度参数 h）

指定高度 <400.0000>：300（输入高度 300 mm）

高度 = 300.0000，宽度 = 240.0000，对正 = 左对齐

指定起点或［对象（O）/ 高度（H）/ 宽度（W）/ 对正（J）］< 对象 >：（捕捉并单击指定 A 点）

指定下一个点或［圆弧（A）/ 放弃（U）］：（捕捉并单击指定 B 点）

指定下一个点或［圆弧（A）/ 放弃（U）］：（捕捉并单击指定 C 点）

指定下一个点或［圆弧（A）/ 闭合（C）/ 放弃（U）］：（按 Enter 键结束绘制多段体，结果如图 3–1–41 所示）

② 移动阳台圈梁

应用“修改”面板的移动工具“ ”，对象捕捉图 3–1–41 所示 A 上方角点，移动圈梁到图 3–1–42 所示箭头所指角点位置。

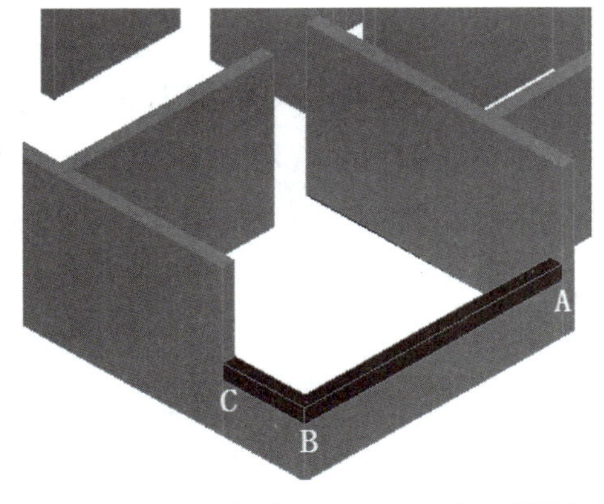

图 3–1–41　绘制阳台 0.3 m 高的圈梁

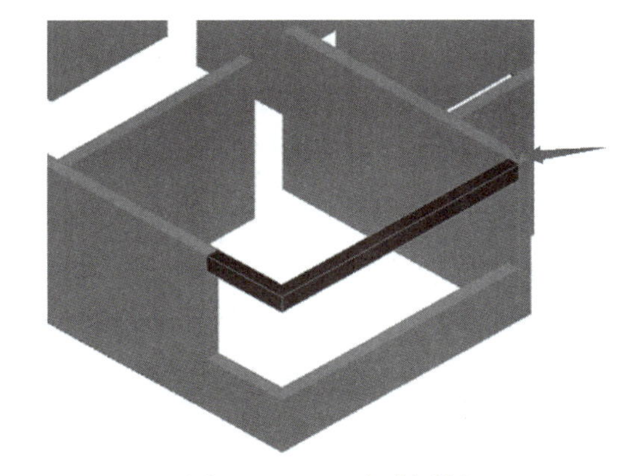

图 3–1–42　移动圈梁

(2) 创建大门 0.3 m 的圈梁

① 绘制大门 0.3 m 高的圈梁

切换至东南等轴测视图，或按住 Shift 键不放并按住鼠标左键旋转视图到图 3-1-43(a) 所示位置(或切换到西南等轴测视图)，应用多段体工具“”指定其高度 300 mm，应用对象捕捉“端点”绘制大门 0.3 m 高的圈梁。

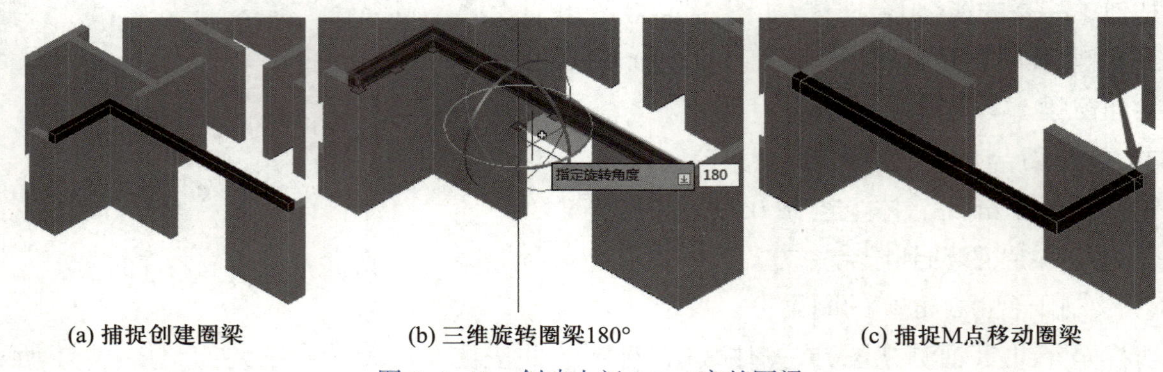

(a) 捕捉创建圈梁　(b) 三维旋转圈梁180°　(c) 捕捉M点移动圈梁

图 3-1-43　创建大门 0.3 m 高的圈梁

② 三维旋转圈梁 180°、移动圈梁

单击“常用”选项卡中“修改”面板的三维旋转工具“”，如图 3-1-43(b) 所示，拾取并单击确定垂直旋转轴，输入角度 180°，按 Enter 键确定并完成旋转。

应用“修改”面板的移动工具“”，如图 3-1-43(c) 所示，以 M 点为参照对象捕捉后移动圈梁到图 3-1-43(c) 所示位置。

(3) 创建门、窗 0.4 m 高的门梁和窗梁

由于应用多段体创建上侧 0.4 m 高的上墙体时不能向负方向创建，这时可用长方体工具创建。

① 创建 DE 段 0.4 m 高的门梁

切换至东南等轴测视图，如图 3-1-44 所示。

单击“常用”选项卡→“建模”面板→长方体工具“”，创建 DE 段 0.4 m 高的门梁，命令提示如下：

命令：_box

指定第一个角点或 [中心(C)]:[如图 3-1-44(a) 所示，对象捕捉并单击 E 点]

指定其他角点或 [立方体(C)/ 长度(L)]:[如图 3-1-44(a) 所示，对象捕捉并单击 C 点]

指定高度或 [两点(2 P)] <90.0000>：400(鼠标向下移动，输入长方体高度 400 mm)

按 Enter 键结束，创建结果如图 3-1-44(b) 所示。

② 创建其他门、窗处 0.4 m 高的门梁和窗梁

应用上述创建 DE 段的方法，应用长方体工具创建其他窗、门、阳台的 0.4 m 梁体。创建时应用滚轮实时缩放、切换等轴测视图、捕捉端点，完成门梁和窗梁的创建，如图 3-1-45 所示。

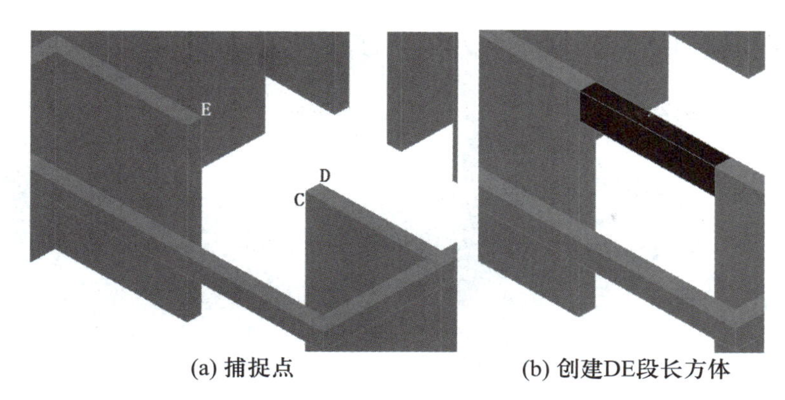

(a) 捕捉点　　(b) 创建DE段长方体

图 3-1-44　创建 DE 段 0.4 m 墙体

四、合并墙体,创建地坪、楼坪,三维阵列墙体 / 楼坪

1. 合并墙体

选中墙体对象并右击,在弹出的快捷菜单中单击“特性”,将所有墙体“颜色”设置为青色。

应用“修改”菜单→“实体编辑”→“并集”,依次选中(或框选)所有墙体、圈梁,合并梁体,如图 3-1-46 所示。

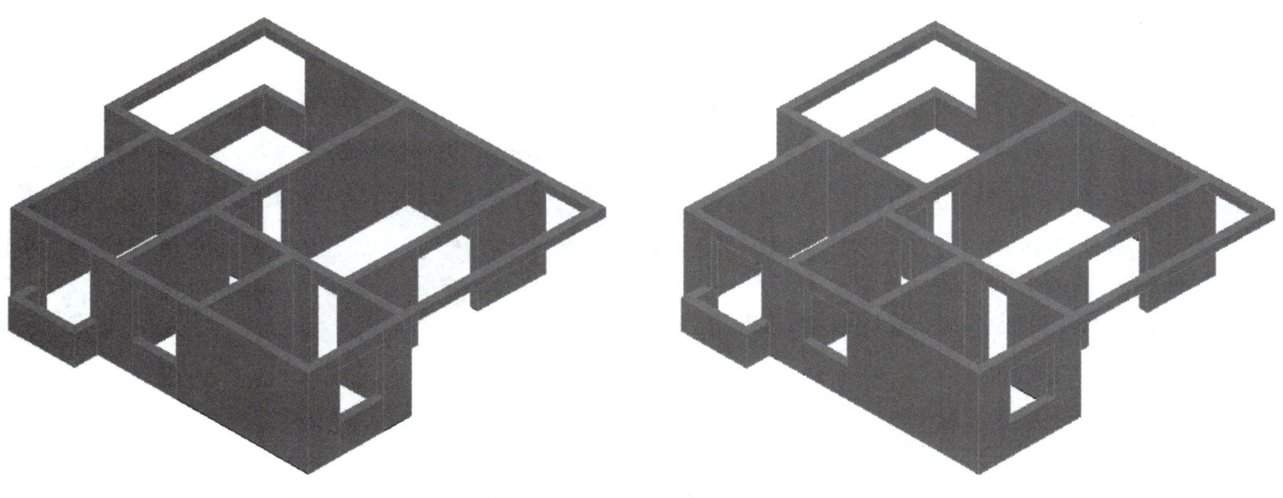

图 3-1-45　完成门梁和窗梁的创建　　图 3-1-46　合并梁体

2. 创建地坪

(1) 创建辅助线

切换至西北等轴测视图,开启正交模式,应用直线工具,如图 3-1-47(a)所示,以两个角点端点为起点沿飘窗线和墙脚线创建直线 L1、L2,两直线相交于 O,以 O 点为起点垂直向上移动,动态输入 3 000 mm 创建垂直线 L。

(2) 创建并合并长方体 A 和 B(创建楼坪)

单击“常用”选项卡→“建模”面板→长方体工具“”,如图 3-1-47(b)所示,对象捕捉墙体外角点 F,指定为长方体的一个角点,单击直线 L 的上端点,指定为长方体的另一个角点,鼠标向上移动，输入高度 200 mm，创建长方体 A，如图 3–1–47（b）所示。

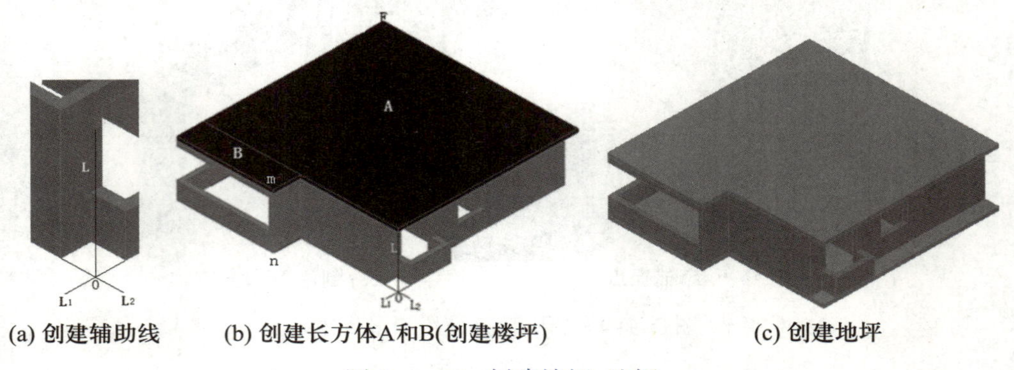

(a) 创建辅助线　(b) 创建长方体A和B(创建楼坪)　(c) 创建地坪

图 3–1–47　创建楼坪、地坪

单击“常用”选项卡→“建模”面板→长方体工具“□”，如图 3–1–47（b）所示，捕捉阳台的两个端点创建长方体 B。

(3) 合并 A、B，复制创建地坪

应用“修改”菜单→“实体编辑”→“并集”，将长方体 A、B 合并为楼坪。

应用“修改”菜单→“复制”，以角点 m 为基点复制合并后的楼坪至角点 n 创建地坪，如图 3–1–47（c）所示。

理一理

应用差集切角创建长方体

在上述创建长方体 A、B 中，也可以先创建 11 460 mm × 10 729 mm × 200 mm 长方体，然后如图 3–1–48（a）所示，以点 1、2 创建厚 200 mm 的小长方体（具体尺寸可通过图纸计算或标注获取），再应用差集工具“□”完成，如图 3–1–48（b）所示。

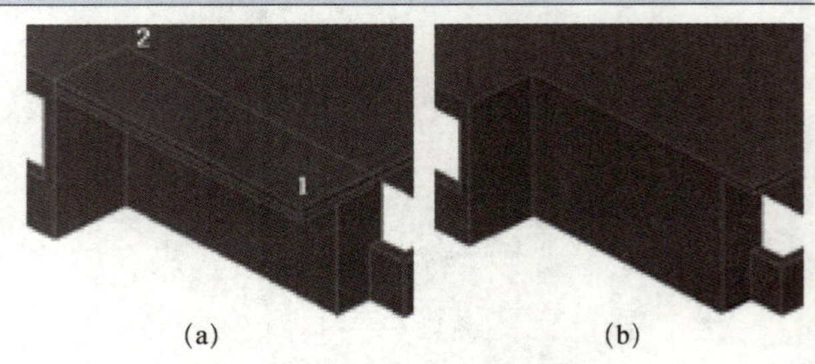

图 3–1–48　应用差集切角创建长方体

3. 三维阵列

(1) 三维阵列 4 栋 3 层楼房

三维阵列的 4 栋 3 层楼房行数为 2，列数为 2，层数为 3，行间距 11 460 mm+5 000 mm，列间距 9 710 mm +5 000 mm，层间距 3 200 mm（3 000 mm +200 mm）。

切换到 AutoCAD 菜单模式，切换至西南等轴测视图，单击“修改”菜单→“三维操作”→“三维阵列”，命令提示如下：

命令：_3 darray

选择对象：找到 1 个

选择对象：找到 1 个，总计 2 个（单击选择合并后的一层楼坪和框架）

选择对象：(右击结束选择)

输入阵列类型[矩形(R)/环形(P)]<矩形>:R(选择矩形阵列参数 R)

输入行数(---)<1>:2(输入行数 2)

输入列数(|||)<1>:2(输入列数 2)

输入层数(...)<1>:3(输入层数 3)

指定行间距(---):16460(输入行间距)

指定列间距(|||):14710(输入列间距)

指定层间距(...):3200(输入层间距)

按 Enter 键完成三维阵列,如图 3-1-49(a)所示。

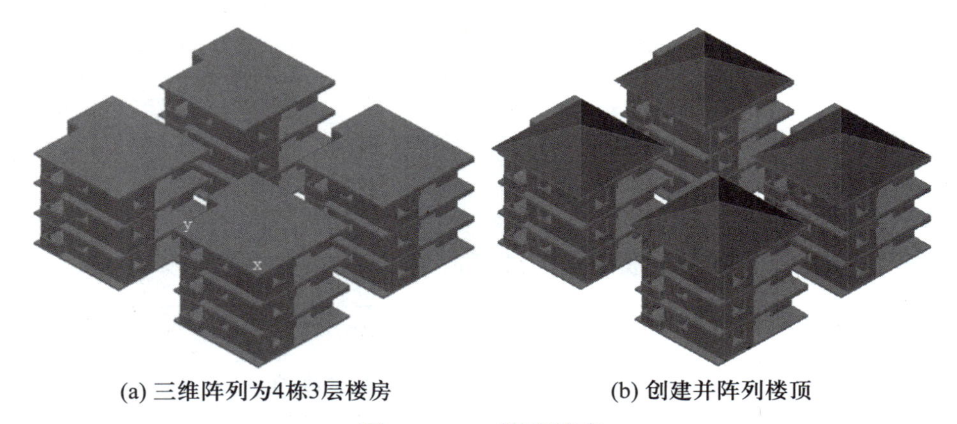

(a) 三维阵列为4栋3层楼房　　(b) 创建并阵列楼顶

图 3-1-49　阵列楼房

(2) 创建并阵列楼顶

单击"绘图"菜单→"建模"→"棱锥体",或单击"常用"选项卡→"建模"面板→棱锥体工具"△",创建四棱锥楼顶,命令提示如下:

命令:_pyramid

指定底面的中心点或[边(E)/侧面(S)]:s(输入侧面参数 s)

输入侧面数 <4>:4(输入侧面数 4)

指定底面的中心点或[边(E)/侧面(S)]:e(输入边参数 e,拟指定边创建棱锥)

指定边的第一个端点:[如图 3-1-49(a)所示,捕捉楼坪角点 x]

指定边的第二个端点:[如图 3-1-49(a)所示,捕捉楼坪角点 y]

指定高度或[两点(2 P)/轴端点(A)/顶面半径(T)]:2500(输入棱锥高度 2500 mm,按 Enter 键完成一个四棱锥楼顶的创建)

单击"修改"菜单→"三维操作"→"三维阵列",命令提示如下:

命令:_3 darray

选择对象:找到 1 个,总计 1 个(单击选择创建的棱锥)

选择对象:(右击结束选择)

输入阵列类型[矩形(R)/环形(P)]<矩形>:r(选择矩形阵列参数 r)

输入行数(---)<1>:2(输入行数 2)

输入列数(|||)<1>:2(输入列数 2)

输入层数(...)<1>:1(输入层数 1)

指定行间距(---):16460(输入行间距)

指定列间距(|||):14710(输入列间距)

按 Enter 键完成三维阵列,如图 3-1-49(b)所示。

自定义设置颜色,保存为 “任务 312.dwg” 图形文件。

试一试	应用阵列工具
	应用 “修改” 菜单→ “阵列” → “矩形阵列”,也可以创建上述矩形阵列效果(行、列参数相同)。

〖任务体验〗

1. 任务梳理

请将本任务学习的内容按下表提示进行梳理。

AutoCAD 技术			制图技能			经验笔记
多段体	三维阵列	辅助工具	别墅图纸	别墅模型	视觉样式	

2. 操作训练

(1) 应用基本三维体工具和差集、并集、旋转、移动等工具创建图 3-1-50~ 图 3-1-53 所示的三维模型。

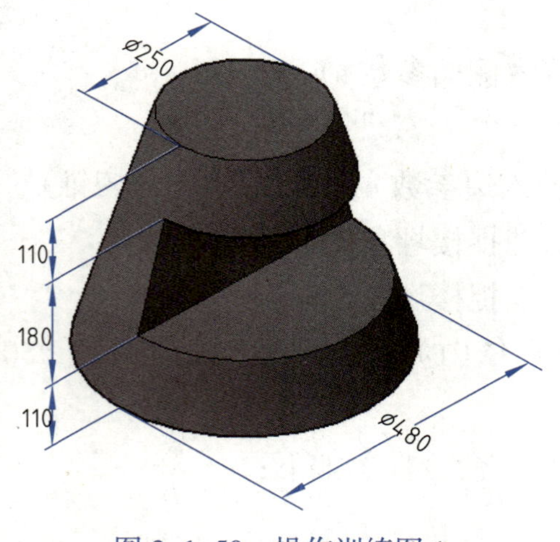

图 3-1-50 操作训练图 1

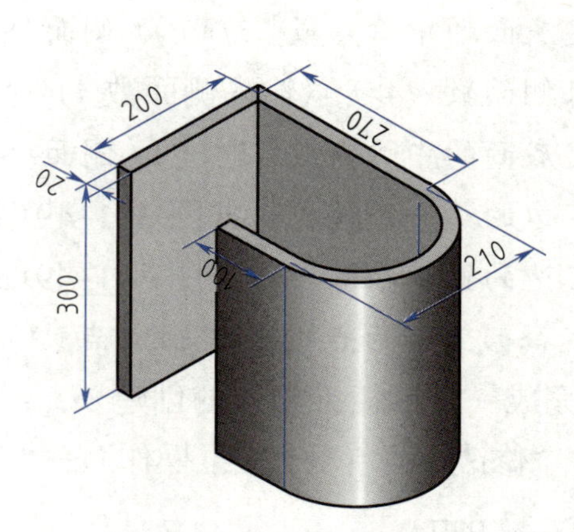

图 3-1-51 操作训练图 2

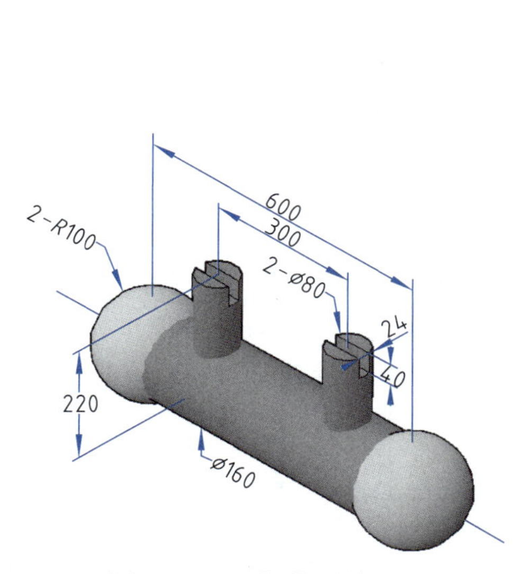

图 3-1-52　操作训练图 3

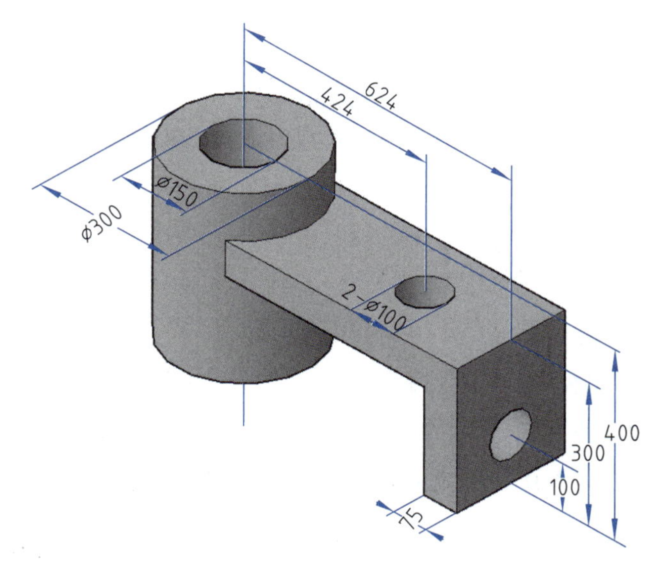

图 3-1-53　操作训练图 4

创建提示：对于图 3-1-50，绘制圆台后，开启正交模式、捕捉圆心，再应用直线工具从顶点圆心开始垂直向下依次绘制长 110 mm、180 mm、110 mm 的直线，在 180 mm 线段处创建高 180 mm × 长 480 mm × 宽 480 mm 的长方体，精确移动至图示位置后应用差集工具从圆台中减去；创建图 3-1-51 模型时注意应用参数“圆弧（A）”“直线（L）”；对于图 3-1-52，先创建长 600 mm × *Φ*160 mm 圆柱，在圆柱两端圆心位置创建 *R*100 mm 球，应用直线工具辅助确定距圆柱圆心 150 mm 位置，旋转 UCS 坐标系后创建长 220 mm × *Φ*80 mm 的圆柱（或创建圆柱后应用三维旋转），应用并集工具将创建的 3 个圆柱体合并，创建长 400 mm × 宽 24 mm × 高 40 mm 的长方体，应用差集工具一次性相减完成两个缺口；对于图 3-1-53，分别创建 *Φ*300 mm × 400 mm 的圆柱、长 624 mm × 宽 300 mm × 厚 75 mm 的长方体、长 300 mm × 宽 300 mm × 厚 75 mm 的长方体，应用并集工具将创建的三维体合并；创建 *Φ*150 mm × 400 mm 圆柱、2 个 *Φ*100 mm × 75 mm 圆柱，应用差集工具减去 3 个圆柱。

（2）按图 3-1-54 所示尺寸创建办公区三维模型，外墙高 3 000 mm、内隔高 800 mm、墙宽 240 mm、小门宽 1 000 mm。

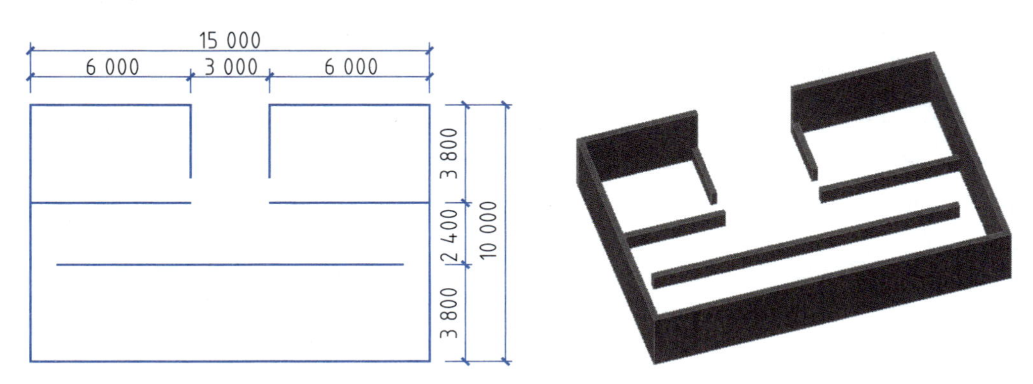

图 3-1-54　办公区三维模型

3. 案例体验

打开本任务素材文件夹“任务体验\套房平面图 .dwg”，如图 3-1-55 所示，根据二维图纸创建三层六栋别墅模型，墙厚 240 mm、楼高 3 000 mm、楼坪厚 200 mm、四棱锥楼顶高 2 500 mm。

【项目体验】

项目情景：

某设计工作室接到订单，要求根据提供的“公司平面图”创建三维模型，并在广场设计雕塑模型，用于公司 VR 三维模拟全景展示系统。

项目要求：

1. 参考图 3-1-56 自定义尺寸设计广场雕塑，要求能置入图 3-1-57 所示公司广场。

2. 创建公司模型，打开素材文件夹中的“项目体验\某公司平面图 .dwg”文件（图 3-1-57），创建公司围墙，应用长方体模拟创建办公楼，并将广场雕塑置入图示位置，设置好不同对象颜色，将三维效果图保存为 DWG 和 JPG 格式文件。

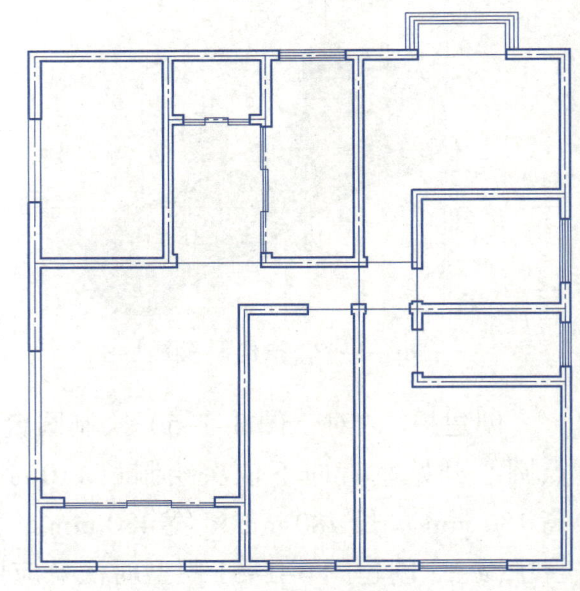

图 3-1-55　套房平面图

图 3-1-56　广场雕塑

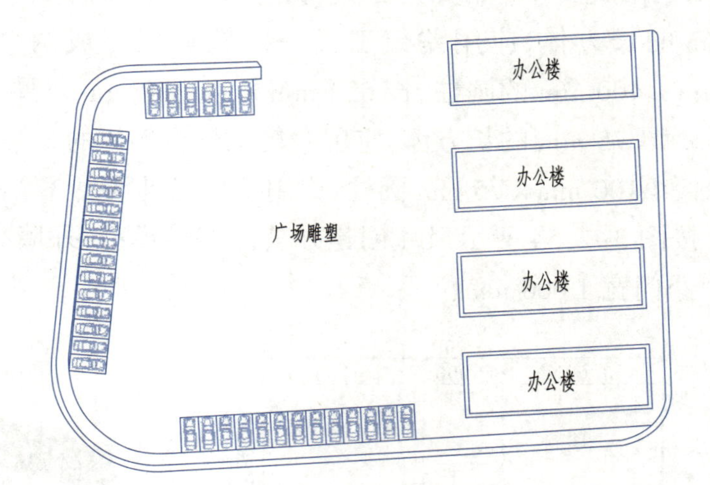

图 3-1-57　公司平面图

【项目评价】

<table>
<tr><th>评价项目</th><th colspan="4">能力表现</th></tr>
<tr><td>基本技能</td><td colspan="4">获取方式：□自主探究学习　□同伴互助学习　□师生互助学习
掌握程度：□了解______%　□理解______%　□掌握______%</td></tr>
<tr><td>创新理念</td><td>□大胆创新</td><td>□有点创新思想</td><td>□能完成______%</td><td>□保守陈旧</td></tr>
<tr><td>岗位体验</td><td>□了解行业知识</td><td>□具备岗位技能</td><td>□能完成______%</td><td>□还不知道</td></tr>
<tr><td>技能认证目标</td><td>□高级技能水平</td><td>□中级技能水平</td><td>□初级技能水平</td><td>□继续努力</td></tr>
<tr><td>项目任务自评</td><td colspan="4">□优秀　□良好　□合格　□一般　□再努力一点就更好了</td></tr>
<tr><td>我获得的岗位知识和技能</td><td colspan="4"></td></tr>
<tr><td>分享我的学习方法和理念</td><td colspan="4"></td></tr>
<tr><td>我还有疑难问题</td><td colspan="4"></td></tr>
</table>

项目 3.2 <<<

机件设计与产品装配

——拉伸、旋转、放样、扫掠建模，实体编辑，圆角、倒角，对齐与装配

【项目情景】

图 3-2-1 所示为管阀三维模型，创建该模型的零件（部分零件在练习中完成），然后再进行装配，完成管阀三维造型。了解生活中常见产品及其结构造型与装配。

项目 3.2 包括一个任务：

任务 3.2.1 管阀零件与装配——拉伸、旋转、放样；圆角、倒角，阵列、布尔运算的应用，三维对齐。

【项目目标】

掌握拉伸、旋转、放样、扫掠、圆角、倒角的基本操作与应用；掌握阵列、布尔运算的应用；掌握变换坐标系、切换视图辅助创建三维体的基本操作与方法；掌握通过绘制二维图形创建三维体的方法；掌握三维对齐的应用。

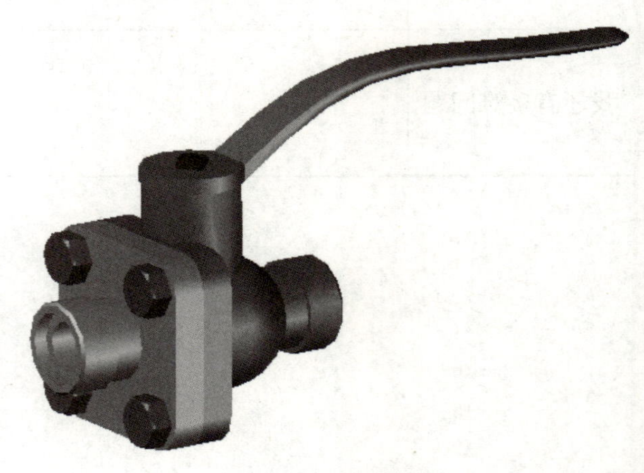

图 3-2-1 管阀

【岗位对接】

了解零件、装配等知识。具备综合应用三维建模、三维编辑、二维绘图的能力。能通过二维图形创建三维体。

【技能建构】

一、走进行业

学习单	标题	学习活动	学习建议
	零部件 标准件	查找并收集零部件、标准件图片或实物	在收集活动中了解行业知识

1. 零件

图 3-2-2　标准件

组成机械、工业产品不可分拆的单制件，制造过程不需要装配工序。

标准件：标准件是指结构、尺寸、画法、标记等完全标准化的常用的零（部）件，如 M12 螺母标准件，如图 3-2-2 所示。包括紧固件、联结件、传动件、密封件、液压器件、气动器件、轴承、弹簧等机械零件，还有汽车标准件、模具标准件等。

2. 装配

产品由若干个零件和部件组成。装配是按照规定的技术要求，将若干个零件接合成部件或产品的过程，图 3-2-3 所示是多级泵转子装配图。装配可以分为部件装配和总装配。

部件装配是将零件装配成一个部件单元。

总装配是将零件、部件单元装配成成品。

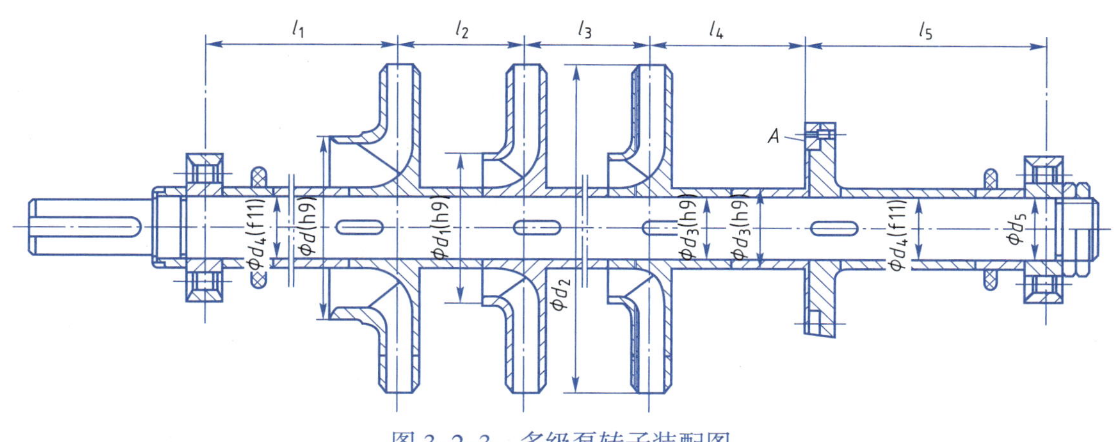

图 3-2-3　多级泵转子装配图

3. 产品装配程序

产品装配程序一般包括零件制造、装配、调整、检验和试验、包装等。

4. 产品装配设计的原则

在产品设计中，装配图、装配模型是设计者装配设计思路的具体表现，表达的是产品或部件的工业原理、装配关系、传动方式、基本结构，产品装配设计遵循以下原则：

保证产品装配工艺的合理性；产品部件结构的标准化；正确表达产品的性能、装配、安装、工作等要达到的技术指标；便于生产，成本低，便于使用和维修。

二、技能建构

学习单	标题	学习活动	学习建议
	三维与二维	查找并收集三维实体与二维图形，并给同学们讲解展示	在收集活动中了解知识
	机械零件与图纸	到机械加工厂实地了解零件与图纸	在实践活动中了解知识、技能及岗位

1. 镜像

二维镜像是图形按指定的轴在一个平面内创建的对称图形，如图 3–2–4 所示，三维镜像是对三维实体按指定的镜像平面（类似于轴平面）创建的对称三维实体，如图 3–2–5 所示。

二维镜像命令调用：“修改” 菜单→ “镜像”，或 “修改” 面板→镜像工具 “”。

三维镜像命令调用：“修改” 菜单→ “三维操作” → “三维镜像”，或 “修改” 面板→三维镜像工具 “”。

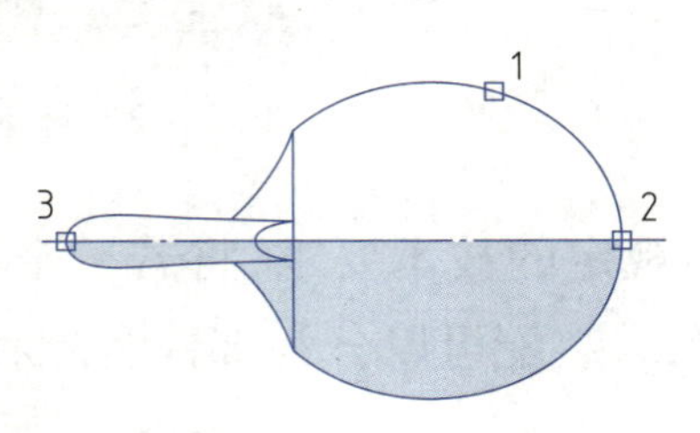

图 3–2–4　二维镜像

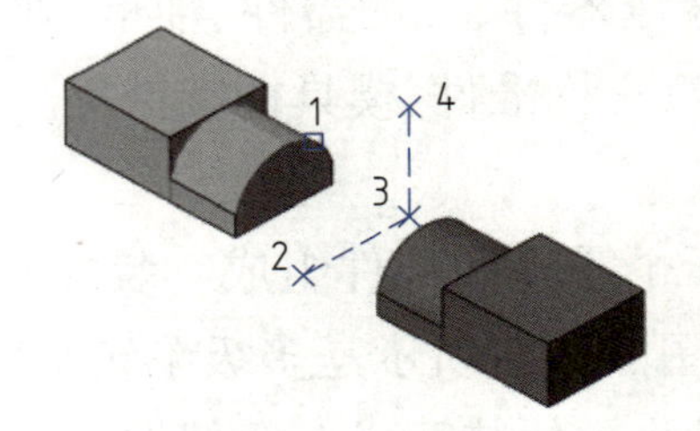

图 3–2–5　三维镜像

做一做	三维镜像
	打开素材文件夹 “项目 3.2\ 三维建模练习 .dwg”，完成图 3–2–4、图 3–2–5 所示二维镜像和三维镜像，并理解两者的区别。

2. 旋转

(1) 二维旋转

在一个平面内将二维图形、三维对象绕基点旋转，可旋转并复制。

命令调用：“修改” 菜单→ “旋转”，或单击 “修改” 面板→旋转工具 “”。

(2) 三维旋转

在三维空间旋转三维对象、图形或实体面，三维旋转包括旋转对象、旋转创建三维对象。

① 在三维空间中自由旋转选定的对象，包括二维图形、三维实体。

如图 3–2–6 所示，可应用三维旋转自由旋转选定的对象，指定旋转轴以改变实体位置。

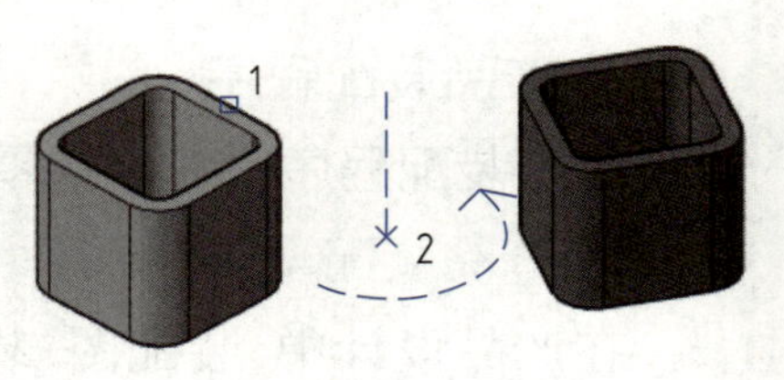

图 3–2–6　三维旋转

命令调用：“修改” 菜单→ “三维操作” → “三维旋转”，或 “三维建模” 工作空间→ “修改” 面板→三维旋转工具 “”。

② 旋转绘制的二维图形创建三维实体或曲面

如图 3–2–7 所示，可以对多段线、多边形等不封闭对象绕旋转轴旋转一定角度后形成三维曲面；对矩形、圆、椭圆和面域等创建的闭合二维对象绕旋转轴旋转一定角度后形成三维实体，图 3–2–8 所示是旋转面域创建的实体。

命令调用：“绘图” 菜单→ “建模” → “旋转”，或 “建模” 面板的旋转工具 “”。

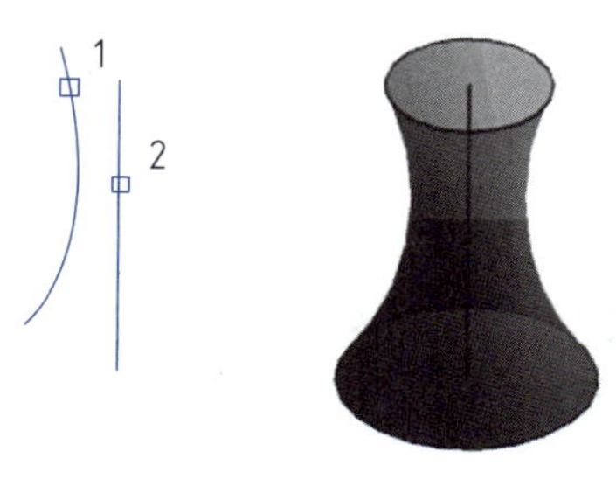

图 3-2-7　旋转图形创建曲面

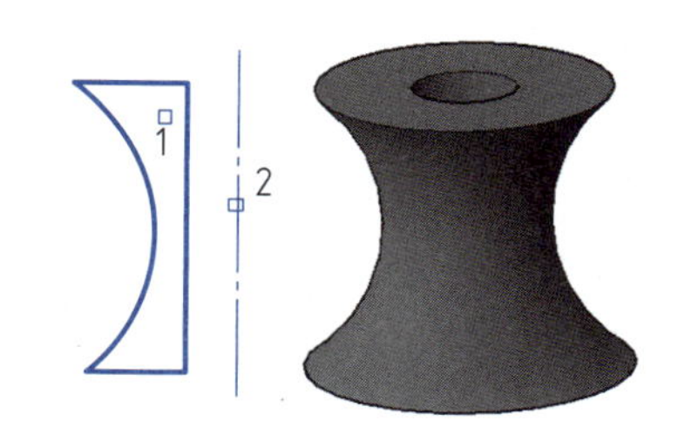

图 3-2-8　旋转面域创建实体

练一练	旋转
	打开素材文件夹"项目 3.2\ 三维建模练习 .dwg"，完成图 3-2-6~ 图 3-2-8 所示旋转练习，并理解三者的区别。

3. 拉伸

可以在一个平面内作二维拉伸，也可以在三维空间里作三维拉伸。

二维拉伸：如图 3-2-9 所示，在一个平面内拉伸二维图形。

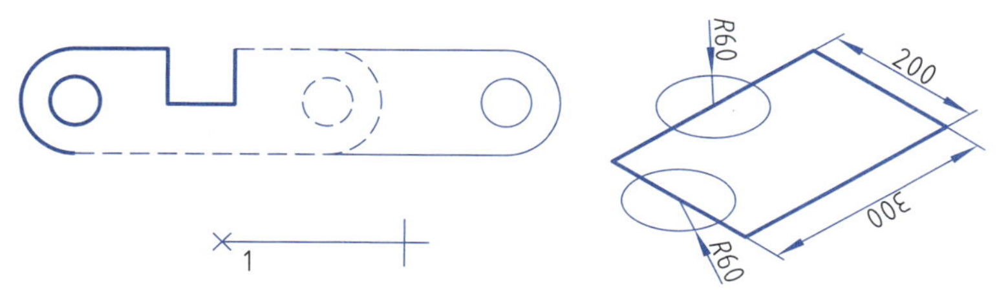

图 3-2-9　拉伸平面图形

命令调用："修改"菜单→"拉伸"或"修改"面板的拉伸工具"![]"。

三维拉伸：在三维空间拉伸面域、图形或按住并拖动有边界的图形。

（1）应用拉伸封闭的二维图形创建复杂三维实体

应用多段线、多边形、矩形、圆、椭圆、闭合的样条曲线、圆环和面域布尔运算等创建复杂的闭合二维对象，可以将二维对象拉伸为三维实体（图 3-2-10）或曲面，可以沿路径拉伸对象，也可以按指定的高度值和斜角来拉伸二维对象。

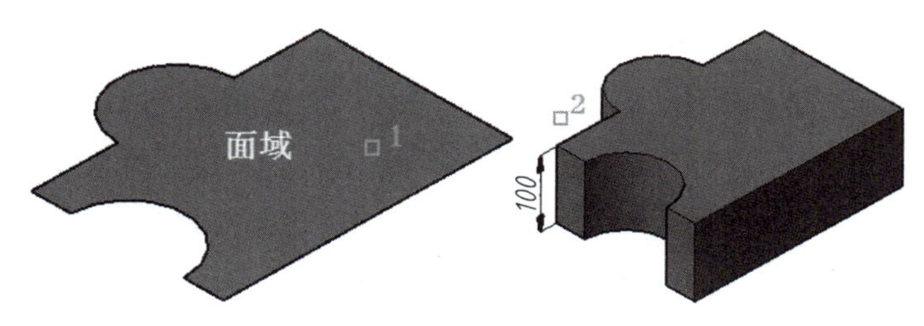

图 3-2-10　拉伸创建实体

命令调用："绘图"菜单→"建模"→"拉伸"，或"建模"面板的拉伸工具"![]"。

绘制的二维对象需要闭合成一个整体，若用不同的绘图工具绘制封闭二维图形还需要应用面域工具构建成具有一定面积的闭合区域后再应用拉伸创建实体。若拉伸开放的图形可创建面(平面、曲面)。

(2) 按住并拖动创建三维实体

如图 3-2-12 所示，按住并拖动有边界的区域创建三维实体。

命令调用：单击“建模”面板→按住并拖动按钮“”。

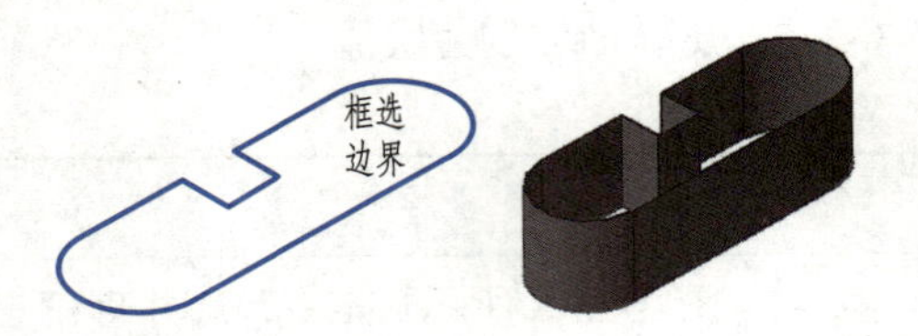

图 3-2-11　拉伸边界创建曲面

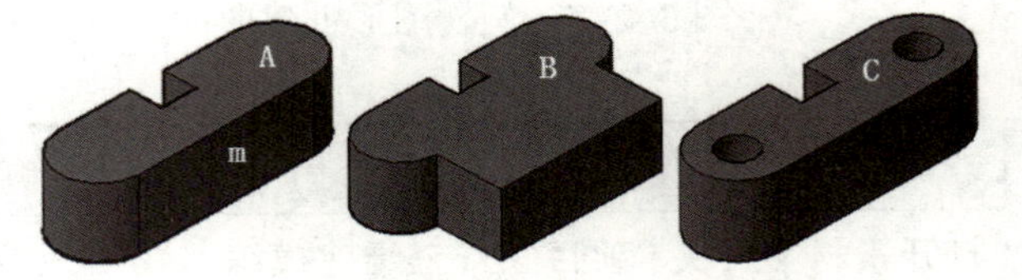

图 3-2-12　按住并拖动有边界的区域创建实体

练一练	拉伸与按住并拖动
	打开素材文件夹“项目 3.2\ 三维建模练习 .dwg”。 1. 完成图 3-2-9、图 3-2-10 所示拉伸练习，并理解两者的区别，对图 3-2-10 所示的图形分别应用路径、倾斜参数进行拉伸。 2. 对图 3-2-11 所示的图形进行边界拉伸；按住并拖动“”，单击图形区域创建图 3-2-12 所示实体 A，再拖动面 m 创建实体 B；应用“”单击图形区域创建实体 C，理解其操作区别。

4. 放样与扫掠

(1) 放样

如图 3-2-13 所示，放样通过指定一系列横截面来创建三维实体或曲面。横截面定义了结果实体或曲面的形状。必须至少指定两个横截面。放样横截面可以是开放或闭合的平面或非平面。开放的横截面创建曲面，闭合的横截面创建实体或曲面(具体取决于指定的模式)。

命令调用“绘图”菜单→“建模”→“放样”，或“建模”面板的放样工具“”。

应用放样“”选择截面确认后出现“输入选项”设置，包括“[导向(G)/ 路径(P)/ 仅横截面(C)/ 设置(S)]”，应用 3 个参数进行放样操作，如图 3-2-13 所示。双击放样后的对象，单击“▼”倒三角尖，可选择并修改放样模式：直纹、平滑拟合、与所有截面垂直、与起点截面垂直、与端点截面垂直、与起点和端点截面垂直、拔模斜度、闭合曲面或实体。

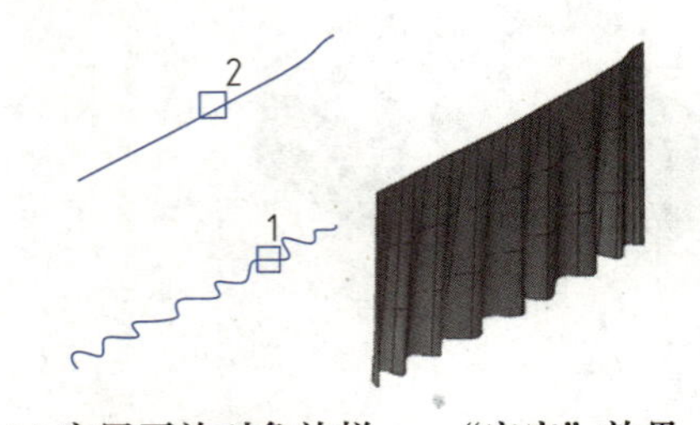

(a) 应用开放对象放样——“窗帘”效果

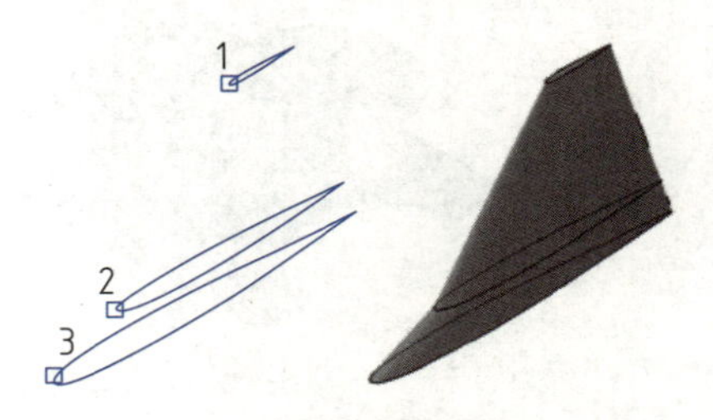

(b) 仅横截面放样

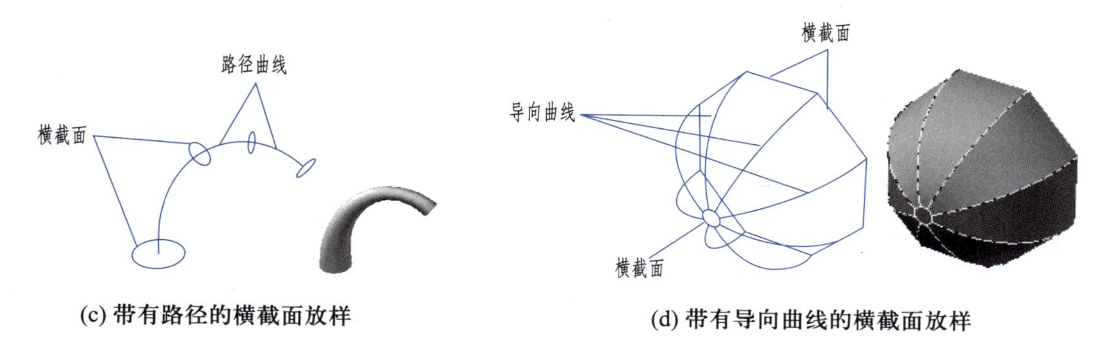

(c) 带有路径的横截面放样　　(d) 带有导向曲线的横截面放样

图 3-2-13　放样

练一练	放样
	打开素材文件夹“项目 3.2\ 放样练习 .dwg”。分别应用“导向(G)/ 路径(P)/ 仅横截面(C)”3 个参数进行放样,创建类似图 3-2-13(b)、(c)、(d)的放样效果;对开放图形放样,创建类似图 3-2-13(a)的“窗帘”效果。自定义创建截面图形,分别应用“导向(G)/ 路径(P)/ 仅横截面(C)”放样。

(2) 扫掠

如图 3-2-14 所示,扫掠通过沿指定路径延伸轮廓形状(被扫掠的对象)来创建实体或曲面。沿路径扫掠轮廓时,轮廓将被移动并与路径垂直对齐。开放轮廓可创建曲面,而闭合曲线可创建实体或曲面。可以沿路径扫掠多个轮廓对象。

命令调用:“绘图”菜单→“建模”→“扫掠”,或“建模”面板的扫掠工具“”。

扫掠命令提示及参数解释如下:

要扫掠的对象:指定要用作扫掠截面轮廓的对象。

扫掠路径:基于选择的对象指定扫掠路径。

模式:设定扫掠是创建曲面还是实体。

对齐:如果轮廓与扫掠路径不在同一平面上,请指定轮廓与扫掠路径对齐的方式。

基点:在轮廓上指定基点,以便沿轮廓进行扫掠。

比例:指定从开始扫掠到结束扫掠将更改对象大小的值。输入数学表达式可以约束对象缩放。

扭曲:通过输入扭曲角度,对象可以沿轮廓长度进行旋转。输入数学表达式可以约束对象的扭曲角度。

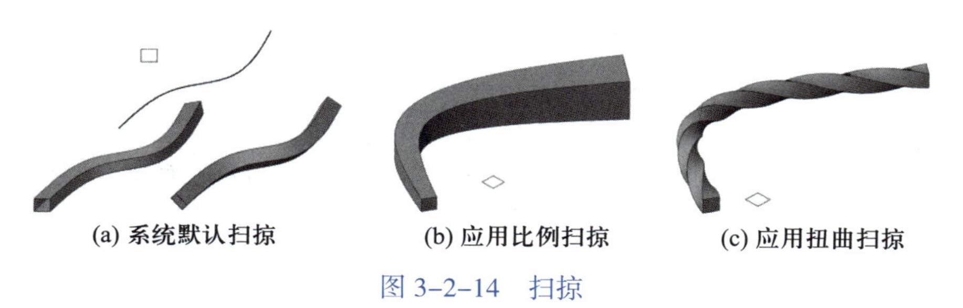

(a) 系统默认扫掠　　(b) 应用比例扫掠　　(c) 应用扭曲扫掠

图 3-2-14　扫掠

练一练	扫掠
	打开素材文件夹“项目 3.2\ 扫掠练习 .dwg”。分别应用“对齐(A)/ 基点(B)/ 比例(S)/ 扭曲(T)”4 个参数进行扫掠,创建类似图 3-2-14 的扫掠效果。 自定义创建截面图形和路径进行扫掠。

5. 实体圆角与倒角

应用“圆角边”或“倒角边”给三维实体的边倒角(图 3-2-15)、圆角(图 3-2-16)生成新的三维结构,该命令的操作方法与平面图形的倒角、圆角类似,具体操作可参考学习平面 CAD 有关倒角、圆角的讲解。

命令调用:“修改”菜单→“实体编辑”→“圆角边”或“倒角边”。

图 3-2-15　实体圆角边

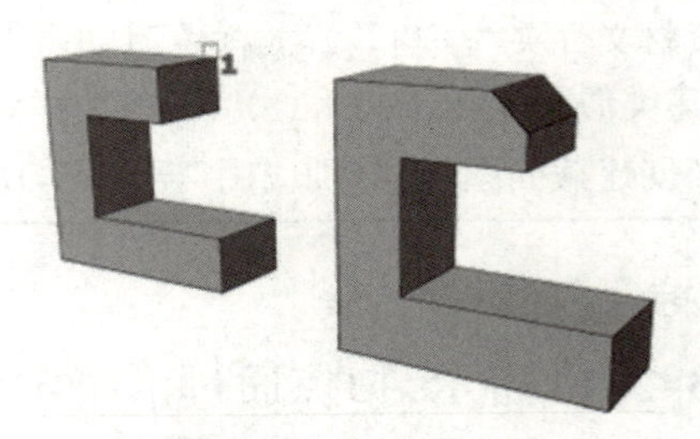

图 3-2-16　实体倒角边

练一练	圆角、倒角
	打开素材文件夹“项目 3.2\ 圆角倒角练习 .dwg”。分别应用圆角边、倒角边工具选择边进行圆角和倒角,创建类似图 3-2-15、图 3-2-16 效果。

6. 三维对齐

如图 3-2-17 所示,使用三维对齐可以指定最多 3 个点以定义源平面,然后指定最多 3 个点以定义目标平面。

命令调用:“修改”菜单→“实体操作”→“三维对齐”,“修改”面板的三维对齐工具“”。

如图 3-2-17 所示,选择要对齐的对象;指定 1 个、2 个或 3 个源点,然后指定相应的第一、第二或第三个目标点;第一个点称为基点;选定的对象将从源点移动到目标点,如果指定了第二点和第三点,则这两点将旋转并倾斜选定的对象。

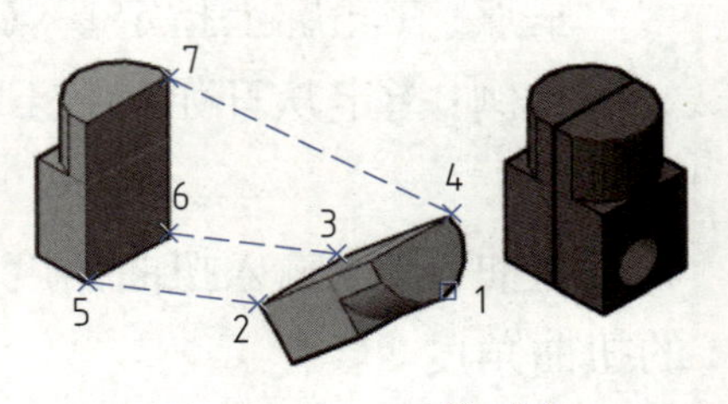

图 3-2-17　三维对齐

练一练	三维对齐
	打开素材文件夹“项目 3.2\ 三维对齐练习 .dwg”,如图 3-2-17 所示,进行三维对齐练习。

任务 3.2.1　管阀零件与装配

——拉伸、旋转、放样、扫掠；圆角、倒角，阵列、布尔运算的应用，三维对齐

〖任务描述〗

管阀包括阀体、阀盖、阀芯、阀杆、扳手、压紧套、密封圈、螺柱等零部件，创建图 3–2–18（a）、（b）所示阀体、扳手，并应用零件完成图 3–2–18（c）所示装配。

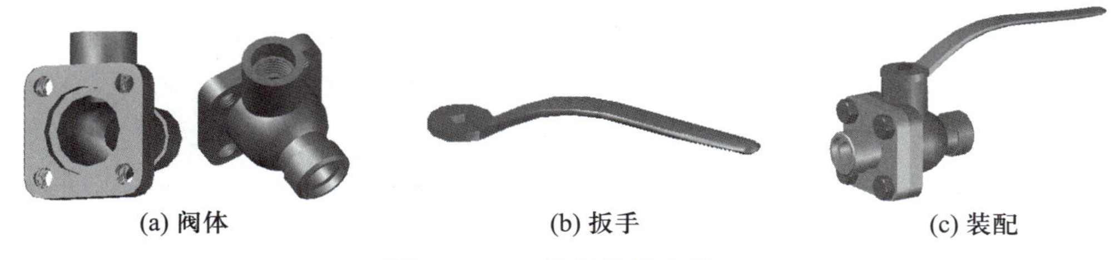

图 3–2–18　管阀零件与装配

〖任务目标〗

掌握圆柱体、球体、拉伸、旋转、放样、扫掠的基本操作与应用；会综合应用二维绘图辅助创建三维体；掌握圆角、倒角在三维体中的应用；会应用三维坐标系、阵列、布尔运算创建三维体；会应用三维对齐、对象捕捉、移动、复制装配三维模型。

〖任务分析〗

图 3–2–18（a）所示阀体是圆柱体、球体、长方体的组合体，确定中心是关键，绘制时创建水平、垂直辅助中心线，以其交点确定为中心，变换并移动坐标系到辅助线交点创建三维体更方便。

阀体的中心部位为球体与圆柱体的组合体；左侧为方形圆角体，可以通过绘制圆角矩形、阵列 4 个小圆后再创建面域，应用差集工具减去 4 个小圆后拉伸创建三维体，也可以通过创建长方体、4 个小圆柱体，经圆角、差集完成，创建攻丝效果时先创建螺旋，再扫掠创建螺旋体，应用差集工具完成 4 个孔的攻丝；右侧通过创建几个半径、长高不同的同心圆经合并、差集完成，在右面口边线上以 1 mm × 1 mm 倒角；旋转坐标系，使 Z 轴垂直指向上，绘制垂直方向的连接体；在创建中心通孔时，正中心位置减去一个球体，其他位置分别减去不同大小的圆柱体。

如图 3–2–18（b）所示，扳手的右侧把手部分为椭圆与矩形的路径放样三维体，创建二维轮廓曲线、截面时应用对象捕捉、前视图、左视图辅助创建。在扳手的右端应用了以半个椭圆进行旋转创建的三维体，注意与把手椭圆的大小一样，这样才能使连接吻合；扳手的左端是具有正方形通孔的圆柱体，创建时在俯视图下创建二维图形辅助定位。

应用三维对齐将绘制的零件装配成管阀产品模型，应用三维对齐时注意在一个平面选择不共线且可捕捉的 3 个点作为对齐约束。

〖任务导学〗

学习单	标题	学习活动	学习建议
	装配	通过上网查找装配相关知识，了解机械装配的程序，并能列举装配案例	在收集整理中学习

一、新建文档、创建图层

单击 AutoCAD 2021 左上角“ ”，在弹出的下拉菜单中单击“新建”→“图形”，打开“选择样板”对话框，应用默认图形样板“acadiso”，创建名为“任务 321.dwg”的图形文档。

单击状态栏切换工作空间按钮“ ”，选择“三维建模”工作空间，单击“图层”面板图层特性工具“ ”，打开“图层特性管理器”，单击新建图层“ ”按钮，新建 7 个图层，见表 3–2–1。

表 3–2–1　新建 7 个图层

名称	颜色	线型	线宽
辅助线	红色	加载线型“center”（点划线）	默认
阀体	橙红色	默认	默认
阀盖	橙黄色	默认	默认
阀芯、阀杆	红色	默认	默认
扳手	淡绿色	默认	默认
螺栓	灰色	默认	默认
密封圈、压紧套	深绿色	默认	默认

二、创建阀体

1. 绘制中心辅助线

单击工作区左上角“[–][前视][真实]”中“前视”，切换至西南等轴测视图。

切换到“辅助线”图层，如图 3–2–19(a) 所示，开启正交模式，先绘制一条水平红色中心线，再绘制与水平线垂直的红色垂直中心线。

依次单击“工具”菜单→“新建 UCS”→“ 原点”，或单击“坐标”面板的原点工具“ ”，开启捕捉交点，移动坐标系原点到辅助线交点位置，应用“工具”菜单→“新建 UCS”或“坐标”面板，旋转坐标轴，调整坐标轴方向如图 3–2–19(a) 所示。

2. 创建 *R*27 mm × 16 mm 圆柱体、*R*27 mm 球体

切换到“阀体”图层，依次单击“常用”选项卡→“建模”面板→圆柱体工具“ ”，如图 3–2–19(b) 所示，创建圆柱体，命令提示如下：

命令：_cylinder

指定底面的中心点或[三点(3P)/两点(2P)/切点、切点、半径(T)/椭圆(E)]：0，–8，0（输

入圆柱体底面中心点坐标)

指定底面半径或[直径(D)]<27.0000>:27(输入圆柱体底面半径)

指定高度或[两点(2P)/轴端点(A)]<-12.0000>:a(开启正交模式,输入 a 参数后鼠标向右移动)

指定轴端点:@0,8,0(输入圆柱体顶面圆心相对坐标)

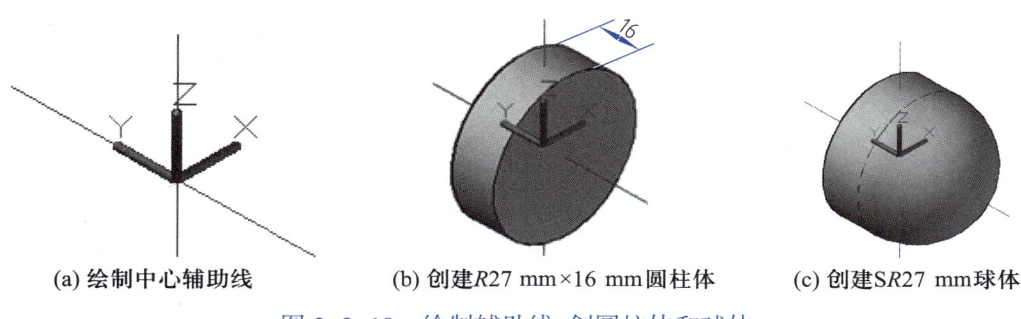

(a) 绘制中心辅助线　(b) 创建 R27 mm×16 mm 圆柱体　(c) 创建 SR27 mm 球体

图 3-2-19　绘制辅助线、创圆柱体和球体

单击"常用"选项卡→"建模"面板→球工具"●"创建 SR27 mm 球体(圆柱体底面圆心与球心点重合,且在水平辅助线上),命令提示如下:

命令:_sphere

指定中心点或[三点(3P)/两点(2P)/切点、切点、半径(T)]:0,-8,0(以圆柱体底面圆心为球心,也可以应用捕捉圆心)

指定半径或[直径(D)]<27.0000>:27(按 Enter 键后创建球体,如图 3-2-19(c)所示。)

3. 创建 75 mm × 75 mm × 12 mm 长方体、R16 mm × 54 mm 圆柱体

(1) 绕 X 轴旋转坐标系 90°

单击"常用"选项卡→"坐标"面板→ X 轴"",如图 3-2-20 所示,调整坐标系,命令提示如下:

命令:_ucs

当前 UCS 名称:* 世界 *

指定 UCS 的原点或[面(F)/命名(NA)/对象(OB)/上一个(P)/视图(V)/世界(W)/X/Y/Z/Z 轴(ZA)]<世界>:_x

指定绕 X 轴的旋转角度 <90>:90(应用右手定则确定为正方向,即 90°)

理一理	新建 UCS
	比较图 3-2-19、图 3-2-20 坐标系,坐标系绕 X 轴旋转 90°,以方便创建三维实体,在创建三维实体和三维标注时系统默认基于 XY 平面。图 3-2-19 没有调整坐标系,但在"指定高度"时使用了"轴端点(A)"参数,改变了圆柱的方向。 右手定则确定正负:右手握旋转轴(坐标轴),大拇指指向坐标轴正方向,若坐标系向弯曲四指所指方向旋转,则旋转角度为正,反之旋转角度为负。

(2) 创建 75 mm × 75 mm × 12 mm 长方体

单击“常用”选项卡→“建模”面板→长方体工具“”，如图 3-2-20 所示，绘制长方体(长方体的面与 R27 mm × 16 mm 圆柱体顶面中心点重合，且均在水平辅助线上)，命令提示如下：

命令：_box

指定第一个角点或［中心(C)］：37.5，37.5，-8［输入图 3-2-20 所示右上角点 A 的坐标，X、Y 的坐标为 75/2=37.5，在 Z 的负方向上(Z 的坐标为 -8)，可在草稿纸上先绘制出坐标系轴、圆心与要绘制的长方体的位置关系］

指定其他角点或［立方体(C)/长度(L)］：l(输入 l 参数，用于指定长度，也可以开启正交模式后向左下方移动鼠标，再动态输入长和宽的值 75 mm)

指定长度：75

指定宽度：75

指定高度或［两点(2P)］：12(或在开启正交模式后向左上方移动鼠标，再动态输入高度 12 mm)

(3) 创建 R16 mm × 54 mm 圆柱体

单击“常用”选项卡→“建模”面板→圆柱体工具“”，如图 3-2-21 所示，基于原点创建 R16 mm × 54 mm 圆柱体，命令提示如下：

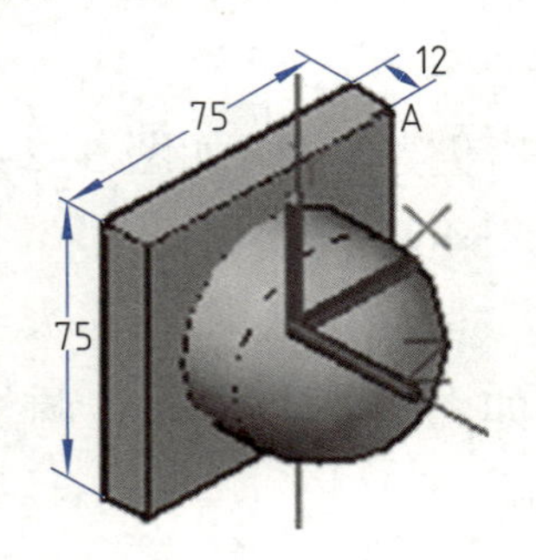

图 3-2-20 创建 75 mm × 75 mm × 12 mm 长方体

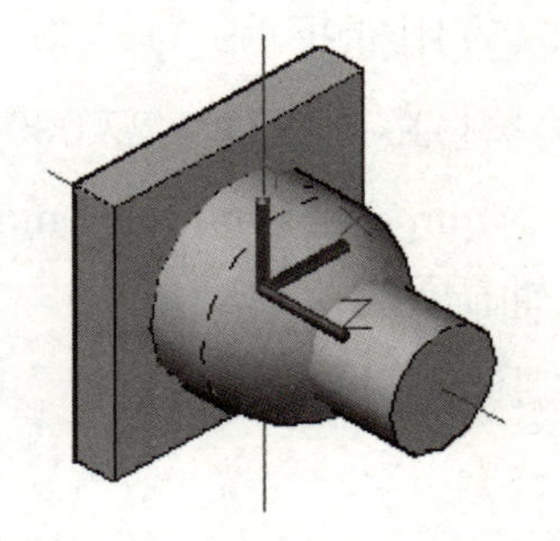

图 3-2-21 创建 R16 mm × 54 mm 圆柱体

命令：_cylinder

指定底面的中心点或［三点(3P)/两点(2P)/切点、切点、半径(T)/椭圆(E)］：0，0，0

指定底面半径或［直径(D)］<18.0000>：16

指定高度或［两点(2P)/轴端点(A)］<56.0000>：54

4. 应用拉伸创建 R18 mm × 15 mm 圆柱体

先绘制 R18 mm 圆［图 3-2-22(a)］，再应用拉伸工具拉伸 15 mm 创建圆柱体［图 3-2-22(b)］。

(1) 绘制 R18 mm 二维圆形

单击“常用”选项卡→“绘图”面板→圆工具“”，如图 3-2-22(a)所示，捕捉右端面圆心 B 点绘制 R18 mm 圆，命令提示如下：

命令:_circle

指定圆的圆心或[三点(3P)/两点(2P)/切点、切点、半径(T)]:(开启捕捉圆心)

指定圆的半径或[直径(D)]:18

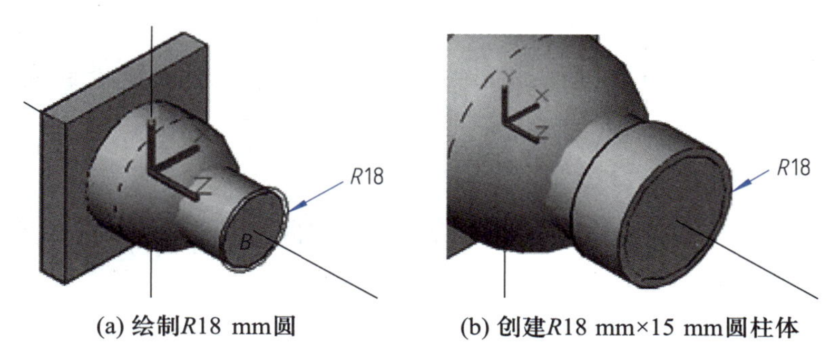

图 3-2-22 应用拉伸创建 R18 mm×15 mm 圆柱体

(2) 拉伸 R18 mm 圆,创建 R18 mm×15 mm 圆柱体

单击"常用"选项卡→"建模"面板→拉伸工具"■"或按住并拖动"■",如图 3-2-22(a)所示,应用 R18 mm 圆创建圆柱体[图 3-2-22(b)],拉伸创建的命令提示如下:

命令:_extrude

当前线框密度: ISOLINES=4,闭合轮廓创建模式 = 实体

选择要拉伸的对象或[模式(MO)]:_MO 闭合轮廓创建模式[实体(SO)/曲面(SU)]<实体>:_SO

选择要拉伸的对象或[模式(MO)]:找到 1 个(选择圆)

选择要拉伸的对象或[模式(MO)]:(右击结束)

指定拉伸的高度或[方向(D)/路径(P)/倾斜角(T)/表达式(E)]<−15.0000>:15(鼠标向左移动,输入拉伸高度)

5. 创建 R18 mm×56 mm 圆柱体,合并所有实体对象

(1) 绕 X 轴旋转坐标系 −90°

单击"常用"选项卡→"坐标"面板→X 轴"■",将图 3-2-22 所示坐标系调整到图 3-2-19 所示状态,命令提示如下:

命令:_ucs

当前 UCS 名称:*没有名称*

指定 UCS 的原点或[面(F)/命名(NA)/对象(OB)/上一个(P)/视图(V)/世界(W)/X/Y/Z/Z 轴(ZA)]<世界>:_x

指定绕 X 轴的旋转角度 <90>:−90(应用右手定则确定为负方向,即 −90°)

(2) 创建 R18 mm×56 mm 圆柱体

单击"常用"选项卡→"建模"面板→圆柱体工具"■",如图 3-2-23 所示,绘制圆柱体,命令提示如下:

命令：_cylinder

指定底面的中心点或［三点(3P)/两点(2P)/切点、切点、半径(T)/椭圆(E)］：0，0，0(指定原点为圆柱底面中心点)

指定底面半径或［直径(D)］：18(输入圆柱底面半径)

指定高度或［两点(2P)/轴端点(A)］<-12.0000>：56(开启正交模式向上移动鼠标并输入高度)

(3) 合并已创建的全部实体对象

单击“实体编辑”面板→并集工具“”，按住左键框选全部实体对象(或依次单击选中所有对象)，右击确认完成合并，合并后形成一个整体。

6. 创建 3 个不同半径和高度的圆柱孔

(1) 创建 ϕ26 mm × 13 mm 圆柱孔

① 创建 ϕ26 mm × 13 mm 圆柱体

单击“常用”选项卡→“建模”面板→圆柱体工具“”，参考 3-2-25(a)所示结构尺寸绘制圆柱体，命令提示如下：

命令：_cylinder

指定底面的中心点或［三点(3P)/两点(2P)/切点、切点、半径(T)/椭圆(E)］：<打开对象捕捉>［对象捕捉图 3-2-24(a)所示上端面圆心 A 点确定为圆柱顶面中心点］

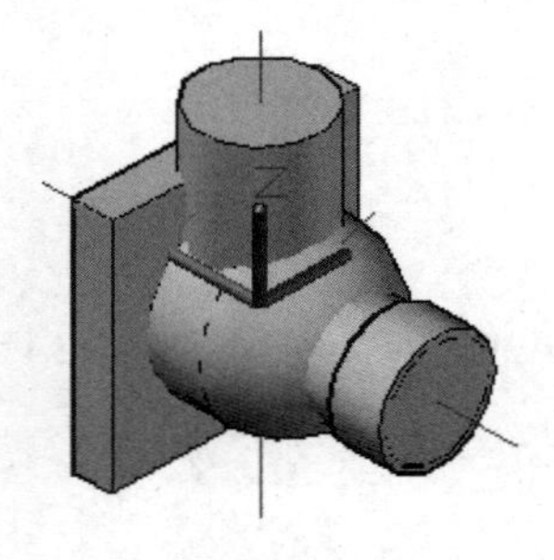

图 3-2-23 创建 R18 mm × 56 mm 圆柱体

(a) 创建ϕ26 mm×13 mm圆柱体 (b) 差集后的ϕ26 mm×13 mm孔

图 3-2-24 创建 ϕ26 mm × 13 mm 圆柱孔

指定底面半径或［直径(D)］<18.0000>：13(输入圆柱顶面半径 13 mm(=26 mm/2))

指定高度或［两点(2P)/轴端点(A)］<56.0000>：13(开启正交模式并向下移动鼠标，输入高度 13 mm 后按 Enter 键)

② 应用差集创建 ϕ26 mm × 13 mm 圆柱孔

单击“常用”选项卡中“实体编辑”面板的差集工具“”，命令提示如下：

命令：_subtract

选择要从中减去的实体、曲面和面域……

选择对象：找到 1 个(拾取阀体，右击结束)

选择对象：选择要减去的实体、曲面和面域……

选择对象：找到 1 个(拾取要减去的对象，即刚创建的 ϕ 26 mm × 13 mm 圆柱，右击结束)

差集运算结果如图 3-2-24(b)所示,即创建 $\phi26$ mm × 13 mm 圆柱孔。

(2) 创建 $\phi22$ mm × 16 mm 圆柱孔

① 创建 $\phi22$ mm × 16 mm 圆柱体

单击"常用"选项卡中"建模"面板的圆柱体工具"",如图 3-2-25(a)所示,绘制 $R11$ mm× 16 mm 圆柱体,命令提示如下:

命令:_cylinder

指定底面的中心点或[三点(3P)/两点(2P)/切点、切点、半径(T)/椭圆(E)]:0,0,43(将原点垂直向上 43 mm 处确定为圆柱顶面圆心点坐标,或捕捉 ϕ 26 mm × 13 mm 圆柱底面圆心)

指定底面半径或[直径(D)]<13.0000>:11(指定圆柱顶面圆半径 11 mm(=22 mm/2))

指定高度或[两点(2P)/轴端点(A)]<−13.0000>:16(开启正交模式并向下移动鼠标,输入高度)

② 应用差集工具创建 $\phi22$ mm × 16 mm 圆柱孔

应用"常用"选项卡中"实体编辑"面板的差集工具"",从阀体中减去 $\phi22$ mm × 16 mm 圆柱体得到 $\phi22$ mm × 16 mm 孔,如图 3-2-25(b)所示。

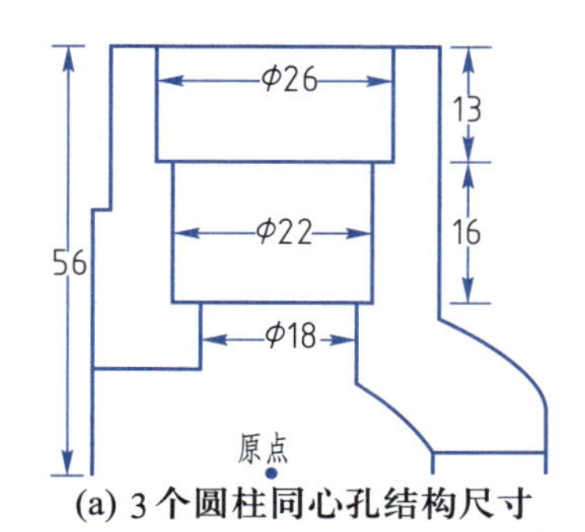

(a) 3 个圆柱同心孔结构尺寸

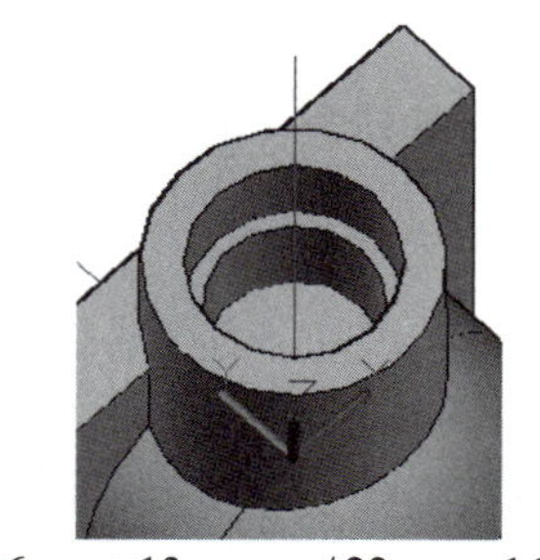
(b) ϕ26 mm×13 mm、ϕ22 mm×16 mm圆柱孔

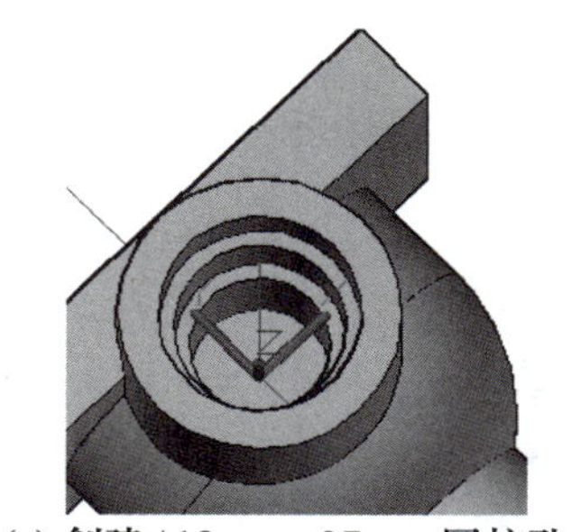
(c) 创建ϕ18 mm×27 mm圆柱孔

图 3-2-25　创建的 3 个圆柱孔

(3) 创建 $\phi18$ mm × 27 mm 圆柱孔

① 创建 $\phi18$ mm × 27 mm 圆柱体

单击"常用"选项卡中"建模"面板的圆柱体工具"",按图 3-2-25(a)所示的结构尺寸绘制圆柱体,命令提示如下:

命令:_cylinder

指定底面的中心点或[三点(3P)/两点(2P)/切点、切点、半径(T)/椭圆(E)]:0,0,27(将原点垂直向上 27 mm 处确定为圆柱顶面圆心点,或捕捉 ϕ 22 mm × 16 mm 圆柱底面圆心)

指定底面半径或[直径(D)]<9.0000>:9(指定圆柱顶面圆半径 9 mm(=18 mm/2))

指定高度或[两点(2P)/轴端点(A)]<−17.0000>:27(开启正交模式并向下移动鼠标,输入高度)

② 差集

应用"常用"选项卡的"实体编辑"面板→差集工具"",从阀体中减去 $R9$ mm × 27 mm

圆柱体得到孔，如图 3–2–25（c）所示。

7. 创建连接板通孔、阀芯孔

(1) 创建连接板通孔

① 切换至西北等轴测视图，调整坐标系

单击工作区左上角“[-][西南等轴测][真实]”中“西南等轴测”，切换为西北等轴测视图。

单击“常用”选项卡→“坐标”面板→X 轴“”，绕 X 轴旋转坐标系 90°，命令提示如下：

指定 UCS 的原点或［面（F）/ 命名（NA）/ 对象（OB）/ 上一个（P）/ 视图（V）/ 世界（W）/ X/Y/Z/Z 轴（ZA）］< 世界 >：_x

指定绕 X 轴的旋转角度 <90>：90（应用右手定则确定为正方向，即 90°）

切换视图、旋转坐标系，如图 3–2–26（a）所示。

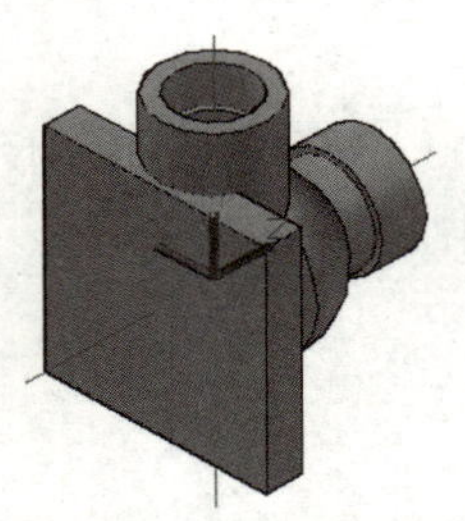

(a) 切换视图/旋转坐标系

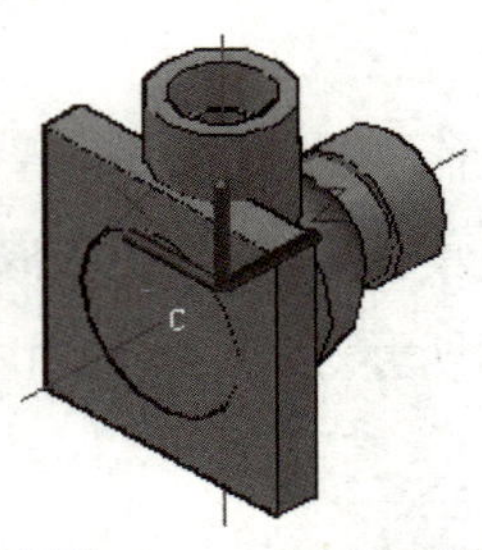

(b) 创建 R25 mm×5 mm圆柱体

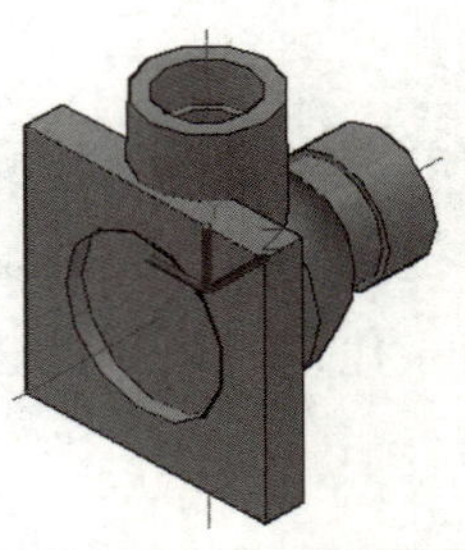

(c) R25 mm×5 mm圆柱孔

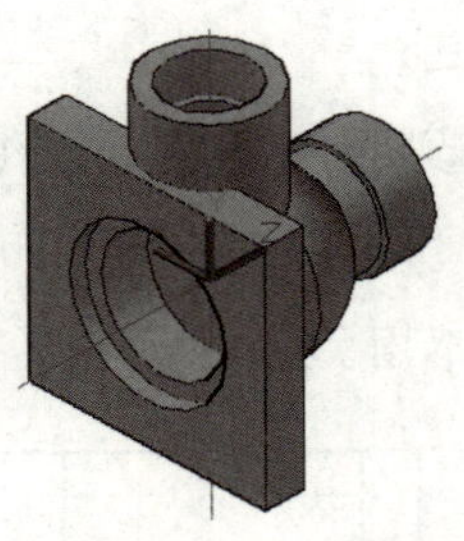

(d) R20 mm×15 mm圆柱孔

图 3–2–26 创建连接板通孔

② 创建 R25 mm × 5 mm 圆柱体

单击“常用”选项卡→“建模”面板→圆柱体工具“”，如图 3–2–26（b）所示绘制圆柱体，命令提示如下：

命令：_cylinder

指定底面的中心点或［三点（3P）/ 两点（2P）/ 切点、切点、半径（T）/ 椭圆（E）］：0，0，−20［如图 3–2–26（b）所示，圆心 C 在 Z 轴负方向，水平方向距离坐标原点 20 mm］

指定底面半径或［直径（D）］<25.0000>：25（指定圆柱底面圆半径）

指定高度或［两点（2P）/ 轴端点（A）］<−5.0000>：5（正交模式下鼠标向右移动，输入圆柱高度 5 mm）

③ 应用差集工具创建 R25 mm × 5 mm 圆柱孔

应用“常用”选项卡→“实体编辑”面板→差集工具“”，从阀体中减去圆柱体得到 R25 mm × 5 mm 孔，结果如图 3–2–26（c）所示。

④ 创建 R20 mm × 15 mm 圆柱体

命令：_cylinder

指定底面的中心点或［三点（3P）/ 两点（2P）/ 切点、切点、半径（T）/ 椭圆（E）］：0，0，0（以原点为圆柱底面圆心）

指定底面半径或［直径（D）］<20.0000>：20（指定圆柱底面圆半径）

指定高度或[两点(2P)/轴端点(A)]<-15.0000>:15(鼠标向左移动,输入高度 15 mm)

⑤ 差集

应用“常用”选项卡→“实体编辑”面板→差集工具“”,从阀体中减去 R20 mm × 15 mm 圆柱体得到孔,结果如图 3-2-26(d)所示。

(2) 创建阀芯孔

① 创建 SR20 mm 球体

单击“常用”选项卡→“建模”面板→球工具“”,如图 3-2-27(a)所示,以辅助线交点为球心,即原点位置创建 R20 mm 球体,命令提示如下:

命令:_sphere

指定中心点或[三点(3P)/两点(2P)/切点、切点、半径(T)]:0,0,0(以原点为球心)

指定半径或[直径(D)]<20.0000>:20(输入球的半径)

(a) 创建SR20 mm球体

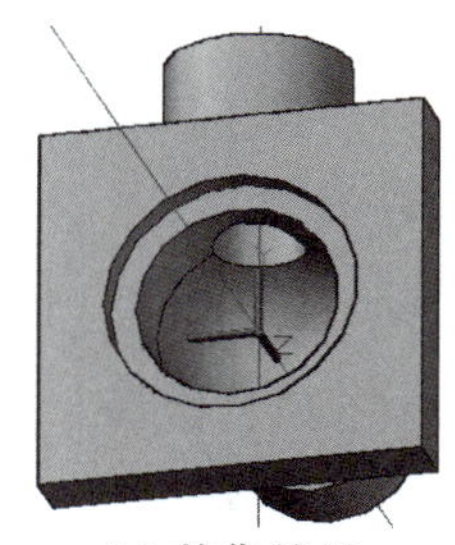

(b) 差集结果

图 3-2-27　创建中心位置的球孔

② 差集

应用“常用”选项卡→“实体编辑”面板→差集工具“”,从阀体中减去 SR20 mm 球体得到球形孔,结果如图 3-2-27(b)所示。

(3) 如图 3-2-28(a)所示,先创建 R14 mm × 5 mm 圆柱,再应用差集工具创建柱形孔

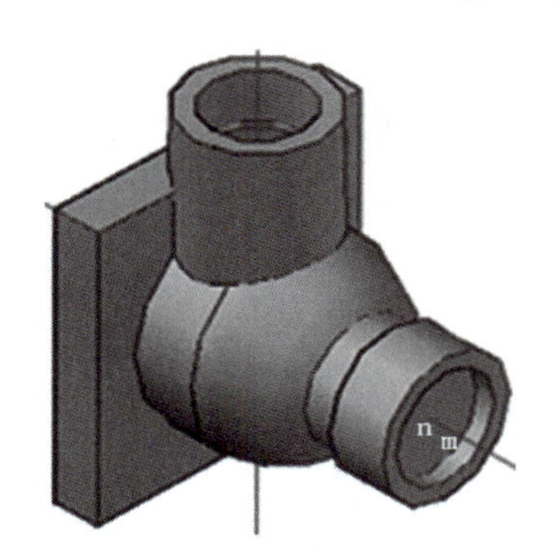

(a) 创建R14 mm×5 mm圆柱孔

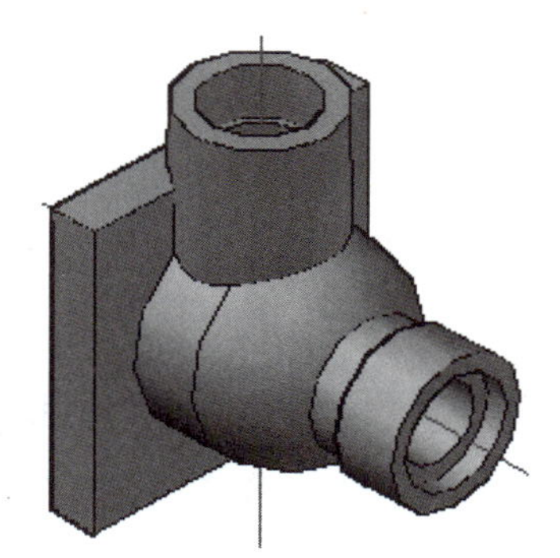

(b) 创建R10 mm×49 mm圆柱孔

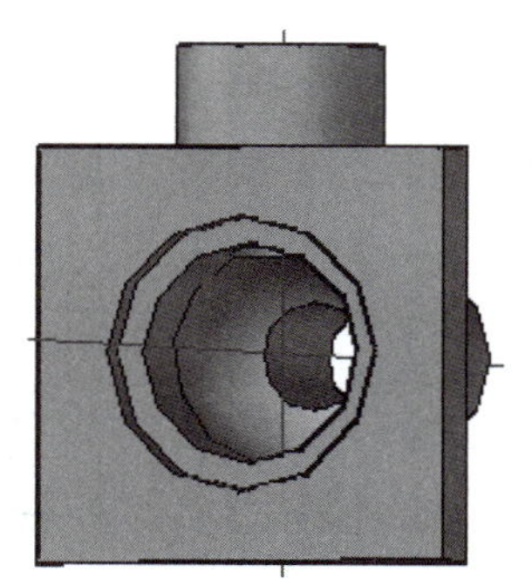

(c) 通孔效果

图 3-2-28　创建中心位置的球孔

① 切换到西北等轴测视图,创建 R14 mm × 5 mm 圆柱体

命令:_cylinder

指定底面的中心点或[三点(3P)/两点(2P)/切点、切点、半径(T)/椭圆(E)]:[如图 3-2-28(a)所示,对象捕捉点 m(已创建的圆柱顶面圆心)]

指定底面半径或[直径(D)]<14.0000>:14

指定高度或[两点(2P)/轴端点(A)]<-5.0000>:5(正交模式下鼠标向左移动,输入高度)

② 差集

应用“常用”选项卡→“实体编辑”面板→差集工具“”,从阀体中减去 R14 mm × 5 mm

圆柱体得到孔，如图 3–2–28（a）所示。

（4）创建 *R*10 mm × 49 mm 圆柱孔

① 创建 *R*10 mm × 49 mm 圆柱体

如图 3–2–28（a）所示，对象捕捉到圆心 n 为圆柱底面，向左创建半径为 10 mm、长为 49 mm 的横向圆柱（长方向的尺寸可超出阀体，因为此 / 处主要用于创建 *R*10 mm 的通孔）。

② 差集

应用“常用”选项卡→“实体编辑”面板→差集工具“”，从阀体中减去 *R*10 mm × 49 mm 圆柱体得到通孔，如图 3–2–28（b）所示。

按住 Shift 键，同时按住鼠标左键旋转视图，从不同侧面观察通孔效果，如图 3–2–28（c）所示。

8. 倒角与圆角

（1）倒角

切换到西南等轴测视图。单击“常用”选项卡→“修改”面板→倒角工具“”，或单击“修改”菜单→“三维编辑”→“倒角边”，进行 2 mm × 2 mm 倒角，命令提示如下：

命令：CHAMFER

（“不修剪”模式）当前倒角距离 1=0.0000，距离 2=0.0000

选择第一条直线或［放弃（U）/ 多段线（P）/ 距离（D）/ 角度（A）/ 修剪（T）/ 方式（E）/ 多个（M）］：d（输入距离参数 d）

指定　第一个倒角距离 <0.0000>：2（设置一边的倒角距离 2 mm）

指定　第二个倒角距离 <2.0000>：2（设置另一边的倒角距离 2 mm）

选择第一条直线或［放弃（U）/ 多段线（P）/ 距离（D）/ 角度（A）/ 修剪（T）/ 方式（E）/ 多个（M）］：

基面选择…［如图 3–2–29（a）所示，拾取右端圆柱面］

输入曲面选择选项［下一个（N）/ 当前（OK）］< 当前（OK）>：OK

指定基面倒角距离或［表达式（E）］<2.0000>：（按 Enter 键确认倒角距离）

指定其他曲面倒角距离或［表达式（E）］<2.0000>：（按 Enter 键确认倒角距离）

选择边或［环（L）］：［如图 3–2–29（a）所示，拾取要倒角的棱］

选择边或［环（L）］：［右击结束边的选取，完成倒角，结果如图 3–2–29（b）所示］

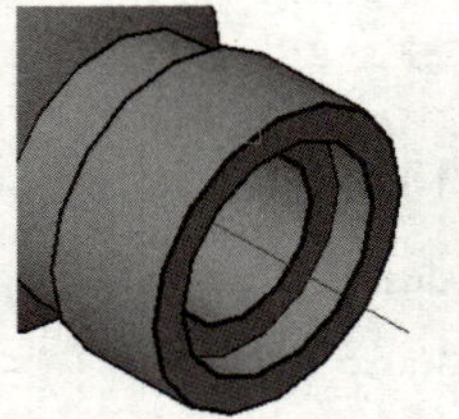

(a) 选择要倒角的边

(b) 2 mm×2 mm倒角

图 3–2–29　阀体右端面棱的倒角

（2）圆角

切换到西北等轴测视图，单击“常用”选项卡→“修改”面板→圆角工具“”，或单击“修改”菜单→“三维编辑”→“圆角边”，对阀体连接板进行 *R*12 mm 圆角。命令提示如下：

命令：_fillet

当前设置：模式 = 不修剪，半径 =0.0000

选择第一个对象或［放弃(U)/ 多段线(P)/ 半径(R)/ 修剪(T)/ 多个(M)］:r(输入半径参数)

指定圆角半径 <0.0000>:12(输入圆角半径 12 mm)

选择第一个对象或［放弃(U)/ 多段线(P)/ 半径(R)/ 修剪(T)/ 多个(M)］:［如图 3–2–31(a)所示，拾取要圆角的棱］

输入圆角半径或［表达式(E)］<12.0000>:(按 Enter 键确认圆角半径)

选择边或［链(C)/ 环(L)/ 半径(R)］:(右击结束边的选取)

已拾取到边。

选择边或［链(C)/ 环(L)/ 半径(R)］:

已选定 1 个边用于圆角。

完成圆角，如图 3–2–30(a)所示。用同样的方法进行另外 3 个 R12 mm 圆角，如图 3–2–30(b)所示。

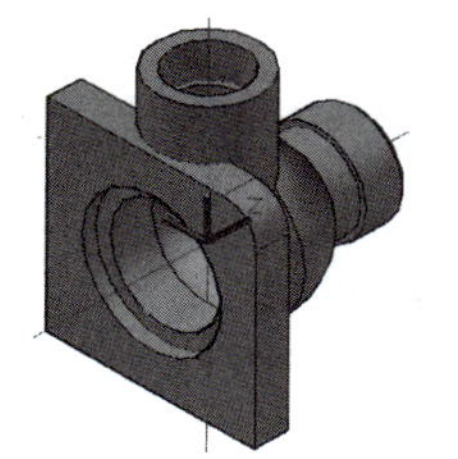

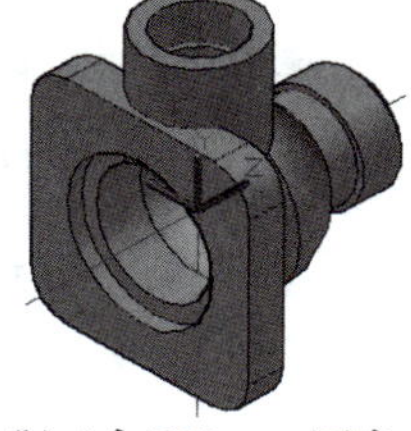

(a) 1个R12 mm圆角　(b) 4个R12 mm圆角

图 3–2–30　阀体连接板 R12 mm 圆角

9. 创建 4 个螺栓孔

(1) 创建 1 个 R6 mm × 12 mm 圆柱体

如图 3–2–31(a)所示，对象捕捉左上角圆角圆心，单击捕捉的圆心点为圆柱体 R6 mm 底面圆心，输入半径 6 mm，鼠标向右移动，输入长度 12 mm，创建 1 个 R6 mm × 12 mm 圆柱体。

(2) 环形阵列

以水平中心轴线为阵列中心线，阵列项目数为 4，阵列对象为 R6 mm × 12 mm 圆柱体，阵列 4 个 R6 mm × 12 mm 圆柱体，如图 3–2–31(a)所示。

在西北等轴测视图中，单击“修改”菜单→“三维操作”→“三维阵列”，命令提示如下：

命令：_.ARRAY

选择对象：找到 1 个(单击选择 R6 mm × 12 mm 圆柱体)

选择对象：输入阵列类型［矩形(R)/ 环形(P)］<R>:_P(单击选择“环形”)

指定阵列的中心点或［基点(B)］:(单击指定水平中心轴线)

输入阵列中项目的数目：4(输入阵列的项目数)

指定填充角度(+= 逆时针，−= 顺时针)<360>:360(按 Enter 键确定角度 360°)

是否旋转阵列中的对象？［是(Y)/ 否(N)］<Y>:_Y(选择 Y，完成环形阵列)

理一理	二维阵列、三维阵列
	上述 4 个 R6 mm × 12 mm 圆柱应用了“三维阵列”，阵列时选择“环形”，项目数为 4，旋转中心为水平方向上的轴线端点或圆心；阵列时选择“矩形”，行、列间距均为 75 mm−12 mm−12 mm=51 mm，行、列数为 2。也可以应用二维的矩形阵列工具“▦”或环形阵列工具“⁘”，但在应用前需调整坐标系，使阵列平面与 XY 平面平行或重合。

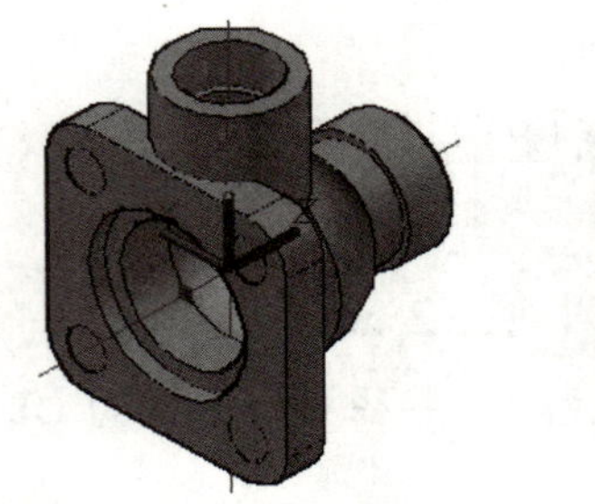

(a) 阵列创建*R*6 mm×12 mm圆柱

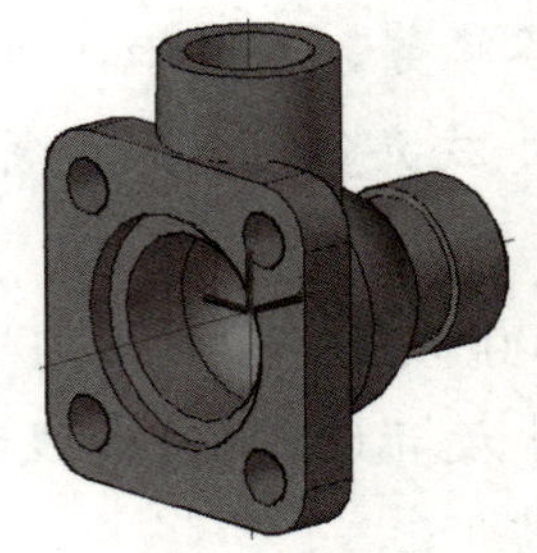

(b) 分解后差集

图 3-2-31 创建螺栓孔

(3) 分解并差集

单击“常用”选项卡→“修改”面板→分解工具“ ”,选择阵列体进行分解。

应用“常用”选项卡→“实体编辑”面板→差集工具“ ”,从阀体中减去 4 个 *R*6 mm×12 mm 圆柱体得到 4 个孔,如图 3-2-31(b)所示。

(4) 攻丝

① 创建辅助线

如图 3-2-32(a)所示,开启正交模式,在西南等轴测视图中创建两条互相垂直的直线,两直线交于 O 点,且与 XY 平面平行。

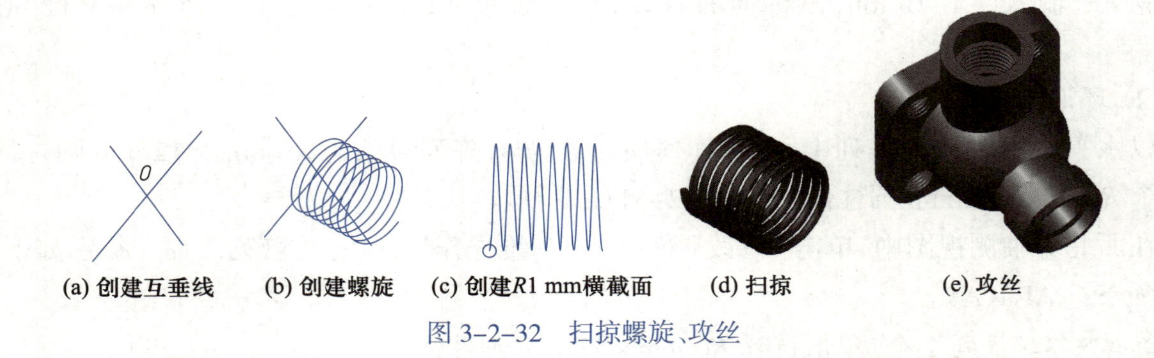

(a) 创建互垂线 (b) 创建螺旋 (c) 创建*R*1 mm横截面 (d) 扫掠 (e) 攻丝

图 3-2-32 扫掠螺旋、攻丝

② 创建螺旋

单击“绘图”面板→螺旋工具“ ”,如图 3-2-32(b)所示,以交点 O 为圆心绘制半径为 6 mm、圈数为 8、高度为 12 mm 的螺旋,命令提示如下:

命令:_Helix

圈数 =3.0000 扭曲 =CCW

指定底面的中心点:

指定底面半径或[直径(D)]<1.0000>:6(输入螺旋底面半径)

指定顶面半径或[直径(D)]<1.0000>:6(输入螺旋顶面半径)

指定螺旋高度或[轴端点(A)/圈数(T)/圈高(H)/扭曲(W)]<11.0000>:t(圈数参数)

输入圈数 <3.0000>:8(输入圈数)

指定螺旋高度或[轴端点(A)/圈数(T)/圈高(H)/扭曲(W)]<11.0000>:12(螺旋高度)

③ 切换到左视图,如图 3-2-32(c)所示,应用圆工具捕捉螺旋端点绘制 $R1$ mm 截面圆。

试一试	不同位置的截面圆对扫掠有没有影响?
	上述绘制截面圆时切换到左视图且圆心在螺旋端点处,若在不切换视图且在端点外绘制截面圆,能否实现扫掠?试试看。

④ 扫掠创建螺旋体

单击“绘图”面板→扫掠工具“”,选择 $R1$ mm 截面圆,再选择螺旋路径,扫掠创建如图 3-2-32(d)所示的螺旋体。

⑤ 攻丝

应用“修改”面板→复制工具“”,以 O 点(底面圆心)为基点,应用对象捕捉圆心并分别复制移动到连接板的 4 个孔(对正至孔的圆心点)。

应用“常用”选项卡→“实体编辑”面板→差集工具“”,从阀体中减去螺旋体得到 4 个丝孔,如图 3-2-32(e)所示。

三、创建扳手

切换到“扳手”图层。

1. 绘制扳手主体轮廓曲线

(1) 绘制扳手辅助线

切换到左视图,按图 3-2-33(a)所示绘制两段直线:应用正交模式、直线工具绘制长 100 mm 的水平线,应用相对极坐标绘制长 50 mm、角度为 30° 的直线,命令提示如下:

命令:_line

指定第一个点:(单击确定起点)

指定下一点或[放弃(U)]:< 正交 开 > 100(开启正交模式,鼠标左移输入 100)

指定下一点或[放弃(U)]:

命令:_line

指定第一个点:(捕捉水平线的左端点,鼠标向左下方移动)

指定下一点或[放弃(U)]:@50<210(输入相对极坐标,角度为 180°+30°=210°)

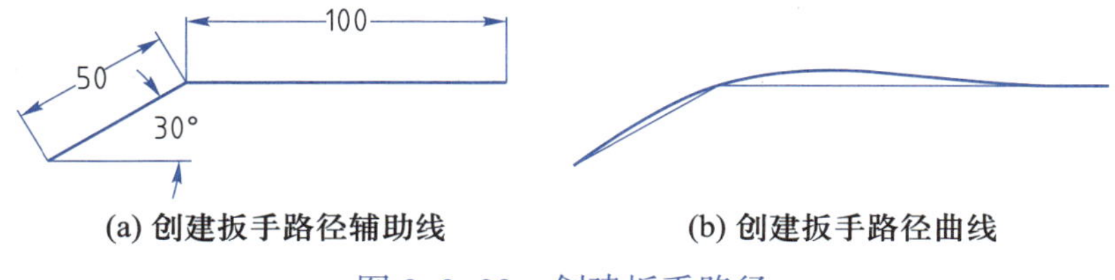

(a) 创建扳手路径辅助线　　(b) 创建扳手路径曲线

图 3-2-33　创建扳手路径

(2) 绘制扳手轮廓曲线

单击“常用”选项卡→“绘图”面板→样条曲线工具“”,对象捕捉图 3-2-33(a)所示斜线的左端点为样条曲线的起点，对象捕捉水平线的左端点为样条曲线的第二点，对象捕捉水平线的右端点为样条曲线的第三点，上下移动鼠标指针，变换曲线形状为图 3-2-33(b)所示并按 Enter 键确认完成扳手样条曲线的绘制。

2. 绘制扳手主体轮廓截面

如图 3-2-30 所示，扳手轮廓至右向左由椭圆变化为矩形，截面为椭圆、矩形。

(1) 绘制椭圆形截面

切换到前视图，如图 3-2-34(a)所示，应用“绘图”面板→椭圆工具“”，对象捕捉轮廓样条曲线右端点 B 为椭圆中心点，绘制长半轴、短半轴分别为 8 mm、3 mm 的椭圆。

(2) 绘制椭矩形截面

在前视图中绘制长、宽分别为 20 mm、6 mm 的矩形，应用移动工具，对象捕捉矩形下边中点为移动基点，移动到扳手路径样条曲线的左端点 A 处。切换到前视图，移动后的矩形截面如图 3-2-34(b)所示。

旋转视图后的两个截面的位置如图 3-2-34(c)所示。

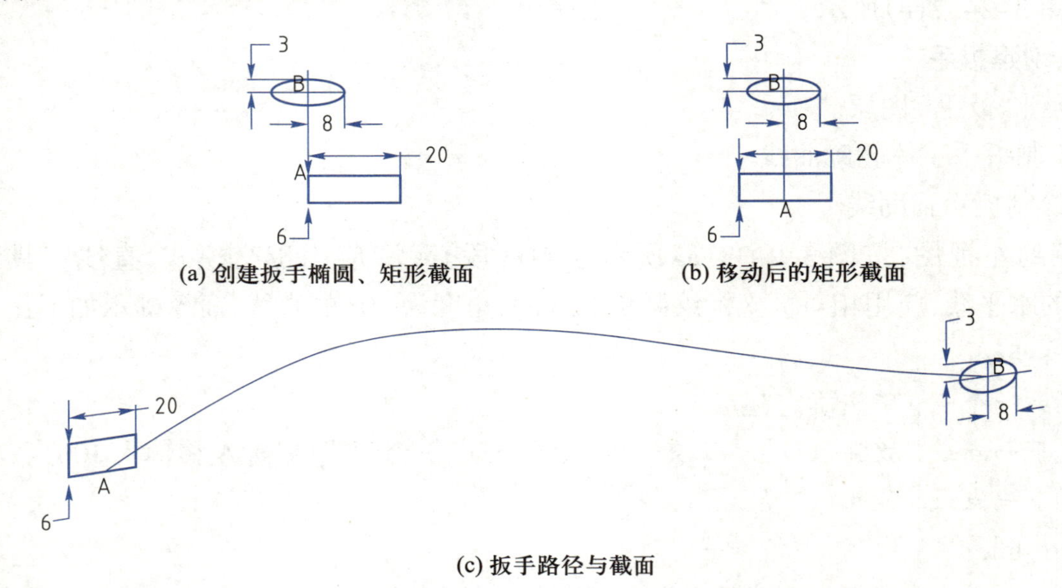

(a) 创建扳手椭圆、矩形截面

(b) 移动后的矩形截面

(c) 扳手路径与截面

图 3-2-34 创建的扳手截面和路径

3. 应用路径放样创建扳手主体

单击“常用”选项卡→“建模”面板→放样工具“”，如图 3-2-35 所示，创建扳手，命令提示如下：

命令：_loft

当前线框密度：ISOLINES=4，闭合轮廓创建模式 = 实体

按放样次序选择横截面或[点(PO)/合并多条边(J)/模式(MO)]:_MO 闭合轮廓创建模式[实体(SO)/曲面(SU)]< 实体 >:_SO(创建实体)

按放样次序选择横截面或[点(PO)/合并多条边(J)/模式(MO)]: 找到 1 个(拾取椭圆)

按放样次序选择横截面或[点(PO)/合并多条边(J)/模式(MO)]:找到 1 个,总计 2 个(拾取矩形)

按放样次序选择横截面或[点(PO)/合并多条边(J)/模式(MO)]:选中了 2 个横截面(右击结束)

输入选项[导向(G)/路径(P)/仅横截面(C)/设置(S)]< 仅横截面 >:P(输入路径参数)

选择路径轮廓:(选择样条曲线路径)

图 3-2-35　由矩形沿路径向椭圆放样创建扳手主体

理一理	放样与扫掠
	放样:路径曲线必须与横截面的所有平面相交,对 2 个及以上的截面放样。上述案例中矩形、椭圆作为放样的起、始截面均与样条曲线路径相交。 扫掠:通过沿路径扫掠二维曲线来创建三维实体或曲面,即沿路径扫掠一个二维对象。

4. 创建扳手左端

(1) 绘制辅助线

切换到俯视图,开启正交模式,如图 3-2-36(a)所示,对象捕捉扳手矩形端面长边的中点,应用直线工具按图示绘制一条长边的垂直线。

如图 3-2-36(a)所示,对象捕捉扳手矩形端面长边的一个角点为圆心,应用圆工具绘制 R19 mm 圆,与直线相交于 O。应用圆工具以 O 点为圆心绘制 R19 mm 圆,即圆心 O 到扳手矩形端面长边的 2 个角点的连线长度均为 19 mm。

(2) 绘制 10 mm × 10 mm 正方形

如图 3-2-36(b)所示,切换到西北等轴测视图,方便观察。

应用正多边形工具“”,以 O 点为中心点,以 R7 mm 为正多边形内接圆,按图 3-2-36(c)所示绘制正方形。应用旋转工具“”,以 O 点为旋转基点,将正方形旋转 45°,如图 3-2-36(d)所示。

(3) 创建面域并进行差集运算

单击“绘图”面板→面域工具“”,分别对 R19 mm 圆、正方形创建面域,命令提示如下:

命令:_region

选择对象:找到 1 个(拾取 R19 mm 圆)

选择对象:找到 1 个,总计 2 个(拾取正方形)

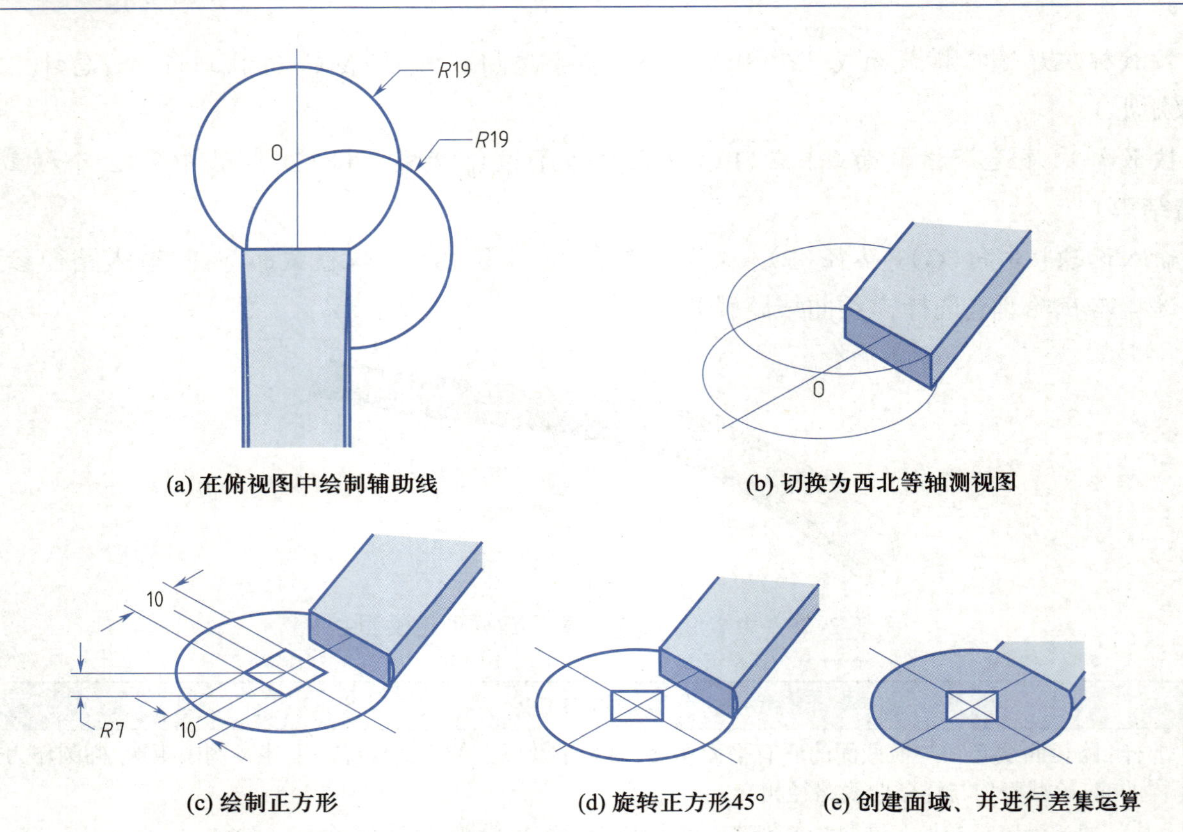

(a) 在俯视图中绘制辅助线　(b) 切换为西北等轴测视图

(c) 绘制正方形　(d) 旋转正方形45°　(e) 创建面域、并进行差集运算

图 3-2-36　创建扳手左侧面域

选择对象:(右击结束拾取,创建两个面域)

已提取 2 个环。

已创建 2 个面域。

单击“常用”选项卡→“实体编辑”面板→差集工具“”,先选择 *R*19 mm 圆,再选择要减去的正方形对象,如图 3-2-36(e)所示。

(4) 拉伸创建圆形带方形孔的柱体

单击“常用”选项卡→“建模”面板→拉伸工具“”,如图 3-2-37 所示,创建带方孔的柱体,命令提示如下:

命令:_extrude

当前线框密度:ISOLINES=4,闭合轮廓创建模式 = 实体

选择要拉伸的对象或[模式(MO)]:_MO 闭合轮廓创建模式[实体(SO)/曲面(SU)]<实体>:_SO

选择要拉伸的对象或[模式(MO)]:找到 1 个(拾取选择差集后的面域)

选择要拉伸的对象或[模式(MO)]:(右击结束选择)

指定拉伸的高度或[方向(D)/路径(P)/倾斜角(T)/表达式(E)]<-6.0000>:6(鼠标向下移动,输入高度 6 mm)

应用“实体编辑”面板→并集工具“”,将方形孔柱体与扳手主体合并。

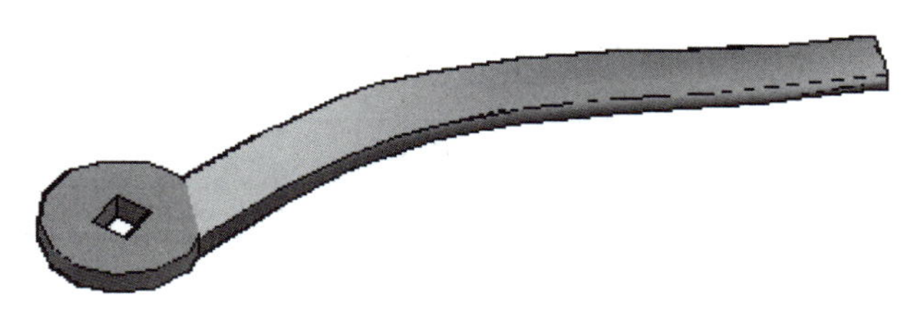

图 3-2-37　拉伸、并集，创建带方形孔的扳手

试一试	拉伸
	应用拉伸创建实体时，用于拉伸的对象可以是封闭的二维对象或面域，拉伸的方向与被拉伸二维对象所在的面垂直。若拉伸的是开放二维对象则创建曲面。

5. 创建扳手椭圆形尾端

（1）创建封闭的半椭圆形

切换到前视图，如图 3-2-38（a）所示，应用直线工具绘制两条互相垂直的辅助线，应用椭圆工具绘制长半轴、短半轴分别为 8 mm 和 3 mm 的椭圆。

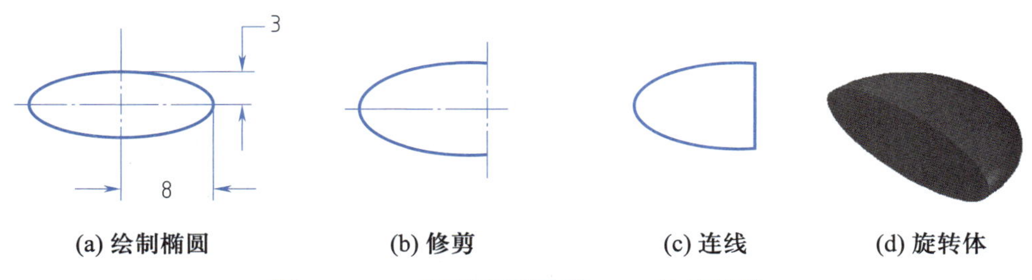

(a) 绘制椭圆　(b) 修剪　(c) 连线　(d) 旋转体

图 3-2-38　创建半椭圆形 180° 的旋转体

应用“修改”面板→修剪工具“”或“”，修剪图形，如图 3-2-38（b）所示。删除辅助线，应用直线工具连接椭圆弧的两端点，如图 3-2-38（c）所示。

（2）旋转 180° 创建实体

应用“建模”面板旋转工具“”将封闭的半椭圆形旋转 180°，命令提示如下：

命令：_revolve

当前线框密度：　ISOLINES=4，闭合轮廓创建模式 = 实体

选择要旋转的对象或［模式（MO）］：_MO 闭合轮廓创建模式［实体（SO）/ 曲面（SU）］< 实体 >：_SO

选择要旋转的对象或［模式（MO）］：找到 1 个（拾取选择半椭圆对象）

选择要旋转的对象或［模式（MO）］：找到 1 个，总计 2 个（选择半椭圆封口直线）

选择要旋转的对象或［模式（MO）］：（右击结束选择）

指定轴起点或根据以下选项之一定义轴［对象（O）/X/Y/Z］< 对象 >：（选择半椭圆封口直线的上端点）

指定轴端点：（选择半椭圆封口直线的下端点）

指定旋转角度或［起点角度（ST）/ 反转（R）/ 表达式（EX）］<360>：180（输入旋转角度）

切换到西北等轴测视图，创建的旋转体如图 3-2-38（d）所示。

试一试	旋转
	绕轴旋转创建实体时，用于旋转的对象可以是封闭的二维对象或面域，旋转的角度默认为 360°，也可以自定义。若旋转的是开放二维对象则创建曲面。

（3）对齐旋转体到扳手尾端

切换到西南等轴测视图，应用移动工具按图 3-2-39（a）所示对象捕捉旋转体椭圆中心点为移动基点，如图 3-2-39（b）所示，对象捕捉扳手末端椭圆形中心点为目标点，单击完成移动，对齐结果如图 3-2-39（c）所示。

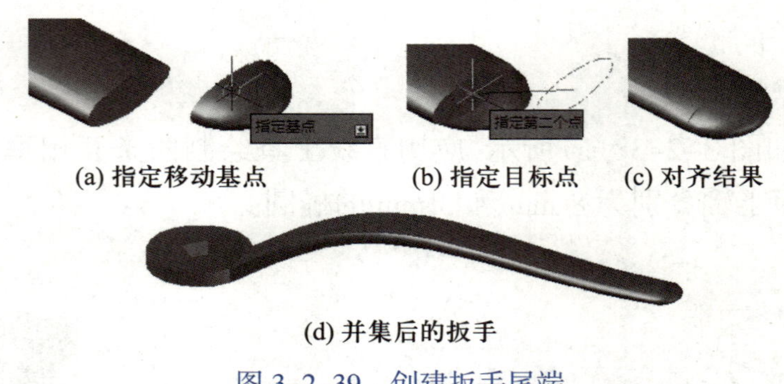

(a) 指定移动基点　(b) 指定目标点　(c) 对齐结果

(d) 并集后的扳手

图 3-2-39　创建扳手尾端

应用“实体编辑”面板→并集工具“ ”，将旋转体与扳手主体合并，如图 3-2-39（d）所示。

阀盖、阀芯、阀杆、压紧套、封闭圈、螺栓的创建在练习中完成。

四、装配

装配顺序与实际安装顺序相同，拆装则与装配顺序相反。

打开素材文件夹中的“管阀零件 .dwg”（包含阀盖、阀芯、阀杆、压紧套、封闭圈、螺栓等零件），将创建的阀体复制到打开的文件中。

1. 装配阀芯

应用三维旋转工具“ ”将阀体和阀芯调整至图 3-2-40（a）所示位置，以方便选择对齐点，如图 3-2-40（a）所示，装配阀芯时先选择源对象的 3 个点，再选择与目标对象对齐的对应 3 个点，单击“修改”面板→三维对齐工具“ ”，命令提示如下：

命令：_3dalign

选择对象：找到 1 个（单击选择球形阀芯对象）

选择对象：（右击结束选择对象）

指定源平面和方向...

指定基点或［复制（C）］：（如图 3-2-40 所示，开启对象捕捉，单击 ABO 面所在“圆心”，即 O 点）

指定第二个点或［继续（C）］<C>：（如图 3-2-40 所示，开启对象捕捉并单击“象限点”A）

指定第三个点或［继续（C）］<C>：（如图 3-2-40 所示，开启对象捕捉并单击“象限点”B）

指定目标平面和方向...

指定第一个目标点:(如图 3-2-40 所示,开启对象捕捉并单击圆 A1B1O1 平面的“圆心”点 O1,注意与前面选择的对齐点一一对应)

指定第二个目标点或[退出(X)]<X>:(如图 3-2-40 所示,开启对象捕捉并单击“象限点”A1)

指定第三个目标点或[退出(X)]<X>:(如图 3-2-40 所示,开启对象捕捉并单击“象限点”B1)

完成阀芯装配,如图 3-2-40(b)所示。

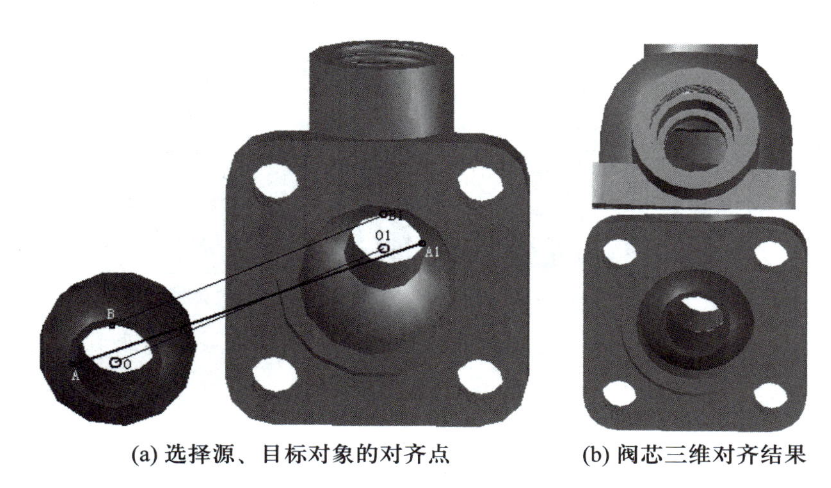

(a) 选择源、目标对象的对齐点　　(b) 阀芯三维对齐结果

图 3-2-40　装配阀芯

理一理	对齐点的选择
	选取装配对齐点时,一般选择对齐后要共面且容易捕捉、定位的 3 个点,2 个实体对齐点的对应关系在尺寸、位置上要一一对应。

2. 装配阀杆

应用三维旋转工具“⊕”将阀杆调整至图 3-2-41(a)所示位置,单击“修改”面板→三维对齐工具“⎗”,选择阀杆,如图 3-2-41(a)所示,再依次捕捉并选择阀杆 $R9$ mm 圆心 O 和圆上呈 90° 的两个象限点 1、2 为对齐点,再旋转视图以方便对齐到阀体,如图 3-2-41(a)所示,依次对应捕捉并选择阀体上 $R9$ mm 圆心 OO、圆上呈 90° 的两个象限点 11、22 为对齐点的目标点,阀杆三维对齐结果如图 3-2-41(b)所示。

3. 装配压紧套

单击“修改”面板→三维移动工具“⊕”,如图 3-2-42(a)所示,自由旋转后拾取压紧套底面圆圆心点 D,再自由旋转后拾取阀体顶面圆圆心点 D1,将压紧套移到阀体顶面正上方,再开启正交模式,选中压紧套拾取并垂直向下拖动达到图 3-2-42(b)所示位置完成装配。

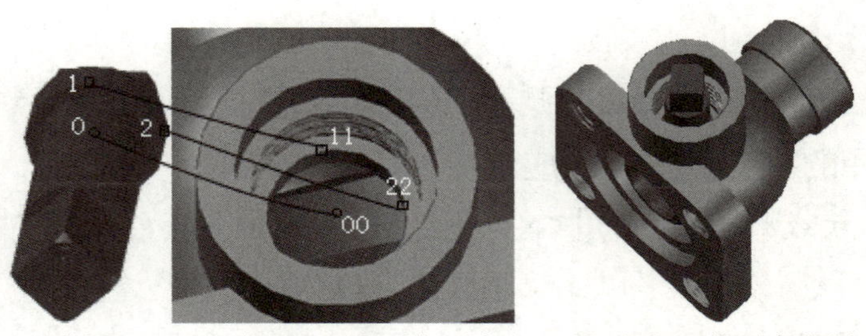

(a) 选择$R9$ mm圆为源、目标对象对齐点　(b) 阀杆三维对齐结果

图 3-2-41　装配阀杆

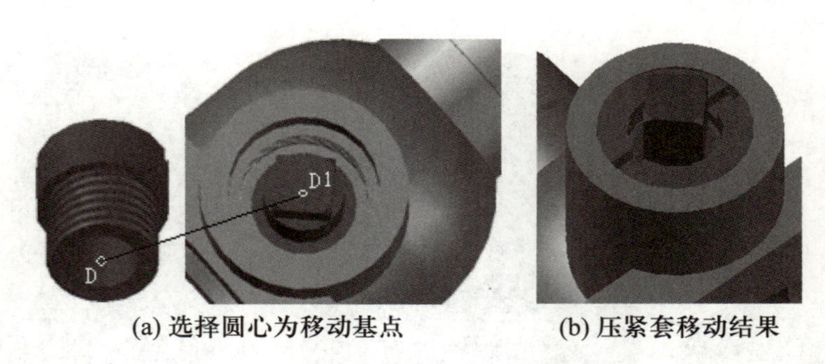

(a) 选择圆心为移动基点　(b) 压紧套移动结果

图 3-2-42　装配压紧套

4. 装配扳手

应用三维旋转工具“”将阀杆调整至图 3-2-43(a)所示位置，单击“修改”面板的三维对齐工具“”，选择扳手，如图 3-2-43(a)所示，再依次捕捉并单击选择扳手方形孔顶面的 3 条边的中点 A、B、C 为对齐点，再旋转视图以方便对齐到阀体，如图 3-2-43(a)所示，依次对应捕捉并选择阀杆顶面棱上对应边的 3 个中点 A1、B1、C1 为目标对齐点，扳手装配结果如图 3-2-43(b)所示。

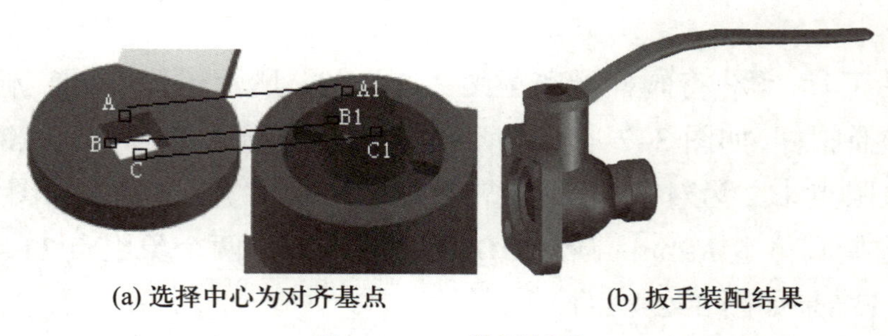

(a) 选择中心为对齐基点　(b) 扳手装配结果

图 3-2-43　装配扳手

5. 装配密封圈、阀盖、螺栓

(1) 装配密封圈

以密封圈与阀芯通孔端面为参照，应用三维对齐工具分别捕捉圆心、两个象限点进行三维对齐，如图 3-2-44 所示。

(2) 装配阀盖

以阀盖与阀体的对齐面为参照面，应用三维对齐工具分别捕捉 3 个通孔的圆心进行三维对齐，如图 3-2-45 所示。

(3) 装配螺栓

应用复制工具以螺栓底面圆心为基点，复制并移动到阀体通孔圆心点，然后应用正交模式、移动工具移动螺栓到装配位置，如图 3-2-46 所示。

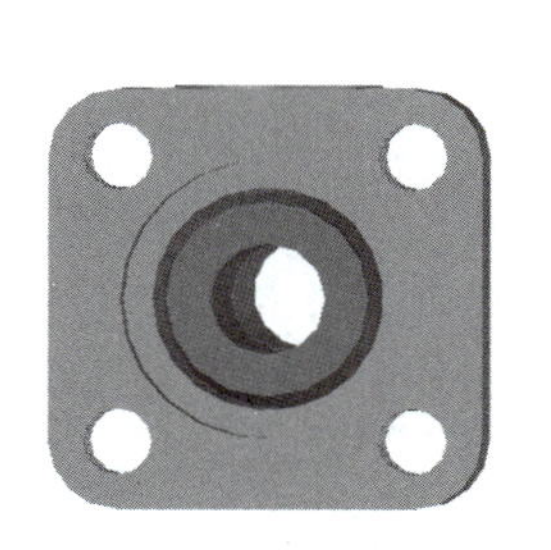

图 3-2-44　装配密封圈

图 3-2-45　装配阀盖

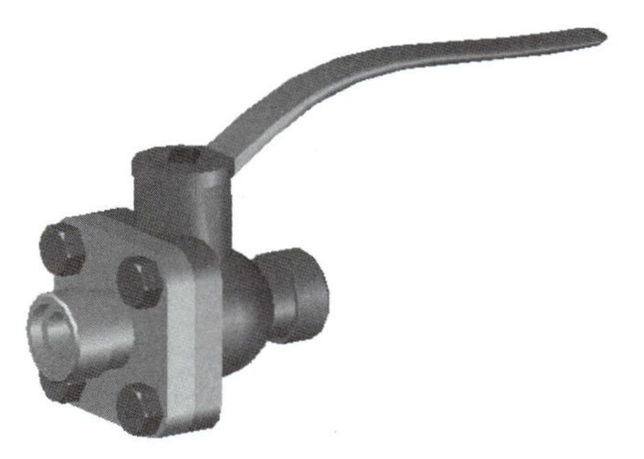

图 3-2-46　装配螺栓

〖任务体验〗

1. 任务梳理

请将本次任务学习的内容按下表提示进行梳理。

AutoCAD 技术		装配技能			经验笔记
三维建模工具	三维操作工具	装配原则	装配步骤	装配技巧	

2. 操作训练

创建图 3-2-47~ 图 3-2-51 所示三维模型。

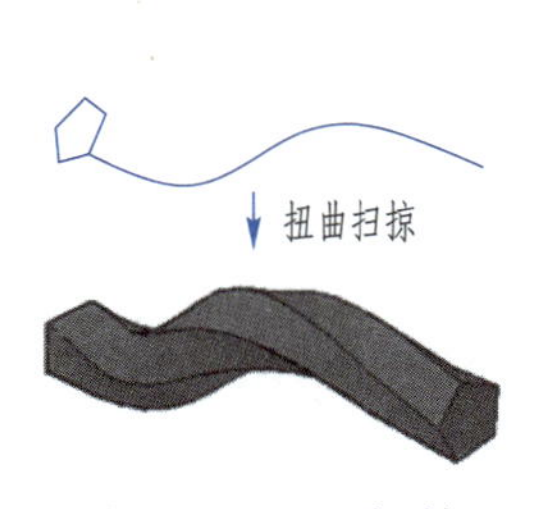

图 3-2-47　扫掠

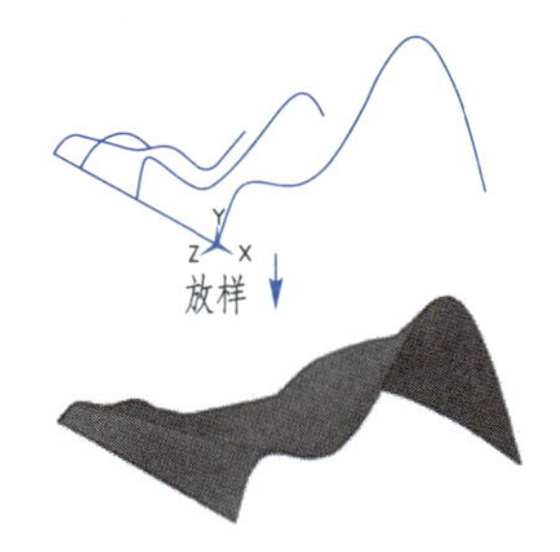

图 3-2-48　路径放样

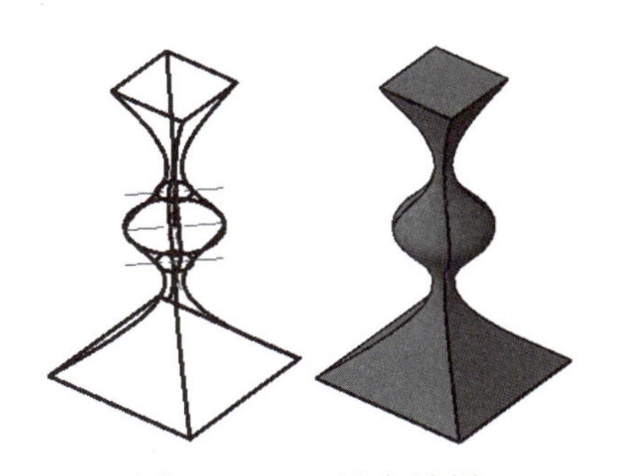

图 3-2-49　导向放样

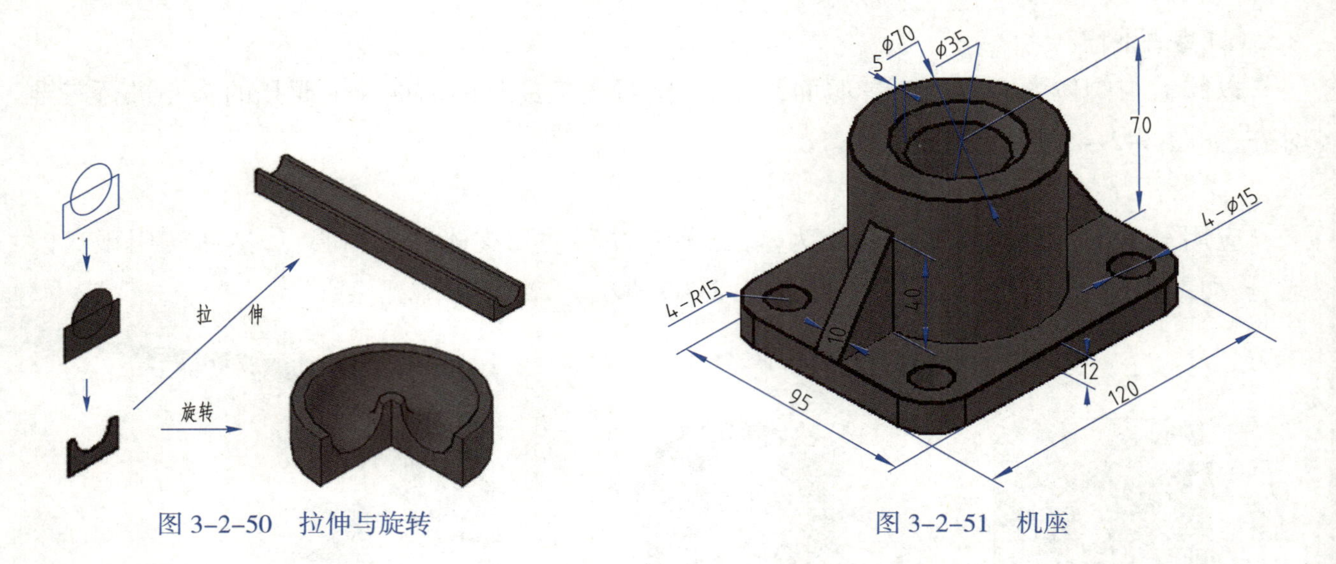

图 3-2-50 拉伸与旋转　　图 3-2-51 机座

3. 案例体验

根据提供的图纸完成阀盖、阀芯、阀杆、压紧套、封闭圈、螺栓等零件的创建，如图 3-2-52~图 3-2-56 所示。

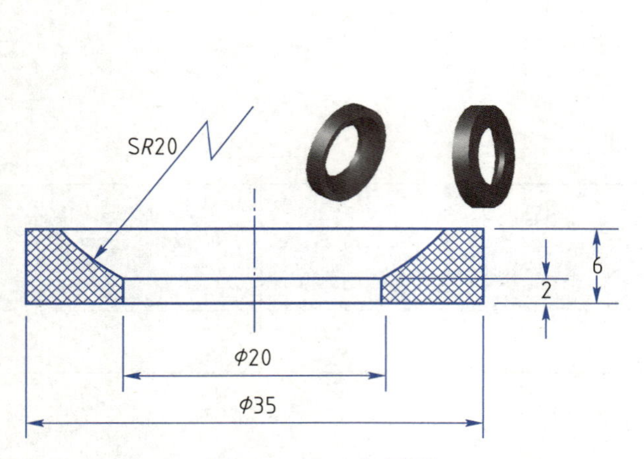

图 3-2-52 密封圈

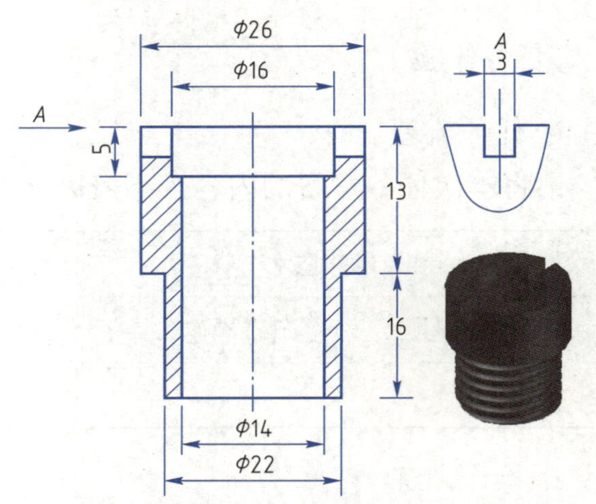

图 3-2-53 压紧套（螺纹 $R11$ mm × 16 mm，圈数 6）

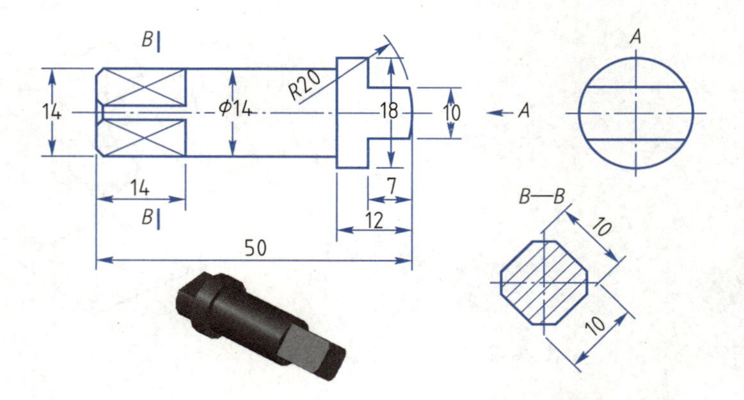

图 3-2-54 阀杆（未标注倒角为 1 mm × 1 mm）

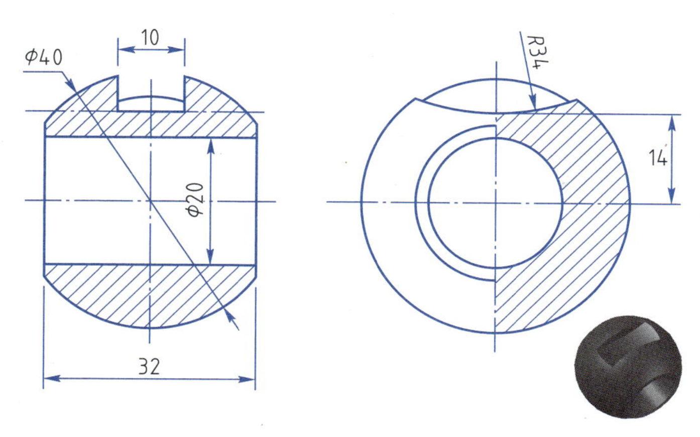

图 3-2-55　阀芯

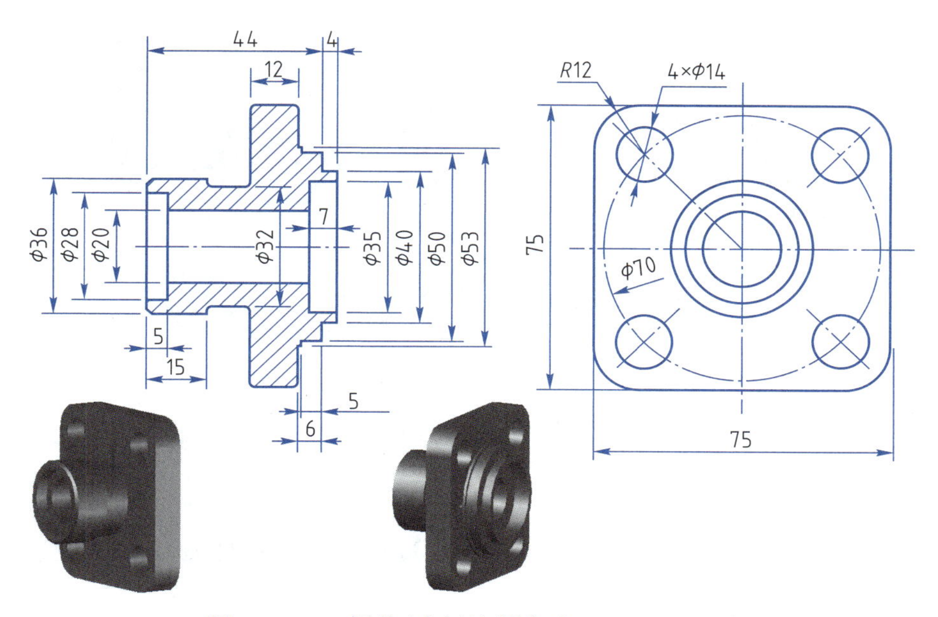

图 3-2-56　阀盖（未标注倒角为 1 mm×1 mm）

创建提示：创建图 3-2-52 时，可绘制图示左侧或右侧封闭图形，创建面域后绕中心轴线旋转创建实体。

创建提示：创建图 3-2-53 螺纹时，先创建螺旋底面互相垂直的两条中心辅助线，在交点处创建螺旋（*R*11 mm×16 mm，圈数 6），在螺旋端点上创建半径为 1 mm 的截面圆，圆与螺旋在端点处为垂直关系，扫掠创建螺旋体，移动到创建螺纹所需位置，差集创建螺纹。

创建提示：创建图 3-2-55 所示的阀芯时，将坐标系原点移动到球心位置，应用坐标辅助定形、定位。

【项目体验】

项目情景：

某机械设计部需设计图 3-2-57 所示皮带轮装配模型，零件及装配参考图示。

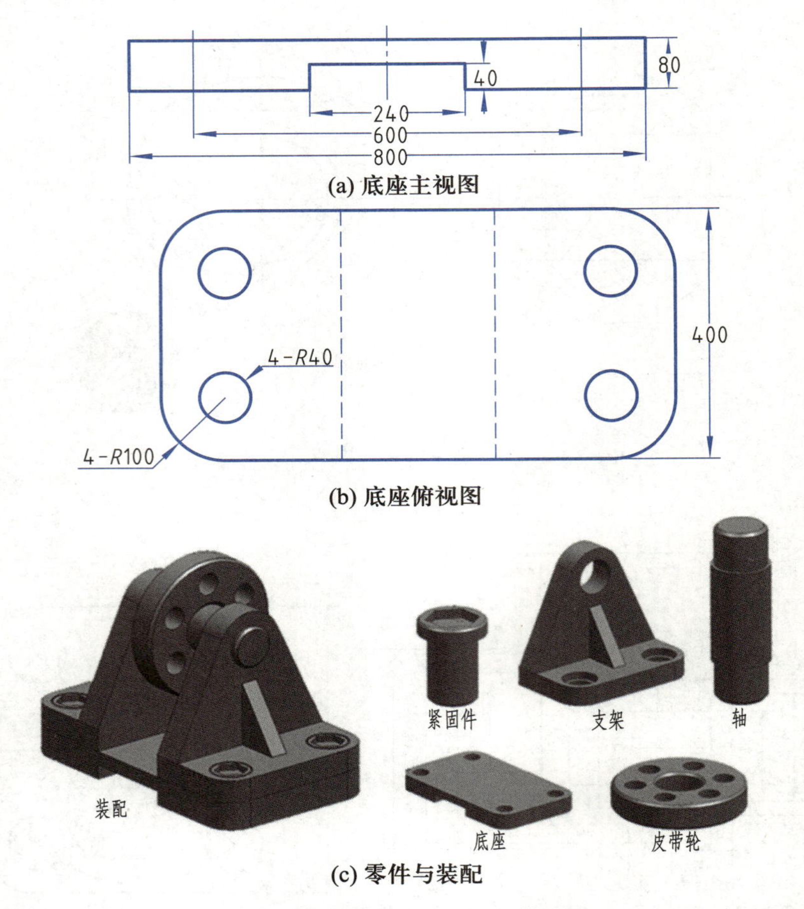

(a) 底座主视图

(b) 底座俯视图

(c) 零件与装配

图 3-2-57 皮带轮装配模型

项目要求：

如图 3-2-57 所示，底座模型已给出主视图、俯视图，请参考图示自定义其他零件尺寸创建零件模型，并完成装配。

也可以保持底座尺寸不变，自行创新设计创建其他零件并装配，从而实现图示表达的模型功能。

【项目评价】

评价项目	能力表现			
基本技能	获取方式：□自主探究学习 □同伴互助学习 □师生互助学习 掌握程度：□了解___% □理解___% □掌握___%			
创新理念	□大胆创新	□有点创新思想	□能完成___%	□保守陈旧
岗位体验	□了解行业知识	□具备岗位技能	□能完成___%	□还不知道
技能认证目标	□高级技能水平	□中级技能水平	□初级技能水平	□继续努力
项目任务自评	□优秀 □良好 □合格 □一般 □再努力一点就更好了			

续表

评价项目	能力表现
我获得的岗位知识和技能	
分享我的学习方法和理念	
我还有疑难问题	

项目 3.3 <<<

机件设计与辅助视图

——布局、视口；三维面编辑、剖切、截面；三维标注；页面设置与打印

【项目情景】

在产品设计中，AutoCAD 提供的视口视图对于创建不同方向的图形和造型都很方便；对于已创建的三维体应用面编辑可以很方便地通过修改实体面创建新的实体；为了表达机件，需要对实体进行剖切以表达机件内部结构，AutoCAD 的剖切、截面功能很实用；创建完图形与实体后需要进行标注与打印。通过创建、标注、剖切图 3-3-1 所示的机件学会上述岗位技能。

项目 3.3 包括一个任务：

任务 3.3.1 三维机件视图与标注——抽壳、面编辑、剖切、截面、标注、视口、布局、打印设置

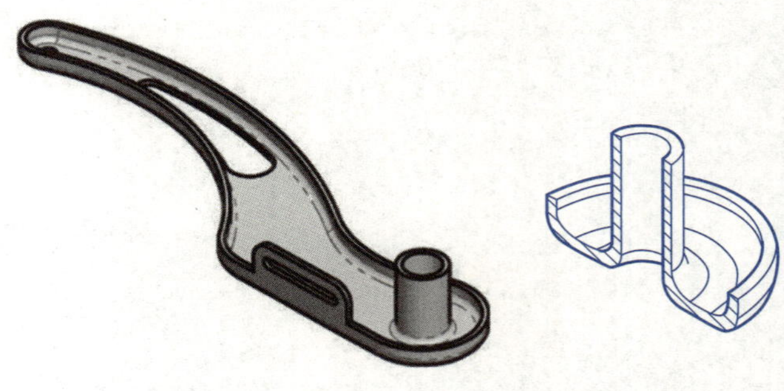
图 3-3-1 机件三维模型与剖切

【项目目标】

掌握抽壳、加厚、面编辑的基本操作与应用；掌握剖切实体的方法；会根据三维体及其视图表达需要创建截面；会创建、管理视口、布局；会应用不同的视口视图创建三维体；会对三维体进行尺寸标注；会设置图纸页面及打印设置。

【岗位对接】

应用不同的视口视图、坐标系、对象捕捉辅助创建复杂三维体的方法；面编辑的应用；对设计的产品选择表达视图并进行标注；打印输出产品工程图；剖视图、截面、局部视图在三维产品建模、表达视图中的应用。

【技能建构】

一、走进行业

学习单	标题	学习活动	学习建议
学习单	剖切与剖视图	查找资料，了解剖切、剖视图、截面的区别	在收集活动中理解知识
	打印图纸	了解页面设置与图纸打印的设置及关系，找一个打印机打印一份图纸	在实践活动中了解技能及岗位

1. 剖切、剖视图、截面

关于对三维体的剖切、剖视图、截面相关岗位技能知识请参考“项目 1.4”“技能建构”相关内容。

2. 尺寸标注

在三维体尺寸标注中，只能在坐标系 XY 平面标注需要标注的对象，标注时需要根据情况移动、旋转坐标系。三维标注与二维标注一样也包括对齐、角度、半径等标注，操作方法与二维标注相同。关于二维标注相关知识请参考“项目 1.3”“技能建构”相关内容。

3. 图纸

关于工程图纸、图纸图框、标注栏的创建请参考“项目 1.4”相关内容。

二、技能建构

学习单	标题	学习活动	学习建议
学习单	截面，实体的面、边编辑	查资料并理解截面、截面的创建，以及实体的面、边编辑	在查阅、收集活动中获取知识和技能，培养自学探究能力
	视口与布局	查资料了解视口与布局	

1. 实体剖切、截面

(1) 实体剖切

如图 3-3-2 所示，剖切可以理解为以经过实体的一个平面为剪切平面切开实体，形成新的实体或曲面。

命令调用：“绘图”菜单→“三维操作”→“剖切”；或“实体编辑”工具栏剖切工具“”或“”。

先在指定的剖切对象上通过 2 个或 3 个点定义剪切平面，或者选择某个平面或曲面对象（而非网格），再确定要保留剖切对象的一个或两个侧面，即可完成剖切。

(2) 截面

如图 3-3-3 所示，经过三维实体，并与实体的相交的平面就是经过该实体的截面平面。

① 截面平面

命令调用：“绘图”菜单→“建模”→“截面平面”；或“截面”面板→截面平面工具“”。

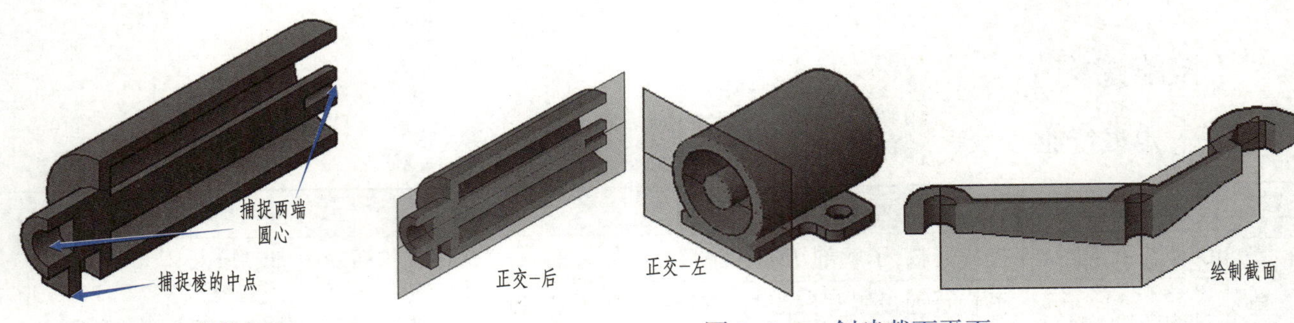

图 3–3–2　实体剖切　　　　图 3–3–3　创建截面平面

命令参数说明：

用来定位截面线的面或任意点：指定用于建立截面对象所在平面的面。可以选择屏幕上位于面外的任意点以创建独立于实体或曲面的截面对象。第一点可建立截面对象旋转所围绕的点。

指定通过点：用于定义截面对象所在平面的第二个点。

绘制截面：定义具有多个点的截面对象以创建带有折弯的截面线（图 3–3–3）。

正交：将截面对象与相对于 UCS 的正交方向对齐。

② 活动截面

选定已创建的截面平面，如图 3–3–4（a）所示，单击活动截面工具“ ”，三维实体沿截面平面将箭头指向部分切除，如图 3–3–4（b）所示，单击箭头改变切除方向。使用活动截面可以通过移动和调整截面平面来动态分析三维对象的内部细节。

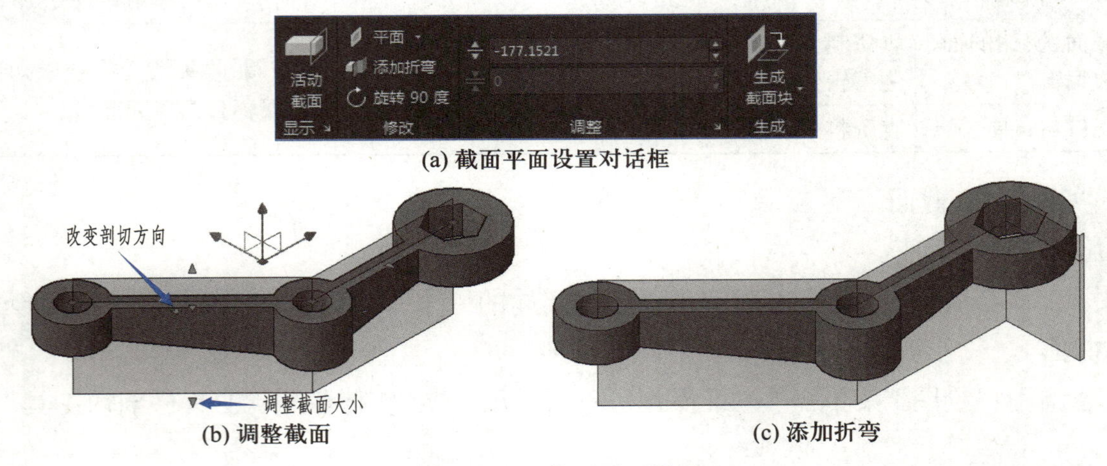

(a) 截面平面设置对话框

(b) 调整截面　　(c) 添加折弯

图 3–3–4　截面平面设置

③ 添加折弯

依次单击“常用”选项卡→“截面”面板→折弯工具“ ”（右击工具面板，在弹出的快捷菜单中依次单击“显示面板”→“截面”可加载或取消“截面”面板）。

在截面对象上选择截面线，将光标移动到截面线上，在截面线上选择要放置折弯的点，该折弯将垂直于选定的线段［图 3–3–4（c）中正六棱孔中心为折弯点］。

④ 生成截面

将选定截面平面保存为二维或三维块。

依次单击“常用”选项卡→“截面”面板→生成截面工具“”。

应用生成截面工具“”选择截面对象，在“生成截面 / 立面”对话框中，单击“二维截面 / 立面”或“三维截面”，单击“创建”，在绘图区域中为新块指定插入点，将插入一个由二维或三维截面组成的块。

试一试	剖切、截面平面、生成截面
	打开“项目 3.3\ 剖切与截面 .dwg”。应用剖切工具“”或“”，如图 3-3-2 所示，指定 3 点确定经过中心线的剪切平面进行剖切；应用截面平面工具“”，如图 3-3-3 所示，分别指定“正交（O）”“绘制截面（D）”参数创建截面平面创建三维实体；如图 3-3-4 所示，改变指示方向后应用“活动截面”观察切除结果，应用生成截面工具“”生成二维截面；如图 3-3-4（c）所示，添加折弯后应用“活动截面”观察切除效果。

2. 抽壳、加厚

（1）抽壳

如图 3-3-5 所示，可以将三维实体转换为中空薄壁或壳体。将实体对象转换为壳体时，可以通过将现有面朝其原始位置的内部或外部偏移来创建新面。

命令调用：“常用”选项卡→“实体编辑”面板→抽壳工具“”，或“修改”菜单→“实体编辑”→“抽壳”。

选择三维实体对象［图 3-3-5（a）中的 1］，选择不进行抽壳的一个或多个面并按 Enter 键确认［图 3-3-5（b）中的 2］，指定抽壳偏移距离（正偏移值沿面的正方向创建壳壁，负偏移值沿面的负方向创建壳壁），如图 3-3-5（c）所示，按 Enter 键完成抽壳。

(a) 选定要抽壳的对象　(b) 选择要删除的面　(c) 输入抽壳偏移距离2 mm

图 3-3-5　抽壳

（2）曲面加厚

加厚曲面创建三维实体：将已创建的曲面转化为指定厚度的实体。

单击实体编辑工具栏上的加厚工具“”，或“修改”菜单→“三维操作”→“加厚”。选定要加厚的曲面，指定厚度即可将曲面加厚（正厚度值向外创建壳壁，负厚度值向内创建壳壁）。

试一试	抽壳、加厚
	打开“项目 3.3\ 抽壳与加厚 .dwg”。应用抽壳工具“”指定删除面为顶面，分别输入抽壳偏移 2 mm 和 –2 mm 进行抽壳，如图 3-3-5 所示，不指定删除面进行抽壳；应用加厚工具“”指定厚度为 4 mm、–4 mm，比较加厚结果，如图 3-3-6 所示。

3. 实体面、边编辑

(1) 实体面编辑

在三维实体面编辑中可选择的参数为:“输入面编辑选项[拉伸(E)/移动(M)/旋转(R)/偏移(O)/倾斜(T)/删除(D)/复制(C)/颜色(L)/材质(A)/放弃(U)/退出(X)]”。在“实体编辑”面板中提供了三维实体面编辑,应用“修改”菜单的“实体编辑”也可以打开面编辑命令。

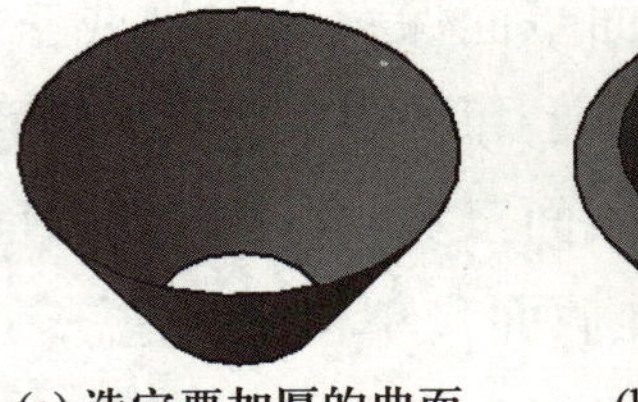
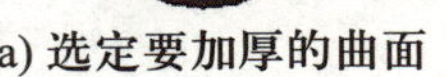
(a) 选定要加厚的曲面

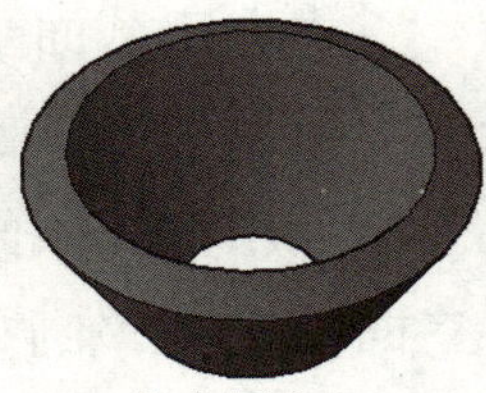
(b) 指定厚度4 mm

图 3-3-6 加厚

① 拉伸面

选择三维实体的面,设置拉伸的方向和距离后即可拉伸,如图 3-3-7 所示,可以沿面的正反法向、倾斜角度、路径拉伸。

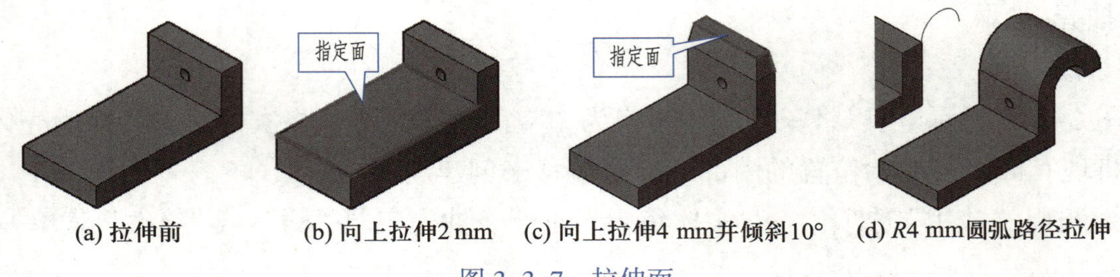

(a) 拉伸前　(b) 向上拉伸2 mm　(c) 向上拉伸4 mm并倾斜10°　(d) R4 mm圆弧路径拉伸

图 3-3-7 拉伸面

命令调用:“常用”选项卡→“实体编辑”面板→拉伸面“”或“”,或“修改”菜单→“实体编辑”→拉伸面“”或“”。

法向:如果输入正值则沿面的法向拉伸,如果输入负值则沿面的反法向拉伸。

倾斜:指定拉伸的倾斜角度。指定 −90°~90° 之间的角度,正角度将往里倾斜选定的面,负角度将往外倾斜面。

路径:可以指定直线或曲线来设置拉伸路径,所有选定面的轮廓将沿此路径拉伸。拉伸路径可以是直线、圆、圆弧、椭圆、椭圆弧、多段线或样条曲线。拉伸路径不能与面处于同一平面,也不能具有高曲率的部分。

试一试	拉伸面
	打开“项目 3.3\拉伸面 .dwg”。应用拉伸面工具“”或“”,如图 3-3-7 所示,指定面拉伸 2 mm、−2 mm,向上拉伸 4 mm 并倾斜 10° 或 −10°,沿 R4 mm 圆弧路径(或自定义路径)拉伸面,比较理解不同操作方法拉伸面的结果。

② 移动面

沿指定的高度或距离移动选定的三维实体对象的面。一次可以选择多个面。

命令调用:“常用”选项卡→“实体编辑”面板→移动面工具“”,或“修改”菜单→“实体编辑”→“移动面”。如图 3-3-8(a)所示,将 B 孔面移动 4 mm 得到图 3-3-8(b)。

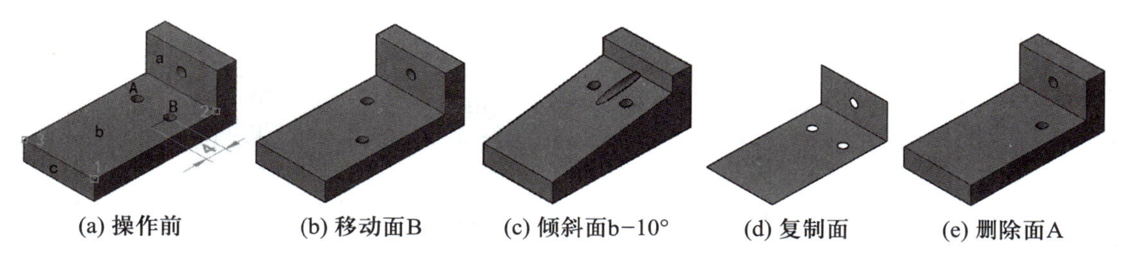

(a) 操作前　(b) 移动面B　(c) 倾斜面b−10°　(d) 复制面　(e) 删除面A

图 3-3-8　面的移动、倾斜、复制、删除

③ 倾斜面

以指定的角度倾斜三维实体上的面。倾斜角的旋转方向由选择基点和第二点(沿选定矢量)的顺序决定。正角度将向里倾斜面,负角度将向外倾斜面。

命令调用:“常用”选项卡→“实体编辑”面板→倾斜面工具“”,或“修改”菜单→“实体编辑”→“倾斜面”。

如图 3-3-8(a)所示,倾斜面 b 时指定基点 1,第二点 2,将 b 面倾斜 −10° 得到图 3-3-8(c)。

④ 复制面

选定一个或多个面复制为面域或体。命令调用:“常用”选项卡→“实体编辑”面板→复制面工具“”,或“修改”菜单→“实体编辑”→“复制面”。

如图 3-3-8(a)所示,复制面 a、b 得到图 3-3-8(d)。

⑤ 删除面

删除面,包括圆角和倒角。命令调用:“常用”选项卡→“实体编辑”面板→删除面工具“”或“”,或“修改”菜单→“实体编辑”→“删除面”。

如图 3-3-8(a)所示,删除面 A,即删除孔 A,得到图 3-3-8(e)。

⑥ 偏移面

按指定的距离或通过指定的点,将面均匀地偏移。正值会增大实体的大小或体积,负值会减小实体的大小或体积。

命令调用:“常用”选项卡→“实体编辑”面板→偏移面工具“”,或“修改”菜单→“实体编辑”→“偏移面”。如图 3-3-9(a)所示,以距离 2 mm 偏移面 b,得到图 3-3-9(b)。

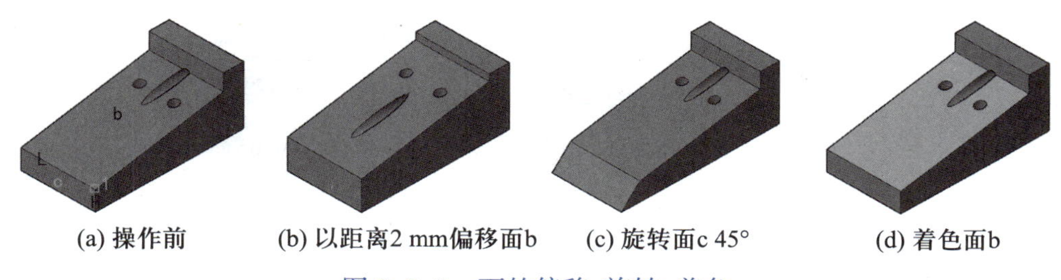

(a) 操作前　(b) 以距离2 mm偏移面b　(c) 旋转面c 45°　(d) 着色面b

图 3-3-9　面的偏移、旋转、着色

⑦ 旋转面

绕指定的轴旋转一个或多个面或实体的某些部分来更改对象的形状。可以设置两个点定

义旋转轴，也可以将旋转轴与通过选定点的轴（X、Y 或 Z 轴）对齐。

命令调用：“常用”选项卡→“实体编辑”面板→旋转面工具“”，或“修改”菜单→“实体编辑”→“旋转面”。如图 3–3–9（a）所示，将面 c 绕 L 轴旋转 45°，得到图 3–3–9（c）。

⑧ 着色面

着色面可用于亮显复杂三维实体模型内的细节。指定要着色的面，显示“选择颜色”对话框，选定颜色后修改面的颜色。

命令调用：“常用”选项卡→“实体编辑”面板→着色面工具“”，或“修改”菜单→“实体编辑”→“着色面”。

如图 3–3–9（a）所示，将面 b 的颜色修改为绿色，得到图 3–3–9（d）。

试一试	面的移动、倾斜、复制、删除、偏移、旋转、着色
	打开“项目 3.3\ 移动倾斜复制删除面 .dwg”。应用移动、倾斜、复制、删除面工具，如图 3–3–8 所示，完成图示练习。
	打开“项目 3.3\ 偏移旋转着色面 .dwg”。应用偏移、旋转、着色面工具，如图 3–3–9 所示，完成图示练习。
	将图 3–3–9（a）分别进行距离 2 mm 的偏移面、拉伸面操作，并比较结果有何区别。将图 3–3–9（a）分别绕 L 旋转面、沿 H 倾斜面操作，并比较旋转面、倾斜面的区别。

（2）实体边编辑

“实体编辑”面板中提供的三维实体边编辑工具分别有：压印边、圆角边、倒角边、着色边、复制边、提取边。

① 圆角边“”、倒角边“”

对三维实体圆角边、倒角边与二维图形的圆角和倒角类似。

依次单击“实体”选项卡→“实体编辑”面板→“圆角边”或“倒角边”，如图 3–3–10 所示，选择要进行圆角或倒角的实体的边→指定圆角半径或倒角距离→按 Enter 键完成，倒角边时需要依次指定两个方向的距离。

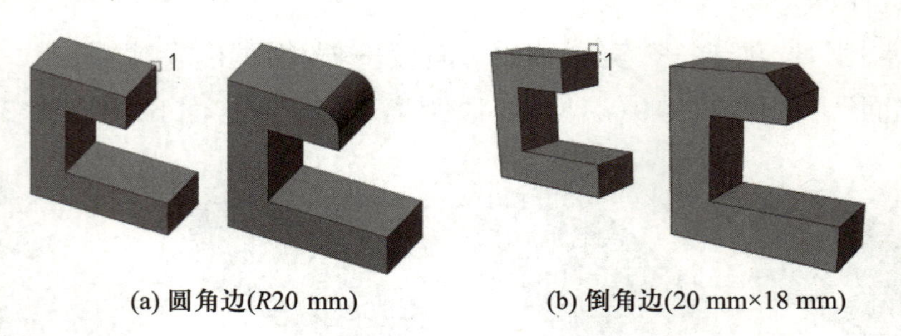

(a) 圆角边(R20 mm)　　(b) 倒角边(20 mm×18 mm)

图 3–3–10　圆角边、倒角边

② 压印边“”或“”

可以通过压印与某个面重叠的共面对象向三维实体添加新的镶嵌面。压印提供可用来重塑三维对象的形状的其他边。为了使压印操作成功，被压印的对象必须与选定对象的一个或多个面相交。“压印”选项仅限于圆弧、圆、直线、二维和三维多段线、椭圆、样条曲线、面域、体和三维实体。如图 3-3-11 所示，圆与长方体的面重叠，则可以在实体上压印它。

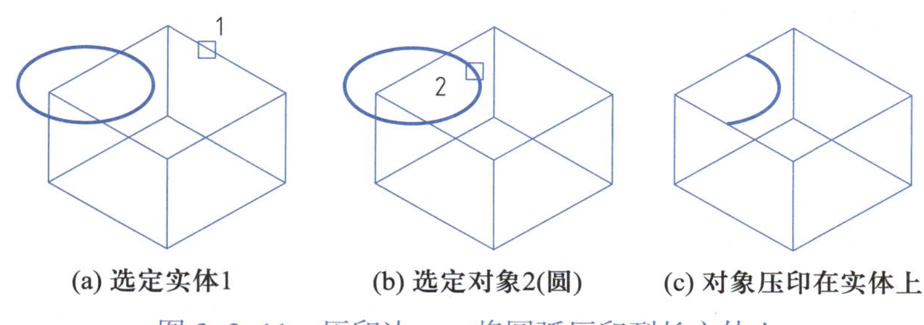

图 3-3-11 压印边——将圆弧压印到长方体上

③ 着色边“ ”

通过选择边，然后在“特性”选项板中更改“颜色”特性，可以修改三维对象上边的颜色。

④ 复制边“ ”

可以复制三维实体对象的各个边。边被复制为直线、圆弧、圆、椭圆或样条曲线，按图 3-3-12 所示将实体圆弧边复制到 3 处。

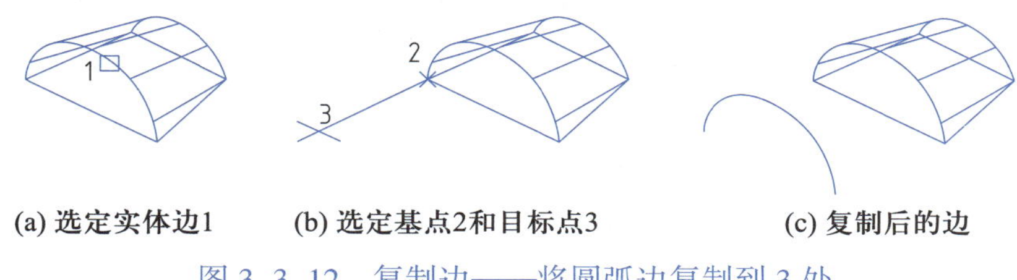

图 3-3-12 复制边——将圆弧边复制到 3 处

⑤ 提取边“ ”

通过从以下三维实体、网格、面域、曲面等对象中提取所有边，可以创建线框几何体，如图 3-3-13 所示。

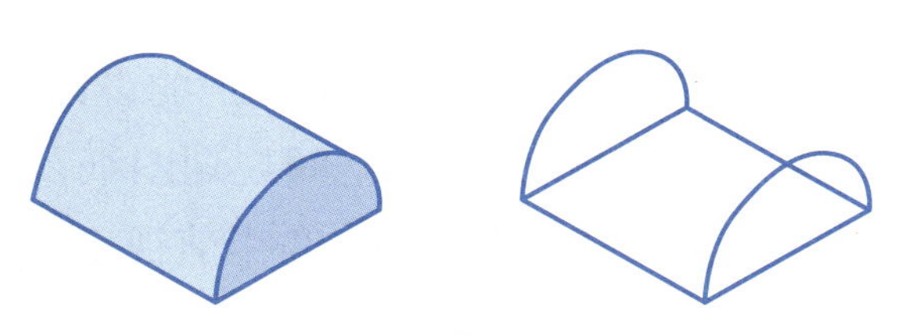

图 3-3-13 提取边

试一试	压印边、圆角边、倒角边、着色边、复制边、提取边
	打开“项目 3.3\ 压印边、圆角倒角边、复制提取边 .dwg”。应用压印边、圆角边、倒角边、着色边、复制边、提取边工具完成练习。

4. 空间、视口、布局

(1) 空间

AutoCAD 提供了两种不同的工作环境，即“模型空间”和“图纸空间”。

默认情况下，工作开始于模型空间，它是一个无限三维绘图区域。用户可以设置单位和比例后绘制，也可以应用系统默认设置绘制。

切换到图纸空间准备图形以进行打印，可以设置带有标题栏和注释的不同布局，在每个布局上，可以创建显示模型空间的不同视图的布局视口。在布局视口中，可以相对于图纸空间缩放模型空间视图。图纸空间中的一个单位表示一张图纸上的实际距离，以毫米或英寸为单位，具体取决于如何配置页面设置。

模型空间可以从“模型”选项卡访问，图纸空间可以从“布局”选项卡访问。

(2) 视口

在模型、布局中可以都创建视口（也称浮动视口），设置图形在“图纸”中的显示位置。视口是显示模型的一个“窗口”，创建多个视口可以从多个不同角度观察图形并生成图纸，还可以很方便地缩放视口视图。

新建视口：单击“视图”→“视口”或“布局”选项卡→“命名”，打开“视口”对话框，对话框中包括“命名视口”“新建视口”两个选项卡。

删除视口：在布局图中，选择浮动视口边界，然后按 Delete 键即可删除浮动视口。

调整视口：视口创建后可对视口内的视图进行调整，先在视口内双击激活视口（转到模型空间状态），然后就可以像在模型空间一样编辑更改图形。

在构造布局图时，可以将浮动视口视为图纸空间的图形对象，并对其进行平移、缩放调整，在视口工具栏上还可以选择合适的输出比例。浮动视口可以相互重叠或分离。在图纸空间中无法编辑模型空间中的对象，如果要编辑模型，必须激活浮动视口，进入浮动模型空间。

在图纸空间中时，可以双击布局视口内部以访问模型空间，如果用户处于模型空间中并要切换到另一个布局视口，则在另一个布局视口中双击，或者按 Ctrl+R 组合键遍历现有的布局视口，要返回到图纸空间，请双击布局视口外的任意位置。

(3) 布局

在 AutoCAD 中，模型空间是绘图的“真实”空间，用户的设计工作一般都在模型空间中进行；图纸空间主要用于用户出图，用户可以在图纸空间规划图纸布局，生成工程图纸。在模型空间可以设置多个视口用于显示视图，但只能有一个是当前视口，默认情况是单视口视图。在图纸空间可以在同一布局中摆放多个视口视图，同一模型可以获得不同角度的输出布局。

在 AutoCAD 默认情况下，图纸空间有两个布局选项卡，即：“布局 1”“布局 2”。可以创建多个布局，每个布局都代表一张单独的打印输出图纸。创建新布局后就可以在布局中创建浮动视口。视口中的各个视图可以使用不同的打印比例，并能控制视口中图层的可见性。

① 创建布局

在“模型”→“布局”选项卡上右击，在弹出的快捷菜单中选择“新建布局”，创建一个新布局。

在“模型”→“布局”选项卡上右击，在弹出的快捷菜单中选择“来自样板”，弹出“从文件选择样板”对话框，在对话框显示的样板图形中选择一个文件，如选择“ANSI B-Named Plot

Styles”，单击“打开”按钮，弹出“插入布局”对话框，在该对话框中选择要插入样板图形的布局，单击“确定”按钮，即可以创建一个新布局。新布局中含有样板图形“图纸”设置。

在“AutoCAD 经典”模式下选择“工具”→“向导”→“创建布局”命令，打开“创建布局”向导，可以指定打印设备、确定相应的图纸尺寸和图形的打印方向、选择布局中使用的标题栏或确定视口设置。

② 管理布局

右击“布局”标签，使用弹出的快捷菜单命令，可以删除、新建、重命名、移动或复制布局。

5. 打印图形

(1) 页面设置

在打印图形之前，需要对页面进行设置。页面设置与布局相关联并存储在图形文件中。页面设置决定了最终输入的格式和外观。布局页面设置包括打印机 / 绘图仪、图纸尺寸、图纸单位、图形方向、打印区域、打印比例、打印偏移和打印选项等。

单击激活“布局 1”选项卡，右击，在弹出的快捷菜单中选择“页面设置管理器”。在弹出的对话框中选择“布局 1”，单击“修改”进入布局页面设置对话框(图 3-3-14)。或选定模型或布局后再依次单击“■”→“打印”→“页面设置”，打开页面设置对话框。

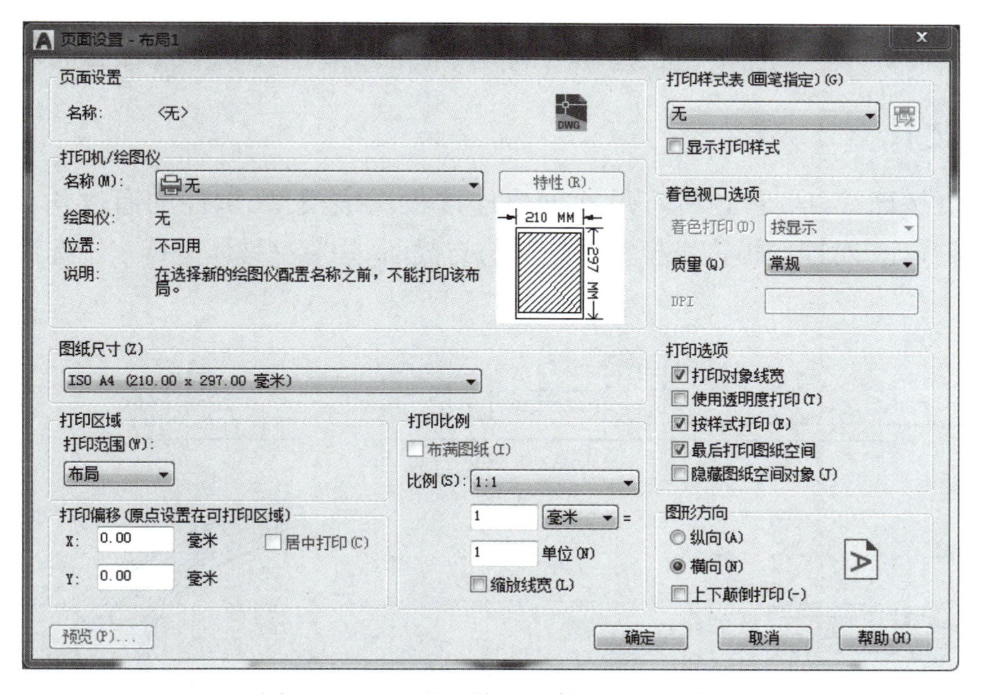

图 3-3-14　“页面设置 - 布局 1”对话框

图纸尺寸：选择适当幅面的打印图纸和图纸单位(默认设置为毫米)。如果要打印在 A4 图纸上，可以选择“ISO A4(210.00 × 297.00 毫米)”。

图形方向：选中“纵向”单选按钮，表示沿图纸纵向打印；选中“横向”单选按钮，表示沿图纸横向打印；选中“上下颠倒打印”复选框，表示图形翻转打印。

打印区域：设置打印范围。选中“布局”，表示打印图形界限内的图形；选中“范围”，表示打印全部图形；选中“显示”，表示打印在屏幕上显示的图形；选中“窗口”，将回到绘图区域，用户可以用一个矩形窗口选择要打印的图形。

打印比例：该参数用于设置图形的打印比例，既可以从“比例”下拉列表框中选择打印比例，也可以在自定义的两个文本框中输入自定义的比例；选中“缩放线宽”复选框，表示与打印比例成正比缩放线宽。

打印偏移：该参数用于调整图形在图纸上的位置。选中“居中打印”复选框，表示将图形打印在图纸的中央；X、Y 文本框用于设置打印区域相对于图纸的左下角的横向和纵向偏移量。

(2) 预览与打印

在打印输出图形之前应先预览输出结果，以检查设置是否正确，有无错误，如有则返回继续调整。预览操作：依次单击“■”→“打印”→“打印预览”。

在 AutoCAD 中，可以使用“打印”对话框打印图形。首先在绘图窗口中选择一个布局选项卡，然后依次执行“■”→“打印”→“打印”，即可打印图形。

任务 3.3.1 三维机件视图与标注

——抽壳、面编辑、剖切、截面、标注、视口、布局、打印设置

〖任务描述〗

应用视口按图 3-3-15(a) 所示尺寸创建连接板三维模型，机件的厚度均为 1.5 mm，如图 3-3-15(b) 所示，对连接板三维模型创建剖切与截面，并对三维体进行三维标注和打印页面设置。

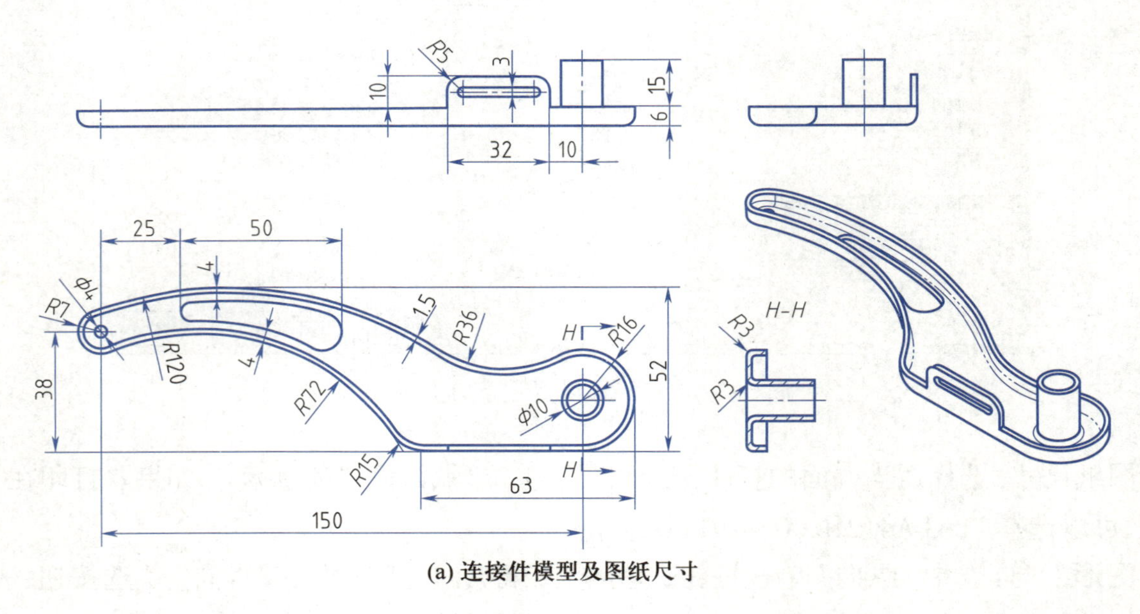

(a) 连接件模型及图纸尺寸

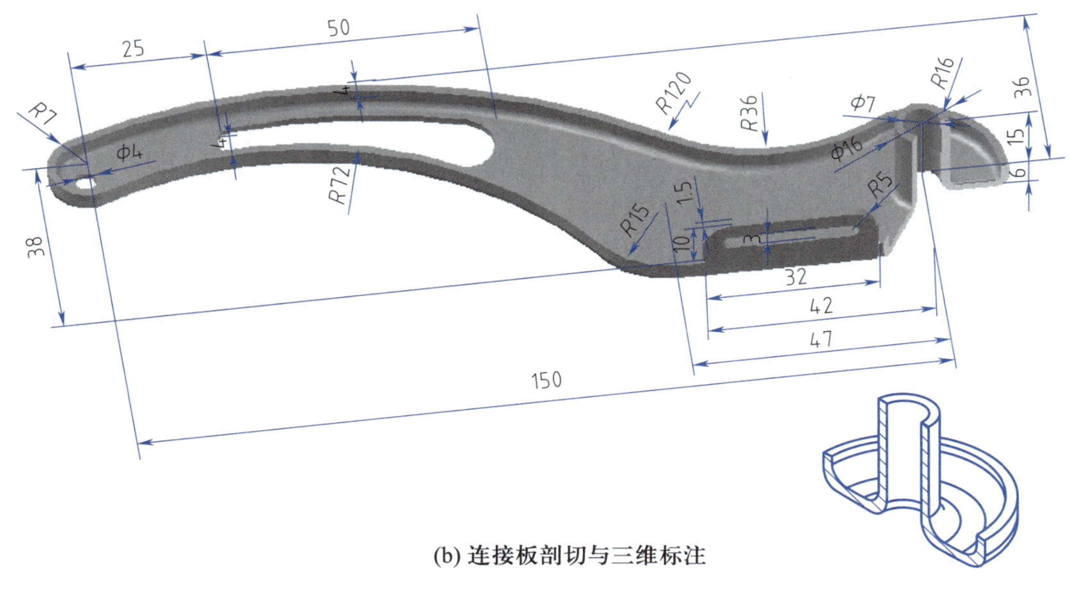

(b) 连接板剖切与三维标注

图 3-3-15　连接板、剖切、截面、标注

〖任务目标〗

掌握抽壳、加厚、拉伸面、压印的基本操作与应用；掌握剖切的操作方法；掌握截面平面、截面的创建方法；掌握三维图形中的尺寸标注基本操作；会创建视口，会应用视口创建三维体；理解模型、布局，会创建、设置布局；会打印设置。

〖任务分析〗

1. 创建机件三维模型

如图 3-3-15 所示，先在俯视图视口中绘制俯视图图形，并创建面域减去通孔部分，再拉伸 6 mm，抽壳 1.5 mm，创建机件主体。

对 ϕ7 mm 通孔的顶面向上拉伸 15 mm 使孔柱变长；对 ϕ4 mm 通孔向下拉伸 4.5 mm 使其变为与机件厚度相同的孔。

在主视图视口中绘制侧面长 32 mm 的“胶囊”形部分，先绘制一个 10 mm × 32 mm 的矩形，再进行两个角的 *R*5 mm 圆角，通过创建、拉伸面域创建“胶囊”主体部分；创建“胶囊”二维图形，并进行压印、拉伸、创建“胶囊”孔。

在西南等轴测视口中观察三维机件。

2. 剖切与截面

对三维实体剖切有两种方法，一是应用剖切工具，二是通过绘制截面平面、创建活动截面进行剖切。创建截面时可以通过复制剖切面创建截面，也可以应用截面平面创建截面。

3. 标注

通过改变坐标系对实体标注。标注三维实体时需要注意以下几点：

① 每一个三维标注都只能在坐标系的 XY 平面内完成，但同一个 XY 平面内，由于 X、Y 轴的指向不同也会有标注方向和位置的差异。这时可以旋转坐标系和重新定位坐标系原点位置，使 X 轴指向标注对象的长度方向，Y 轴指向标注对象的宽度方向。

② 切换到二维视图：前视图、左视图、右视图、俯视图、后视图、仰视图也可以很方便地辅助标注尺寸，切换到三维视图（如西南等轴测视图）会出现标注“跑离”目标对象，这时可以应用三维旋转和三维移动工具辅助定位到目标位置。

③ 三维标注时，新建“标注”图层，合理创建标注样式，可以很方便地创建和管理三维图形尺寸标注。

4. 视口、布局与打印设置

对创建布局视口的分析：由于要创建的连接板在长、宽、高方向的定形、定位尺寸可以通过俯视和前视来表达，因而在上方创建俯视和前视两个视口。为了方便观察三维体，在下方创建西南等轴测视口。这样绘图与视图表达都很方便。

进行打印设置时，要根据图形尺寸设置图纸，若尺寸太大可在打印设置中设置打印比例以缩小打印尺寸，这时需要在打印的图形中标注比例。

〖任务导学〗

切换到“三维建模”工作空间。

一、设置视口和视图

设置 3 个视口和相应视图。

在状态栏单击切换到“布局”，右击“布局”，在弹出的快捷菜单中单击“新建布局”，右击新建的布局默认名称，在弹出的快捷菜单中单击“重命名”，输入新的布局名称“连接板”。在状态栏单击切换到“连接板”布局。

单击选中状态栏“连接板”布局中的默认视口，按 Delete 键删除。

单击“布局”工具选项卡中“布局视口”面板的命名工具“▣”（或单击布局视口“↘”），打开“视口”对话框，如图 3-3-16 所示，在“新建视口”选项卡中选择“三个：下”标准视口。

如图 3-3-16 所示，单击“预览”框左上角视口，在“设置”中选择“二维”，在“修改视图”中选择“俯视”，在“视觉样式”中选择“二维线框”；单击“预览”框右上角视口，在“修改视图”中选择“前视”，在“视觉样式”中选择“二维线框”；单击“预览”框下侧视口，在“设置”中选择“三维”，在“修改视图”中选择“西南等轴测”，在“视觉样式”中选择“灰度”。

单击“确定”，系统提示指定视口的左上角点时单击“连接板”布局的左上角虚线处，向右下角拖动到虚线角点处单击。

理一理	视口的应用
	视口使创建与绘制图形更加方便，可以创建、移动、删除视口，激活视口后可设置不同的视图和显示样式，在同一个模型或布局中设置不同的视口可显示同一绘制对象的不同表达视图，方便三维体或图形的绘制和出图。

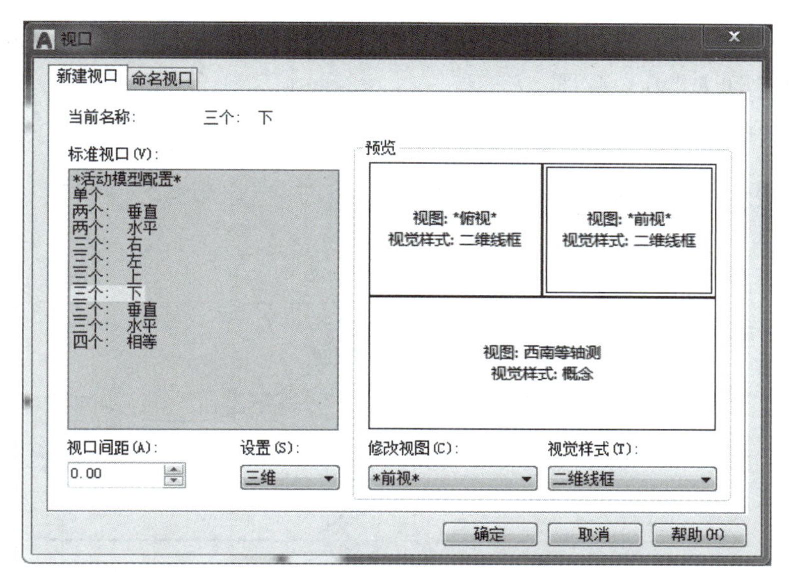

图 3-3-16　“视口”对话框

二、创建连接板三维体

1. 在俯视图视口中绘制连接板俯视图

双击激活左上角俯视图视口，单击状态栏最大化视口按钮“”或“”，将左上角俯视图视口最大化。

应用“常用”选项卡中“绘图”→“修改”工具，如图 3-3-17 所示，按尺寸绘制连接板俯视轮廓二维图，绘制步骤描述如下：

(1) 绘制辅助线

绘制 ϕ4 mm 圆的中心辅助线，应用偏移工具向右偏移垂直线 150 mm 距离得到 ϕ7 mm 的垂直中心辅助线，向下偏移水平线 22 mm(38 mm−16 mm=22 mm) 距离得到 ϕ7 mm 的水平中心辅助线。

(2) 绘制两组同心圆

分别以两组中心辅助线的交点为圆心绘制左、右两组同心圆，即左侧的 ϕ4 mm、R7 mm 同心圆，右侧的 ϕ7 mm、R16 mm 同心圆。

(3) 绘制直线、R15 mm 圆、R72 mm 圆

应用偏移、直线工具绘制长 47 mm 的直线，在长为 47 mm 的直线左端点向上距离 15 mm 的位置绘制 R15 mm 圆。

应用对象捕捉“切点”“相切、相切、半径”绘制圆的方法分别与左侧的 R7 mm 圆、中间的 R15 mm 圆相切绘制 R72 mm 圆。

(4) 绘制 R120 mm、R36 mm 圆

向上偏移右侧 ϕ7 mm 圆的水平中心线，偏移距离为 36 mm，开启正交模式，向左水平延长偏移线以辅助绘制 R120 mm 圆。

应用对象捕捉“切点”“相切、相切、半径”绘制圆的方法分别与左侧的 R7 mm 圆、偏移线的水平线相切绘制得到 R120 mm 圆。

应用对象捕捉“切点”“相切、相切、半径”绘制圆的方法分别与 R120 mm 圆、R16 mm 圆相切绘制得到 R36 mm 圆。

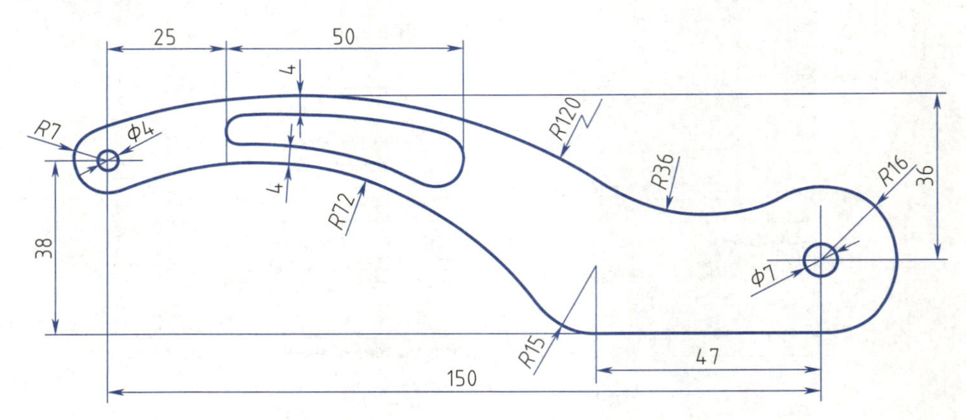

图 3–3–17　绘制连接板俯视轮廓二维图

(5) 修剪

应用修剪工具修剪绘制的图形，得到外框轮廓图，如图 3–3–17 所示。

(6) 绘制内部“棒形”图

应用偏移工具以距离 4 mm 分别偏移修剪后的 R120 mm、R72 mm 圆弧。

分别以距离 25 mm、75 mm(50 mm+25 mm) 偏移左侧 R7 mm 圆弧的垂直中心线，应用对象捕捉“切点”“相切、相切、相切”绘制圆的方法分别绘制“棒形”左、右侧的两个圆。

修剪圆弧和圆得到“棒形”图形，如图 3–3–17 所示。

2. 拉伸二维面域创建三维体

(1) 创建面域

应用“绘图”面板的面域工具“”创建 3 个面域：选择图 3–3–17 所示封闭的外框线创建面域；选择 ϕ7 mm 圆创建面域；选择 ϕ4 mm 圆创建面域。

差集：应用“实体编辑”面板的差集工具“”或“”，先选择外框面域并确认，再选择要减去的 ϕ7 mm、ϕ4 mm 面域，差集后的面域如图 3–3–18 所示。

(2) 拉伸二维面域创建三维体

应用“常用”选项卡中“建模”面板的拉伸工具“”或“”向上拉伸面域 6 mm，单击状态栏最小化视口按钮“”或“”，在下方西南等轴测视口中看到拉伸结果，如图 3–3–19 所示。

3. 抽壳

双击激活下方西南等轴测视口，单击“常用”选项卡中“建模”面板的抽壳工具“”或“”，如图 3–3–20 所示，抽壳向内偏移 1.5 mm，命令提示如下：

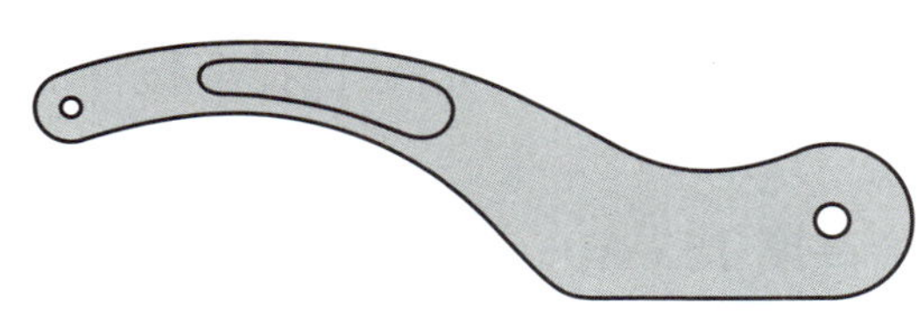

图 3-3-18　差集后的面域

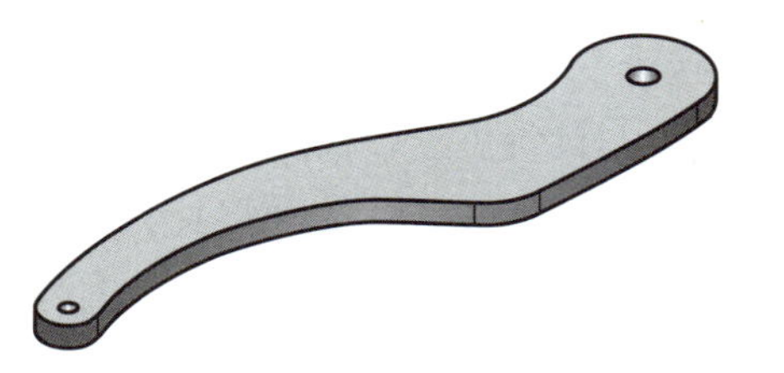

图 3-3-19　拉伸面域

命令:_solidedit

实体编辑自动检查:SOLIDCHECK=1

输入实体编辑选项[面(F)/边(E)/体(B)/放弃(U)/退出(X)]<退出>:_body

输入体编辑选项[压印(I)/分割实体(P)/抽壳(S)/清除(L)/检查(C)/放弃(U)/退出(X)]<退出>:_shell

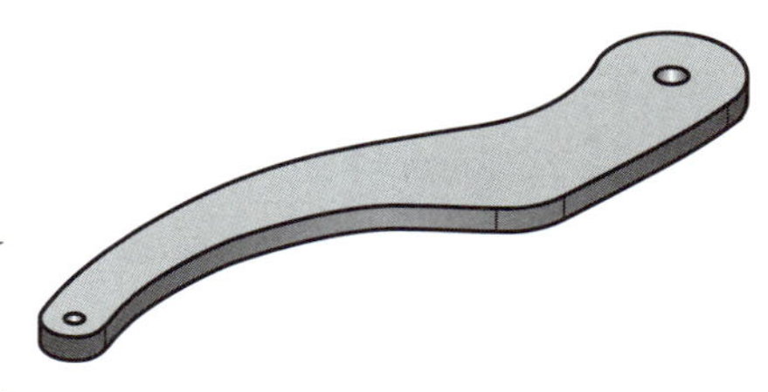

图 3-3-20　抽壳 1.5 mm

选择三维实体:(单击选择拉伸后的三维体)

删除面或[放弃(U)/添加(A)/全部(ALL)]:找到一个面,已删除 1 个。

(单击要开放的面,即顶面,右击确认结束)

输入抽壳偏移距离:1.5(输入壳厚 1.5 mm)

已开始实体校验。

输入体编辑选项[压印(I)/分割实体(P)/抽壳(S)/清除(L)/检查(C)/放弃(U)/退出(X)]<退出>:(按 Enter 键)

实体编辑自动检查:SOLIDCHECK=1

输入实体编辑选项[面(F)/边(E)/体(B)/放弃(U)/退出(X)]<退出>:(按 Enter 键)

试一试	连接板抽壳
	在"抽壳"中,"删除面"用于抽壳时指定要删除的面,"输入抽壳偏移距离"用于指定壳的厚度。本例在连接板的两头有通孔,若没有通孔则抽壳是怎样的?

4. 拉伸两个环面

(1) 向上拉伸右侧圆环面

单击"常用"选项卡中"建模"面板的拉伸面工具" "或" ",如图 3-3-21 所示,向上拉伸面 15 mm,命令提示如下:

命令:_solidedit

实体编辑自动检查:SOLIDCHECK=1

输入实体编辑选项[面(F)/边(E)/体(B)/放弃(U)/退出(X)]<退出>:_face

输入面编辑选项[拉伸(E)/移动(M)/旋转(R)/偏移(O)/倾斜(T)/删除(D)/复制(C)/颜色(L)/

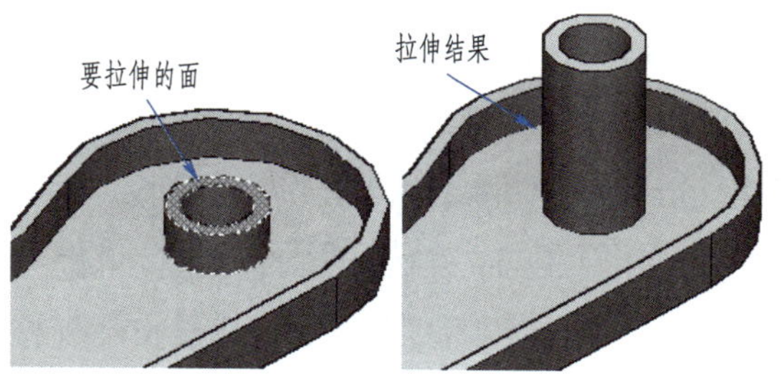

图 3-3-21　向上拉伸面 15 mm

材质(A)/ 放弃(U)/ 退出(X)]< 退出 >:_extrude

选择面或[放弃(U)/ 删除(R)]: 找到一个面(如图 3–3–21 所示,选择要拉伸的面)

选择面或[放弃(U)/ 删除(R)/ 全部(ALL)]:

指定拉伸高度或[路径(P)]:15(输入拉伸的高度 15 mm)

指定拉伸的倾斜角度 <0>:(按 Enter 键)

已开始实体校验。

已完成实体校验。

输入面编辑选项[拉伸(E)/ 移动(M)/ 旋转(R)/ 偏移(O)/ 倾斜(T)/ 删除(D)/ 复制(C)/ 颜色(L)/ 材质(A)/ 放弃(U)/ 退出(X)]< 退出 >:X(选择退出)

实体编辑自动检查: SOLIDCHECK=1

输入实体编辑选项[面(F)/ 边(E)/ 体(B)/ 放弃(U)/ 退出(X)]< 退出 >:X(选择退出)

(2) 向下拉伸左侧圆环面

单击“常用”选项卡中“建模”面板的拉伸面工具“”或“”,如图 3–3–22 所示,选择要拉伸的圆环面,输入拉伸的高度 –4.5 mm(6 mm–1.5 mm=4.5 mm),完成拉伸后使拉伸后的孔高刚好与内壁的厚度相等。

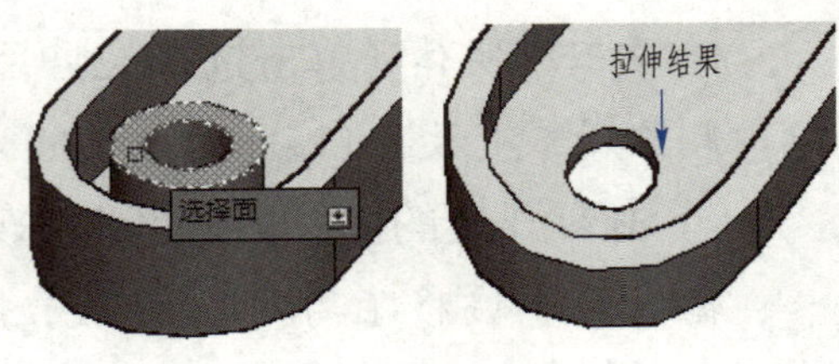

图 3–3–22 拉伸面 –4.5 mm

5. 拉伸、差集创建“棒形”孔

如图 3–3–23 所示,自由旋转视图方便看到“棒形”面域,单击“常用”选项卡中“建模”面板的拉伸工具“”或“”,如图 3–3–23(a)所示,选择要拉伸的“棒形”面,鼠标向上移动,输入拉伸的高度 10 mm,进行拉伸,如图 3–3–23(b)所示。

应用“实体编辑”面板中的差集工具“”或“”,先选择连接板主体并确认,再选择要减去的“棒形”体,差集结果如图 3–3–23(c)所示。

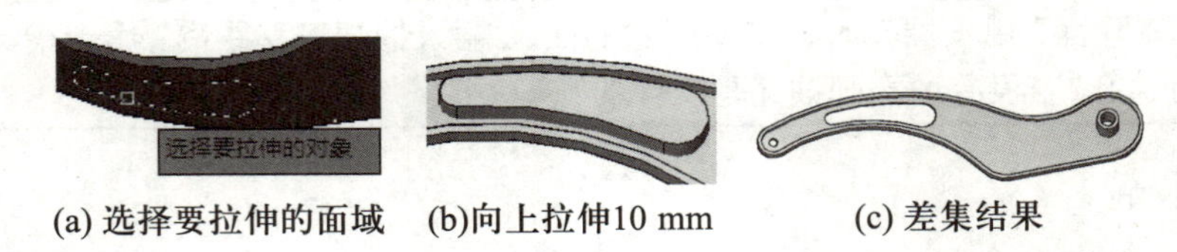

(a) 选择要拉伸的面域 (b)向上拉伸10 mm (c) 差集结果

图 3–3–23 拉伸、差集创建“棒形”孔

6. 创建“胶囊”孔

(1) 在主视图中绘制“胶囊”形状二维图形

激活主视图视口。如图 3–3–24(a)所示,以右侧中心辅助线为基准创建距离右中心点 42 mm 的垂直线用于辅助定位长 32 mm 的“胶囊”形状二维图形。

如图 3–3–24(a)所示,对象捕捉并移动坐标系原点到 O 点,应用正交模式、直线工具向上绘制 10 mm 的垂直线段 a,鼠标向右移动,绘制长 32 mm 的水平线段 L,鼠标向下移动,绘制长 10 mm 的垂直线段 b。

如图 3–3–24（a）所示，应用圆角工具对两个直角进行 $R5$ mm 的圆角。

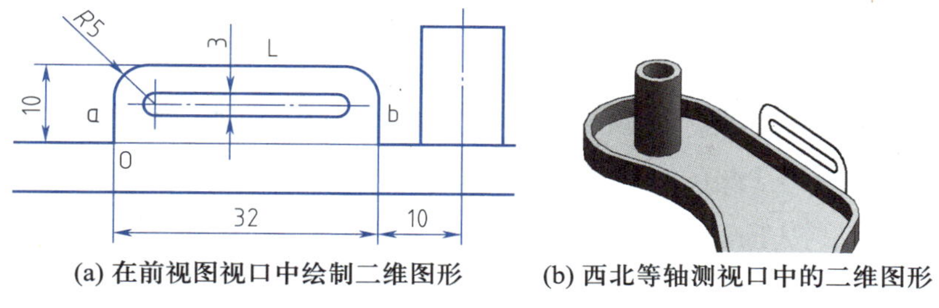

(a) 在前视图视口中绘制二维图形　(b) 西北等轴测视口中的二维图形

图 3–3–24　绘制“胶囊”形状二维图形

应用偏移工具对直线 L 分别以距离 3.5 mm（=5 mm–1.5 mm）、6.5 mm（=5 mm+1.5 mm）向下偏移创建两条线段（“胶囊”形状的上、下边线），分别以两侧的 $R5$ mm 圆弧圆心绘制两个 $\phi 3$ mm 圆。应用修剪工具修剪出“胶囊”形状，如图 3–3–24（a）所示。

在下方视口中旋转视图，观察创建的二维图形，如图 3–3–24（b）所示。

(2) 拉伸创建“胶囊”主体

激活下方视口，单击视口左上角视图名称，切换到“西北等轴测”。

应用对象捕捉“端点”和直线工具连接线段 a、b 的下端点使外框二维线封闭，应用“绘图”面板的面域工具“”选择外框线创建一个面域，如图 3–3–25（a）所示。

应用“常用”选项卡中“建模”面板的拉伸工具“”或“”向内拉伸面域 1.5 mm，如图 3–3–25（b）所示。

(3) 应用拉伸压印面创建“胶囊”孔

创建三维“胶囊”孔有多种方法：创建两个面域后差集出二维“胶囊”孔，再进行拉伸；在外框体中创建“胶囊”体，再应用差集从外框体中减去“胶囊”体；创建“胶囊”二维图形后进行压印，再拉伸压印后的“胶囊”面创建孔。下面以压印为例介绍压印拉伸孔的方法。

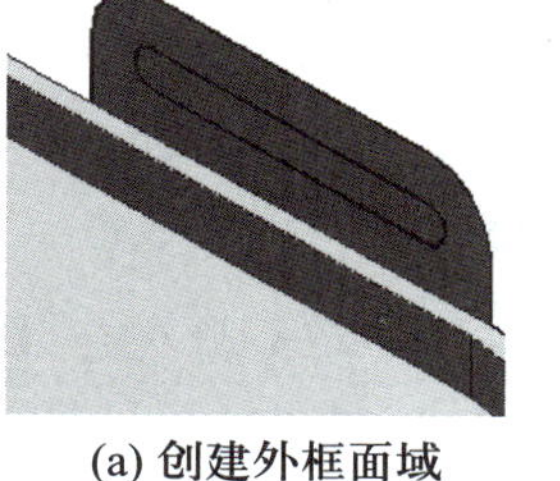

(a) 创建外框面域　(b) 拉伸

图 3–3–25　创建“胶囊”外框体

激活下方视口，单击视口左上角视图名称，切换到“西南等轴测”，可以很方便地看到已绘制的“胶囊”二维图形［图 3–3–26（a）］。

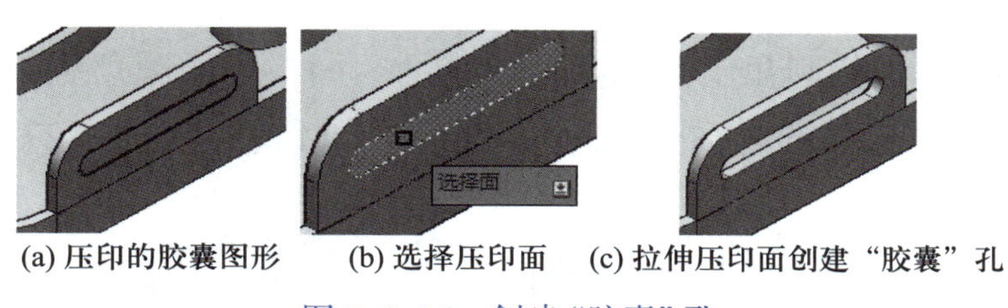

(a) 压印的胶囊图形　(b) 选择压印面　(c) 拉伸压印面创建“胶囊”孔

图 3–3–26　创建“胶囊”孔

应用“常用”选项卡中“实体编辑”面板的压印工具“”或“”，选择图 3–3–26（a）所示胶囊二维图形创建压印面，命令提示如下：

命令：_imprint

选择三维实体或曲面：(单击“胶囊”外框三维体)

选择要压印的对象：[依次选择图 3-3-26(a)所示封闭的“胶囊”图形]

是否删除源对象[是(Y)/否(N)]<N>：y(选择 y 将删除压印源图形)

选择要压印的对象：(按 Enter 键完成压印)

应用“常用”选项卡中“实体编辑”面板的拉伸面工具“”或“”将创建的压印面拉伸 -1.5 mm，命令提示如下：

命令：_solidedit

实体编辑自动检查：SOLIDCHECK=1

输入实体编辑选项[面(F)/边(E)/体(B)/放弃(U)/退出(X)]< 退出 >：_face

输入面编辑选项[拉伸(E)/移动(M)/旋转(R)/偏移(O)/倾斜(T)/删除(D)/复制(C)/颜色(L)/材质(A)/放弃(U)/退出(X)]< 退出 >：_extrude

选择面或[放弃(U)/删除(R)]：找到一个面。[选择图 3-3-26(b)所示压印面]

选择面或[放弃(U)/删除(R)/全部(ALL)]：

指定拉伸高度或[路径(P)]：-1.5(根据坐标轴方向及需要创建孔的方向输入高度)

指定拉伸的倾斜角度 <0>：

已完成实体校验。

输入面编辑选项[拉伸(E)/移动(M)/旋转(R)/偏移(O)/倾斜(T)/删除(D)/复制(C)/颜色(L)/材质(A)/放弃(U)/退出(X)]< 退出 >：x

实体编辑自动检查：SOLIDCHECK=1

输入实体编辑选项[面(F)/边(E)/体(B)/放弃(U)/退出(X)]< 退出 >：X

拉伸压印面创建“胶囊”孔，如图 3-3-26(c)所示。

应用“实体编辑”面板的合并工具“”或“”将创建的实体与连接板主体合并为一个整体。

试一试	创建“胶囊”孔
	案例中应用压印创建“胶囊”孔，也可以绘制“胶囊”孔二维图形后创建面域再拉伸并差集完成。

7. 圆角

应用“实体编辑”面板的圆角工具“”或“修改”面板中的圆角工具“”，如图 3-3-27(a)所示，对连接板与底部连接的内、外棱进行 *R*3 mm 的圆角，如图 3-3-27 所示。

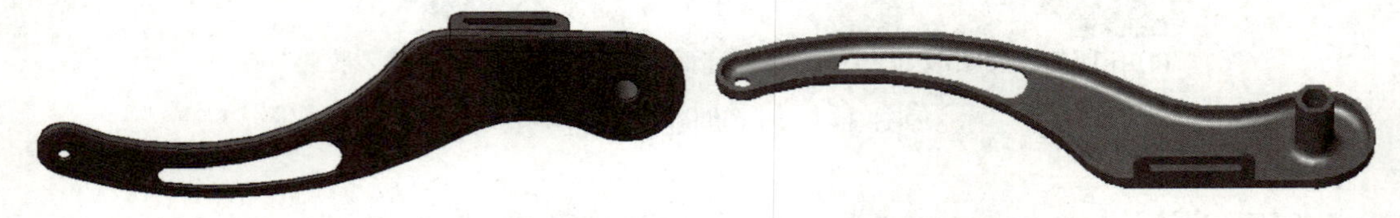

图 3-3-27　对连接板的内棱、外棱进行 *R*3 mm 的圆角

三、创建连接板剖切与截面

1. 连接板的剖切

(1) 连接板右侧 ϕ7 mm 通孔剖切,以方便观察结构

复制一个连接板,将下方视口视图切换到“西南等轴测”,应用“实体编辑”面板的剖切工具“ ”或“ ”(或“修改”菜单→“实体编辑”→“剖切”)从 ϕ7 mm 通孔中心轴线剖切,命令提示如下:

命令:_slice

选择要剖切的对象:找到 1 个(单击选择连接板)

选择要剖切的对象:(右击确认)

指定切面的起点或[平面对象(O)/曲面(S)/Z 轴(Z)/视图(V)/XY(XY)/YZ(YZ)/ZX(ZX)/三点(3)]<三点>:[如图 3-3-28(a)所示,捕捉并单击圆心点 A]

指定平面上的第二个点:[如图 3-3-28(a)所示,捕捉并单击象限点 B]

指定平面上的第三个点:[如图 3-3-28(a)所示,捕捉并单击象限点 C]

在所需的侧面上指定点或[保留两个侧面(B)]<保留两个侧面>:(单击要保存的侧面,即右侧通孔体)

剖切结果如图 3-3-28(b)所示。

(2) 创建培切截面

① 截面

单击“常用”选项卡中“实体编辑”面板的复制面工具“ ”,如图 3-3-29(a)所示,选择并复制孔心两侧的剖切面,命令提示如下:

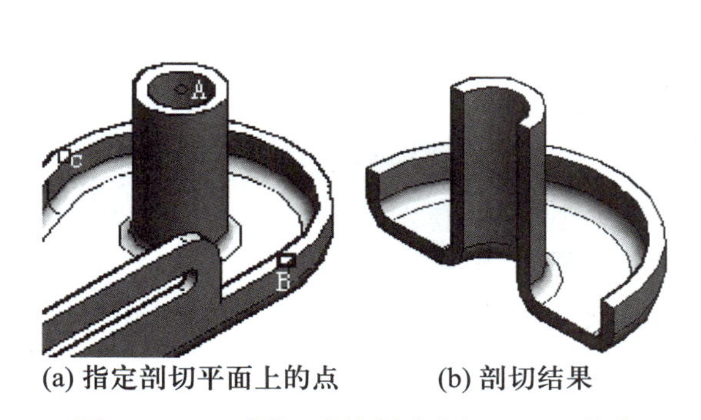

(a) 指定剖切平面上的点　(b) 剖切结果

图 3-3-28　剖切连接板右侧 ϕ7 mm 通孔

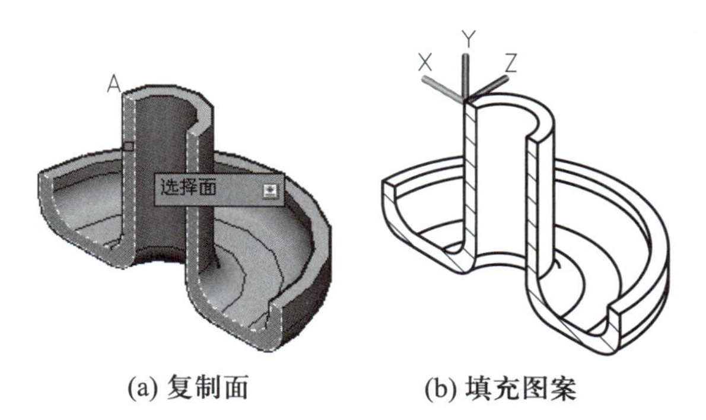

(a) 复制面　(b) 填充图案

图 3-3-29　创建剖切截面

命令:_solidedit

实体编辑自动检查:SOLIDCHECK=1

输入实体编辑选项[面(F)/边(E)/体(B)/放弃(U)/退出(X)]<退出>:_face

输入面编辑选项[拉伸(E)/移动(M)/旋转(R)/偏移(O)/倾斜(T)/删除(D)/复制(C)/颜色(L)/材质(A)/放弃(U)/退出(X)]<退出>:_copy

选择面或[放弃(U)/删除(R)]:找到一个面。

[拾取并单击图 3-3-29(a)所示孔心左侧部分截面]

选择面或[放弃(U)/删除(R)/全部(ALL)]:找到一个面。

[拾取并单击图 3-3-29(a)所示孔心右侧部分截面]

选择面或[放弃(U)/删除(R)/全部(ALL)]:(右击确认)

指定基点或位移:[如图 3-3-29(a)所示,拾取 A 点]

指定位移的第二点:[如图 3-3-29(a)所示,拾取 A 点,若复制的面要放到其他位置,可指定另一点为目标位置点]

输入面编辑选项[拉伸(E)/移动(M)/旋转(R)/偏移(O)/倾斜(T)/删除(D)/复制(C)/颜色(L)/材质(A)/放弃(U)/退出(X)]<退出>:* 取消 *(按 Esc 键结束)

② 变换坐标系

由于填充图案时填充面必须在坐标系 XY 平面,故需要调整坐标系。

应用“坐标”面板中(或应用“工具”菜单→“新建 UCS”)原点工具“”移动坐标原点到图 3-3-29(b)左上角所示位置,若 XY 平面不在剖切面,则需旋转坐标轴调整坐标系轴到图示状态,使坐标系的 X 轴、Y 轴在截平面上。

③ 充图案

单击“绘图”面板的填充图案工具“”,拾取复制的两个面,填充“ANSI31”图案,比例为 0.5,颜色为黑色。切换视图样式为“隐藏”视图,填充图案如图 3-3-29(b)。

2. 创建折弯截面

(1) 创建截面平面

复制一个连接板,切换视图为“西南等轴测”,变换坐标系使 Z 轴垂直向上,应用“截面”面板的截面平面工具“”从 $\phi 7$ mm 孔中心创建垂直折弯剖切,命令提示如下:

命令:_sectionplane

选择面或任意点以定位截面线或[绘制截面(D)/正交(O)]:d(选择绘制截面参数)

指定起点:[如图 3-3-30(a)所示,对象捕捉并单击象限点 A]

指定下一点:[如图 3-3-30(a)所示,对象捕捉并单击圆心点 B]

指定下一个点或按 Enter 键完成:(对象捕捉并单击象限点 C)

指定下一个点或按 Enter 键完成:(对象捕捉并单击象限点 D)

指定下一个点或按 Enter 键完成:(按 Enter 键确认)

按截面视图的方向指定点:(指定右侧三维体上一点,即 AC 弧上的一点)

(2) 活动截面、隐藏截面平面

选择截面平面,若截取方向箭头指向左,则将截去左侧,选中截面并单击→箭头可改变箭头方向。系统当前为右向,单击“截面”面板的活动截面工具“”,这时系统沿截面平面截取连接板并保留左侧部分,如图 3-3-30(b)所示为切换到“东北等轴测”看到的效果图。右击平面,在弹出的快捷菜单中单击“隔离”→“隐藏对象”,这时系统隐藏截面平面,如

图 3-3-30（c）所示。

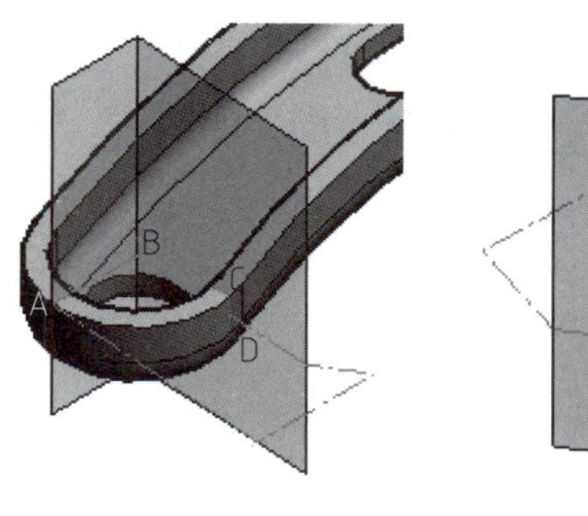

(a) 绘制截面

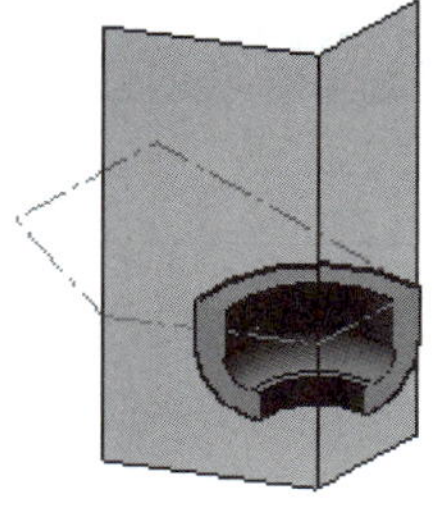

(b) 活动截面

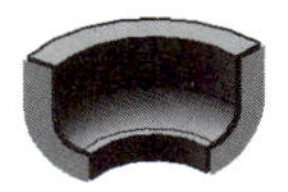

(c) 隐藏截面平面后的截体

图 3-3-30　创建截面

(3) 创建截面

单击“截面”面板的生成截面工具“”，可生成截面图形。

> **理一理**
>
> **剖切、截面平面、截面**
>
> 剖切时先确定剖切平面（三点确定平面，该平面根据需要的截面而确定），剖切后的面可通过复制截面工具复制截面，复制时选择的第二点决定复制对象的放置位置。
>
> 创建截面平面可以创建折弯的截体、截面。

四、三维尺寸标注

三维标注在坐标系的 XY 平面内完成，当需要标注的尺寸不在 XY 平面时可移动、旋转坐标系。在三维标注中，标注方法与二维标注相同，但在三维标注易出现“跑离”目标位置的情况，这时可以应用三维旋转和三维移动工具辅助定位并调整到目标位置。

切换到前视图视口，应用对齐标注、半径标注完成前视图中的尺寸标注，如图 3-3-31（a）所示。切换到下方“西南等轴测”，应用移动工具、对象捕捉将“跑离”的标注调整到图示位置。

切换到俯视图视口，应用标注、对象捕捉、移动等工具完成图 3-3-31（b）标注，标注结束后为了使标注的尺寸位置更加清楚明了，可辅助绘制边界线、中心线，创建截平面剖切等。

五、页面设置与打印

1. 调整视口视图

切换视口，应用实时缩放、移动工具对视口中的视图进行调整，如图 3-3-32 所示。

2. 页面设置

右击“连接板”布局标签，在弹出的快捷菜单中单击“页面设置管理器”，在打开的对话框中选择“连接板”，单击“修改”，打开“页面设置”对话框（图 3-3-33），设置打印机名称、图纸尺寸“A4 小号”，打印范围为“布局”，打印偏移 X、Y 均为 2 mm，比例为 1∶1，图形方向为“横向”。单击“预览”可预览打印效果，单击“打印”可打印到图纸。

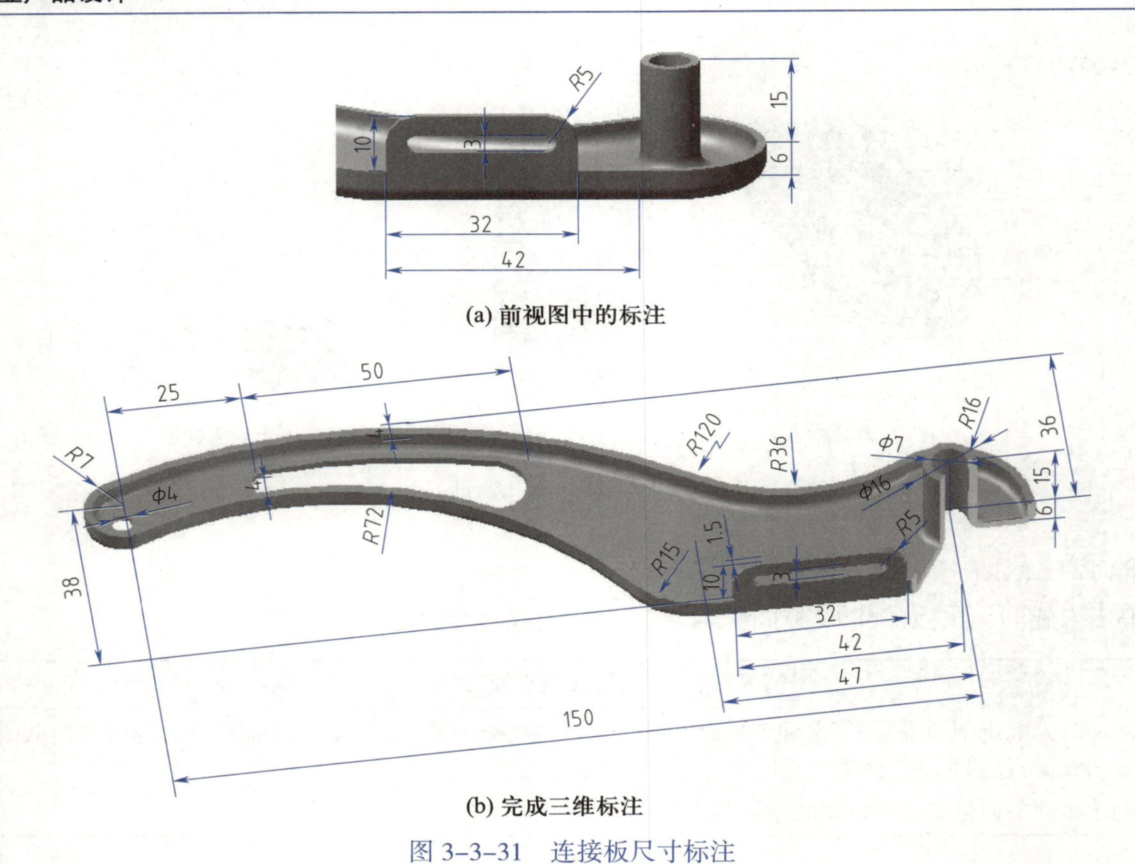

(a) 前视图中的标注

(b) 完成三维标注

图 3-3-31 连接板尺寸标注

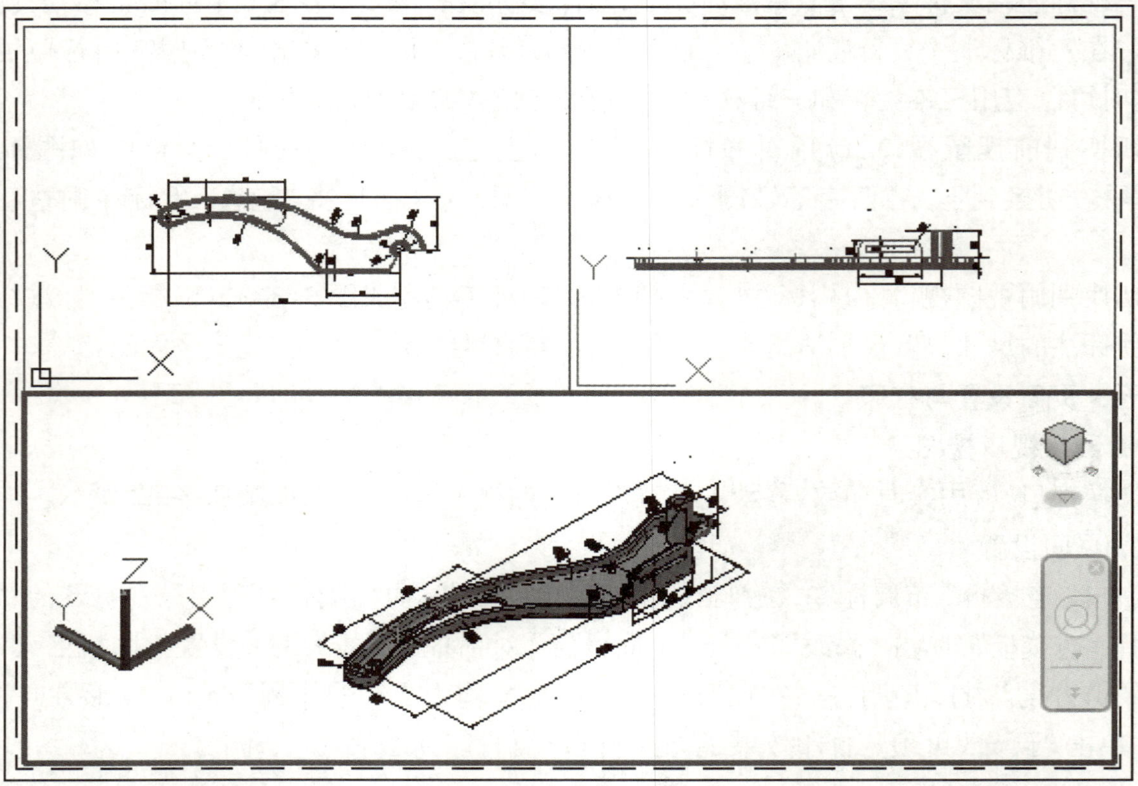

图 3-3-32 “连接板”布局

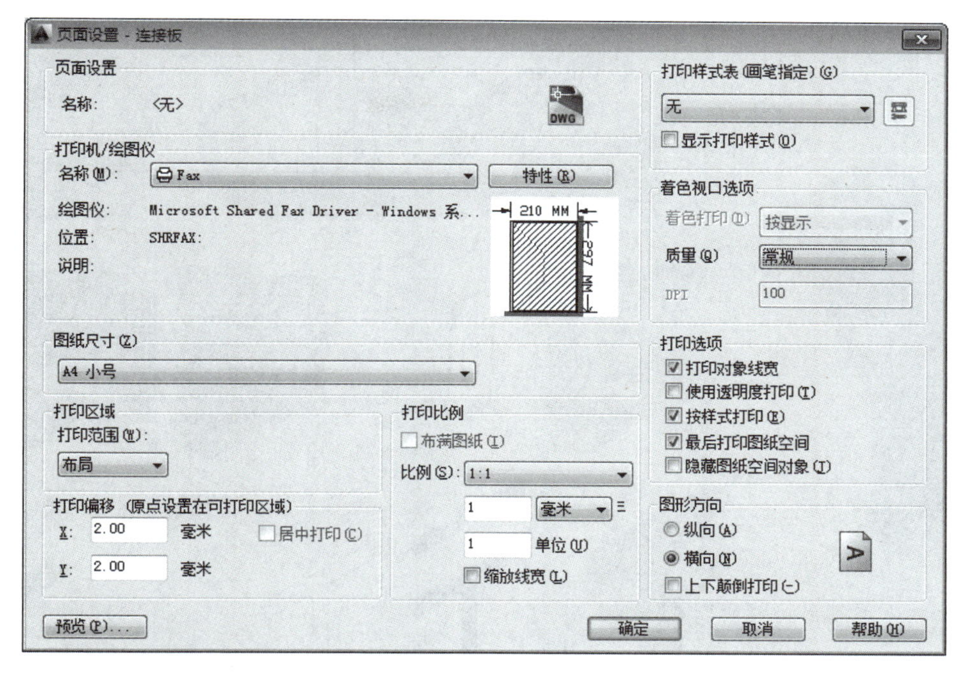

图 3-3-33　页面设置

〖任务体验〗

1. 任务梳理

请将本次任务学习的内容按下表提示进行梳理。

AutoCAD 技术		页面设置与打印			经验笔记
剖切、转变截面	视口	打印设置	预览	打印	

2. 操作训练

打开素材文件夹“机件 1.dwg”机械模型，如图 3-3-34 所示，应用面编辑、剖切、分解、移动、设置特性等完成下列各项操作。

3. 案例体验

打开“案例体验 .dwg”，设置“布局 1”纸张大小为 A4 横向，并创建 4 个视口，如图 3-3-35 所示，设置右下方视口为西南等轴测、概念，在该视口中以半球中心为旋转点逆时针旋转 45°；设置左上方视口为前视、二维线框，应用剖切工具进行 *A*–*A* 剖切，复制截面并填充倾向图案；设置左下方视口为俯视、二维线框；设置右上方视口为二维线框，并旋转为 *B* 向视图；根据图示应用文字工具创建文字并进行标注。

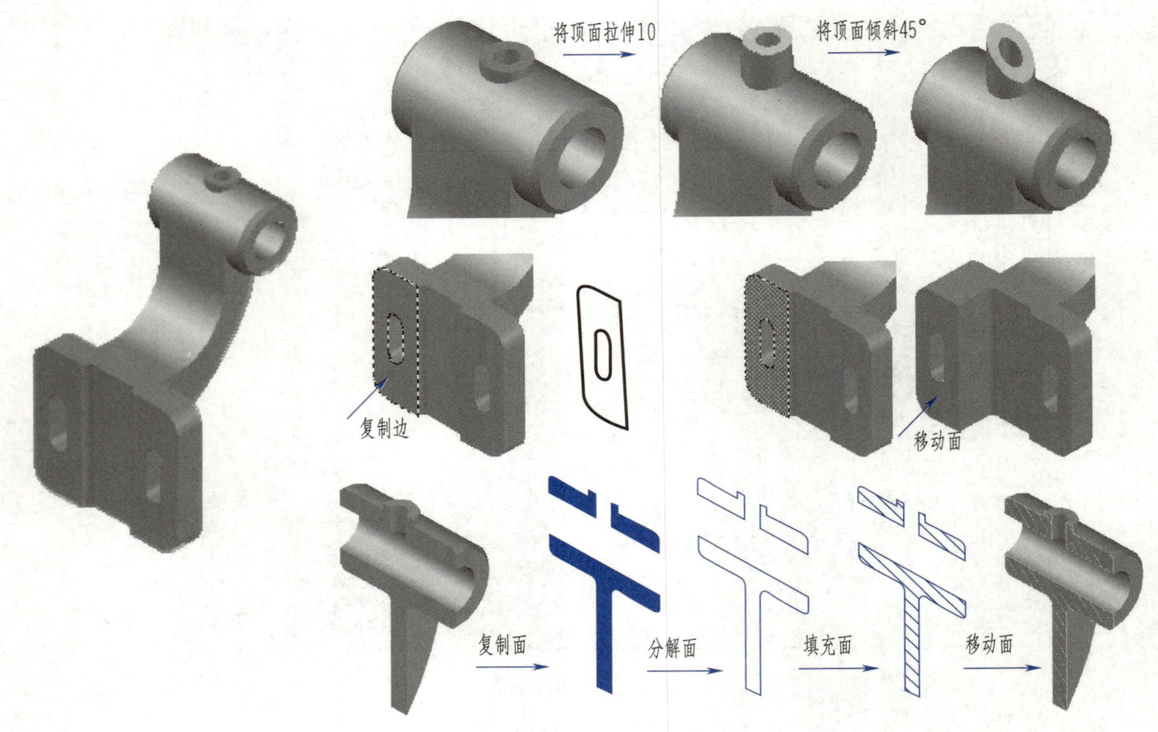

图 3-3-34　操作训练图

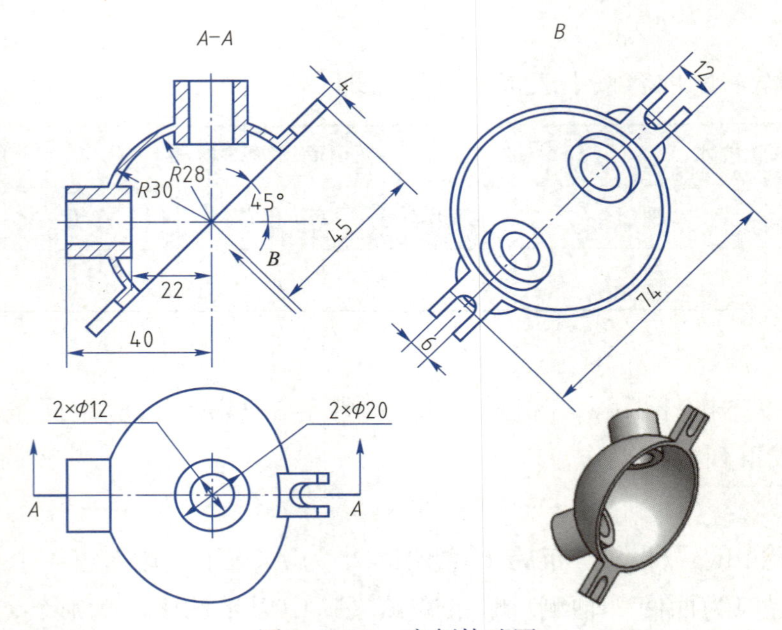

图 3-3-35　案例体验图

【项目体验】

项目情景：

根据项目设计需要，需创建图 3-3-36 所示机械模型和 A4 纵向图纸。

项目要求：

如图 3–3–36 所示，创建 3 个视口，上、中、下视口分别为前视二维线框、俯视二维线框、西南等轴测概念，请根据模型尺寸创建三维模型，根据模型创建前视图、俯视图并进行标注，并将图纸输出为 PDF 格式文件。

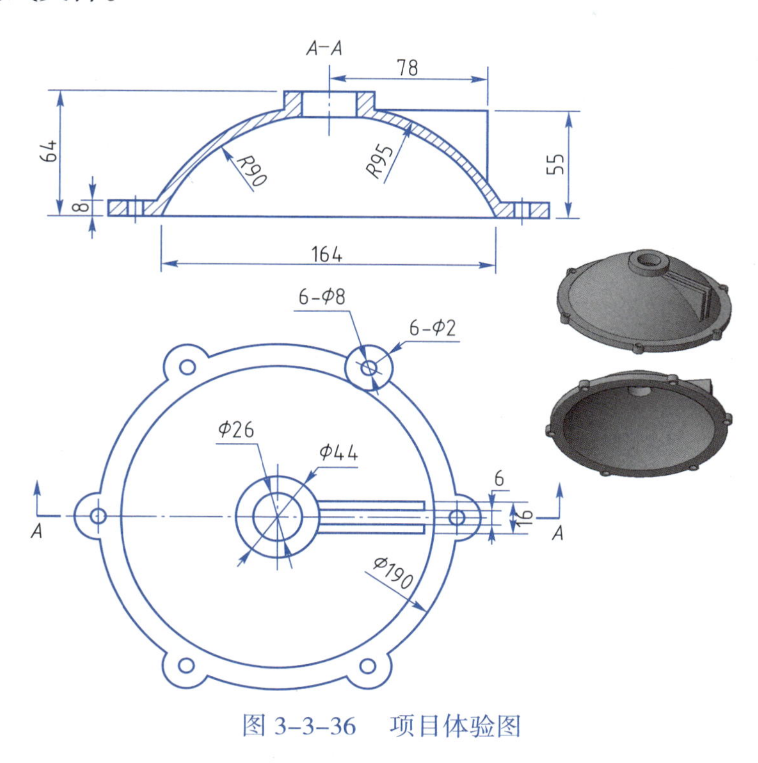

图 3–3–36　项目体验图

【项目评价】

评价项目	能力表现			
基本技能	获取方式：□自主探究学习　□同伴互助学习　□师生互助学习 掌握程度：□了解____%　□理解____%　□掌握____%			
创新理念	□大胆创新	□有点创新思想	□能完成____%	□保守陈旧
岗位体验	□了解行业知识	□具备岗位技能	□能完成____%	□还不知道
技能认证目标	□高级技能水平	□中级技能水平	□初级技能水平	□继续努力
项目任务自评	□优秀　□良好　□合格　□一般　□再努力一点就更好了			
我获得的岗位知识和技能				
分享我的学习方法和理念				
我还有疑难问题				

项目 3.4 <<<

表面造型设计

——曲面、网格创建与编辑；材质灯光场景渲染；图形输出

【项目情景】

设计三维曲面造型工业产品，并附着材质、设置场景与灯光，参考图 3-4-1 所示完成台灯、太阳伞等三维曲面造型设计。

项目 3.4 包括两个任务：

任务 3.4.1 台灯曲面造型设计——曲面网格创建工具、材质灯光与渲染的应用；

任务 3.4.2 太阳伞曲面造型设计——曲面网格工具、图形输出的综合应用。

图 3-4-1 三维曲面造型设计

【项目目标】

掌握曲面、网格创建工具的基本操作与应用；掌握附着材质、编辑材质的操作方法；会设置灯光、场景；掌握渲染输出图像、图形的方法。

【岗位对接】

在三维曲面造型工业产品设计中,不仅要了解有关曲面造型的知识和技能,还要了解光照效果、色彩搭配、材质、场景等知识。曲面网格造型工具只是一种建模绘图工具,要应用这些工具设计曲面造型作品,是创新思维、三维造型、产品艺术的综合应用。

【技能建构】

一、走进行业

学习单	标题	学习活动	学习建议
	曲面造型	在网上收集或在生活中收集曲面造型实物,并在课堂上展示给同学们	在收集活动中了解曲面造型
	曲面造型设计	到工业产品设计门店实地了解设计流程	在实践活动中了解知识、技能及设计应用

1. 曲面造型

曲面造型是计算机辅助设计与图形学相结合在计算机图像系统环境下对曲面的表示、设计和显示。在工业产品设计中对于产品外观设计的建模方法就是曲面造型。

2. 曲面造型设计

(1) 曲面造型设计软件

常见的曲面造型设计软件有:AutoCAD、ProE、UG、CATIA 和 Solidworks 等。

(2) 曲面造型设计注意事项

曲面造型设计软件的曲面造型功能十分强大,但面对各种造型设计软件,初学者普遍感到无从下手,其主要原因是仅拘泥于软件基本操作,而缺乏造型设计的思维,使得初学者在软件功能与产品设计应用上存在的一些盲区。作为一名造型设计员应注意以下几点:

多学习与曲面构造有关的知识,这对正确理解软件造型功能和帮助设计者理清设计思路十分重要。

掌握曲面设计软件的基本操作是必要的,学习时要求同存异,但不可求全,理解是关键。

曲面造型设计的核心是对造型的设计思考和确定方案,软件只是设计的辅助手段。要设计出一个好的曲面造型的确不容易,其关键是曲面造型设计的思路创新。这需要多看、多品、多学、多练。

(3) 曲面造型设计的一般步骤

前期调研:设计前要明确曲面造型产品的功能、用途、适用人群等,要了解与此具有相似设计的产品与设计。

设计构思:确定造型设计的外观造型、曲面结构、风格特征。

设计草图:勾画出曲面造型设计的草图,论证其可行性、适用性、艺术性。

确定方案：确定曲面造型的设计方案，编写设计说明、设计方案等。

设计准备：收集设计需要的素材、准备设计需要软件等。

产品制作：将设计的曲面造型分解成若干单个曲面或面组，确定每个曲面的生成方法，确定各曲面间的连接关系，确定曲面造型创建的次序，依次创建曲面，合并曲面，曲面之间的圆角、倒角与裁剪，造型设计反馈、修改、定稿，文件保存。

产品发布：将曲面造型设计产品的效果图、说明书打包发布。

二、技能建构

学习单	标题	学习活动	学习建议
	曲面网格	在网上收集或在生活中收集曲面造型实物，并在课堂上展示给同学们	在收集活动中了解曲面造型
	曲面造型设计	到工业产品设计门店实地了解设计流程	在实践活动中了解知识、技能及设计应用

1. 曲面网格

通过定义边界来创建曲面，曲面由两个方向的线“密织”成无数个网格，如图 3-4-2 所示，每个网格是形象化的“小平面”，当网格“小平面”理想到一个坐标点时，这时的曲面“非常”平滑。

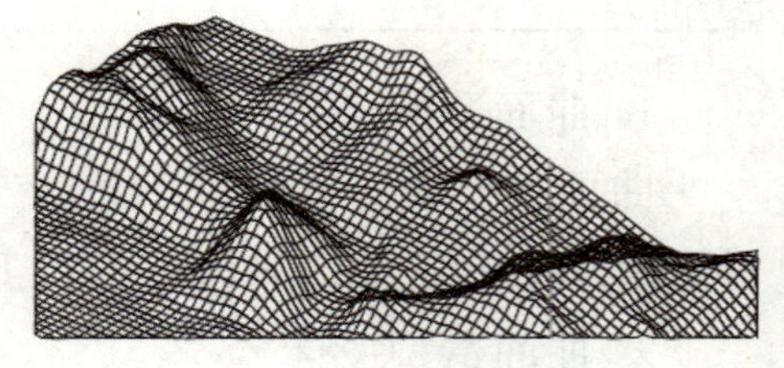

图 3-4-2　曲面网格

(1) 基本网格图元

网格长方体：图 3-4-3 所示为创建的三维网格长方体，调用命令：“三维建模”空间→“网格”选项卡→“图元”面板→网格长方体工具“”，或“绘图”菜单→“建模”→“网格”→“图元”。

网格圆锥体：图 3-4-4 所示为创建的三维网格圆锥体，调用命令：“三维建模”空间→“网格”选项卡→“图元”面板→网格圆锥体工具“”，或“绘图”菜单→“建模”→“网格”→“图元”。

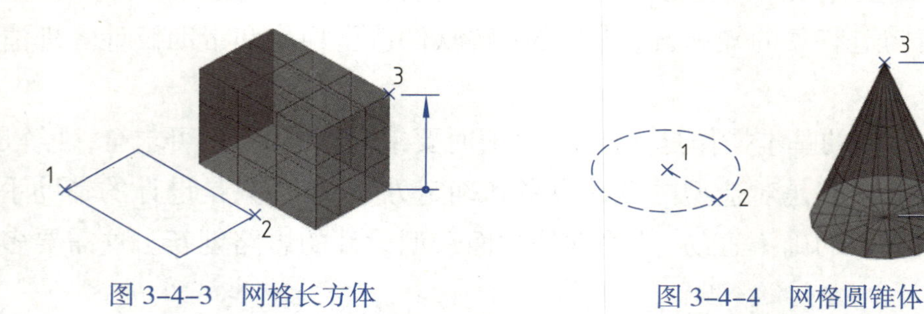

图 3-4-3　网格长方体　　图 3-4-4　网格圆锥体

网格圆柱体：图 3-4-5 所示为创建的三维网格圆柱体，调用命令：“三维建模”空间→“网格”选项卡→“图元”面板→网格圆柱体“”。

网格棱锥体：如图 3-4-6 所示，创建三维网格棱锥体。调用命令：“三维建模”空间→“网格”选项卡→“图元”面板→网格棱锥体工具“”。

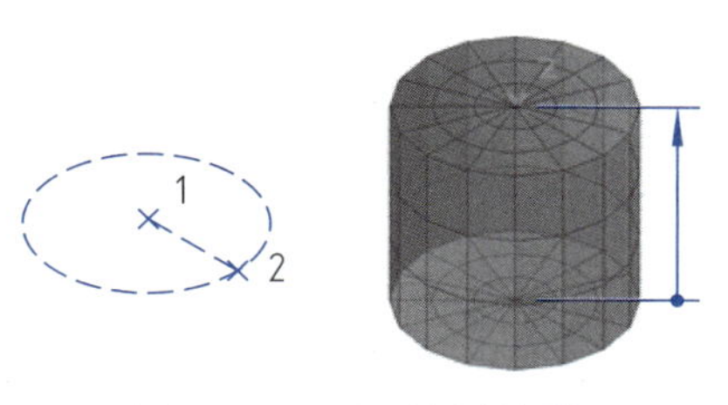

图 3-4-5　网格圆柱体

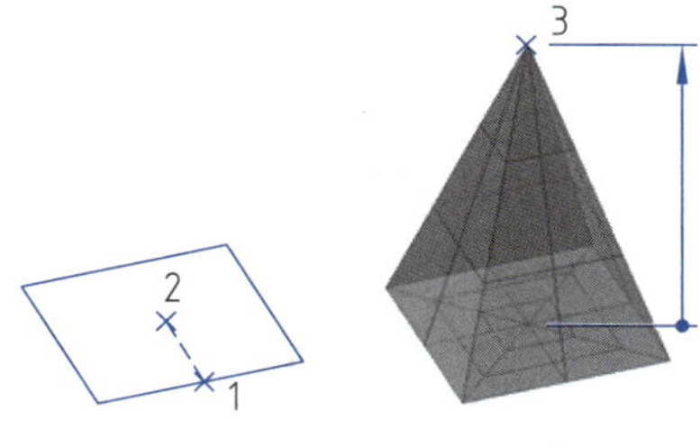

图 3-4-6　网格棱锥体

网格球体：如图 3-4-7 所示，创建三维网格球体。调用命令："三维建模" 空间→ "网格" 选项卡→ "图元" 面板→网格球体工具 ""。

网格楔体：如图 3-4-8 所示，创建三维网格楔体。调用命令："三维建模" 空间→ "网格" 选项卡→ "图元" 面板→网格楔体工具 ""，或 "绘图" 菜单→ "建模" → "网格" → "图元"。

网格圆环体：如图 3-4-9 所示，创建三维网格圆环体。调用命令："三维建模" 空间→ "网格" 选项卡→ "图元" 面板→网格圆环体工具 ""。

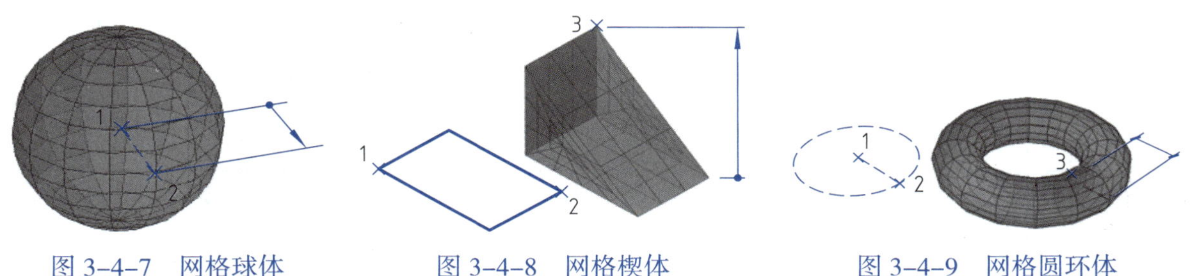

图 3-4-7　网格球体　　图 3-4-8　网格楔体　　图 3-4-9　网格圆环体

试一试	应用上述方法练习绘制网格图元
	按尺寸绘制网格图元：网格长方体（100 mm × 80 mm × 70 mm）、网格圆锥体（*R*40 mm × 110 mm）、网格圆柱体（*R*50 mm × 80 mm）、网格棱锥体（6 棱 × 内接 *R*45 mm × 90 mm）、网格球体（S*R*60 mm）、网格楔体（90 mm × 70 mm × 80 mm）、网格圆环体（*R*90 mm × 管 *R*25 mm）。

(2) 旋转、边界、直纹、平移网格

应用旋转、边界、直纹、平移创建曲面网格，见表 3-4-1。

表 3-4-1　应用旋转、边界、直纹、平移创建曲面网格

项目	平移网格	直纹网格	旋转网格	边界网格
定义	方向矢量经过路径轮廓曲线形成拉伸网格	两条轮廓曲线之间构成的曲面	将轮廓线绕轴旋转一定角度形成曲面	由 4 条首尾相连的闭合边形成的曲面
特点	每一个单元平面与方向矢量平行	选择起点不同，形成的曲面也不同	用作轮廓的曲线可以闭合也可以打开	4 条线必须闭合
方向	可以是直线、二维多段线、三维多段线等	以 SURFTAB1 的值等分两条曲线，靠近选择点的端点为曲面起点	轴可以是直线、二维或三维多段线等。	选择的第一条边为网格的 M 向，与第一条边相连的两条边为网格的 N 向

续表

项目	平移网格	直纹网格	旋转网格	边界网格
路径轮廓	可以是直线段、圆弧、圆、样条曲线、二维多段线、三维多段线。参照案例画三维轮廓线			
创建示例	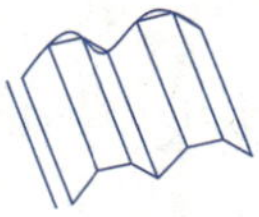	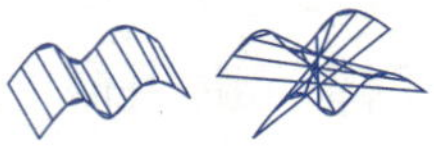	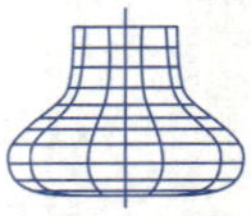	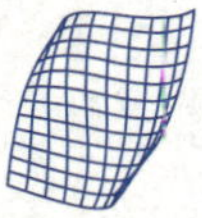
操作提示	先选择轮廓曲线再选定平移矢量	左图为依次选择轮廓曲线的上端点的效果图；右图为依次选择一条曲线上端点、另一曲线下端点的效果图	先选择轮廓曲线再指定轴线	端点未闭合则不能生成边界曲面
工具		 或 	 或 	 或 
菜单	命令调用："三维建模" 空间→ "网格" 选项卡→ "图元" 面板或 "绘图" 菜单→ "建模" → "网格"			

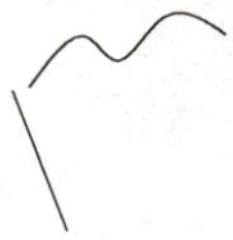

试一试	创建曲面网格
	应用旋转、边界、直纹、平移网格工具创建表 3-4-1 中示例曲面。创建时先绘制三维路径轮廓（注意应用平移、直纹、边界曲面网格工具时需要绘制的三维路径和轮廓曲线不在同一平面上）。

(3) 编辑网格

分割面：将一个网格面分割为两个网格面。命令调用："三维建模" 空间→ "网格" 选项卡→ "网格编辑" 面板→分割面工具 "" 或 ""。

拉伸面：将网格面延伸到三维空间。命令调用："三维建模" 空间→ "网格" 选项卡→ "网格编辑" 面板→拉伸面工具 "" 或 ""。

合并面：将相邻面合并为单个面。命令调用："三维建模" 空间→ "网格" 选项卡→ "网格编辑" 面板→合并面工具 ""。

闭合孔：创建用于连接开放边的网格面。命令调用："三维建模" 空间→ "网格" 选项卡→ "网格编辑" 面板→闭合孔工具 ""。

(4) 转换网格

转换为实体：转换网格时，可以指定转换的对象是平滑的还是镶嵌面的，以及是否合并面。生成的三维实体的平滑度和面数由 SMOOTHMESHCONVERT 系统变量控制。向镶嵌面的三维实体的转换，该三维实体中的面将不进行合并或优化。命令调用："三维建模" 空间→ "网格" 选项卡→ "转换网格" 面板→转换为实体工具 ""。

转换为曲面：将对象转换为曲面时，可以指定结果对象是平滑的还是具有镶嵌面的。命令调用:“三维建模”空间→“网格”选项卡→“转换网格”面板→转换为曲面工具“ ”。

(5) 网格面与平滑度

网格对象由面和镶嵌面组成(图 3-4-10),每个面上的镶嵌面越多网格越平滑。

降低平滑度:降低平滑度处理会减少网格中镶嵌面的数目,从而使对象不再圆滑。命令调用:“三维建模”空间→“网格”选项卡→“平滑”面板→降低平滑度工具“ ”。

提高平滑度:提高平滑度处理会增加网格中镶嵌面的数目,从而使对象更加圆滑,如图 3-4-11 所示。命令调用:“三维建模”空间→“网格”选项卡→“平滑”面板→提高平滑度工具“ ”。

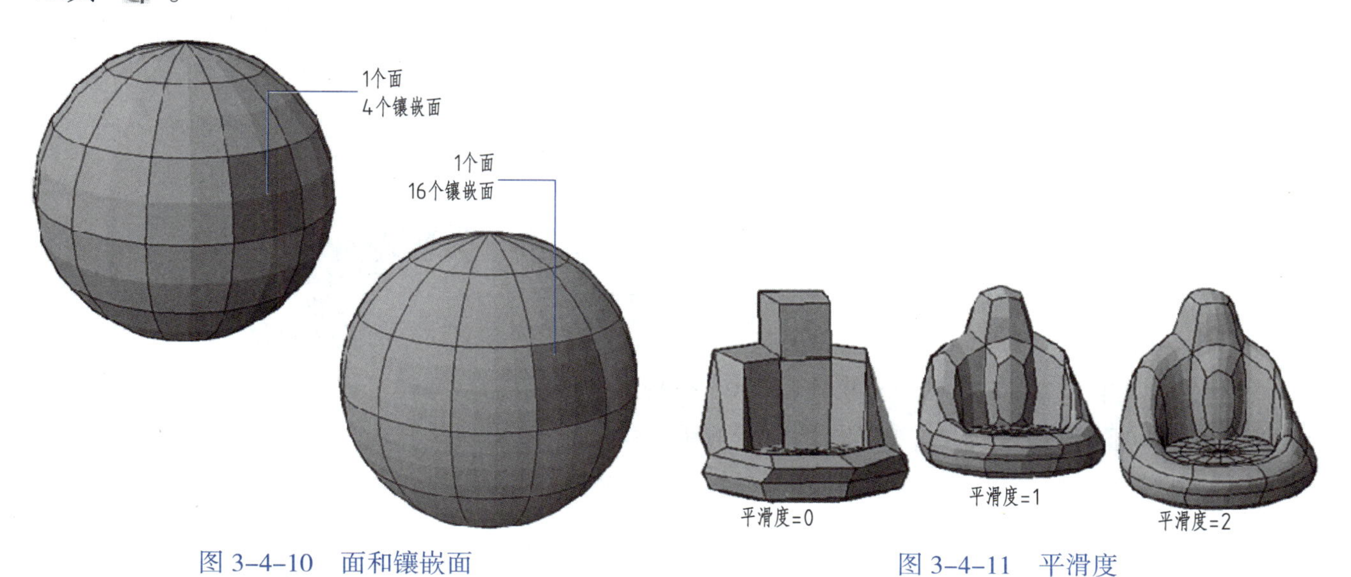

图 3-4-10　面和镶嵌面　　图 3-4-11　平滑度

试一试	练习网格转换及面编辑与平滑度调整等操作
	打开“项目 3.4\ 网格 .dwg”,练习分割面、拉伸面、合并面、降低平滑度、提高平滑度、转换为实体等操作。

2. 曲面

(1) 创建曲面

网络曲面:如图 3-4-12 所示,在曲线网络之间或在三维曲面或实体的边之间创建网络曲面。命令调用:“三维建模”空间→“曲面”选项卡→“创建”面板→网络曲面工具“ ”或“ ”。

平面曲面:如图 3-4-13 所示,选择封闭的对象创建平面曲面。命令调用:“三维建模”空间→“曲面”选项卡→“创建”面板→平面曲面工具“ ”。

曲面过渡:在两个曲面之间创建过渡曲面。命令调用:“三维建模”空间→“曲面”选项卡→“创建”面板→过渡工具“ ”。

曲面修补:创建新的曲面或封口以闭合现有曲面的开放边。命令调用:“三维建模”空间→“曲面”选项卡→“创建”面板→修补工具“ ”或“ ”。

偏移曲面：创建与原曲面相距指定距离的平行曲面。命令调用："三维建模"空间→"曲面"选项卡→"创建"面板→偏移工具"""" 。

放样：如图 3-4-14 所示，在数个横截面之间的空间中创建曲面。命令调用："三维建模"空间→"曲面"选项卡→"创建"面板→放样工具""。

图 3-4-12　网络曲面

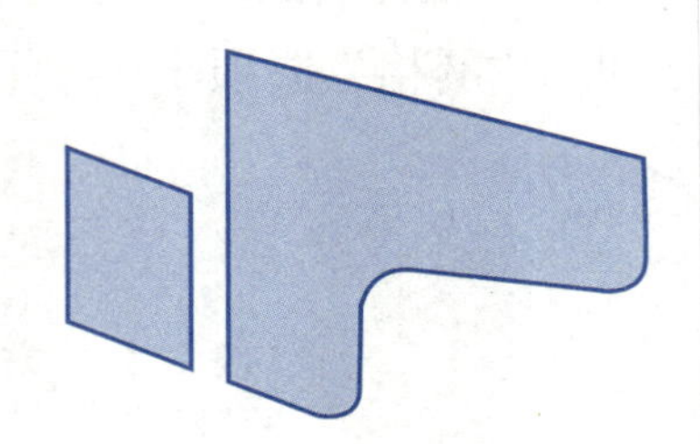
图 3-4-13　平面曲面

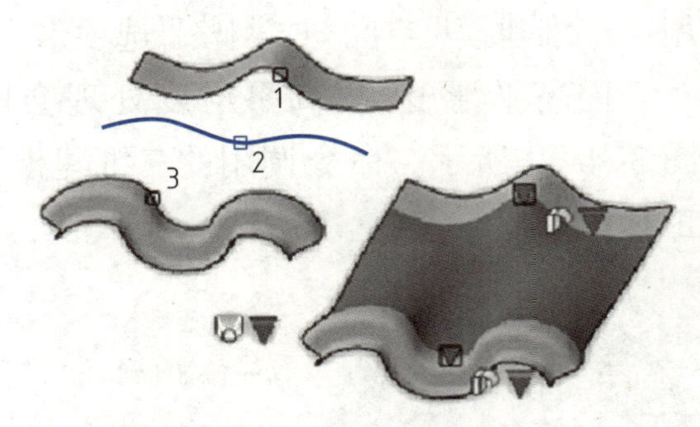

图 3-4-14　放样

扫掠：如图 3-4-15 所示，通过沿路径扫掠二维或三维曲线创建曲面。命令调用："三维建模"空间→"曲面"选项卡→"创建"面板→扫掠工具""。

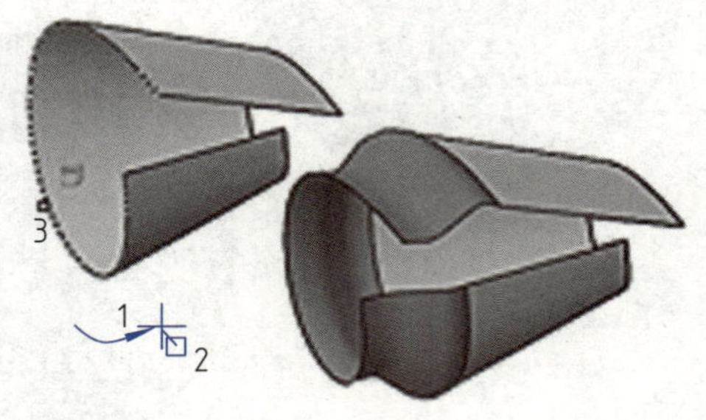

图 3-4-15　扫掠

旋转：如图 3-4-16 所示，通过绕轴旋转扫掠二维或三维曲线创建曲面。命令调用："三维建模"空间→"曲面"选项卡→"创建"面板→旋转工具""。

拉伸：如图 3-4-17 所示，通过拉伸二维或三维曲线创建曲面。命令调用："三维建模"空间→"曲面"选项卡→"创建"面板→拉伸工具""。

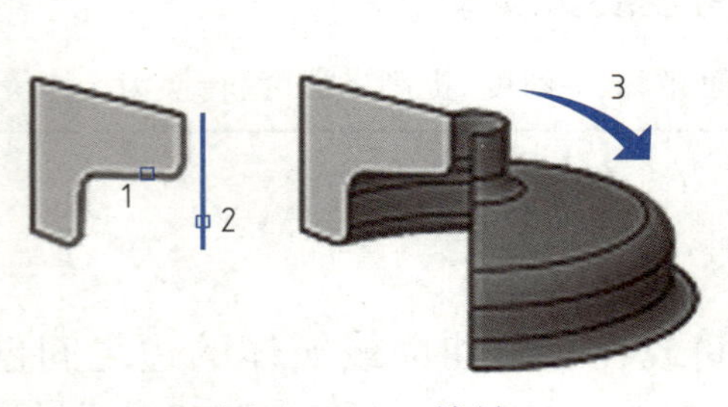

图 3-4-16　旋转

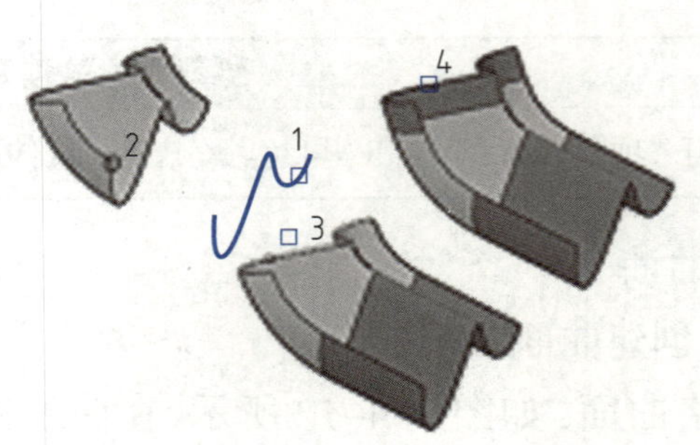

图 3-4-17　拉伸

试一试	练习创建曲面
	打开"项目 3.4\ 放样扫掠拉伸旋转 .dwg"，练习应用放样、扫掠、拉伸、旋转等操作创建曲面。

(2) 曲面编辑

圆角：如图 3-4-18 所示，在现有曲面之间的空间中创建新的圆角曲面。命令调用："三维建模"空间→"曲面"选项卡→"编辑"面板→圆角工具""。

修剪：如图 3-4-19 所示，修剪与其他曲面或与其他类型的几何图形相交的曲面部分。命令调用:“三维建模”空间→“曲面”选项卡→“编辑”面板→修剪工具“”或“”。

图 3-4-18　曲面圆角　　　　图 3-4-19　曲面修剪

取消曲面修剪:取消曲面修剪。命令调用:“三维建模”空间“曲面”选项卡→“编辑”面板→取消曲面修剪工具“”或“”。

曲面延伸:延长曲面以便与其他对象相交。命令调用:“三维建模”空间→“曲面”选项卡→“编辑”面板→曲面延伸工具“”或“”。

曲面造型:修剪和合并构成面域的多个曲面,以创建无间隙实体。命令调用:“三维建模”空间→“曲面”选项卡→“编辑”面板→曲面造型工具“”或“”。

曲面控制点编辑栏:在曲面或样条曲线上添加或编辑控制点。命令调用:“三维建模”空间→“曲面”选项卡→“控制点”面板→曲面控制点编辑栏工具“”。

试一试	练习曲面圆角与修剪
	打开“项目 3.4\偏移圆角修剪过渡 .dwg”,参考上述方法练习对曲面进行偏移 15 mm、圆角 *R*30 mm、修剪、过渡操作。

3. 编辑工具在三维曲面中的应用

复制、删除、移动、旋转、阵列、镜像、布尔运算等编辑工具在曲面网格中的应用可参考三维建模、二维图形操作方法。

4. 材质

(1) 材质

材质模拟真实物体表面的特性,是物体材料和质感的结合。在渲染中,材质表面可视属性包括色彩、纹理、粗糙度、透明度、反射率、折射率、发光度等。这些属性使三维模型更加真实而缤纷多彩。

AutoCAD 提供了一个预定义的材质库,如陶瓷、混凝土、石材和木材等。使用材质浏览器可以浏览材质,应用时将选择的材质拖至三维建模对象,双击应用的材质可以创建和修改纹理(如本地图片)等属性,以满足需要。

图 3-4-20 所示是为圆环体附着金属材质。

打开材质浏览器:在“视图”菜单“渲染”中打开材质浏览器或单击“可视化”或“渲染”选项卡→“材质”面板→“材质浏览器”(或),在材质库中选择材质拖放到实体,即为实体附着材质,在“真实”视觉样式下或渲染后均可观察附着效果。

(a) 创建的圆环体　(b) 金属效果图片　(c) 附着材质后的效果

图 3-4-20　为圆环体附着金属材质。

编辑修改附着的材质：已被附着的材质在材质浏览器库的上方显示其名称，单击名称后的“■”按钮，或右击该名称选择“编辑”，打开“材质编辑器”，可编辑材质，包括常规、反射率、透明度、自发光等特性，在常规中可更换并设置材质图片。

管理材质库：在“材质浏览器”的底部，单击■“管理库”下拉列表，可以打开现有库、创建新库、删除库、创建类别、删除类别、重命名。

将材质添加到库中：在材质浏览器中，在材质样例上右击→“添加到”→要添加材质的库名称。

从库中删除材质：可以从解锁的用户库中删除材质，但无法删除锁定的材质。选择材质并按 Delete 键即可删除材质，或在材质上右击，然后选择“删除”。

试一试	练习给圆环体设置材质
	打开“项目 3.4\ 网格 .dwg”，给圆环体设置“织物”→“格式花呢”材质；右击“格式花呢”材质→“编辑”，在“材质编辑器”→“常规”中修改为“金属图片 1.jpg”或“金属图片 2.jpg”图像，用“真实”视觉样式观察应用效果。

(2) 灯光

为了得到更加真实的图像效果，在给实体设置合适的颜色或贴上材质的基础上再模拟光照效果，则创建的实体在“真实”样式或渲染后更加逼真。

场景中没有光源时，将使用默认光源对场景进行着色。来回移动模型时，默认光源来自视点后面的两个平行光源。模型中所有的面均被照亮，以使其可见。可以控制亮度和对比度，但不需要自己创建或放置光源。

插入自定义光源或添加太阳光源时，可以禁用默认光源。可以仅将默认光源应用到视口，同时还可以将自定义光源应用到渲染。

关于日光与天光模拟，特殊光源可用于模拟日光效果，它可以与天光模拟结合使用以提供强光背景，并显示由结构投射的阴影影响周围区域的光照。

① 创建光源

默认光源不需要手动创建，但可调参数太少，效果单一。AutoCAD 另外提供了 4 种类型的光源供全手动调整：自然光、点光源、聚光灯、平行光。

自然光是指阳光和天光。阳光是模拟太阳光，阳光的光线是平行的淡黄色。天光是模拟大气反射的阳光，是间接光照。天光来自所有方向且颜色为明显的蓝色。

点光源是从其所在位置向四周发射光线。可以手动设置点光源,使其强度不衰减或者随距离线性衰减(与距离的平方反比)。默认衰减设置为“无”。点光源不具有方向性。

聚光灯是分布投射一个聚焦光束。聚光灯发射定向锥形光。可以控制光源的方向和圆锥体的尺寸。也可以手动设置为强度随距离衰减。但是聚光灯的强度始终根据相对于聚光灯的目标矢量的角度衰减。聚光灯具有方向性。

平行光是向一个方向发射统一的平行光光线。平行光的强度并不随着距离的增加而衰减。

可应用“光源”工具面板的点光源按钮“”、聚光灯按钮“”、平行光按钮“”,或“视图”菜单:“渲染”→“光源”来新建点光源、聚光灯、平行光。

② 日光设置

可以指定“日光”光源的亮度、颜色、位置和角度并启用或禁用它们。

光源单位设置:依次单击“可视化”选项卡→“光源”面板→“光源单位”下拉菜单→“国际光源单位”(或“美制光源单位”等)。

更改日光亮度:依次单击“可视化”选项卡→“阳光和位置”面板→“阳光特性”。在“常规”设置中,单击“强度因子”,然后选择新值。

更改日光颜色:依次单击“可视化”选项卡→“阳光和位置”面板→“阳光特性”。在“常规”设置中,单击“颜色”并选择一种颜色。单击“选择颜色”,打开“选择颜色”对话框。

更改日光角度:依次单击“可视化”选项卡→“阳光和位置”面板→“阳光特性”。

启用和禁用日光光源:依次单击“可视化”选项卡→“阳光和位置”面板→“阳光特性”。在“常规”设置中,单击“状态”,然后选择“开”或“关”。

试一试	灯 光 设 置
	打开“项目 3.4\ 电源插头灯光设置 .dwg”,了解点光源、聚光灯等灯光设置。尝试删除所有灯光设置,单击“阳光状态”按钮,检查环境光开启情况。

5. 建模与渲染

(1) 建模

建模可以广义理解为根据绘制的图形模拟现实物体建立可视仿真模型。三维建模后可以从三维空间任意角度查看实体模型,并能生成二维视图,还能以真实感着色,绘制的实体会变得更加形象、直观。

有 3 种三维建模类型:线框建模、曲面建模和实体建模。

线框建模描绘三维对象的骨架,即:显示对象边界的点、直线和曲线,而没有面。曲面建模由两个方向的线“密织”成无数个网格来形成曲面,每个网格是形象化的“小平面”,当网格“小平面”密集并理想到一个坐标点时,这时的曲面非常“平滑”,所以曲面又称三维网格。实体建模是创建长方体、圆锥体、圆柱体、球体、楔体和圆环体以及更为复杂的三维组合体模型。

(2) 渲染

模型的真实感渲染往往可以为产品团队或潜在客户提供比打印图形更清晰的概念设计视觉效果。渲染基于三维场景来创建二维图像。它使用已设置的光源、已应用的材质和环境设置(例如背景和雾化),为场景的几何图形着色。

① 渲染设置

照相机(仅 AutoCAD DWG 文件):从列表中选择照相机视图,选择所有照相机以同时渲染所有视图的图像。

环境:将背景环境和基于图像的照明应用到来自高动态范围(HDR)图像集合的场景,以替换来自原始场景的现有背景环境。选择“无”可重新使用原始场景背景。

渲染质量:从列表中选择所需的渲染质量。

文件格式:为渲染完成的图像选择文件格式,包括 PNG、JPEG、TIFF、Alpha 等图像格式。文件格式不会影响渲染时间。

曝光:默认情况下,模拟物理校正照明条件的高级曝光设置将自动应用于所有渲染。要使用 Revit 的本地曝光控制设置,而不是默认的高级曝光,请从“渲染库”重新渲染图像并选择“曝光”“本地”(本地曝光不可用于从 DWG 文件创建的渲染)。

图像大小:从列表中选择一种预设的图像大小,以兆像素(MP)为单位。将使用选定的 MP 大小所允许的最大宽度和高度(以像素为单位)来创建渲染。

纵横比:从列表中选择一个预设的纵横比。要使用不同的纵横比创建图像,选择自定义纵横比并输入宽度和高度值,或单击宽度和高度字段右侧的锁定图标。

② 渲染操作

从“渲染”窗口保存图像:在“渲染”窗口中选择一个历史记录条目;在“渲染”窗口中,单击“文件”菜单→“保存”;在“渲染输出文件”对话框中,选择文件格式、输入文件名,然后选择要保存文件的文件夹,单击“保存”。

将渲染图像保存到文件:

依次单击“渲染”选项卡→“渲染”面板→→“渲染预设管理器”→。

依次单击“渲染”选项卡→“渲染到尺寸”,在“渲染”窗口中单击按钮打开“将渲染保存到文件”,选择要保存图像的位置,输入文件名称,选择文件类型,单击“保存”。

依次单击“视图”菜单→“渲染”→“高级渲染设置”→,渲染完成后,图像将显示在“渲染”窗口中,可保存为文件。

试一试	渲　染
	打开“项目 3.4\网格 .dwg”,如图 3-4-20 所示附着材质,并渲染出效果,将渲染结果保存为“圆环效果图 .jpg”。

6. 图形输入与输出

AutoCAD 2021 除了可以打开和保存 DWG 格式的图形文件外,还可以导入、导出其他格式的图形。

(1) 图形输入

在“AutoCAD 经典”模式下，“插入”菜单中提供了多种图形输入格式操作，如“块”“DWG 参照”“3D Studio”“Windows 图元文件”等，可以输入不同图形格式文件。

单击“OLE 对象”按钮，打开“插入对象”对话框，可以插入对象链接或者嵌入对象，包含 Excel、Word、PowerPoint、Photoshop 等。

(2) 图形输出

单击“A”→“输出”，可输出为 PDF、DWF、DWG 等格式。

单击“文件”菜单→“另存为”，可保存为 DXF、DWG 等格式。

7. 图形的电子传递与网上发布

(1) 电子传递

单击“A”→“发布”→“电子传递”

电子传递为图纸创建 ZIP 文件或自解压 EXE 文件传递包，在弹出的“创建传递”对话框中设置相应参数，单击“确定”按钮。

(2) 网上发布

单击“A”→“发布”→“网上发布”

即使不熟悉 HTML 代码，也可以方便、迅速地创建格式化 Web 页，该 Web 页包含 AutoCAD 图形的 DWF、PNG 或 JPEG 等格式图像。一旦创建了 Web 页，就可以将其发布到 Internet。

任务 3.4.1　台灯曲面造型设计

——曲面网格创建工具、材质灯光与渲染的应用

〖任务描述〗

如图 3-4-21 所示，台灯主要由灯罩顶花球、灯罩顶花、灯罩、灯罩圈、铁艺花、灯杆和灯座组成，灯罩圈嵌套在灯罩上。参考图示应用曲面网格设计台灯曲面造型。

图 3-4-21　台灯

〖任务目标〗

培养曲面造型设计能力；会应用三维曲面网格工具设计作品；会应用材质、灯光、渲染；熟练应用三维坐标系、二维图形、对象捕捉、三维旋转、移动辅助精确创建曲面网格。会应用网格长方体、网格圆锥、网格球、网格圆环、旋转曲面、拉伸曲面、平移网格等工具创建曲面表面造型。

〖任务分析〗

创建曲面造型时可创建 4 个视口，分别为主视图视口、俯视图视口、左视图视口、西南等轴测视图视口。

应用旋转创建台灯的灯座、灯罩，应用拉伸创建灯罩顶花。

应用网格圆环体创建灯罩圈，应用网格圆柱体创建灯杆，应用网格球体创建灯罩顶花球。

应用平移网格创建一个铁艺花，再用三维阵列创建 3 个环形平均分布的铁艺花。

〖任务导学〗

学习单	标题	学习活动	学习建议
	视口	讨论与实践：举例说明多视口在模型创建中的作用	只有理解了才会应用
	曲面与网格	辩论：曲面与网格有没有区别	在活动中吸取经验
	工艺作品	通过网络或在生活中找找工艺作品，学会欣赏和分析	了解艺术的魅力

切换到“三维建模”工作空间。

一、设置视口和视图

(1) 新建布局

右击状态栏“布局”，在弹出的快捷菜单中单击“新建布局”，并设置布局名称为“台灯”。在状态栏单击切换到“台灯”，选择并删除默认视口。

(2) 创建视口

单击“视图”菜单→“视口”→“新建视口”，打开“视口”对话框，在“新建视口”选项卡中选择“四：相等”标准视口。

如图 3-4-22 所示，在“设置”中选择“三维”，单击“预览”框左上角视口，在“修改视图”中选择“前视”，在“视觉样式”中选择“二维线框”；单击“预览”框左下角视口，在“修改视

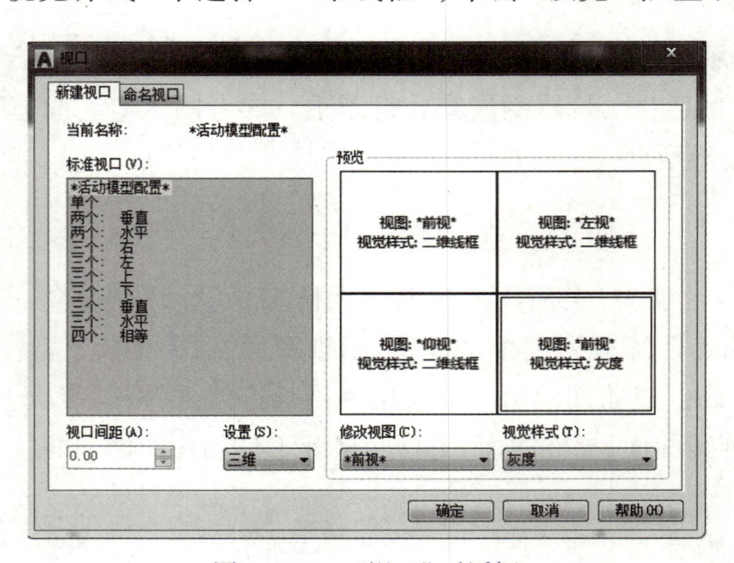

图 3-4-22 “视口”对话框

图”中选择“俯视”,在“视觉样式”中选择“二维线框”;单击“预览”框右上角视口,在“修改视图”中选择“左视”,在“视觉样式”中选择“二维线框”;单击“预览”框右下角视口,在“修改视图”中选择“西南等轴测”,在“视觉样式”中选择“灰度”。

单击“确定”,系统提示指定视口的左上角点时单击“台灯”布局左上角虚线处,向右下角拖动到虚线角点处单击,完成 4 个视口的创建。

二、绘制灯座、灯杆

1. 绘制灯座轮廓线

激活前视图视口,绘制辅助轴线、轮廓线。

开启正交模式,如图 3-4-23(a)所示,应用“常用”选项卡中“绘图”面板的直线工具“⟋”绘制一条长 50 mm 的水平线,经过该线的右端点绘制一条红色点划垂直辅助中心线,拖动两端点向两端延长垂直线。

如图 3-4-23(a)所示,分别绘制长度为 20 mm、10 mm 的垂直线,绘制长度为 25 mm 的水平线。

单击“常用”选项卡中“绘图”面板的样条曲线工具“∾”,如图 3-4-23(a)所示,对象捕捉并单击 10 mm 长垂直线的上端点,在中间弯曲处单击绘制图示形状,结束时应用对象捕捉并单击 25 mm 长水平线的左端点,按 Enter 键结束样条曲线的绘制。

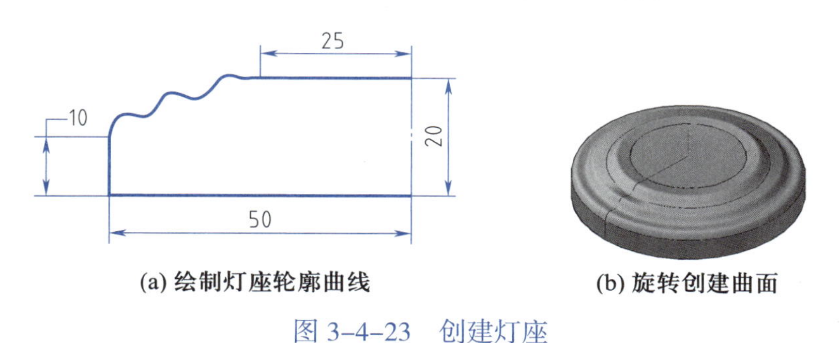

(a) 绘制灯座轮廓曲线　　(b) 旋转创建曲面

图 3-4-23　创建灯座

2. 旋转创建灯座曲面

单击“曲面”选项卡中“创建”面板的旋转工具“☎”,如图 3-4-23(a)所示,依次选择垂直轴线左侧的 4 段线,再选择垂直中心线为旋转轴,创建的曲面如图 3-4-23(b)所示。

3. 绘制灯杆

切换到“台灯”布局“西南等轴测”视口。

(1) 调整坐标系

应用“常用”选项卡的“坐标”面板工具调整坐标系,使坐标系的 XY 平面与灯座底面平行。

(2) 创建网格圆柱体

单击“网格”选项卡中“图元”面板的网格圆柱体工具“▯”,命令提示如下:

命令:_MESH

当前平滑度设置为:0

输入选项［长方体(B)/圆锥体(C)/圆柱体(CY)/棱锥体(P)/球体(S)/楔体(W)/圆环体(T)/设置(SE)］<圆环体>:_CYLINDER

指定底面的中心点或［三点(3P)/两点(2P)/切点、切点、半径(T)/椭圆(E)］:

(捕捉并单击底座上壳表面中心点)

指定底面半径或［直径(D)］:9

指定高度或［两点(2P)/轴端点(A)］:250

创建的网格圆柱体如图 3-4-24(a)所示。

(3) 设置平滑度

选中并右击网格圆柱体,在弹出的快捷菜单中单击“特性”打开“特性”对话框,设置“平滑度”为“层 4”,如图 3-4-24(b)所示。

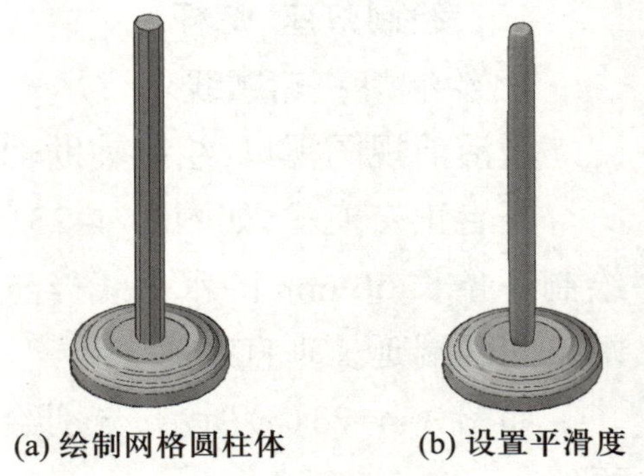

(a) 绘制网格圆柱体　(b) 设置平滑度

图 3-4-24　创建灯杆

三、创建铁艺花

1. 绘制铁艺花轮廓曲线与平移矢量

(1) 绘制铁艺花轮廓曲线

切换到前视图视口。关闭正交模式、对象捕捉,单击“常用”选项卡中“绘图”面板的样条曲线工具“~”,如图 3-4-25(a)所示,绘制铁艺花轮廓曲线。

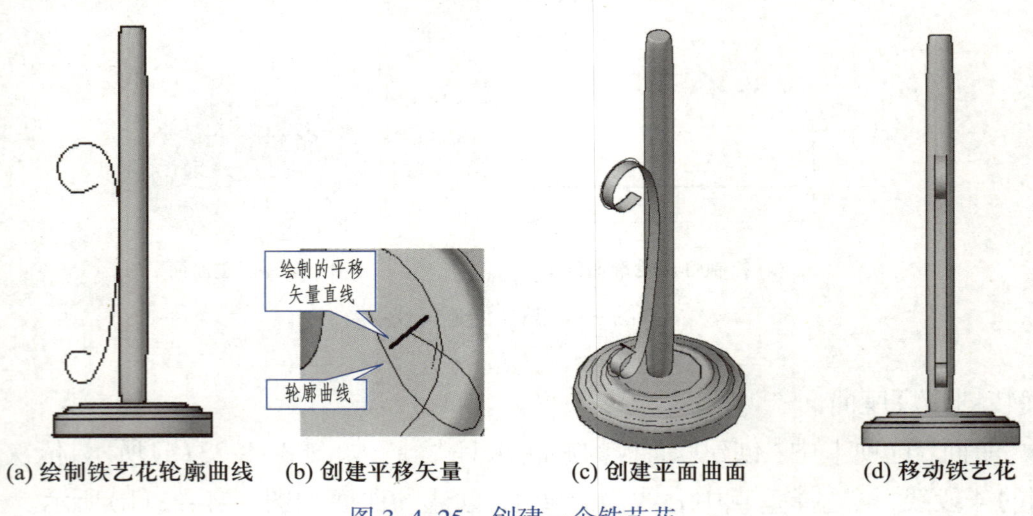

(a) 绘制铁艺花轮廓曲线　(b) 创建平移矢量　(c) 创建平面曲面　(d) 移动铁艺花

图 3-4-25　创建一个铁艺花

(2) 绘制平移矢量

开启正交模式、对象捕捉“端点”,切换到左视图视口,绘制一条长为 8 mm 的直线,使其与轮廓曲线所在的平面垂直,如图 3-4-25(b)所示。

2. 创建一个铁艺花

(1) 创建平面曲面、设置平滑度

切换到“台灯”布局“西南等轴测”视口。单击“网格”选项卡中“图元”面板的平移曲面工具“”,命令提示如下:

命令：_tabsurf

当前线框密度：SURFTAB1=20

选择用作轮廓曲线的对象：(单击指定轮廓样条曲线)

选择用作方向矢量的对象：(单击指定直线对象)

选中并右击平移曲面(铁艺花)，在弹出的快捷菜单中单击“特性”，打开“特性”对话框，设置“平滑度”为“层 4”，如图 3-4-25(c)所示。

删除样条曲线、直线。

(2) 调整位置

切换到左视图视口，开启正交模式，关闭对象捕捉，如图 3-4-25(d)所示，应用移动工具右移调整铁艺花到灯杆的垂直中心位置。

3. 创建铁艺花的固定铆钉(圆台)

切换到左视图视口，单击“网格”选项卡中“图元”面板的网格圆锥体工具“△”绘制 $R2$ mm × $R3$ mm × 5 mm 圆台，命令提示如下：

命令：_MESH

当前平滑度设置为：0

输入选项[长方体(B)/圆锥体(C)/圆柱体(CY)/棱锥体(P)/球体(S)/楔体(W)/圆环体(T)/设置(SE)]<圆柱体>：_CONE

指定底面的中心点或[三点(3P)/两点(2P)/切点、切点、半径(T)/椭圆(E)]：(单击空白处确定底面中心点)

指定底面半径或[直径(D)]<9.0000>：2(输入底面半径)

指定高度或[两点(2P)/轴端点(A)/顶面半径(T)]<250.0000>：t(切换到顶面半径)

指定顶面半径 <0.0000>：3(输入顶面半径)

指定高度或[两点(2P)/轴端点(A)]<250.0000>：5(输入高)

设置“平滑度”为“层 4”，在“西南等轴测”视口观察效果，如图 3-4-26(a)所示。

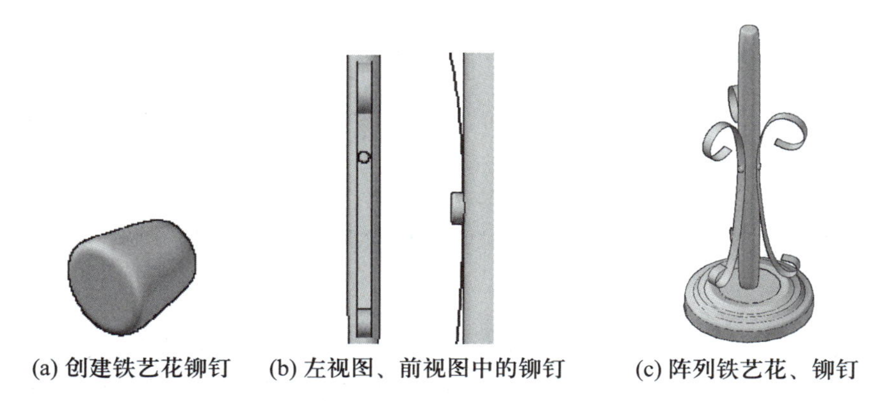

(a) 创建铁艺花铆钉　(b) 左视图、前视图中的铆钉　(c) 阵列铁艺花、铆钉

图 3-4-26　创建铁艺花铆钉、阵列

应用三维旋转、移动、对象捕捉工具将创建的铆钉移动至图 3-4-26(b)所示位置。

4. 阵列铁艺花、铆钉

应用“常用”选项卡的“坐标”面板工具调整坐标系，使坐标系的 XY 平面与灯座底面平行。

切换到“西南等轴测”视口，单击“常用”选项卡中“修改”面板的环形阵列工具“⠿”，选择铁艺花、铆钉为阵列对象，选择灯杆垂直中心或底座圆心为阵列中心，绕灯杆垂直中心阵列 3 组，如图 3-4-26（c）所示。

四、创建灯罩

1. 绘制灯罩轮廓曲线

（1）绘制垂直辅助中心线

单击选中灯杆，右击灯杆，在弹出的快捷菜单中单击“隔离”→“隐藏对象”，这时灯杆被隐藏。开启正交模式，以底座底面圆心为起点绘制一条中心垂直辅助线［图 3-4-27（a）］。

（2）绘制灯罩轮廓曲线

如图 3-4-27（a）所示，绘制一条距底座 208 mm 且长为 92 mm 的水平线，应用偏移分别创建距离该线 12 mm、20 mm（12 mm+8 mm）、52 mm（32 mm+20 mm）的 3 条水平线。

如图 3-4-27（a）所示，应用圆工具绘制 *R*8 mm 圆，应用样条曲线绘制 2 段样条曲线。

应用修剪工具修剪图形，如图 3-4-27（b）所示。

应用打断工具在 *R*8 mm 圆弧中点位置打断，将半圆弧平均分为两段。

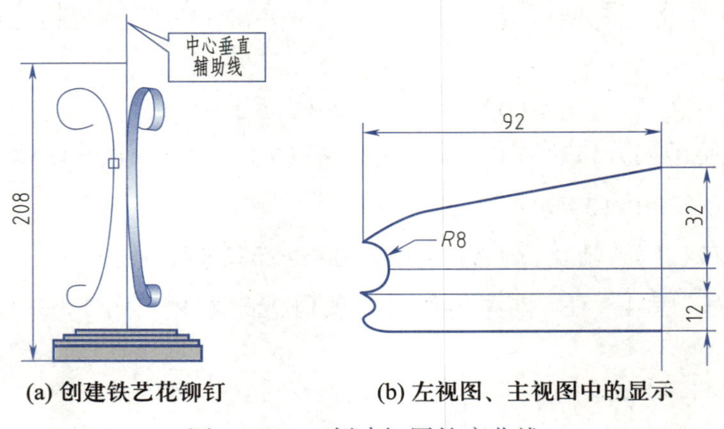

图 3-4-27　创建灯罩轮廓曲线

2. 创建灯罩

单击选中灯杆，右击灯杆并在弹出的快捷菜单中单击“隔离”→“结束对象隔离”，这时显示灯杆。

单击“曲面”选项卡中“创建”面板的旋转工具“⛀”，依次选择图 3-4-27（b）所示上方曲线、半圆弧的上半段，再选择垂直中心线为旋转轴，创建的上灯罩如图 3-4-28（a）所示。

应用旋转工具“⛀”，依次选择图 3-4-27（b）所示圆弧的下半段、下方曲线及水平线，再选择垂直中心线为旋转轴，创建的下灯罩如图 3-4-28（b）所示。

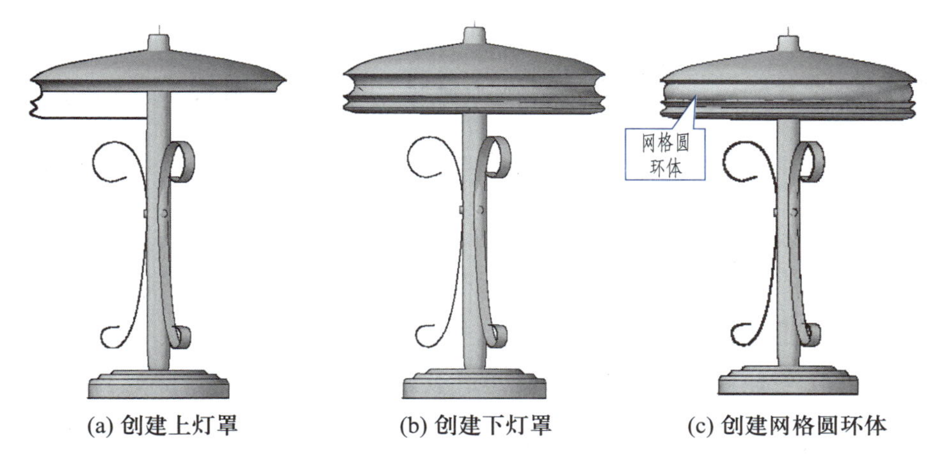

(a) 创建上灯罩　(b) 创建下灯罩　(c) 创建网格圆环体

图 3-4-28　创建上、下灯罩、网格圆环体

3. 创建灯罩网格圆环体

单击“网格”选项卡中“图元”面板的网格圆环体工具“”，捕捉 $R8$ mm 圆弧的旋转中心为圆心，创建圆环半径为 92 mm、管半径为 8 mm 的网格圆环体，设置创建的圆环体“平滑度”为“层 4”，如图 3-4-28（c）所示。

五、创建灯顶花、顶花球

1. 创建灯顶花

（1）绘制灯顶花图形

切换到俯视图视口，如图 3-4-29（a）所示，绘制灯顶花二维图形，绘制时先绘制 $R16$ mm 的辅助圆，再通过 $R16$ mm 圆圆心作一条直线与圆相交，以交点为圆心绘制 $R4$ mm 圆，应用环形阵列将 $R4$ mm 圆阵列 16 个，应用修剪工具修剪得到灯顶花图形。

(a) 绘制灯顶花图形　(b) 创建灯顶花　(c) 移动灯顶花到灯罩

图 3-4-29　创建灯顶花

（2）拉伸图形创建灯顶花曲面

应用“常用”选项卡中“绘图”面板的面域工具“”创建灯顶花面域。

应用“曲面”选项卡中“创建”面板的拉伸工具“”将创建的灯顶花图形向下拉伸 5 mm，创建的灯顶花如图 3-4-29（b）所示。

（3）移动灯顶花到灯罩

开启正交模式，应用移动工具分别在左视图视口、前视图视口移动灯顶花，如图 3-4-29（c）所示。

2. 创建顶花球

应用“网格”选项卡中“图元”面板的网格球体工具“◍”创建 S*R*13 mm 顶花球，命令提示如下：

命令：_MESH

当前平滑度设置为：0

输入选项［长方体(B)/圆锥体(C)/圆柱体(CY)/棱锥体(P)/球体(S)/楔体(W)/圆环体(T)/设置(SE)］< 圆环体 >：_SPHERE

指定中心点或［三点(3P)/两点(2P)/切点、切点、半径(T)］：(捕捉灯杆顶面中心)

指定半径或［直径(D)］<2.0000>：13

开启正交模式，应用移动工具分别在左视图视口、前视图视口移动顶花球，如图 3–4–30 所示。

应用移动等工具调整台灯各部件，使各部件布局更加合理，如图 3–4–31 所示。

六、材质、灯光与渲染

切换到“西南等轴测”视口，设置视觉样式为“真实”。

1. 附材质

切换到“视图”选项卡，在“选项板”面板单击材质浏览器工具“◍或◍”，打开“材质浏览器”对话框。

选择并拖动“塑料”类别中的“平滑象牙白”材质到底座，即为底座附着“平滑象牙白”材质；选择并拖动“陶瓷”类别中的“6 英寸八边形—冰山蓝色”材质到灯杆；给铁艺花附“铬酸锌 2”材质；为灯罩附“塑料”类别中的“平滑象牙白”材质；为灯罩圆环体附“塑料”类别中的“尼龙 6”材质；为灯罩顶花附“铬酸锌 2”材质；为顶花球附“陶瓷”类别中的“6 英寸八边形—冰山蓝色”材质。附材质后的台灯如图 3–4–32 所示。

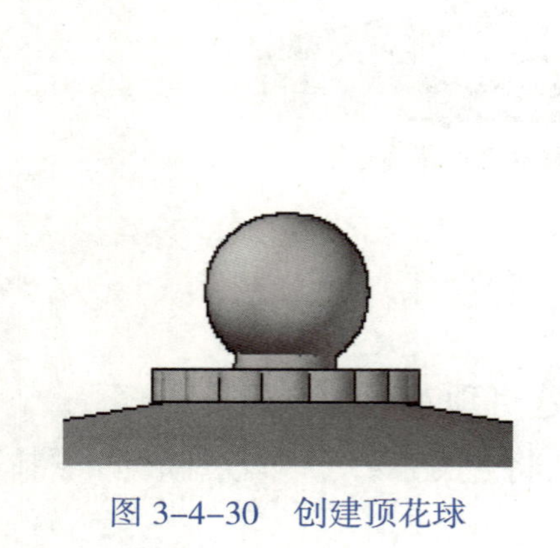

图 3–4–30　创建顶花球

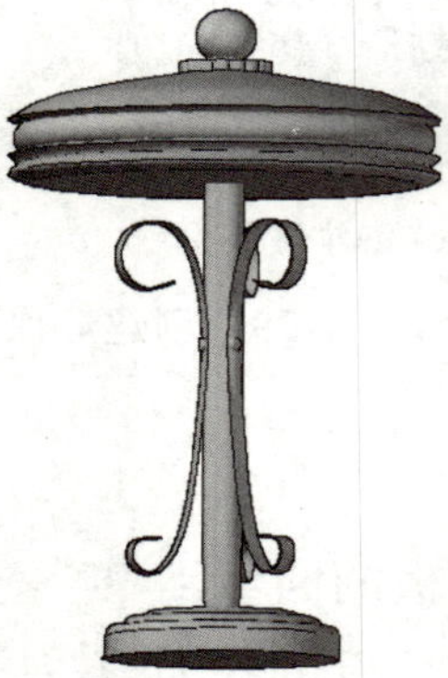

图 3–4–31　台灯

图 3–4–32　附材质后的台灯

2. 编辑材质

在“材质浏览器”对话框的“文档材质”中找到为灯杆附着的材质“6 英寸八边形—冰山蓝色”，鼠标指针在已使用材质名称上晃动，出现材质编辑按钮“✎”，单击该按钮，打开“材质编辑器”对话框，单击陶瓷中的“颜色”右侧下拉按钮“”，在弹出的下拉列表中选择“图像”，打开素材文件夹中的“材质图像 .jpg”［图 3-4-33（a）］，在“材质编辑器”中再单击图像缩略图，打开“纹理编辑器”对话框，设置“位置”“旋转”为“45”，设置“比例”“样式尺寸”为“100”，编辑材质后的灯杆如图 3-4-33（b）所示。

3. 创建灯光

切换到左视图视口，单击“渲染”或“可视化”选项卡中“光源”面板的点光源工具“”，如图 3-4-34（a）所示，创建 4 个点光源，应用“光源”面板的聚光灯工具“”，按图 3-4-34（a）所示创建聚光灯，应用移动工具、开启正交模式移动灯光位置，在光源“特性”中设置灯的强度为 20 000 左右。

(a) 材质图像

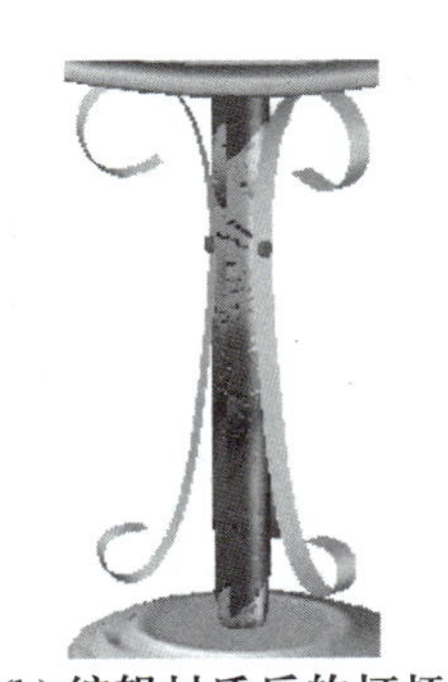
(b) 编辑材质后的灯杆

图 3-4-33　为灯杆附图像材质

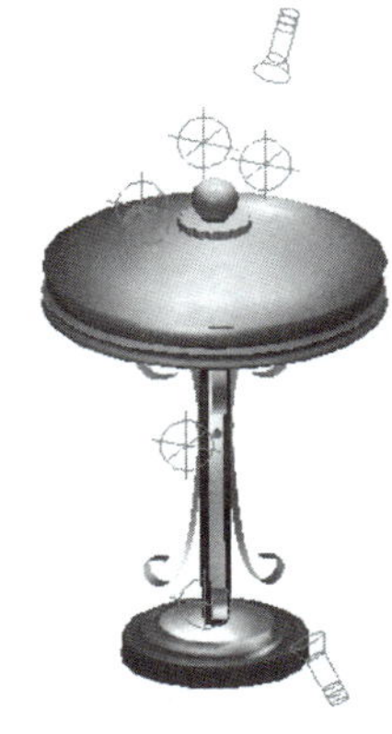
(a) 创建灯光

(b) 渲染

图 3-4-34　为灯杆附图像材质

4. 渲染

单击“渲染”或“可视化”选项卡中“渲染”面板的渲染工具“”渲染图像，如图 3-4-34（b）所示。单击“渲染”窗口中的“文件”→“保存”，保存为 JPG 图像文件到桌面。打开效果图文件，欣赏设计的台灯作品。

完成灯杆曲面造型设计，保存图形文件。

试一试	找图片作为材质
	上网找图片作为材质，应用于本例灯模型。

〖任务体验〗

1. 任务梳理

请将本次任务学习的内容按下表提示进行梳理。

AutoCAD 技术				制图技能		经验笔记
曲面	网格	灯光材质渲染	视口	布局	输出	

2. 操作训练

(1) 按尺寸绘制图 3-4-35 所示网格图元。

图 3-4-35 曲面网格

操作提示：绘制平移曲面、直纹曲面时，轮廓曲线在不同平面和在同一平面会产生不同的效果，选择端点顺序不同也会产生不同的效果，绘制棱锥、圆锥时设置顶面绘出棱台、圆台。

(2) 按图 3-4-36 所示尺寸创建导流槽曲面模型。

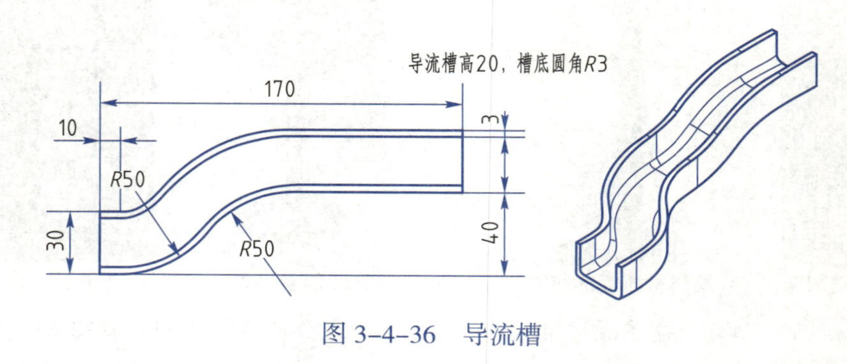

图 3-4-36 导流槽

操作提示：按图示尺寸绘制出 U 形二维截面图形、导流槽路径，创建面域后按路径扫掠。

3. 案例体验

应用曲面、网格技术创建图 3-4-37 所示产品模型，上网查找图片或在材质库查找合适材质应用于模型，设置灯光后渲染并保存为 JPG 图像。

图 3-4-37 案例体验图

任务 3.4.2 太阳伞曲面造型设计

——曲面网格工具、图形输出的综合应用

〖任务描述〗

参考图 3-4-38 所示图形，设计制作太阳伞。

图 3-4-38　太阳伞

〖任务目标〗

理解并掌握直纹网格、平移网格、旋转网格、边界网格的创建方法与应用技巧；掌握图层、三维坐标系、三维阵列、二维图形在三维曲面网格创建中的应用。

〖任务分析〗

伞杆应用旋转网格完成，提手应用平移网格完成，伞架是在平面中绘制一个圆弧，然后应用三维阵列完成，伞面应用直纹网格完成，伞面垂帘利用边界网格完成。绘制设计时先创建垂帘，后创建伞面。若改变创建顺序，即先画伞面后画垂帘时，在创建边界网格指定边界直纹伞面会有影响。读者在操作时注意根据具体情况理解应用。

〖任务导学〗

	标题	学习活动	学习建议
学习单	视图	回顾不同视图在模型创建中的作用	归纳总结
	曲面与网格	曲面与网格的创建方法分别有哪些	归纳总结
	电子传递与输出	AutoCAD 提供了哪些图纸传递方式和输出格式	了解电子传递

一、绘制伞杆

伞杆由杆和把手组成。其中，杆和把手可以通过旋转网格来实现。因此，先绘制旋转中心线和轮廓线，然后将轮廓线绕中心线创建旋转网格即可得到伞杆的表面模型。

打开 AutoCAD 2021，新建一个名为“任务 342.dwg”的 CAD 图形文件，保存文件。

新建图层并命名为“伞杆”。指定“伞杆”图层为当前层。

1. 绘制中心线

切换到“三维建模”前视图工作空间，应用“常用”选项卡中“绘图”面板的直线工具“⟋”，命令提示如下：

命令：LINE（绘制伞杆的中心线）

指定第一点：0，0

指定下一点或［放弃（U）］：807<90（这里应用绝对极坐标绘制垂直线非常方便）

指定下一点或[放弃(U)]:(按 Enter 键结束)

2. 绘制伞杆轮廓线

旋转网格命令中选择轮廓线不能选择多条直线，因而伞杆的轮廓线最好用二维多段线绘制，这样轮廓线中的多条直线才是一个整体，在指定旋转轮廓线时可以一次选中，给操作带来方便。

应用“常用”选项卡中“绘图”面板的多段线工具“”，命令提示如下：

命令：PLINE(绘制伞杆的轮廓线)

指定起点：807<90

当前线宽为 0.0000

指定下一个点或[圆弧(A)/半宽(H)/长度(L)/放弃(U)/宽度(W)]:@4<0

指定下一点或[圆弧(A)/闭合(C)/半宽(H)/长度(L)/放弃(U)/宽度(W)]:@805<-90

指定下一点或[圆弧(A)/闭合(C)/半宽(H)/长度(L)/放弃(U)/宽度(W)]:@15<0

指定下一点或[圆弧(A)/闭合(C)/半宽(H)/长度(L)/放弃(U)/宽度(W)]:@20<90

指定下一点或[圆弧(A)/闭合(C)/半宽(H)/长度(L)/放弃(U)/宽度(W)]:@2<0

指定下一点或[圆弧(A)/闭合(C)/半宽(H)/长度(L)/放弃(U)/宽度(W)]:@22<-90

指定下一点或[圆弧(A)/闭合(C)/半宽(H)/长度(L)/放弃(U)/宽度(W)]:0,0,0

指定下一点或[圆弧(A)/闭合(C)/半宽(H)/长度(L)/放弃(U)/宽度(W)]:(按 Enter 键结束，绘制的伞杆轮廓线如图 3-4-39 所示)

图 3-4-39 伞杆轮廓线

理一理	多段线、相对极坐标
	由于伞杆轮廓转折分段线具有垂直和平行关系(图 3-4-39)，采用特殊角(0° 和 90°)的极坐标可以很方便地绘制出由垂直线和水平线组成的伞杆多段线。 相对极坐标是相对于上一坐标位置的长度、角度改变，前面加 @。

3. 生成伞杆

应用“网格”选项卡中“图元”面板的旋转曲面工具“”或“”，命令提示如下：

命令：REVSURF

当前线框密度：SURFTAB1=6　SURFTAB2=6

选择要旋转的对象：(选择轮廓线)

选择定义旋转轴的对象：(选择中心线)

指定起点角度 <0>:(按 Enter 键)

指定包含角(+= 逆时针，-= 顺时针)<360>:(按 Enter 键结束)

绘制的伞杆如图 3-4-40 所示。

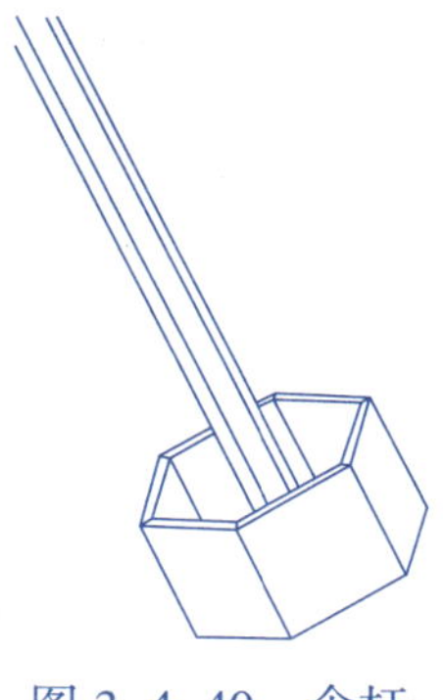

图 3-4-40　伞杆

理一理	旋转曲面命令参数
	“指定起点角度 <0>:” 默认起点角度为 0,若输入一定角度,如:90°,则从相对轮廓曲线 90° 的位置为起点开始创建曲面网格。 “指定包含角(+= 逆时针,-= 顺时针)<360>:” 默认旋转角度为 360°(即旋转一周)。若输入一定角度,如:180°,则表示从起点开始旋转轮廓线创建 180° 的曲面网格。

二、绘制提手

应用平移网格命令实现提手创建。光应用二维多段线工具“”的三点画弧功能绘制提手的轮廓线,然后在原点绘制垂直 XY 平面的直线作平移路径,最后使用平移网格完成提手网格曲面的创建。也可以应用样条曲线“”绘制提手轮廓。

新建图层并命名为“提手”。指定“提手”图层为当前层。

1. 绘制提手轮廓线

在前视图中应用“常用”选项卡中“绘图”面板的多段线工具“”绘制提手轮廓线,命令提示如下:

命令:PLINE(绘制轮廓线)

指定起点:0,0,0

当前线宽为 0.0000

指定下一个点或[圆弧(A)/半宽(H)/长度(L)/放弃(U)/宽度(W)]:A

指定圆弧的端点或[角度(A)/圆心(CE)/方向(D)/半宽(H)/直线(L)/半径(R)/第二个点(S)/放弃(U)/宽度(W)]:S

指定圆弧上的第二个点:@30<−60

指定圆弧的端点:@30<−90

指定圆弧的端点或[角度(A)/圆心(CE)/闭合(CL)/方向(D)/半宽(H)/直线(L)/半径(R)/第二个点(S)/放弃(U)/宽度(W)]:S

指定圆弧上的第二个点:@20<180

指定圆弧的端点:@15<90

指定圆弧的端点或[角度(A)/圆心(CE)/闭合(CL)/方向(D)/半宽(H)/直线(L)/半径(R)/第二个点(S)/放弃(U)/宽度(W)]:CL

绘制的提手轮廓线如图 3-4-41 所示。

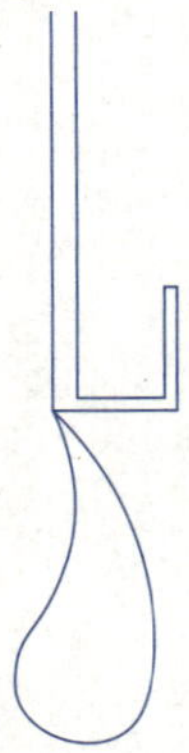

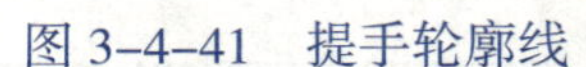

图 3-4-41　提手轮廓线

2. 绘制平移方向矢量

切换到左视图,应用“常用”选项卡中“绘图”面板的直线工具“”绘制平移方向矢量直线,命令提示如下:

命令:LINE(绘制直线方向矢量)

指定第一点:0,0,0

指定下一点或[放弃(U)]:@0,0,4(用于绘制垂直于轮廓线平面的直线)

指定下一点或[放弃(U)]:(按 Enter 键结束)

3. 生成提手

应用自由动态观察调整三维视图,观察提手轮廓线与方向矢量直线的关系。应用“网格”选项卡中“图元”面板的平移曲面工具“”,命令提示如下:

命令:TABSURF

当前线框密度:SURFTAB1=6(可事先输入“SURFTAB1”命令增加线框密度值)

选择用作轮廓曲线的对象:(选择二维多段线)

选择用作方向矢量的对象:(选择直线)

提手曲面如图 3-4-42 所示。应用删除工具“”或 Delete 键删除轮廓线和平移路经。

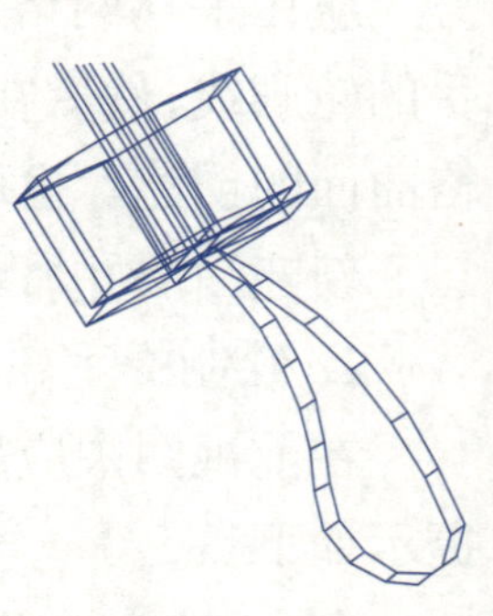

图 3-4-42　提手曲面

三、绘制伞骨架

新建图层并命名为“骨架”。选取“骨架”图层为当前层。

1. 绘制 1 根伞骨架

切换到前视图,应用“常用”选项卡中“绘图”面板的圆弧工具“”,以伞杆顶端中心为起点向右绘制一根弧形伞骨架,如图 3-4-32(a)所示,命令提示如下:

命令:ARC

指定圆弧的起点或[圆心(C)]:0,805,0

指定圆弧的第二个点或[圆心(C)/端点(E)]:@250,-60

指定圆弧的端点:@250,-140

2. 调整用户坐标系

单击“常用”选项卡→“坐标”面板→原点工具“”,调整用户坐标系原点到伞杆顶中心位置[可输入坐标(0,807,0),或对象捕捉中心点],如图 3-4-43(b)所示。

3. 阵列伞骨架

切换到俯视图,单击“常用”选项卡中“修改”面板的环形阵列工具“”,选择弧形为阵列对象,选择伞杆顶中心为阵列中心,阵列项目数为 6 个,在西南等轴测视图中显示结果,如

图 3-4-43(b)所示。

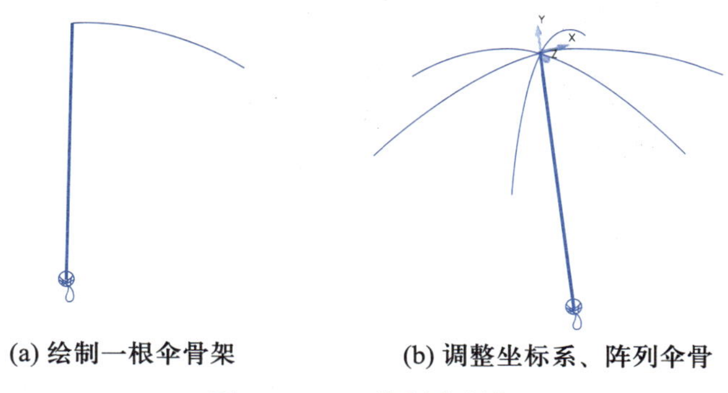
(a) 绘制一根伞骨架　　(b) 调整坐标系、阵列伞骨

图 3-4-43　绘制伞骨架

四、绘制伞垂帘

新建图层并命名为“垂帘”,选取“垂帘”图层为当前层。

1. 调整用户坐标系

为了绘制伞边的垂帘,需要改变用户坐标系到图 3-4-44 所示位置。

切换到西南等轴测视图,单击“常用”选项卡→“坐标”面板→三点工具“”,命令提示如下:

命令:UCS

当前 UCS 名称:UCS1

指定 UCS 的原点或[面(F)/命名(NA)/对象(OB)/上一个(P)/视图(V)/世界(W)/X/Y/Z/Z 轴(ZA)]<世界>:3(输入 3 表示通过 3 点确定 UCS 坐标系原点位置)

指定新原点 <0,0,0>:(如图 3-4-44 所示,应用对象捕捉工具捕捉伞骨的下端点为新原点位置并单击指定)

在正 X 轴范围上指定点 <-251.0000,-198.0000,436.4768>:(如图 3-4-44 所示,对象捕捉另一个伞骨的下端点,单击指定为“X 轴点”)

在 UCS XY 平面的正 Y 轴范围上指定点 <-252.0000,-197.0000,436.4768>:@0,1,0(输入正 Y 轴方向上的点,确定 Y 轴方向,这里输入一个点的相对坐标)

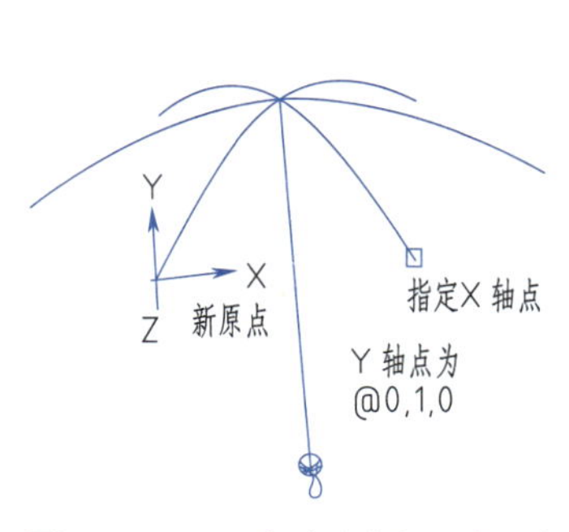

图 3-4-44　定义用户坐标系

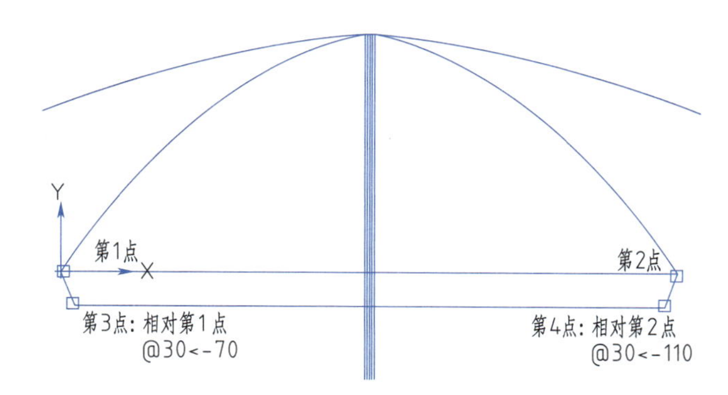

图 3-4-45　绘制垂帘边框

2. 绘制垂帘边框

切换到前视图，应用直线工具绘制垂帘边框，如图 3-4-45 所示，命令提示如下：

命令：LINE

指定第一点：(捕捉第 1 点)

指定下一点或 [放弃(U)]：@30<-70(输入第 3 点)

指定下一点或 [闭合(C)/放弃(U)]：

命令：LINE 指定第一点：(启动直线命令，捕捉第 2 点)

指定下一点或 [放弃(U)]：@30<-110(输入第 4 点)

指定下一点或 [放弃(U)]：(捕捉第 3 点)

指定下一点或 [闭合(C)/放弃(U)]：(按 Enter 键结束)

3. 绘制垂帘曲面

应用"网格"选项卡中"图元"面板的边界曲面工具""或""，命令提示如下：

命令：EDGESURF

当前线框密度：SURFTAB1=6　SURFTAB2=6

选择用作曲面边界的对象 1：(如图 3-4-46 所示，选边 1)

选择用作曲面边界的对象 2：(选边 2)

选择用作曲面边界的对象 3：(选边 3)

选择用作曲面边界的对象 4：(选边 4)

完成垂帘边界曲面，如图 3-4-46 所示。

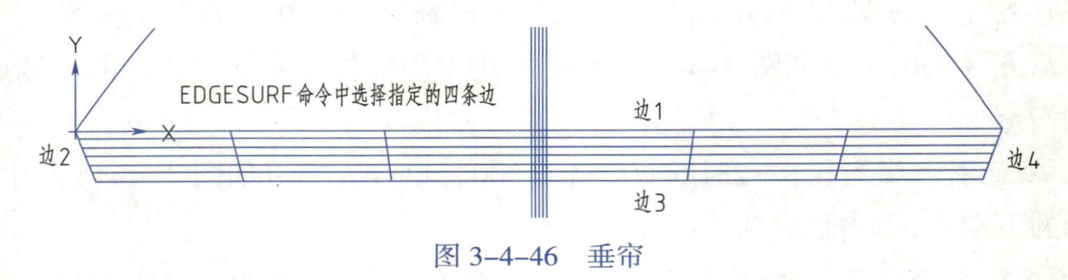

图 3-4-46　垂帘

五、绘制完成伞面

新建图层并命名为"伞面"，选取"伞面"图层为当前层。

1. 绘制 1/6 伞面

伞面是三维的三边曲面。而直纹网格命令需要两条轮廓曲线生成直纹曲面，创建时鼠标需单击轮廓线的同一侧，如果选择时不在同一侧，则创建的曲面会是扭曲的。

应用"网格"选项卡中"图元"面板的直纹曲面工具""，命令提示如下：

命令：RULESURF(直纹网格)

当前线框密度：SURFTAB1=6

选择第一条定义曲线：(如图 3-4-47 所示，选择边 1)

选择第二条定义曲线:(选择边 2)

完成 1/6 伞面(直纹曲面),如图 3-4-47 所示。

试一试	应用边界网格
	如果用边界网格来绘制伞面,那么还需要将伞垂帘上边框线中点打断,得到 2 根线条从而满足创建边界网格的 4 条线。试试看。

2. 阵列伞面和垂帘

切换到俯视图,单击“常用”选项卡中“修改”面板的环形阵列工具“”,选择 1/6 伞面、垂帘为阵列对象,选择伞杆顶中心为阵列中心,阵列项目数为 6,在西南等轴测视图中显示结果,如图 3-4-48 所示。(注意应用二维阵列时,阵列面在 XY 平面。)

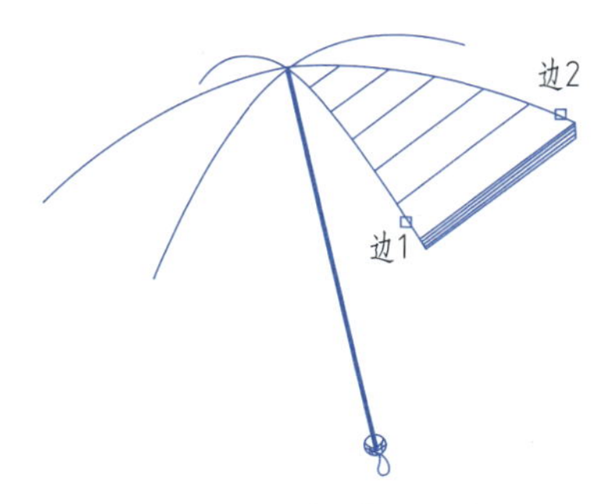

图 3-4-47　创建 1/6 伞面

图 3-4-48　阵列完成太阳伞

六、修饰太阳伞

设置伞杆和提手颜色为“青色”,伞垂帘颜色为“黄色”,伞面颜色为“绿色”。应用“概念”视觉样式观察效果。

或对伞的各部分附着“织物”“塑料”等材质后应用“真实”视觉样式观察效果。

七、输出与发布

1. 将太阳伞图形输出为 JPEG 图像

单击“可视化”或“渲染”选项卡中“渲染”面板的渲染工具“”,将设置好颜色或材质的太阳伞进行渲染。单击“渲染”窗口中的“文件”→“保存”,以“太阳伞 .jpg”为图像文件名保存到桌面。

2. 电子传递图形文件

依次单击“文件”菜单→“电子传递”。

在“创建传递”对话框中输入“传递包中的说明”为:“太阳伞建模”。

单击“传递设置”,在“传递设置”对话框中单击“修改”,在“修改传递设置”对话框中修改传递:

“传递包类型”为“自解压可执行文件(*.exe)”;“文件格式”为“保留现有图形文件格式”;“传递文件夹”为素材文件夹“项目 3.4”;“传递文件名”为“太阳伞”;其他为默认,确认设置。

在“指定自解压可执行文件”对话框中输入文件名为“项目 3.4”,单击“保存”;登录进入自己的电子邮箱,将“太阳伞”自解压文件作为附件发送给对方。

〖任务体验〗

1. 任务梳理

请将本次任务学习的内容按下表提示进行梳理。

AutoCAD 技术				制图技能		经验笔记
曲面网格	阵列	材质	传递输出	渲染	视图	

2. 操作训练

(1) 练习绘制图 3-4-49 所示网格图元。

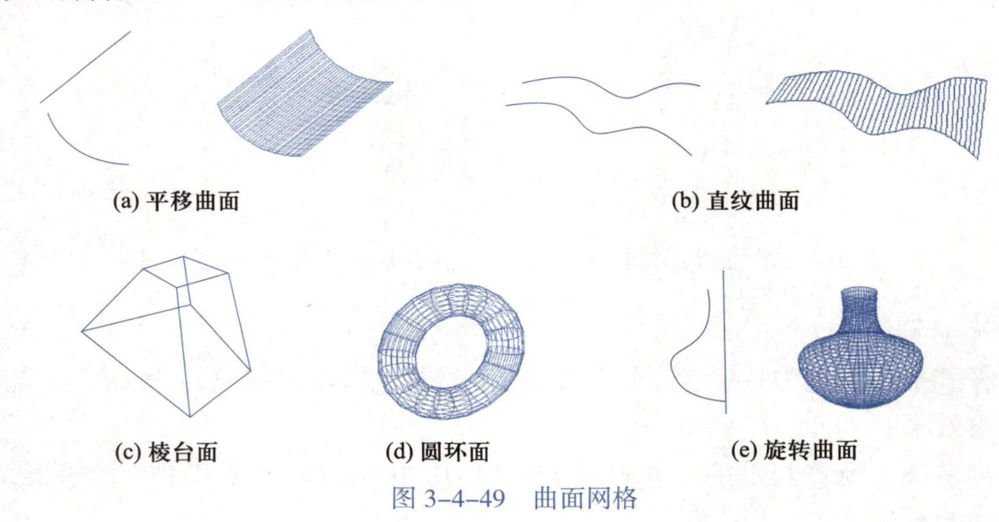

图 3-4-49　曲面网格

操作提示:绘制平移曲面、直纹曲面时,轮廓曲线在不同平面和在同一平面会产生不同的效果,选择端点顺序不同也会产生不同的效果,绘制棱锥、圆锥时设置顶面,绘出棱台、圆台。

(2) 如图 3-4-50 所示,应用扫掠曲面创建弯管;如图 3-4-51 所示,应用绘图、曲面工具创建曲面手柄模型,并附着木纹材质。

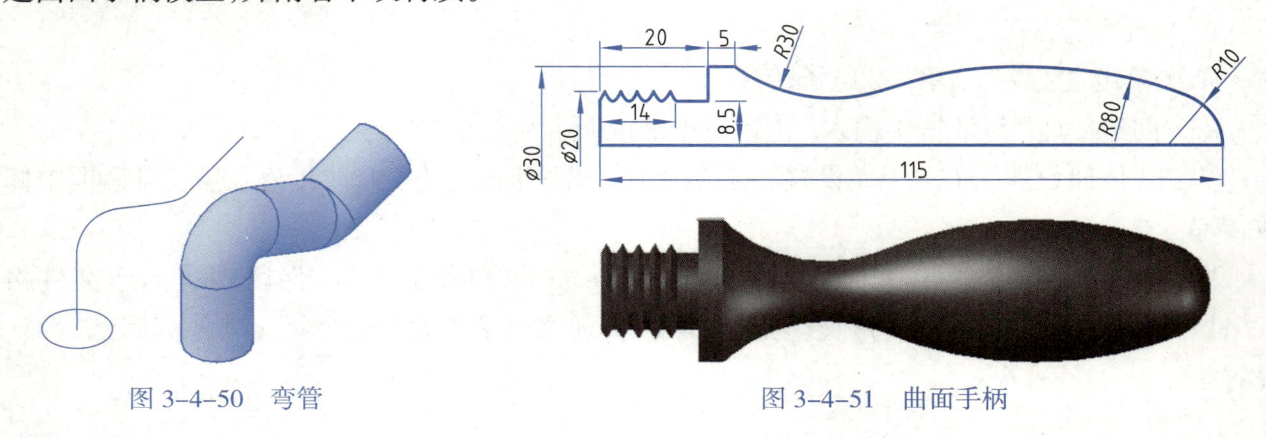

图 3-4-50　弯管

图 3-4-51　曲面手柄

3. 案例体验

(1) 如图 3-4-52 所示,创建遮阳伞。

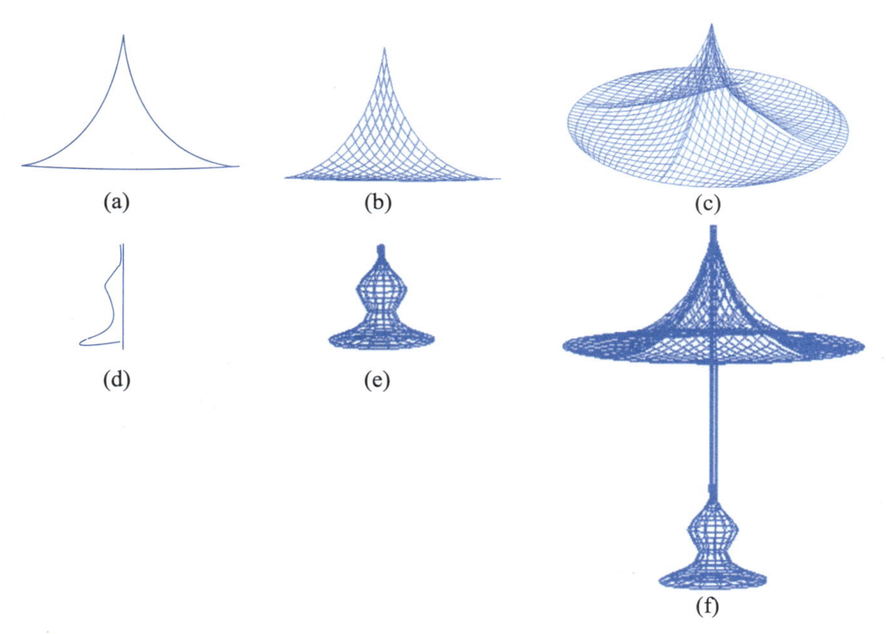

图 3-4-52　遮阳伞

图 3-4-52(f)为最终效果图,组合图形参考尺寸:高 220 mm,大圆半径为 100 mm,大圆到顶尖距离 100 mm,顶柱圆管半径为 3 mm(此数据仅供参考,轮廓及曲线尺寸可自定义)。

操作提示:图 3-4-52(a)中 3 条轮廓曲线由互相垂直的 3 段半径为 100 mm 的 90° 圆弧组成,所在的平面互相垂直,通过旋转坐标系后绘制。当由 3 条曲线构成的轮廓路径在应用边界曲面造型时需要应用“打断于点”打断底面圆弧生成 4 条轮廓曲线;图(b)由图(a)生成边界曲面;图(c)参考“太阳伞案例”由图(b)环形阵列后完成;图(d)轮廓曲线用样条曲线工具绘制,尺寸视组合图比例自定义,也可创新变化设计;图(e)由图(d)应用“旋转曲面”生成。

(2) 应用曲面工具 DIY 创建图 3-4-53 所示塑料桶、椅、杯、积木,并设置材质。

图 3-4-53　案例体验图

【项目体验】

项目情景:

某时尚设计工作室要为某玻璃制品公司设计玻璃缸,职员小李接到该任务,准备为公司设计并创建玻璃缸模型。

项目要求:

玻璃缸主要用于装饰、培育欣赏植物等,可参考图 3-4-54 或自定义尺寸设计,包括玻璃缸、玻璃螺旋管、六棱玻璃管、彩带，应用曲面网格工具创建模型，并附着玻璃、塑料等材质。完成建模后以电子邮件方式传递 PDF 效果图给公司主管。

操作提示：应用旋转创建玻璃缸体曲面，应用网格圆环体创建玻璃缸口，绘制圆、螺旋后应用扫掠创建螺旋曲面玻璃管，应用平移曲面创建彩带，应用网格圆柱体创建玻璃棒。

图 3-4-54　玻璃缸

【项目评价】

评价项目	能力表现			
基本技能	获取方式：□自主探究学习　□同伴互助学习　□师生互助学习 掌握程度：□了解____%　□理解____%　□掌握____%			
创新理念	□大胆创新	□有点创新思想	□能完成____%	□保守陈旧
岗位体验	□了解行业知识	□具备岗位技能	□能完成____%	□还不知道
技能认证目标	□高级技能水平	□中级技能水平	□初级技能水平	□继续努力
项目任务自评	□优秀　□良好　□合格　□一般　□再努力一点就更好了			
我获得的岗位知识和技能				
分享我的学习方法和理念				
我还有疑难问题				

读者意见反馈

为收集对教材的意见建议，进一步完善教材编写并做好服务工作，读者可将对本教材的意见建议通过如下渠道反馈至我社。

咨询电话　400-810-0598

反馈邮箱　zz_dzyj@pub.hep.cn

通信地址　北京市朝阳区惠新东街4号富盛大厦1座

　　　　　高等教育出版社总编辑办公室

邮政编码　100029

防伪查询说明

用户购书后刮开封底防伪涂层，使用手机微信等软件扫描二维码，会跳转至防伪查询网页，获得所购图书详细信息。

防伪客服电话

（010）58582300

学习卡账号使用说明

一、注册/登录

访问http://abook.hep.com.cn/sve，点击“注册”，在注册页面输入用户名、密码及常用的邮箱进行注册。已注册的用户直接输入用户名和密码登录即可进入“我的课程”页面。

二、课程绑定

点击“我的课程”页面右上方“绑定课程”，在“明码”框中正确输入教材封底防伪标签上的20位数字，点击“确定”完成课程绑定。

三、访问课程

在“正在学习”列表中选择已绑定的课程，点击“进入课程”即可浏览或下载与本书配套的课程资源。刚绑定的课程请在“申请学习”列表中选择相应课程并点击“进入课程”。

如有账号问题，请发邮件至：4a_admin_zz@pub.hep.cn。